迁移到云端
——在云计算的新世界中开发应用

Moving to the Cloud
Developing Apps in the New World of Cloud Computing

［印度］Dinkar Sitaram　　Geetha Manjunath　　著
程国建　　杨晓静　　韩家新　　王魁生　　译

国防工业出版社
·北京·

著作权合同登记　图字:军-2013-192号

图书在版编目(CIP)数据

迁移到云端:在云计算的新世界中开发应用/(印)
西塔拉姆(Sitaram,D.),(印)曼朱纳特
(Manjunath,G.)著;程国建等译. —北京:国防工业
出版社,2015.6
书名原文:Moving to the Cloud:Developing Apps
in the New World of Cloud Computing
ISBN 978-7-118-09842-6

Ⅰ.①迁… Ⅱ.①西… ②曼… ③程… Ⅲ.①计算机
网络-研究 Ⅳ.①TP393

中国版本图书馆 CIP 数据核字(2015)第 112524 号

※

国防工业出版社出版发行
(北京市海淀区紫竹院南路23号　邮政编码100048)
北京嘉恒彩色印刷有限责任公司
新华书店经售
*
开本 710×1000　1/16　印张 24　字数 464 千字
2015 年 6 月第 1 版第 1 次印刷　印数 1—2000 册　　定价 99.00 元

(本书如有印装错误,我社负责调换)

国防书店:(010)88540777　　　发行邮购:(010)88540776
发行传真:(010)88540755　　　发行业务:(010)88540717

序

在 21 世纪,信息是最宝贵的资源。无论是一个消费者在旧金山寻找餐厅,一个经营小生意的女人在班加罗尔查询纺织品的价格,还是一个金融服务业高管在伦敦研究股票市场的发展趋势,此刻,信息成为决策的关键,通过分析这些信息提供的洞察力可以得出最好的结果。

我们现在正处在信息技术产业中两个最重要的发展趋势的关键时期:融合云计算和个人移动信息设备进入移动/云生态系统,通过使用一个可扩展的、安全的信息基础设施提供下一代的个性化的体验。该生态系统将围绕结构化、非结构化和半结构化数据进行存储、处理和分析大量的信息。所有这些数据将以商业发展的速度进行访问和分析。

在过去的几年里,信息技术行业开始描述一个美好的未来,从计算资源到个人交互一切都通过云计算所提供的服务得以实现。未来移动互联网将是传统互联网连接规模的 10 倍以上,它将连接超过 100 亿的从智能手机到无线家电的智能"设备"。信息访问将会像现在的电力系统一样无处不在。IT 行业今天的最新研究进展将使我们能够推动规模经济进入下一个计算技术创造的新的世界,使得越来越多的人能够参与并受益于信息经济。

本书提供了一幅关于 IT 行业正在围绕云计算所发生的转变的图景。反过来,它也正在改变着我们的社会。本书提出了云计算的关键思想,分析了云计算如何不同于传统计算,以及云计算如何适于新的应用领域同时也可极大限度地扩展传统应用程序。本书还介绍了云计算的强劲驱动力,描述了一个著名的云架构分类方法,并在一个高层次上讨论了云计算所面临的技术挑战。

本书囊括了不同云计算模型的主要领域:架构即服务、平台即服务和软件即服务。接着讨论了开发云应用的相关范式。最后讨论了与云计算相关的技术,如云安全、云管理和虚拟化。

在过去的几十年里,作为 Hewlett Packard 研发中心机构的 HP Labs 实验室已经在云计算领域的许多方面做了研究。本书的几位作者是 HP 印度实验室的研究员,他们多年投身于云计算的研究主题。本书的内容包括作者的个人研究成果,以及他们对该技术前景的展望。

我衷心祝福这本书的读者们在他们云计算的旅途中走运!

Prith Banerjee
惠普公司研发中心副总裁

前言

首先,非常感谢您选择本书。我们希望您会喜欢这本书并在阅读它的过程中学习到新知识。我们相信,本书中所涉及主题的深度和宽度能够满足一个巨大的读者群体。在分布式计算技术方面有着非常强大的技术背景的技术人员可能会喜欢通过现实生活中的案例来研究云计算平台,这使他们能够快速掌握当前平台的概况而不用实际去注册并通过实例来试验和实现它。擅长于传统编程系统的开发人员可能会喜欢一些简单或复杂的多平台云计算实例,使他们也能够开始尝试着在云端编程。本书也会给开发人员提供一些关于分布式系统(如云端)编程的基本概念,通过学习新技术,使他们能够写出有效的可扩展的云服务程序。甚至我们相信在校研究生也会发现本书对一些有待解决的公开问题很有帮助,而且随着云计算的演化有助于填补目前所面临的技术缺口。

历经对各种系统技术,特别是有关分布式计算的数年研究,我们经常讨论云计算所带来的益处,以及云计算在技术和心态方面所需要的调整。在这样的一次讨论中,我们恍然大悟,一本基于对云平台实际案例研究的书籍对于技术人员和开发人员都非常有实用价值,特别是其中包含相关的底层技术和概念。我们发现市面上许多关于云计算的书籍大多是对云计算的某个侧面进行描述。甚至有些书中把云计算只是当作一个特定的云平台来对待,如 Amazon 或 Azure。其他讨论云计算的书籍,把云计算看成是一种成本更为低廉的有效的管理传统数据中心的新方法,其中也不乏在对这个云计算新技术所带来的效益进行炒作的书籍。

实际上,今天存在的关于云计算的各种不同的认识,使我们想到了那个众所周知的六个盲人摸象的典故。抓住大象尾巴的盲人坚持认为大象就像一根绳子,然而另外一个抓住象牙的人却坚持认为大象就像矛一样,等等。这些清楚地显示出我们非常需要一本书能够将这些关于云计算方方面面的各种认识从深度到广度整合在一起。然而我们知道,将所有有关云计算的知识都集中在一本书中,或者在研究案例中覆盖所有流行的云平台,都是不可行的。所以,我们决定在介绍云计算的每个方面时选择至少三四个不同的案例进行研究,并且对每个案例进行深入剖析。

写这本书的第二动机是为程序员和开发者开发下一代的云应用程序提供足够深度的知识。许多现有的书籍中完全集中于编写程序,没有分析关键概念或考虑其他实现方案。为了有效地设计程序,需要很好地理解所涉及的技术,这就需要进行仔细考量与取舍,这是我们的信念。同样重要的是,设计恰当的算法,并选择合适的云平台,使给定的问题的解决方案具有可扩展性和在云端执行的高效性。例如,今天许多云平台可提供自动扩展功能。然而,为了有效地利用这一特点,必须深入理解平台如何处理扩展问题。还有对特定的云平台选择合适的算法也是非常重要的,这样可以用最有效的方法对给定问题进行求解并易于使用相关的云平台(如 Hadoop MapReduce)。

我们所面临的挑战是如何编写一本涵盖所有有关云计算知识的书,即呈现一个完整的大象视图,而不是把书本身写得像大象那样繁杂。为了达到这个目标,采取以下策略:首先,对于每一个云平台,我们都为其提供一个宽泛的概述。紧接着就是平台的一些具体方面的详细讨论。这种高层次的概述,连同平台的特定方面的详细研究将会使读者对平台的基本概念和基本特征有一个深刻的理解。例如,在 Salesforce. com 的章节中,我们从这些特征的高层概述开始,详细讨论了如何使用呼叫中心的特征、Salesforce. com 下的编程,以及在编写程序等重要性能方面进行取舍。后面的章节介绍了平台架构,该平台架构可以实现 Salesforce. com 以及一些重要的底层细节,对技术主题也进行了深入的讨论。例如,在第 3 章中首次从编程角度来对 MapReduce 的概念和用法进行综述。本书在后面的章节中详细介绍了 MapReduce 所给出的新的编程范式、函数编程的基本原理、数据并行化以及对 MapReduce 求解问题的理论公式。提出了如何重新设计一个算法以适应 MapReduce 平台的许多例子。最后,描述了 MapReduce 平台的内部架构,以及如何在平台上处理云计算的性能、安全性和其他挑战的细节。

总之,本书对当前流行的云平台及其相关技术进行了深入的介绍,除了介绍云计算的一些开发工具、平台和应用程序接口以外,还重点介绍和比较了隐藏在平台之后的概念与技术,同时给出了专家们在云计算平台中运用这些技术所提供的复杂实例。本书可作为在云计算方面有意成为专家的 IT 从业者和开发人员的基础书籍,它将计算方法迁移到了云端,同时探索潜在的新的研究内容。书中详细说明了各种应用程序接口及其功能描述,其版本为本书编著时的最新版本。如果想要获取精确的信息,读者需要自己查看最新的产品文档。最后,由于云计算领域正在快速发展,我们计划在本书的网站中持续更新云计算技术和平台。我们的网址:http://www. movingtocloudbook. com。

目 录

【本章要点】

- 今天我们身在何处?
- 未来的进化
- 什么是云计算?
- 云部署模型
- 云计算的企业驱动力
- 云技术简介

引言

云计算是最重要的技术之一,预测成为未来的革命性计算。它将 IT 作为一种服务交付模型,并具有以下优点:它能够使企业当前的业务动态地适应他们的计算基础设施,以满足快速变化的环境要求。更重要的是,这大大降低了信息技术管理的复杂性,并能够普及 IT 的使用。此外,它是中小型企业为减少前期投资的一个具有吸引力的选择,这样他们能够使用复杂而且这以前只有大型企业可以预先负担得起的商业智能应用程序。云托管服务还为应用程序开发人员和平台提供商提供了有趣的复用机会和挑战性的技术。因此,云计算已经使得大部分技术人员处于兴奋期。

本章对云计算进行了一个整体概述,并分析了加速其进化的一些技术和商业因素。云计算为人们带来了翻天覆地的变化。云计算仅仅是为 IT 企业节省成本的一项措施吗? 或是像 Facebook 网站那样从根本上改变了商业运营方式的冰山一角吗? 如果是这样,IT 企业不得不应对这种变化吗,或者有被遗落在后的风险吗? 通过对较高水平云计算现状的调查,很容易发现云技术的各类构件紧密地结合在一起,常常可能应用于云计算业务驱动的环境中。

我们今天身在何处？

计算今天面临着一个重大的转折点，类似于早期的技术革命。早期变革的一个经典的例子就是在《大转变：审视世界，从爱迪生到谷歌》[1]中所描述的轶事。在纽约有一个叫特洛伊的小镇上，一个名字叫 Henry Burden 的企业家建立了一个生产马蹄铁的工厂。特洛伊城，地理位置优越，位于哈德逊河和伊利运河的交界处。由于其位置优越，在特洛伊制造的马蹄铁可以运往美国各地。纵观整个美国，选择在靠近水的工厂制造马蹄铁，Burden 先生彻底地改变了由当地工匠主导的这个行业。然而，帮助他完成这种重大改变的最关键的技术并不是马，而是他建造的水车，高 60 英尺（1 英尺 = 0.3m），重达 250t，这些水车产生的电力能够给他的马蹄厂提供电源。

Burden 先生的变革处于工业革命的中期，也称为第二次工业革命，电力的发明使其成为了可能。这场革命的起源可以追溯到第一块电池的出现，它是在 1800 年由帕维亚大学的意大利物理学家亚历山德罗沃尔特发明的。革命一直持续到 1882 年第一台蒸汽动力电站在伦敦的霍尔本高架桥上的使用，并最终结束于二十世纪中期，当电力变得无处不在并可通过墙上的插座供人们使用。Henry Burden 通过使用电力作用成为推动革命的重要人物之一，从开始创建电力需求，到最终使电力从一个不起眼的科学好奇成为无处不在的事物，并在现代生活中被人们认为是理所当然应该的存在。或许 Burden 先生并没有想要掌握丰富的电力资源会给人们生活带来巨大改变。

通过类比，我们可能正处在另一个变革的中点—现在我们周围存在的计算能力—这些计算能力目前已经摆脱了工业、企业和科研机构的范围，但也仅仅是一些廉价、大量的计算资源。为了抓住云计算所提供的机会，我们必须问清楚自己是朝哪个方向行进，以及大量的计算资源可以向电力资源一样自由的使用的未来是什么样子的。

AWAKE! for Morning in the Bowl of Night

Has flung the Stone that puts the Stars to Flight：

…

The Bird of Time has but a little way

To fly – and Lo! the Bird is on the Wing.

欧玛尔·海亚姆的"鲁拜集"

爱德华·菲茨杰拉德于 1859 年译成英文

网络的进化

想要知道未来计算演变成什么样子，查看一下历史是很有用的。第一阶段基于互联网的计算,有时也被称为 Web 1.0,出现于 20 世纪 90 年代。典型的是用户和网站之间可以进行互动,网站会显示一些信息,并且用户可以点击超链接,以获取更多额外的信息。信息流是严格单向的从维护网站的机构到用户。因此,Web 1.0 的模型是一个巨大的图书馆,与谷歌和其他搜索引擎一并成为图书馆的目录。然而,即使这个小小的改变,企业(IT 企业)不得不做出回应,通过把自己的网站和出版内容放在 Web 上来有效地展示出企业形象(图 1.1)。如果不这样做的话,就好像竞争对手在做大量广告而自己却什么也没做。

图 1.1　Web 1.0:信息的访问

Web 2.0 和社交网络

网络计算的第二个高潮是在 21 世纪初,当应用程序允许用户上传信息到互联网上变得非常流行的时候。这个看似微小的变化已经足以产生一类新的应用程序类型,主要是快速处理用户生成内容、社交网络以及其人群知识。这种新一代互联网应用称为 Web 2.0[2],如图 1.2 所示。如果 Web 1.0 看起来像一个巨大的图书馆,Web 2.0 以及社交网络更像是一个虚拟世界,在很多方面看起来就是一个现实世界的复制(图 1.2)。在这里,用户不只是登录 ID,而且存储虚拟身份(或角色),不仅有很多关于他们自己的信息(图片、兴趣爱好和他们在网络上搜索的感兴趣的内容),而且存储现实世界中与他们有关的朋友和其他相关用户的信息,此外,该网站现在不是只读的;用户可以将他们的评论、标签、评级以及注释发布到 Web

3

上,甚至创建自己的博客。再次,企业和 IT 企业不得不应对这一新环境,不仅为了节省成本利用新技术,而且尽可能地使用新功能。

截至本书撰写时,Facebook 网站已经拥有会员 7.5 亿人,占世界人口的 10%[3]。除了可以与朋友保持联系的功能以外,Facebook 还虚拟社区中的信息起发酵催化作用。一个非常明显的例子就是 Facebook 在 2011 年埃及革命中扮演的催化剂角色。革命中一个关键的时刻是 1 月 25 日在开罗解放广场的抗议,这次抗议是使用 Facebook 组织的。革命领袖也因此公开感谢了 Facebook[4, 5]在革命中所发挥的重要角色作用。另一个有效地使用社交网络的例子就是成功竞选为美国总统的奥巴马,他在 MySpace 上拥有 200 万网络支持者,在 Facebook 上拥有 650 万的网络支持者,在 Twitter 上拥有 170 万网络支持者[6]。

图 1.2　Web 2.0:数字现实:社交网络

社交网络技术有着使企业与客户之间的联系方式发生重大改变的潜力。一个简单的例子就是 Facebook 网页上推出的"Like"按钮。Facebook 会员可以通过按下广告产品下面的这个按钮,表明自己对这个产品的喜好。而且,这一事实会很快被他的好友们知道,并且好友们会转发到自己的 Facebook 主页上以至他的好友们也会知道。这对用户的购买行为有巨大的影响,因为它是一个可信赖的朋友推荐的产品!此外,通过访问"facebook / insights",为分析 Facebook 中单击按钮的会员特征提供了可能。这可以直接显示使用该产品的用户简单信息!从本质上讲,因为用户的身份和关系都是在网上的,也可以在商业领域通过各种方法来使用这些信息。

信息爆炸

用户能够上传内容到网页上导致了信息爆炸。研究表明,世界上的数字信息量每18个月翻一番[7]。许多早期以物理形态存储的信息(例如图片)一旦被上传到网上,就可以供大家即时共享。事实上,在许多情况下,第一个报道重要新闻的是旁观者使用手机制作的视频剪辑并上传到网页上的。这些信息的重要性已经越来越让试图对互联网审查的政府担心,不受限制地访问信息可能引发内乱甚至推翻政府[8,9]。企业可以挖掘这种主观信息,例如,通过情感可以分析公众对特定主题的一些看法。

更进一步,全新类型的应用程序有可能会结合网络上的信息。联合利华使用公共信息的文本挖掘来分析竞争对手的专利申请,并推断出竞争对手试图发现一种用于只在巴西发现的害虫的杀虫剂。IBM同样能够分析新闻摘要,检测到一个竞争对手正在对外包业务显示出浓厚的兴趣[10]。

另一个例子由HP和加拿大GS1(一个供应链组织)共同实施的食品安全召回事件。通过跟踪食品从其生产到销售的整个生命周期,食品安全召回事件组织证实了个人消费者所购买的产品是不安全的,并且要求商店退还购买食品花费的金额。这是一个企业可以接触到与他们不直接交互的个人消费者例子。

移动 Web

当前,人们都能清楚地发现世界上的另一个重大的变化是移动设备数量的快速增长。报道称,移动宽带用户已经超过了固定宽带用户[12]。由于移动互联网接入,网络上的信息可以从任何地方、任何时间,在任何设备上访问Web上的信息,这使得网络成为日常生活中的一部分。例如,许多用户往往会使用谷歌地图在一个未知的位置找到方向。这些网络上的信息经常会帮助技术人员开发出一些基于位置服务和增强现实的应用程序。例如,对于旅行者来说,一个移动应用程序可以指示方向并能够呈现出他目前所面临的问题的信息和方法是非常引人注目的。目前的移动设备计算能力非常强大,而且可以通过触摸、重力感应以及其他可用的传感器设备提供给用户丰富的操作体验。使用云托管,APP商店正在成为每一个移动设备或平台,这在未来几乎是一个事实。Google Android Market、Nokia Ovi Store、Blackberry App World、Apple App Store都是这样的例子。移动设备供应商也提供云服务(如iCloud和SkyDrive),它由应用程序研究人员开发,使用户可以在多个个人设备上进行无缝的应用体验。

未来的进化

先前提到外界推断的发展趋势可能就是未来网络发展的思想,又名云。随着信息量增长得越来越全面,云将继续成为一个巨大的信息源。还需要有更大存储量的个人数据和个人档案,以及更亲密的交互使得数字世界更贴近于真实世界。移动性加剧了网络的无处不在。云平台使人们利用大量的计算能力来分析大量的数据成为可能。因此,人们会看到更多更复杂的应用程序,它们可以分析那些更加智能的存储在云端的数据。这些新应用程序将可以在多个异构设备,包括移动设备上使用。尽管会有网络延迟,简单通用的客户端应用程序、Web 浏览器等也将变得更加智能并且提供丰富的交互式用户体验。

为消费者和企业提供有价值的新型应用程序已经开始发展并且投入运用。分析学和商业智能正在变得越来越普遍,使得企业更好地了解他们的客户以及可以更加个性化地与他们进行互动。最近的一份报告中指出,通过使用人脸识别软件来对照片进行分析,还可以从 Facebook 中发现一个人的姓名、生日和一些其他个人信息[13]。例如,杂货店可以通过这些信息给人们提供各种特殊的生日礼物。柴郡警察局的一项评估表示,一个典型的伦敦人每天被视频监控系统平均拍摄 68 次[14]。大量的客户数据可以用来分析得出关于客户的隐含的购买行为和购买模式,甚至可以得出一些方法来抗衡竞争对手。企业可以使用人所处的位置,连同个人信息来更好地服务客户,正如某些移动设备详细记录用户的位置信息一样[15]。由于所有这些以及更多的理由,下一代网络 Web 3.0,一直被幽默地称为“网络空间在看你”,如图 1.3 所示。

图 1.3 Web 3.0:网络空间在看你

　　上述讨论表明,解决隐私问题将在后续发展中变得很重要。Steve Rambam 已经介绍了如何只使用电子邮件地址和志愿者的名字,就能够在 4h 内跟踪该志愿者的 500 页数据资料[16]。收集的数据包括志愿者曾经住过的地方、驾驶的汽车,甚至能够发现过去 20 多年前有人非法使用该志愿者的社会安全号码。谷歌 CEO 施密特:未来的互联网是实名制的[17],另外一个谷歌高管预测政府会反对互联网匿名制,因此网络隐私是不可能的。然而,也有一些人认为隐私的担忧被夸大了[18],来自有效个人信息获得的利益远大于风险。

　　企业可以利用云计算的另一种方法是通过群众的智慧,做出更好的决策。研究人员[19]已经表明通过参考大众想法做出的决定比任何个人所做的决定都要好。好莱坞的证券交易所(HSX)是一个在线游戏,它也是群体智慧的一个很好例子。对于即将上映的电影,HSX 参与者可以花费高达 200 万美元购买和出售股票[20]。好莱坞证券交易所中电影的开场收入的最终价值是一个非常好的预测案例,以及随后的几个星期内其股票价值变化的迹证。

　　最后,正如前面提到的,今天的数字世界是一个现实世界的复制。在未来,更逼真和身临其境的 3D 用户界面能够完全改变人与计算机之间互动的交互方式。

　　所有这些应用都表明,计算需要被看做是一个更高层次的抽象。应用程序开发人员不会将多个任务的重负加载给一个指定的服务器。他们也不应该抱怨目前分配的磁盘是否溢出。他们不应该担心应用程序支持哪些操作系统(OS)或者实际中如何去打包以及发布应用程序给他们的消费者。重点应放在解决更大的问题上。计算基础设施、平台、数据库和应用程序部署都应该是自适应的和抽象的,这也正是云计算所扮演的重要角色。

什么是云计算?

　　云计算实际上就是提供在互联网规模的计算。计算、存储、网络基础设施以及开发和部署平台的请求在几分钟之内完成。在前面提到的那些复杂的、未来的应用,可在抽象的、可扩展的云计算平台上实现。云计算正式的定义如下:

　　美国国家标准协会(NIST)已经想出了一系列被广泛接受的云计算术语的定义,并且在 NIST 技术草案中记录下来[21]。根据 NIST 的记录,云计算描述如下:

　　云计算是这样一个模型,它无处不在、便捷,是可以按需访问可配置计算资源(如网络、服务器、存储器、应用程序和服务)的共享池,它能够以最少量的管理工作或者与服务提供商互动来快速配置和提供服务。

　　为了进一步明确定义,NIST 指定云计算基础设施必须具备以下五个基本特征。

　　按需自助服务:云平台用户所需要的计算、存储或平台资源是以最少的配置自供应或自动供应。在第 2 章中将详细介绍,在几分钟之内就可以登录亚马逊弹性计算云(一个流行的云平台),并获得资源,如虚拟服务器或虚拟存储。要做到这一点,仅仅需要在亚马逊上注册一个用户账户。无论是获得一个账户还是获得虚拟资源,都不需要与亚马逊的服务人员交互。这正好与传统的 IT 系统和流程相反,传统的 IT 系统通常需要与 IT 管理员交互,然后经过一个漫长的审批过程,最后等待长时间的间隔才提供一些新的资源。

广泛的网络访问:云平台成功的关键是从台式机、笔记本电脑到移动设备对无处不在的云应用程序的访问。当计算迁移到云端时,客户端应用程序变得微不足道,仅仅一个网页浏览器就可以发送一个 HTTP 请求并接收到返回结果。这将反过来使客户端设备更加依赖云端来正常运作。因此,连接是有效使用云应用程序的关键。例如,亚马逊、谷歌和雅虎的云服务都是通过互联网全球上市。它们可以被大量的、不同类型的设备访问,如移动电话、平板电脑和个人计算机等。

资源池:云服务可以支持数百万同时在线用户。例如,在 2009 年 Skype 可以支持 2700 万同时在线用户[22],而 Facebook 支持 700 万同时在线用户[23]。显然,如果每个用户需要专门的硬件,它是不可能支持这么多数量的同时在线用户的。因此,云服务需要在用户和客户之间共享资源来降低成本。

快速伸缩性:云平台能够根据需要迅速增加或减少计算资源。在 Amazon EC2 云平台上,它可以任意指定最小数量的和最大数量的虚拟服务器分配,而实际的数量会随着负载的大小有所不同。此外,提供一个新的服务器所花费的时间非常少,仅规定内的几分钟而已。这也提高了一个新的基础设施部署的速度。

可计量的服务:对于云计算来说,一个引人注目的业务用例是"现收现付",即消费者只支付它的应用程序所使用的资源费用。商业云服务,如 Salesforce. com,通过计算客户对资源的使用流量按比例收取费用。

云部署模型

除了提出云计算的定义,NIST 还定义了四个云部署模型,即私有云、公共云、社区云和混合云。私有云是单个企业所建立的云计算基础设施。今天,企业数据中心发展的下一步是使这些基础设施共享。社区云是社区里拥有一个共同目的的多个组织所共享的云基础设施。社区云的一个例子是 OpenCirrus,它是用于高校和研究机构的云计算研究试验平台。公共云是云服务供应商用于商业目的向公众提供云服务的云基础设施。混合云是这些不同云部署的混合。例如,企业可以租用一个公共云的存储空间处理需求高峰。企业的私有云和租来的存储空间构成了混合云。

私有云与公共云

企业 IT 中心可以选择使用私有云或迁移数据到公共云中处理数据。值得注意的是两者之间有一些显著的差异。首先,私有云模型利用内部基础设施提供不同的云服务。这里的用户通常独自占有这些基础设施。另一方面,公共云的基础设施是属于云服务供应商的,它的用户使用基础设施需要支付费用给云服务供应商,从积极的方面来看,由于其资源是在多个用户之间共享的,所以公共云更适合提供灵活性和扩展需求。公共云中的多余资源都能够被充分利用,因为它们是在多个用户之间共享的。

此外,公共云部署在任何企业的法律程序中引入了第三方。考虑到这样一个场景:企业决定利用一个叫 NewCloud 的虚构公司来为它提供公共云服务。在任何诉讼情况下,电子邮件和其他电子文档可能需要作为证据,相关法院将给云服务提供商(如 NewCloud)发送传单来产生必要的电子邮件和文档。因此,使用NewCloud 的服务意味着其成为存储在 NewCloud 中的任何诉讼所涉及的数据的一部分。这个问题将在第 7 章云安全设计中进行更详细的讨论。

另一个要考虑的是网络带宽的限制和成本。万一决定迁移一些 IT 基础设施到公共云端[24],其中客户端和云服务间的网络连接中断会影响云应用程序的可用性。在低带宽的网络上,交互式应用程序的用户体验也可能受到影响。另外,对网络使用成本的影响也需要考虑。

还有一个要面临的事实就是云用户需要在公共云或私有云之间做一个选择。一个简单的例子可以直观清晰地发现,部署存储所花费的时间量是一个重要的因素。假设需要 10TB 的磁盘存储容量,可以为私有云买一个新的存储器,或者通过 NewCloud 提供的云服务获得。假设存储器的生命周期是 5 年,10TB 的存储成本是 $ X。显然,为了收回成本,NewCloud 每年至少要收取(根据一个简化的定价模型) $ X/5。实际上,为了盈利,NewCloud 会收取更多的费用,因为存储器有时会处于空闲期。所以,如果只是暂时想使用 1 年时间的存储器,从 NewCloud 租用可能会比较划算,企业大约只需要支付 $ X/5。相反,如果打算长期使用存储器,那么购买存储器并将它作为一个私有云使用是比较划算的。因此,选择使用私有云还是公共云存储的因素之一是存储器使用时间的长短。

当然,成本可能不会是评估公共云和私有云的唯一考虑因素。一些公共云提供应用程序服务,如 Salesforce. com(一个受欢迎的 CRM 云服务),能够提供独特的功能。与那些非云应用程序相比,客户会优先考虑它。其他公共云提供基础设施服务,使得企业可以完全将基础设施外包,容量规划、采购和数据中心管理的复杂性也就不存在了,这些将在下一章中详细介绍。一般来说,由于私有云和公共云有着各自不同的特点、不同的部署模型,甚至不同的业务驱动力,对一个企业来说,最佳的解决方案就是将它们混合使用。

Tak 等[25]展示了公有云和私有云数据库负载量的详细比较和各自的经济模式。他考虑到工作负载的所有强度(小的、中等以及大的工作量)、突发性,以及他们对工作负载增长率的评估。如何选择可能也取决于它的成本。因此,他们考虑到大量的成本因素,包括硬件成本、软件成本、工资、税收和电力费用。关键是:对于从中型到大型的工作负载来说私有云是划算的,而公共云更适合于小的工作负载。其他的调查结果表明,垂直混合模型(部分应用程序处在私有云中、部分是在公共云中)往往由于高成本的数据传输而比较昂贵。然而,在水平混合模型中,整个应用程序都复制到公共云,在工作负载正常时使用私有云,而处于需求高峰时使用公共云,这样比较合理。

需要举个例子来分析一下如何决定私有云和公共云的部署,如表1.1所列。表中的数字是用于假设和说明的。在一个特定的实例下决定选取公共云还是私有云之前,有必要制定类似于表1.1的财务分析。这个表比较了分别在私有云和公共云中应用程序部署的预估成本。比较的是超过3年时间跨度的总成本。在该表中,由于负载的增加假定软件许可成本也增加了。出于同样的原因,公共云服务的成本假定上升。而基础设施的成本可以用来在私有云和公共云之间做决定,还有其他业务驱动因素可能会影响决策。

表1.1　公共云和私有云的假设成本

单位(美元)	私有云			公共云		
	第1年	第2年	第3年	第1年	第2年	第3年
硬件	70,000	40,000	20,000			
建立成本	30,000			5,000		
软件(许可证)	200,000	400,000	700,000			
人力成本	200,000	200,000	200,000			
服务成本				300,000	600,000	1,000,000
WAN成本				15,000	30,000	56,000
年成本	500,000	640,000	920,000	320,000	630,000	1,056,000
总计	2,060,000			2,006,000		

云计算的业务驱动力

与传统的IT采购模型不同,如果使用一个云平台,企业不需要在硬件方面进行非常大的投资。在一个项目开始时通常很难估计其所需硬件的容量,所以这样应用云平台以避免IT的过度配置和过度购买。在云模型中这些是不必要的,因为它是按需缩放的。企业可以从云供应商那里租用少量硬件开始,基于业务如何进展再将其扩大。拥有一个复杂的基础设施的另一个缺点是维护的需要。从商业的角度来看,云计算提供了高可用性并使得每一个公司都不再需要IT工作室和高度熟练的管理员。

一些商业调查已经对云计算的好处进行评估。例如,北桥调查[26]揭示出大多数的企业正在尝试云(40%)。然而,少数企业正在考虑使用,甚至少量考虑在关键任务中开始应用(13%)。云计算被认为有许多有利的方面。在短期内可伸缩性、成本、灵活性和创新都被认为是主要的驱动力。灵活性和创新是指企业 IT 部门能够迅速响应与应对新的服务请求的能力。目前,IT 部门已经被用户认为是很慢的(由于企业软件的复杂性)。通过增加可管理性,不论企业 IT 部门是在公有云上实现,还是在私有云上实现,云计算都增加了应用程序部署的速度。此外,它还能降低管理的复杂性。可伸缩性指的是使 IT 基础设施的大小可以增加,以适应增加的工作量。最后,自动化管理云计算(私有云或公共云),使得它可能减少 IT 成本。

那么,使用公共云的缺点是什么? 有三个主要因素被受访者认为是抑制因子。第一个是安全性。人们开始关心在公共云中数据的安全性验证,因为数据不是由企业存储的。云服务提供商试图通过获得第三方认证来解决这个问题。合规性是另一个问题,它是指涉及数据存储时,云服务提供者是否遵守安全规则的问题。一个例子就是与健康相关的数据,这就需要任命一位负责数据安全性的合规管理员。云服务提供商也一直试图通过认证解决这些问题。这些问题都将会在第 7 章中讨论。阻止企业接受(云计算)第三个不利因素是互操作性和云提供商选择。事实上,一旦选中一个特定的公共云,迁移它很不容易,因为软件和操作程序都是针对特定的云设计的。在与企业谈判的过程中,这可能给云服务提供商过度的影响。从财务的角度看来,"按使用付费"的 IT 基础设施的支出可能是一个很难减少的费用,因为它的减少可能会影响操作。因此,云服务 APIs 的标准化变得极其重要,这与当前的努力方向(将在第 10 章详细介绍)是一致的。

云技术简介

这部分主要是云计算的一些技术方面的概述,其余部分将会对其进行详细介绍。学习云计算的最好方法之一是理解三个云服务模型或了解所有的云平台服务模式。它们分别是基础设施即服务(IaaS)、平台即服务(PaaS)和软件即服务(SaaS),它们的描述如下:

三种云服务类型是由 NIST 定义的,IaaS、PaaS 和 SaaS 分别对应集中于计算机运行时堆栈层里的每一个特定的层,即硬件、系统软件(或平台)和应用程序。

图 1.4 展示了三种云服务模型以及它们之间的关系。在最低层是硬件基础设施,云系统就建立在它上面。能够使这个基础设施作为一种服务进行交付的云平台就是 IaaS 体系架构。在 IaaS 服务模型中,物理硬件(服务器、磁盘和网络)被抽象成虚拟服务器和虚拟存储。这些虚拟资源可以为云用户按需分配,并配置在虚拟系统上,在这里可以安装任何所需要的软件。因此,这个架构有很大的灵活性,而且从用户的角度来看,至少应用程序自动化。以下是 PaaS 的抽象,它提供了一

个搭建在抽象的硬件之上的平台,开发人员能够在平台上创建云应用程序。用户登录提供 PaaS 的云服务平台执行可用的指令,将允许他们分配中间件服务(如一个特定大小的数据库),并且可以加载配置和数据到中间件中,开发一个可以在中间件上运行的应用程序。以上是 SaaS 的抽象,作为一种服务它提供了完整的应用程序(或解决方案),使消费者不必担心硬件、操作系统甚至应用程序安装等所有复杂的情况。例如,一个登录到 SaaS 的用户可以使用电子邮件服务,而不需要了解其中的中间件和服务器是如何建立的。因此,如图 1.4 所示,这个架构对用户来说具有最少的灵活性和最大的自动化。

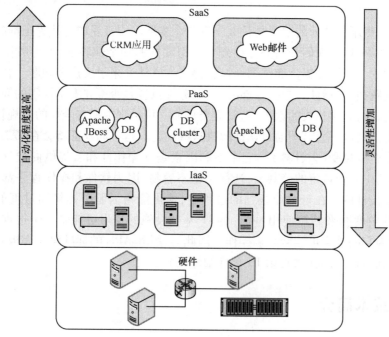

图 1.4　云服务模型

由于这三种云服务模型各自的特性不同,服务类型也可能不同,这是所有的云架构都面临的技术挑战,这些包括计算缩放、存储扩展、多租户、可用性和安全性。从前面的讨论中可以看出,三种不同的服务模型具有很好的分层结构。例如,Salesforce.com 的 CRM SaaS 是建立在 Force.com PaaS 上的,这是经常出现的情况。然而,从理论上讲,这是不正确的。例如,它很可能会使用过度配置的数据中心来提供一个 SaaS 模型。

基础设施即服务

IaaS 模型提供计算和存储资源服务。根据 NIST[21],IaaS 的定义如下:它能够为用户提供处理、存储器、网络和其他基本的计算资源,用户能够部署和运行任意软件,包括操作系统和应用程序。用户并不管理或控制底层云计算基础设施,但能控制操作系统、存储器、部署应用程序,并可有限地控制选定的网络组件(如主机防火墙)。

IaaS 的用户对分配给他的硬件基础设施(可能是一个虚拟机)拥有单独所有权,他可以在远程网络使用它,就好像在使用自己的机器一样,并可以对操作系统和软件进行控制。IaaS 如图 1.5 所示。IaaS 提供商控制实际的硬件,云用户可以请求分配虚拟资源,然后 IaaS 提供商在硬件上分配这些资源(通常不需要任何手动干预)。云用户按照所期望的那样管理虚拟资源,包括安装所需的任何操作系统、软件和应用程序。因此 IaaS 是非常适合想要完全控制他们所运行软件堆栈的用户。例如,用户可能从不同的供应商处获得异构软件平台,他们也许不喜欢切换到只有可选择利用中间件的一个 PaaS 平台。大家都知道的 IaaS 平台包括 Amazon EC2、Rackspace 和 Rightscale。此外,传统的供应商如惠普、IBM 和微软提供的解决方案可用于构建私人 IaaS。

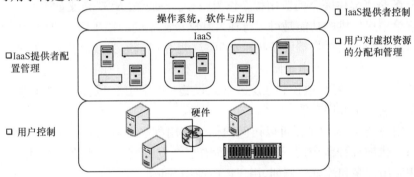

图 1.5　基础设施即服务

平台即服务

PaaS 模型提供一个系统堆栈或平台作为服务。NIST 对 PaaS 定义如下:它给用户提供的功能是使用提供者所支持的编程语言和工具创建或获得应用程序并将其部署到云基础设施上。用户并不管理或控制底层的云基础设施,包括网络、服务器、操作系统或存储器,但它可以控制已部署的应用程序以及应用程序托管的环境配置。

图 1.6 显示了一个 PaaS 模型图。硬件设备以及任何映射虚拟资源的硬件,如虚拟服务器,是由 PaaS 提供商控制的。此外,PaaS 提供商支持选择中间件,如图中所示的数据库、Web 应用服务器等。云用户可以在以上的中间件上进行配置和创建,如在数据库中定义一个新的数据库表。PaaS 提供商将这个新表映射到他们的云基础设施上。随后,云用户可以根据需求管理数据库,在该数据库上开发应用程序。PaaS 平台很适合那些所使用的中间件和 PaaS 供应商提供的中间件相匹配

的云用户,这使得他们能够专注于应用程序。Windows Azure、Google App Engine 和 Hadoop 都是一些知名的 PaaS 平台。对于 IaaS,传统的厂商如惠普、IBM 和微软提供的解决方案,可用于构建私有 PaaS。

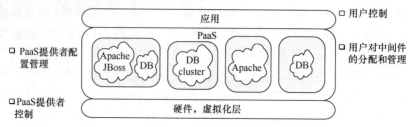

图 1.6　平台即服务

软件即服务

SaaS 是将提供完整的应用程序作为服务。SaaS 被 NIST 定义如下:

它给用户提供的功能是可运行在云基础设施上的应用程序。应用程序可以很容易通过各种不同客户端设备进行访问,这些客户端称为瘦客户端,如 Web 浏览器(或者是基于 Web 的电子邮件)。除了对有限特定用户的应用程序进行配置设置以外,用户并不管理或控制底层云基础设施,包括网络、服务器、操作系统、存储器甚至个别应用程序功能。

使用一个 Web 浏览器可以访问的任何应用程序都认为是 SaaS。如图 1.7 所示。SaaS 供应商控制应用程序以外的所有层。登录到 SaaS 服务器的用户可以同时使用应用程序和配置。例如,用户可以使用 Salesforce. com 来存储客户数据。他们也可以配置应用程序,例如,为额外的存储空间或为已经被使用的客户数据添加额外的字段。当配置发生改变时,SaaS 基础设施按需执行管理任务(如额外的存储分配)来支持改变的配置。SaaS 平台是针对那些想使用应用程序,而不需要安装任何软件的用户(事实上,著名的 SaaS 供应商 Salesforce. com 的座右铭是"没有软件")。然而,对于高级用法,一些特殊的编程语言或脚本语言可能需要为业务定制应用程序(例如,为客户数据添加额外的字段)。事实上,像 Salesforce. com 这样的 SaaS 平台,不需要编程就可以执行一些定制业务规则,而这些业务规则对非程序员来说实施起来应该是足够简单的。著名的 SaaS 应用程序包括 Sales-

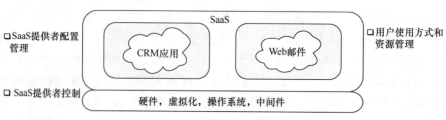

图 1.7　SaaS 云模型

force. com 的客户关系管理系统（CRM）、Google Docs 的文件共享应用，以及一些 Web 电子邮件系统，如 Gmail、Hotmail 和 Yahoo! Mail。IT 厂商如惠普和 IBM 的销售系统可以配置在创建 SaaS 的私有云上。例如，SAP 可以在企业内部提供 SaaS。

技术挑战

云计算的技术挑战源自这个事实，即云计算的规模远远大于传统的计算环境——因为许多用户、许多应用程序，事实上许多企业将共享它！因此，前面所描述的三种云服务模型都将受到这些挑战的影响。书中其余部分着重介绍不同的云系统采用不同的方法来克服这些挑战。

图 1.8 展示出五个最受欢迎的网站的通信量。不断下降的曲线是请求去该网站的浏览数量，而 V 形曲线表示本网站的响应时间。可以看出，高级网站——Facebook. com——约占所有网络流量的 7.5%。尽管业务量大，接近 2s 的响应时间仍然优于平均水平。有良好的响应时间支持这么高的业务率，一定需要快速扩展计算和存储资源。因此计算能力和存储的可扩展性对这三种云模型来说是一个主要挑战。高可扩展性要求在用户之间大规模地共享资源。如前所述，Facebook 支持 700 万个并发用户。多租户或细粒度的资源共享需要新技术来支持。在这种环境下，安全是一个自然要关注的问题。

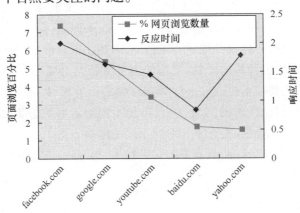

图 1.8　流行 Web 站点的通信量统计

另外，在这种大规模的环境下，硬件故障和软件错误可能会比预期相对频繁地发生。问题是失败可能触发其他的故障，导致失败雪崩，以至重大中断事故，使事情变得更加复杂。2011 年，这种失败雪崩事件在亚马逊的数据中心发生[28, 29, 30]。一个网络故障引发数据的重镜像（做一个复制或镜像）。然而，重镜像的通信量干扰正常存储通信，导致系统相信额外的镜像已经失败。这反过来又引发进一步的重镜像通信量，妨碍了额外的正常存储信息，引发更多的重镜像（图 1.9），降低了整个系统效率。因此，可用性是影响云的主要挑战之一。在第 6 章给出了一些方法,可以用来解决这些挑战,当然还需要更多的研究来解决这个问题。

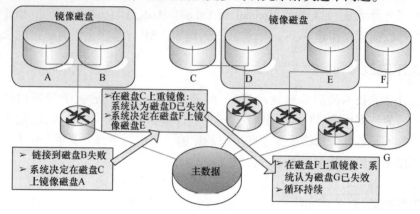

图 1.9   失效雪崩的演示实例

小结

本章集中概述了很多概念,这对书中后面的内容非常重要。首先,NIST 对云计算和三种云计算模型(基础设施即服务或 IaaS、平台即服务或 PaaS、软件即服务或 SaaS)进行了定义。接下来,是对四个主要的云部署模型——私有云、公共云、社区云和混合云进行了调查和描述。紧接着,分析了云计算的经济学和商业驱动。有人指出,为了量化云计算的好处,详细的财务分析是必要的。最后,本章讨论了云计算所面临的主要技术挑战——计算和存储的可伸缩性、多租户和可用性。在本书其余的部分,讨论技术的同时,重点将是不同的云解决方案如何应对这些挑战,从而让读者从技术层次去比较和对比不同的解决方案。

来吧,趁现在去享受后面章节中的先进技术,揭开云计算的神秘面纱!

参考文献

[1] Nicholas Carr, W W. The Big Switch: Rewiring the world, from edison to google. Norton & Company, 2009. ISBN – 13: 978 – 0393333947.

[2] O'Reilly T, What is web 2. 0? Design patterns and business models for the next generation of software, September 2005. http://oreilly. com/web2/archive/what – is – web – 20. html 2005 [accessed 08. 10. 11].

[3] Facebook Now Has 750 Million Users. http://techcrunch. com/2011/06/23/facebook – 750 – million – users/ [accessed 08. 10. 11].

[4] Egypt's Facebook Revolution: Wael Ghonim Thanks The Social Network. http://www. huffingtonpost. com/ 2011/02/11/egypt – facebook – revolution – wael – ghonim_n_822078. html [accessed 08. 10. 11].

[5] Egyptians protesting Tahrir Square Cairo. http://www. youtube. com/watch? v = S8aXWT3fPyY [accessed 25. 01. 11].

[6] How Obama used social networking tools to win, INSEAD. http://knowledge. insead. edu/contents/HowObam-ausedsocialnetworkingtowin090709. cfm; [accessed 10. 07. 09].

[7] The Diverse and Exploding Digital Universe, IDC. http://www. emc. com/collateral/analyst − reports/diverse − exploding − digital − universe. pdf; 2008 [accessed 08. 10. 11].

[8] nternet Enemies, by Reporters sans Frontiers. http://www. rsf. org/IMG/pdf/Internet_enemies_2009_2_. pdf; [accessed 12. 03. 09].

[9] Google sees growing struggle over web censorship. http://www. reuters. com/article/2011/06/27/us − google − censorship − idUSTRE75Q4DT20110627 [accessed 08. 10. 11].

[10] Zanasi A. text mining and its applications to intelligence, CRM and knowledge management. WIT Press; 30 2007, p. 203.

[11] Gardner D. Cloud computing uniquely enables product and food recall processes across supply chains. http://www. zdnet. com/blog/gardner/cloud − computing − uniquely − enablesproduct − and − food − recall − processes − across − supply − chains/3163; [accessed 25. 08. 09].

[12] Mobile broadband subscribers overtake fixed broadband, Infonetics Research. http://www. infonetics. com/pr/2011/Fixed − and − Mobile − Subscribers − Market − Highlights. asp [accessed 08. 10. 11].

[13] Software that spills info by looking at your photo, Bangalore Mirror, 3 August 2011, p. 13.

[14] Gerrard G, Thompson R. Two million cameras in the UK, Cheshire Constabulary, CCTV Image, Vol. 42. http://www. securitynewsdesk. com/wp − content/uploads/2011/03/CCTV − Image − 42 − How − many − cameras − are − there − in − the − UK. pdf [accessed 08. 10. 11].

[15] J. R. Raphael, Apple vs. Android location tracking: Time for some truth, Computerworld. http://blogs. computerworld. com/18190/apple_android_location_tracking [accessed 25. 04. 11].

[16] Rambam S. Privacy Is Dead − Get Over It, 8th www. ToorCon. org Information Security Conference, September 30, 2006, San Diego, California. http://video. google. com/videoplay? docid = − 383709537384528624 [accessed 08. 10. 11].

[17] Ms Smith, Google CEO Schmidt: No Anonymity Is The Future Of Web, Network World. http://www. networkworld. com/community/blog/google − ceo − schmidt − no − anonymity − futureweb; 2010 [accessed 08. 10. 11].

[18] Pogue D. Don't worry about who's watching. Scientific American. http://www. scientificamerican. com/article. cfm? id = dont − worry − about − whos − watching; [accessed 01. 01. 11].

[19] Suroweiki J, The Wisdom of Crowds, Anchor, 16 August 2005.

[20] What is HSX Anyway? http://www. hsx. com/help/ [accessed 08. 10. 11].

[21] The NIST Definition of Cloud Computing (Draft), Peter Mell, Timothy Grance, NIST. http://csrc. nist. gov/publications/drafts/800 − 145/Draft − SP − 800 − 145_cloud − definition. pdf [accessed 08. 10. 11].

[22] Skype hits new record of 27 million simultaneous users in wake of iOS video chat release, Vlad Savov, Engadget. http://www. engadget. com/2011/01/11/skype − hits − newrecord − of − 27 − million − simultaneous − users − in − wake − o/ [accessed 08. 10. 11].

[23] Erlang at Facebook, Eugene Letuchy. http://www. erlang − factory. com/upload/presentations/31/EugeneLetuchy − ErlangatFacebook. pdf; [accessed 30. 04. 09].

[24] Cloud storage will fail without WAN Acceleration, so FedEx to the rescue? Larry Chaffin, 6 December 2010, Networking World. http://www. networkworld. com/community/blog/cloud − storage − will − fail − without − wan − accelerat [accessed 06. 12. 11].

[25] ak BC, Urgaonkar B, Sivasubramaniam A. To Move or Not to Move: The Economics of Cloud Computing. The Pennsylvania State University, Hot Cloud'11: 3rd Usenix Workshop on Hot Topics in Cloud Computing, June

2011, Portland, Oregon, http://www. usenix. org/event/hotcloud11/tech/final _ files/Tak. pdf [accessed 08. 10. 11].

[26] 2011 Future of Cloud Computing Survey Results, Michael Skok, North Bridge Venture Partners. http://futureofcloudcomputing. drupalgardens. com/media – gallery/detail/91/286; [accessed 22. 06. 11].

[27] Alexa, The Web Information Company. http://alexa. com [accessed 08. 10. 11].

[28] Major Amazon Outage Ripples Across Web, April 21st, 2011 : Rich Miller, Data Center Knowledge. http://www. datacenterknowledge. com/archives/2011/04/21/major – amazonoutage – ripples – across – web/ [accessed 08. 10. 11].

[29] Kusnetzky D, Analyzing the Amazon Outage with Kosten Metreweli of Zeus, May 16, 2011, http://www. zdnet. com/blog/virtualization/analyzing – the – amazon – outage – withkosten – metreweli – of – zeus/3069 [accessed 16. 05. 11].

[30] Phil Wainewright, Seven lessons to learn from Amazon's outage. http://www. zdnet. com/blog/saas/seven – lessons – to – learn – from – amazons – outage/1296; [accessed 24. 04. 11].

第 2 章
基础设施即服务

【本章要点】

- 存储即服务:亚马逊存储服务
- 计算即服务:亚马逊的弹性计算云(EC2)
- 惠普 CloudSystem 阵列
- 单元即服务 CaaS

引言

本章介绍了一个重要的云服务模型,称为"基础设施即服务"(IaaS),这使计算和存储资源作为一种服务被交付。这是在第 1 章描述的三个云计算服务模型中的第一个。其他两个模型在随后的章节中进行研究。在 IaaS 云计算模型下,云服务提供商使得计算和存储资源(如服务器和存储器)成为一种可用服务。这为用户使用云基础设施提供了最大的灵活性,其中如何使用虚拟的计算和存储资源是留给云用户的。例如,用户可以加载他们需要的任何操作系统和其他软件来执行大部分的现有的而不需要太大变化的企业服务。然而,维护安装操作系统和任何中间件的重担将继续落在用户/客户身上。确保应用程序的可用性也是用户的工作,因为 IaaS 供应商只提供虚拟硬件资源。

随后的章节描述一些流行的 IaaS 存储平台提供的存储服务和计算服务。首先,存储即服务部分(有时缩写为 StaaS)需要详细介绍一下关键的 Amazon 存储服务:① Amazon 简单存储服务(S3),它提供了一个高度可靠的和高度可用的对象存储在 HTTP 中;② Amazon SimpleDB,键值存储;③ Amazon 关系数据库服务(RDS),它提供了一个 MySQL 在云计算的实例。本章的第二部分描述了 IaaS 的计算方面——通过云实现虚拟计算。客户通常会预订一个特定容量和负载软件的虚拟计算机。还需要一些其他功能特性,即让这些虚拟计算机联网,并可以根据需求增加或减少虚拟计算的容量。计算即服务的三个不同实例将在这一章描述,它们分别是 Amazon 弹性计算云（EC2）（Amazon 的 IaaS 提供的）；惠普的旗舰产品，称为 CloudSystem 阵列；单元即服务，一个惠普实验室研究原型，提供一些高级功能。

存储即服务：亚马逊存储服务

数据是一个企业的命脉。企业对数据有不同的要求，包括关系数据库中的结构化数据，促进电子商务业务或文档格式来捕获非结构化数据的业务流程、计划和愿景。企业可能还需要存储对象来代表他们的客户，就像一个在线注册或协作文档编辑平台。另外，一些数据可能是保密的，必须得到保护，而另一些数据应该是很容易共享的。在所有情况中，业务关键数据应该是安全和可用的。例如，在面对硬件和软件故障时，或者是网络分区和不可避免的用户操作错误时。

注意

亚马逊存储服务

- 简单存储服务（S3）：对象存储。
- SimpleDB：键值存储。
- 关系数据库服务（RDS）：MySQL 实例。

Amazon 简单存储服务（S3）

亚马逊 Web 服务（AWS），它来自 Amazon.com，拥有一套已经非常流行，几乎可以作为一个 IaaS 交付服务标准的云服务产品。图 2.1 显示了 AWS 不同的 IaaS 产品（S3、EC2、CloudWatch）。本章涵盖了 S3、SimpleDB、EBS、RDS 和 EC2 的大量的细节问题以及 CloudWatch 问题，将在第 8 章中详细介绍。

Amazon S3 具有高可靠性、高可用性、可伸缩性和快速存储在云中的特性，它仅仅通过简单的 Web 服务就可以存储和检索大量的数据。本节首先给出了一些初步的平台的详细信息，然后，列举了一个使用 S3 的简单例子，随后对 S3[1] 的特性进行了详细描述。对 S3 更高级的使用会在后面的 Amazon EC2 章节中描述，通过一个开发人员如何使用 S3 APIs 与其他 Amazon 计算服务（如 EC2）来形成一个完整的 IaaS 解决方案的实例。首先，看看如何使用 S3 作为一个简单的云存储上传文件。

访问 S3

使用 S3 的方式有三种。最常见的操作可以通过 AWS 控制执行，AWS 的 GUI 界面（图 2.1），可以通过 http://aws.amazon.com/console 访问。对于在应用程序中使用 S3，亚马逊提供了一个 REST 的 API，类似 HTTP 中操作，如 GET、PUT、DELETE、HEAD。同时，为这些抽象操作的各种语言提供了函数库和软件包。

注意

S3 访问方法

- AWS 控制台
- 亚马逊的 RESTful API
- Ruby 和其他语言的 SDKs

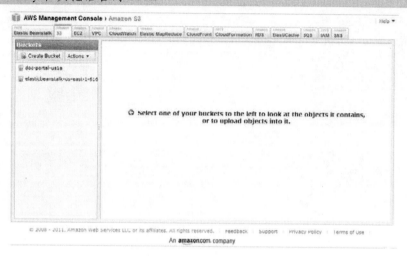

图 2.1　AWS 控制台

此外,因为 S3 是一个存储服务,所以通过 S3 浏览器,用户可以登录他们的 S3 帐户,就好像它是一个目录(或文件夹)。文件系统的实现也让用户把他们的 S3 账户当作是本地磁盘上的另一个目录。几个命令编辑批处理脚本命令行实用工具[2, 3],将在本节的结尾详细描述。

S3 入门

让我们先从一个简单的个人用例开始。考虑到一个拥有整套个人照片的用户,他们想要将照片备份在云中。这里介绍如何解决这个问题:

(1)输入网址 http://aws. amazon. com/s3/并注册 S3。注册的同时,可以获得 AWS 访问密钥和安全密钥。这些类似于用户名和密码的东西是用于验证所有 Amazon Web Services(不只是 S3)的。

(2)输入网址 https://console. aws. amazon. com/s3/home 登录到 S3 的 AWS 管理控制台(图 2.1)。

(3)创建一个存储器(图 2.2),给定一个名称和物理位置。在 S3 中所有(称为对象)存储在一个存储器中的文件代表一组相关的文件集合。S3 中的存储器和对象在后面组织数据章节中称为存储器、对象和键。

(4)单击上传按钮(图 2.3)并按说明上传文件。

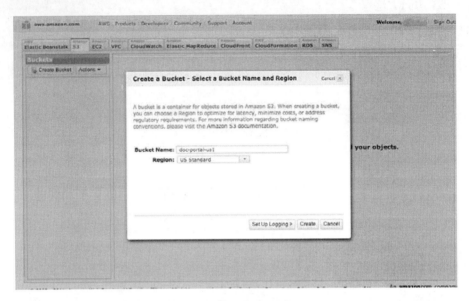

图 2.2　创建一个桶(bucket)

（5）这些照片或其他文件已经安全地备份到 S3 中,如果提供正确的权限就可以通过一个 URL 来分享。

图 2.3　上传对象

从开发人员的角度来看,如果在程序中需要这个功能也可以通过编程实现。

在 S3 中组织数据：桶、对象和键

在 S3 中文件被称为对象。对象与键值紧密联系在一起——就比如是通过选择一个目录的路径就可以查找到相应的对象。在 S3 中的对象被复制在多个不同的位置，使它能够应对多种类型的故障（不过，副本的一致性不能保证）。如果对象启用了版本控制，无意删除和修改的恢复是可行的。S3 对象拥有高达 5TB 的容量并对可以存储对象的数量没有限制。在 S3 中所有对象必须存储在一个桶中。桶提供了一种方法来保持相关对象在一个地方，而且与其他的对象分离。每个账户最多可以有多达 100 个桶，一个桶可以有无限个对象。

每一个对象都有一个键，它可以作为对象的 HTTP URL 的资源路径。例如，如果桶命名为 johndoe，一个对象的键为 resume. doc，那么它的 HTTP URL 是 http://s3. amazonaws. com/johndoe/resume. doc 或者 http://johndoe. s3. amazonaws. com/resume. doc。按照惯例，斜杠分隔键是用来在 S3 浏览器中建立一个类似于目录一样方便浏览的命名方案，如 AWS 控制台、S3Fox 等。例如，可以有这样的网址：http://johndoe. s3. amazon. aws. com/project1/file1. c，　http://johndoe. s3.　amazon. aws.　com/project1/file2. c 和 http://johndoe. s3. amazon. aws. com/project2/file2. c。然而，这些文件包含的键（名）是 project1 /file1. c 等，依此类推，S3 不是真正的分层文件系统。注意，桶的名称空间是共享的，也就是说，不可能创建一个已经被另一个 S3 用户命名的桶。

请注意，进入上述网址到浏览器，上述网址将不会如预期运行；不仅这些值是虚构的，即使是实际值取代了桶和键，结果仍将会是一个"HTTP 403 禁止访问"的错误。这是因为 URL 缺少验证参数；S3 对象在默认情况下是私有的，并且应该携带身份验证的参数来证明该请求者有权利来访问对象，除非对象具有"公共"权限的验证参数。通常情况下，客户端库、SDK 或应用程序会使用 AWS 访问密钥和 AWS 密钥的描述计算一个签名标识请求者，并把签名追加到 S3 请求。例如，S3 存储入门指南通过键 S3/latest/s3 - gsg. pdf 存储在 awsdocs 桶中并具有匿名读权限；因此每个人都可以访问 http://s3. amazonaws. com/awsdocs/S3/latest/s3 - gsg. pdf 来阅读它。

S3 管理

在任何企业里，数据总是与其存放和使用策略紧密相连的，同时来确定数据的物理位置和可用性，以及决定谁有权限访问它。为了用户信息安全和遵守当地法规，审计和记录用户的行为是很有必要的，这样能够撤销用户因疏忽而进行的错误操作。S3 具备所有这些功能的条件如下：

安全：用户可以采用两种方法来确保他们在 S3 中的数据的安全性。首先，S3 提供对象的访问控制权限。用户可以通过设置权限允许其他人访问自己的对象，

这是通过 AWS 管理控制台完成的。右键单击对象会显示出对象操作菜单（图 2.4）。通过授权匿名访问权限，可以使任何人对对象进行读取；这种方法非常有用，例如，网页上的静态内容，这是通过选择对象操作菜单上的"公有"选项实现的。另外，也可以缩小读或写访问特定的 AWS 帐户。这是通过选择"属性"选项引出另一个菜单（图中未显示），允许用户输入电子邮件 ID 来进行访问的。也允许其他人用同样的方式把对象放在一个桶中。这是一种常见的用途，为客户提供一种方式来提交文档进行修改，然后再写入到一个不同的桶（或同一个桶中不同的键），它的客户端有权限去接收修改后的文档。

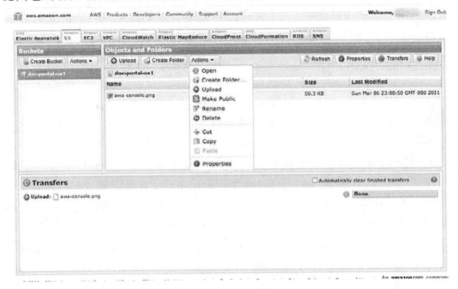

图 2.4　Amazon S3：在对象上执行操作

另外一种可以确保 S3 数据安全性的方法是收集审核日志。S3 允许用户打开桶中的日志，在这种情况下，它在另外一个不同的桶中存储了完整的访问日志记录（或者在相同的桶中，如果需要）。这使得用户可以看到访问对象的 AWS 账户、访问的时间、访问发生和操作地点的 IP 地址。可以从 AWS 管理控制台启用日志记录（图 2.5），以及经常在创建桶的时候启用日志记录。

数据保护：S3 提供两个特性来防止数据丢失[1]。默认情况下，S3 跨多个存储设备复制数据，这种设计可以在两个存储副本同时发生故障时避免数据丢失，也可使非关键数据减少冗余存储（RRS）成为可能。RRS 数据被复制两次，是为了防止一个副本故障。需要注意的是，亚马逊并不保证副本的一致性，例如，如果数据有三个副本，应用程序读取其中一个有延迟更新的副本时就可以读取到旧版本的数据。确保对于一致性的技术挑战、解决的方法以及利弊权衡，将在第 5 章的数据存储部分详细讨论。

版本控制：如果在一个桶中启用版本控制，那么从那时起，S3 自动存储所有对

图 2.5　Amazon S3 桶日志

象的完整历史记录。对象可以恢复到以前的版本,甚至可以撤销删除。这样确保了数据永远不会因为误操作而被删除。

区域性:考虑到性能、法律和其他原因,S3 数据运行在特定的地理位置可能是可取的。这可以在创建桶的存储过程中,通过选择区域在桶的层次实现。该区域对应于一个比较大的地理区域,如美国(加利福尼亚州)或欧洲。当前区域的列表可以在 S3 网站上看到[1]。

大对象和多方上传

S3 对象的大小限制为 5TB,比一个未压缩需要存储的 1080p 高清电影大很多。在实例中,这是不够的,在应用程序中,对象可以分割和重组成一个个小块来存储使用。

尽管 Amazon S3 具有较高的总带宽可用,但是上传大对象仍将花费一些时间。此外,如果上传失败,整个对象需要再次上传。多部分上传巧妙地解决了这两个难题。S3 提供 APIs 允许开发人员编写一个程序,将一个大对象分割成几个部分,每个部分单独上传[4]。这种方式可以并行操作获得更快的速度来最大限度地提高网络利用率。如果哪一个部分未能成功上传,只需要把这一部分重新上传。截至到写这本书时,S3 支持最大程度把一个大对象分割成 10000 个部分。

亚马逊简单数据库(Amazon Simple DB)

不像 Amazon S3 提供文件级操作,SimpleDB(SDB)以 keg – value 存储的形式

提供了一个简单的数据存储接口。它允许存储和基于键的一组属性集合的检索。使用 keg – value 存储是另外一种基于 SQL 的查询关系数据库的选择。这是 No-SQL 数据存储的类型。keg – value 存储与关系数据库的详细比较将在第 6 章中存储扩展中介绍。下一节将对亚马逊的简化数据库进行概述。

数据组织和访问

简化数据库中的数据被组织成为域。在一个域中的每一项都有一个唯一的键,这个键在创建过程中必须提供。每一项可以有多达 256 个属性的名称—值对。依据关系模型,对于每一行,主键转化为项目名称,这一行的列名称和值转化为属性名—值对。例如,如果对于一个员工存储信息是必要的,很可能通过合适的索引键来存储员工的属性(如员工姓名),如雇员 id。不像 RDBMS,在 SDB 中的属性可以有多个值,例如,如果在一个零售产品数据库中,每一项产品目录的关键字列表可以存储为一个单值对应的属性关键字,使用 RDBMS 会变得更复杂。NoSQL 数据存储的更深入的技术细节将在第 5 章中讲述。

尽管有些方法仅能获取单个项,但 SDB 毕竟提供了一个类似于 SQL 的查询语言,查询利用 SDB 自动索引所有属性的事实。对于 SDB 以及其 API 使用的更详细描述将在 Amazon EC2 的后面 Amazon EC2 部分用一个例子来说明。

简单数据库(SDB)的可用性和管理

SDB 有很多特性来提高可用性和可靠性。为了提高可用性,在 SDB 中的数据存储是自动复制在不同地理区域的。它还会自动按照资源的请求率来按比例地增加计算资源,以及自动索引数据集中的所有字段来提高有效的访问。SDB 是非模式,即按需增加字段到数据集中。这个和 NoSQL 的其他优点提供了一个可伸缩存储,这将在第 5 章云应用开发范式中讨论。

Amazon 关系数据库服务

Amazon 关系数据库服务(RDS)提供了一个传统的数据库(存储服务的)抽象,具体说就是 MySQL 实例。在 AWS 管理控制台使用 RDS 选项卡可以创建一个 RDS 实例(图 2.6)。

AWS 为用户执行许多与维护数据库相关的管理任务。数据库在可配置的时间间隔进行备份,往往是每 5min 备份一次。备份数据保留在一个可配置的时间内,最多可长达 8 天。亚马逊还提供了数据库快照复制的需要。所有这些管理任务可以通过 AWS 控制台执行(图 2.6)。另外,它可以开发一个自定义的工具,可以通过 Amazon RDS APIs 执行任务。

图 2.6 AWS 控制台:关系数据库服务

计算即服务:亚马逊弹性计算云(EC2)

基础设施即服务(IaaS)的其他重要的类型是计算即服务,即计算资源为一种服务。当然,对于一个可用的计算即一个服务提供者,它应该可以将存储与计算服务相关联(这样计算的结果长久保存)。当然,虚拟网络是需要的,这样就可以和计算实例进行通信了。因此它与计算实例进行通信。所有这些一起构成了基础设施即服务。

亚马逊的弹性计算云(EC2)是一个流行的计算即服务,也是本节的主题。本节的第一部分是对 Amazon EC2 的概述。随后是一个简单的例子,显示如何 EC2 用建立一个简单的 Web 服务器。接下来,由一个复杂的示例,显示如何使用 EC2 和 Amazon's StaaS 建立一个门户网站,使客户可以分享书籍。最后,通过实例说明 EC2 的高级功能。

Amazon EC2 的概述

Amazon EC2 允许企业定义虚拟服务器、虚拟存储和虚拟网络。一个企业的计算需求变化是很大的,一些应用程序可能是计算密集型,而其他应用程序可能强调存储。某些企业应用程序可能需要特定的软件环境,其他的应用程序可能需要计算集群来高效运行。网络需求也可能差别很大。这种对于计算硬件的多样性、自动维护能力和处理规模的要求,使得 EC2 成为一个独特的平台。

27

使用 AWS 控制台访问 EC2

与 S3 一样,可以通过亚马逊网络服务控制台在 http://aws.amazon.com/console 访问 EC2。图 2.7 显示了 EC2 控制台的界面,它可以用来创建一个实例(计算资源),用来检查用户实例的状态,甚至终止实例。单击"启动实例"按钮,用户界面如图 2.8 所示,其中一组支持操作系统映像(Amazon Machine Images,AMI)的选择。更多类型的 AMI,以及应该如何选择最合适的一个都将在这一章后面的小节中描述。一旦选中映像,将会弹出 EC2 实例向导(图 2.9),帮助用户为实例进一步设置选项,如特定的操作系统内核版本的使用,是否启用监控(使用 CloudWatch 工具将在第 8 章中描述),等等。接下来,用户必须至少创建一个 keg – value 对,用来安全地连接到实例。按照说明在一个安全的地方来创建一个密钥对并保存文件(如 my_keypair.pem)。假使用户有许多实例(它类似于使用相同的用户名、密码来访问多台机器),用户可以重复使用。接下来,可以设置实例的安全组来确保所需的网络端口是打开或阻塞的。例如,选择"Web 服务器"的配置将使 80 端口可用(默认为 HTTP 端口)。可以更好地设置更多先进的防火墙规则。启动实例之前最后的屏幕显示如图 2.10 所示。假如云服务器作为客户端是在同一个网络上,启动实例给出了一个公共 DNS 名称,用户可以用来远程登录并使用。

图 2.7　AWS EC2 控制台

例如,从一个 Linux 客户端开始使用机器,用户从保存密钥对的文件目录给出了以下命令。经过几次确认,用户登录机器可以使用任何 Linux 命令,包括需要 root 权限的 sudo 命令。

```
ssh – i my_keypair.pem ec2 – 67 – 202 – 62 – 112.compute – 1.amazonaws.com
```

对于 Windows 系统用户来说,需要打开 my_keypair.pem 文件,在 AWS 实例页

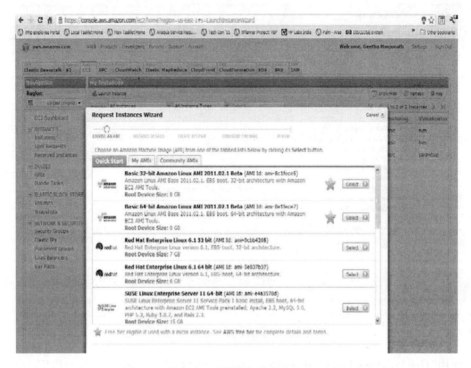

图 2.8 使用 AWS 控制台创建一个 EC2 实例

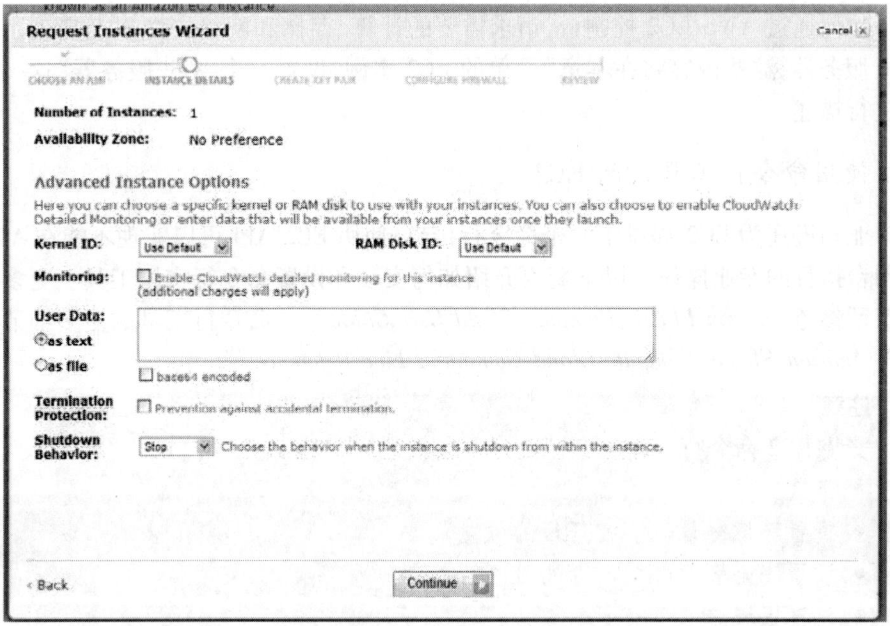

图 2.9 EC2 实例向导

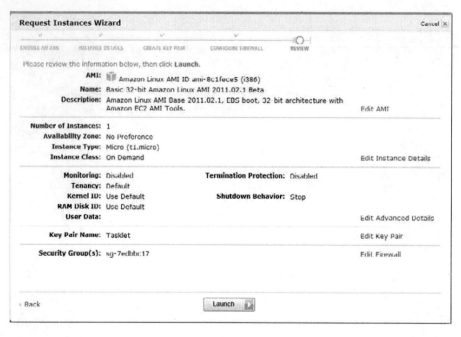

图 2.10　一个简单 EC2 实例参数启用

面使用"Get Windows Password"按钮。控制台反馈回管理员密码,可以使用远程桌面应用程序连接到实例(通常是从 Start→All Programs→Accessories→Remote Desktop Connection)。

如何通过 AWS EC2 控制台,请求需要的计算、存储和网络资源以及启动一个 Web 服务器,这些内容将在本章"简单的 EC2 实例,设置一个 Web 服务器"这一节中进行描述。

使用命令行工具访问 EC2

亚马逊还为 EC2 提供了一个命令行接口,使用 EC2 API 可以实现不能在 AWS 控制台执行的专业操作。以下简要介绍如何安装和设置命令行实用工具。更多的细节请参考 *Amazon Elastic Compute Cloud User Guide*[5]。命令行工具的更多细节请参考 *Amazon Elastic Compute Cloud Command Line Reference*[6]。

注意

安装 EC2 命令行工具

- 下载工具。
- 设置环境变量(例如,JRE 的位置)。
- 设置安全环境(例如,获得证书)。
- 设置区域。

下载工具:EC2 命令行实用工具可以从 Amazon EC2 API Tools[7]上下载 Zip 文

件。它们都是用 Java 语言编写的,因此如果正确的 JRE 是可用的,它们可以在 Linux、Unix 和 Windows 上运行。使用它们之前先解压文件,然后设置相应的环境变量,这取决于所使用的操作系统。这些环境变量也可以作为命令的参数设置。

设置环境变量:第一个命令设置的环境变量是指定 Java 运行时所在的目录。路径名应该是能够找到的 java. exe 文件的目录的完整路径名。第二个命令指定 EC2 工具所在的目录;工具路径名应该设置为解压缩的完整的目录路径名 ec2 - api - tools - A·B - nnn(A、B 和 nnn 是不同的数字,代表一些不同的版本)。第三个命令设置可执行路径,包括 EC2 命令工具存在的目录。

```
For Linux:
$export JAVA_HOME = PATHNAME
$export EC2_TOOLS = TOOLS_PATHNAME
$export PATH = $PATH: $EC2_HOME/bin
For Windows:
C:\> SET JAVA_HOME = PATHNAME
C:\> SET EC2_TOOLS = TOOLS_PATHNAME
C:\> SET PATH =% PATH% ,% EC2_HOME% \bin
```

设置安全环境:下一步是设置环境,因此,EC2 命令行实用程序可以在每次交互时验证 AWS。要做到这一点,必须下载一个 X. 509 证书和私钥用来在亚马逊 HTTP 请求身份验证。X. 509 证书可以通过单击“Account”链接生成,如图 2.7 所示,然后单击“Security Credentials”链接,按照提示的指令就可以创建一个新的证书。证书文件应该下载到 Linux/Unix 上的根目录下的一个 .ec2 目录,在 Windows 上的 C:\ec2,不必改变它们的名字。以下命令的执行用于设置环境;两个 Linux 和 Windows 命令都已给定。在这里,f1. pem 是从 EC2 下载的证书文件。

```
$export EC2 - CERT = ~ /.ec2/f1.pem 或 C:\> set EC2 - CERT = ~ /.ec2/f1.pem
```

设置区域:接下来有必要设置区域,EC2 命令工具进行交互,即 EC2 虚拟机将被创建的位置。AWS 区域在随后的 S3 管理的章节中描述。简而言之,每个区域代表一个 AWS 数据中心,不同的地区有不同的 AWS 定价。命令 ec2 - describe - regions 此时可以测试 EC2 命令工具的安装是否正确以及可以列出的可用区域。默认的区域都是美国东部地区 us - east - 1 与服务端点 URL http://ec2. us - east - 1. amazonaws. com,但使用下面的命令可以设置为任何特定的端点,ENDPOINT_URL 是由类似于 us - east - 1 的区域名称形成的。

```
$export EC2 - URL = https://< ENDPOINT_URL > 或 C:\> set EC2 - URL = ht-
tps://< ENDPOINT_URL >
```

后面的章节解释开发人员如何使用 EC2 和 S3 APIs 来设置一个 Web 应用程序,以实现一个简单的发布门户网站,如 Pustak 门户等(在这本书中使用的例子)。在此之前,人们需要了解更多什么是计算资源以及如何使用一个参数可以配置每个这样的资源,这些将在下一节中描述。

EC2 计算资源

这一节首先简要介绍 EC2 可用的计算资源,接着介绍存储和网络资源,计算资源的更多的细节在 EC2 引言中可见[8]。

计算资源:仅在 EC2 上是有效的,简称 EC2 实例,包括计算能力和其他资源,如内存的组合。亚马逊衡量 EC2 实例的计算能力是就 EC2 计算单元而言的[9]。EC2 计算单位(CU)是计算能力标尺,就像字节是衡量存储的标尺一样。EC2 计算单元提供的计算能力和一个 1.0 ~ 1.2 GHz Xeon 处理器在 2007 年的计算能力有相同数量。因此,如果一个开发人员需要一个 EC2 计算单位的计算资源,资源分配给一个 2.4 GHz 处理器,那么他们可能得到 50% 的 CPU。这允许开发人员要求标准数量的 CPU 功率,而不在乎物理硬件。

亚马逊推荐的 EC2 实例,对于大多数应用实例都属于标准实例大家庭[8]。这个家庭的特点如表 2.1 所列,EC2 标准实例类型。开发人员可以请求一个表中所示的实例类型的一个计算资源(如一个小的计算实例,特征如图所示)。图 2.8 展示了一个人如何使用 AWS 控制台。随后在标题为 EC2 的存储资源中讨论本地存储的选择。

在写本书时,亚马逊中可用的其他一些实例,如高内存实例群,适当的数据库和其他消耗内存的应用程序;计算密集型应用程序的高 cpu 实例;在高性能计算应用程序集群计算实例群,以及集群 GPU 实例群,包括需要 GPUs 的应用程序的图形处理单元(GPUs)[8]。

表 2.1　EC2 标准实例类型

实例类型	计算能力	内存/GB	外存/GB	平台/位
小型	一个虚拟核,含有一个 CU(计算单元)	1.7	160	32
大型	两个虚拟核,每核含有两个 CU	7.5	850	64
巨型	四个虚拟核,每核含有两个 CU	15	1690	64

软件:亚马逊以亚马逊机器图像(AMIs)的形式提供了特定标准的操作系统和应用软件的组合。当需要 EC2 实例时,正如前期所见,必须指定 AMI。运行在一个 EC2 实例上的 AMI 也称为根 AMI。对于 AMI 可用的操作系统包括 Linux 的各种版本,如红帽企业的 Linux 和 SuSE,Windows 服务器和 Solaris。可用软件包括数据库,如 IBM DB2、Oracle 和 Microsoft SQL Server。各种各样的其他应用软件和中间件,如 Hadoop、Apache、Ruby on Rails 也是可用的[8]。

有两种方式使用附加软件,这些软件在标准 AMIs 上是不可用的。可以请求一个标准的 AMI,然后安装额外的所需软件。在亚马逊,这个 AMI 可以保存为一个可用的 AMIs。另一种方法是使用 ec2 – import – instance 和 ec2 – import – disk – image 命令导入一个 VMware 映像作为 AMI。对于如何做到这些的更多细节,读者可以参考文献[9]。

地区和可用性区域:EC2 提供的区域和 S3 管理部分所描述的 S3 区域都是一样的。在一个地区,有多个可用性区域,每个可用性区域对应一个虚拟数据中心,它孤立于其他可用性区域(防止故障)。因此,一个企业想要在欧洲有其 EC2 计算实例,可以选择创建 EC2 实例的"欧洲"地区。通过在不同的可用性区域创建两个实例,企业可能有一个高可用性配置,可以忍受在任何一个可用性区域的失败。

负载平衡和比例:EC2 提供弹性负载平衡器,这是一个跨多个服务器的平衡负载服务。它使用的细节是在 EC2 实例部分:*Article Sharing in Pustak Portal*。这个默认的负载平衡策略对所有请求都是独立的。然而,它也可以基于定时器和应用控制会话,其中来自同一客户端的连续请求路由与基于时间或应用的方向是一致的[10]。负载均衡器也测量向上或向下的服务器数量,取决于负载。这也可以当作一个故障转移的政策使用,因为服务器的失败是通过弹性负载平衡器检测的。随后,如果剩余的服务器上的负载太高,弹性负载均衡器可以开始一个新的服务器实例。

一旦计算资源被识别,就需要设置任何存储所需的资源。下一节同样描述了更多。

> **注意**
>
> EC2 存储资源
> - 亚马逊 S3:高度可用的对象存储。
> - 弹性块服务:永久性的块存储。
> - 实例存储:瞬态块存储。

EC2 存储资源

如前所述,可以使用计算资源以及相关的存储和网络资源。S3 是通过亚马逊文件存储提供的,已经在亚马逊存储服务部分做了描述。使用 S3 文件类似于访问HTTP 服务器(网络文件系统)。然而很多时候,一个应用程序执行多个磁盘读写操作,为了性能和其他原因,就需要对存储配置有更好的控制。本节描述一个可以配置资源的物理磁盘 EC2 服务器,称为块存储资源。有两个块存储资源类型:弹性块服务,和下面描述的实例存储。

弹性块服务(EBS):在同样的方式下,S3 提供文件存储服务,EBS 为 EC2 提供了一个块存储服务。它申请一个 EBS 磁盘卷的一个指定的存储大小,分配这卷给一个或多个 EC2 实例并返回实例 ID。与一个 EC2 实例创建时本地存储分配不同,EBS 有一个独立存在于任何 EC2 的实例,这是数据持久性的关键,稍后详细介绍。

实例存储:每一个 EC2 实例都有一块本地存储,它作为计算资源的一部分可以配置(图 2.8),被称为实例存储。表 2.2 显示了与标准实例类型中每一个 EC2

实例相关的未完成分区存储的相关实例。这个实例存储是短暂的(不像 EBS 存储),只要 EC2 实例存在它就存在,不能连接其他任何 EC2 实例。此外,如果 EC2 实例终止,实例存储停止存在。为了克服本地存储的这一限制,开发人员可以使用 EBS 或 S3 用于持久存储和分享。

表 2.2　标准 EC2 实例类型中本地存储划分

	小型	大型	巨型
Linux	/dev/sda1 : root file system /dev/sda2 : /mnt /dev/sda3 : /swap	/dev/sda1 : root file system /dev/sdb: /mnt/dev/sdc /dev/sdd /dev/sde	/dev/sda1 : root file system /dev/sdb: /mnt /dev/sdc /dev/sdd /dev/sde
Windows	/dev/sda1 : C: xvdb	/dev/sda1 : C: xvdb xvdc xvdd xvde	/dev/sda1 : C: xvdb xvdc xvdd xvde

AMI 实例、配置文件和任何其他文件可以持续存储在 S3 和操作期间,数据的快照复制可以定期进行并发送到 S3。如果数据需要共享,可以通过存储在 S3 上的文件完成。一个 EBS 存储也可以连接到一个期望的实例。如何做一个这样的详细例子稍后在 Pustak 门户描述。

表 2.3 总结了这两种类型的存储的一些主要的差异和相似之处。

表 2.3　实例存储和 EBS 存储对比

	实例存储	EBS 存储
创建	默认情况下 EC2 实例创建时创建	创建独立的 EC2 实例和 EC2 创建独立
共享	寄存和实例存储一起创建的 EC2 实例	可以在 EC2 实例之间共享
寄存物	在默认情况下寄存 S3 支持实例; 可以被寄存到 EBS 支持实例	默认不寄存任何实例
持久性	不持久,如果 EC2 实例终止将消失	即使 EC2 实例终止,也长期存在
S3 快照	可以复制到 S3	可以复制到 S3

S3 支持实例与 EBS 支持实例:EC2 计算和存储资源的行为稍微有所不同,这取决于 EC2 实例的根 AMI 是存储在 Amazon S3 中还是存储在亚马逊弹性块服务(EBS)中。这些实例分别称为 S3 支持实例和 EBS 支持实例。在一个 S3 支持实例,AMI 存储在 S3 中,其属于文件存储。因此,在 EC2 实例可以引导之前,它必须

被复制到 EC2 实例的根设备。然而,由于实例存储不是持久的,因而任何对 AMI 亚马逊机器映像中 S3 背后所支持的实例修改(如修补操作系统或安装额外的软件),将不会超过该实例生命周期。此外,虽然实例存储默认情况下是 S3 支持实例(表 2.2),但是其不是默认附加到 EBS 支持实例中。

EC2 网络资源

除了计算和存储资源以外,应用程序也需要网络资源。在 EC2 实例中,对网络来说,EC2 提供了公共地址和私有地址[5]。它还提供了 DNS 服务来管理与这些域名相关联的 IP 地址,以及访问这些 IP 地址的策略。虚拟私有云可以用来提供内部网和 EC2 网络之间的通信安全。用户也能创建一个完整的逻辑子网络,以自定义的防火墙规则展示于公众(DMZ)。EC2 另一个有趣特性是灵活的 IP 地址,它独立于任何实例,可以使用此功能来支持服务器的故障转移。在理解关键术语之后,本节描述这些高级功能,以及如何将这些功能用于设置网络。

> **注意**
>
> EC2 网络
> - 每个实例的私人和公共 IP 地址。
> - 不相关联的任何实例的灵活 IP 地址。
> - Route 53,使用简单 DNS 的路线(如 www.mywebsite.com)。
> - 网络安全策略的安全组。

实例地址:每个 EC2 实例有两个 IP 地址——公共 IP 地址和私有 IP 地址。域名和私有 IP 地址仅在 EC2 云内被解析。对于两个 EC2 实例之间的通信,信息在整个亚马逊网络流动,内部 IP 地址很高效。公共 IP 地址和域名的解析用于和亚马逊外面的云通信。

弹性的 IP 地址:这些 IP 地址独立于任何实例,但是和特殊 Amazon EC2 账户相关,它们可以被动态地指派给任何实例(在这种情况下,公共 IP 地址禁止被指派)。因此,在故障转移时,它们是很有用的。一旦一个 EC2 实例遇到故障,弹性的 IP 地址被动态地指派给另一个 EC2 实例。不像实例的 IP 地址,弹性 IP 地址不能被自动分配,它们在需要的时候生成。

路由 53:企业希望对 EC2 实例发布一个形如 http://www.myenterprise.com 的 URL。默认情况下是不可能的,因为实例在 amazon.com 内。Route 53 是一个 DNS 服务器,它能将弹性 IP 地址和公共 IP 地址与形如 www.myenterprise.com 的域名关联起来。

安全组:为了网络安全,通常定义一个网络安全策略限制通过该端口访问任何服务器,或者可以访问该服务器的 IP 地址。利用安全组,每个 EC2 可以简要地实现前面介绍的功能。每个安全组是网络安全策略的一个集合。不同的安全组为不同类型的服务器创建,例如,Web 服务器安全组具体说明 80 端口对那些外部链接开放。当创建一个实例时,默认的安全组允许实例连接外部任一传出链接但是禁止所有连接传入链接。

虚拟私有云:企业渴望更多地控制他们的网络配置可以使用虚拟私有云(VPC)。VPC 所提供的先进的网络功能的例子包括:

(1)为任何地址范围的实例分配两个公共和私有 IP 地址的能力;

(2)划分子网地址和控制子网间的路由的能力;

(3)使用 VPN 通道连接 EC2 网络和内部网的能力。

VPC 的细节超出了本书的范围,可以在 *Amazon Virtual Private Cloud* 中阅读[11]。

简单的 EC2 实例:设置一个 Web 服务器

下面介绍用前两部分所有的术语和概念来创建 Web 服务器的简单示例。Web 服务器将作为一个 EBS 支持实例创建,以避免不定期地将备份存储到 S3 的需要。

这个过程分为四个步骤:

(1)为实例选择 AMI;

(2)创建 EC2 实例,安装 Web 服务器;

(3)为数据创建一个 EBS,如 HTML 文件等;

(4)建立网络和访问规则。

假定 Web 服务器所需数据(HTML 文件、脚本、可执行文件等)都是可用的,并且已经上传到 EC2。此外,为了说明在一个标准的 AMI 上如何安装定制软件,假设所需要的 Web 服务器必须上传到 EC2,然后安装(在现实中,一个 Web 服务器实例可能只是一个镜像)。

选择 AMI

使用 AWS 控制台指导创建一个新的 EC2 实例在前面已经描述过。用户或许会回想起,在这个过程中一步一步选择 AMI(在图 2.8 中讨论)。执行先进功能的这一阶段的更多细节描述如下:

使用下拉菜单选择"亚马逊图像"和"亚马逊 Linux"会显示一个由亚马逊提供的 Linux 映像列表,如图 2.11 所示。在这里,根设备列指示根设备图像是否为 EBS。AMI 一些重要的参数显示在图的下半部分"描述"标记中。可以看到,图像是在 EBS 中根设备/dev/sda1 下的一个 64 位亚马逊 Linux 映像。在"块设备"字段中的 true 值的标志是 DeleteUponTerminate,表明设备不是持久的,即如果 EC2 实例终止它就会消失。单击"启动"按钮跳出启动向导,在启动 EC2 实例前要操作以下几步(如选择机器的大小,并可能创造一个新的密钥对)。然而在撰写本节时,通过 AWS 控制台用持久根设备无法创建一个 EC2 实例。因此,下一节描述使用命令行如何启动 EC2 实例。

创建 EC2 实例示例

在创建实例时需要执行另外两个重要步骤:①生成一个密匙对,用于访问创建的 EC2 服务器;②创建一个与实例相关的安全组,设置网络访问策略。在我们的示例中,在默认情况下,由于创建的实例没有软件(Web 服务器)安装的需求,创建安全组最初是一个空的安全组织,不允许任何传入的网络访问。随后,安全组将被修改为允许 HTTP 访问。

通过单击"密钥对"链接,由 EC2 控制台生成密钥对(图 2.11),然后按照指令和上传及下载生成的文件(在本例中称为 f2. pem),在前面章节中,必须对存储的密钥对(. pem)文件的所在目录执行远程 shell 命令。下面的脚本显示了如何设置一个名叫 EC2 – PRIVATE – KEY 的环境变量,使下载键成为 EC2 实例默认的密钥对。

图 2.11　选择一个 AMI

```
For Linux:
$export EC2 – PRIVATE – KEY = ~ /.ec2 /f2.pem
$ec2addgrp "Web Server" – d "Security Group for Web Servers"
$ec2run ami – 74f0061d – b dev/sda1 =::false – k f2.pem – g "Web Server"
For Windows:
C:\> set EC2 – PRIVATE – KEY =C:\.ec2 \f2.pem
C:\> ec2addgrp "Web Server" – d "Security Group for Web Servers"
```

```
C:\> ec2run ami –74f0061d –b "xvda =::false" –k f2.pem –g "Web Serv-
er"
```

在上面的例子中，ec2addgrp 命令（简称 ec2 – create – group）创建一个称为"Web 服务器"的安全组，禁止所有外部访问。作为先前所述，此规则后来被修改允许 HTTP 访问。接下来，ec2run 命令（简短形式是 ec2 – run – instances 命令）是用于启动具有持久 EBS 根卷的实例。第一个参数是如图 2.11 所示的 AMI 选择的 AMI id。– b 标志中的 false 值（它控制根卷的行为）表明该卷的 DeleteUponTermi-nate 标志被设置为 false。这意味着即使 EC2 实例终止该卷也不会被删除。– k 和 – g 参数分别指定可以用来与实例和安全组交流的密钥对。实例的数量默认为 1。使用 – instance – count 参数可以明确地指定一个范围。对于 EC2 来说，所有的命令行选项的更多细节都在 *Amazon Elastic Compute Cloud Command Line Reference*[6]。

最新创建实例的 DNS 域名对 AWS 控制台是可用的。另外，ec2 – describe – instance 命令（ec2din 是简式）也可以用来获取实例的公共 DNS 名称。随后，ssh、PuTTY 或远程桌面连接可以用来登录到实例和下载软件安装包（如通过百胜）。在安装额外的软件之后，使用 ec2 – create – instance 命令可以保存图像到 EBS 作为 AMI。参数 instanceId 是 EC2 实例，并且命令返回最新创建的 EBS AMI 的 AMI id。这些步骤显示在以下脚本中：

```
For Linux :
 $ec2din
 $ssh – i f2.pem instance – id
 $ec2 – create – instance – n "Web Server AMI" instanceId
For Windows：
C:\> ec2 – describe – instances
C:\putty
C:\> ec2 – create – instance – n "Web Server AMI" instanceId
```

附加一个 EBS 卷

由于 Web 门户网站的 HTML 页面需要长久存放，因此需要创建一个 EBS 卷保存网页长期为 Web 服务器服务。EBS 卷可以从 EC2 控制台创建（图 2.11），通过单击"卷"链接。这就引出了用户目前所拥有的一个 EBS 卷的清单。单击"创建卷"按钮引出了如图 2.12 所示的界面，在创建之前需要指定容量的大小。

创建新卷显示在的"卷"窗口中，处于可用状态（标志内容在图 2.13 中）。单击"附加卷"按钮引出"附加卷"界面（图 2.13），有 EC2 实例使用的下拉菜单，以及设备名称（Windows 的 xvdf 到 xvdp，Linux 的/dev/到/dev/sdp）。适当地选择后，单击"附加"按钮将容量加到选定的实例中。在这个阶段，一个 EC2 实例已创建，Web 服务器已安装，一个单独的持久性存储已附加在 EBS 上。

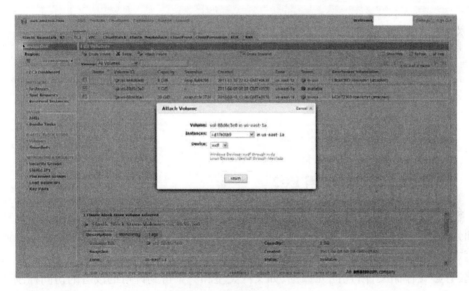

图 2.12 创建一个 EBS 卷

图 2.13 将 EC2 实例附加在一个 EBS 卷上

允许外部访问 Web 服务器

一旦 Web 服务器准备运行,外部访问就可以启用。在 EC2 控制台左边单击
"安全组"链接会显示所有安全组可用的一个列表。图 2.14 显示了可用的安全
组,它由新创建组"Web 服务器"和两个默认组组成。通过单击"入站"选项卡,可
以输入指定通信类型的允许规则。图 2.14 显示了如何添加一个新的策略允许从
所有 IP 地址指向 80 端口(指定 0 个 IP 地址)。一个特定的 IP 地址也可以输入允
许的一个特定的 IP 地址。单击"添加规则"按钮添加这个特定的规则。在所有规
则添加之后,单击"申请改变规则"按钮激活新添加的规则。通过允许外部访问
Web 服务器,它在 DMZ 中是有效的(这是一个内部网地区,允许外部访

问)[12,13]。同样地,通过从外面禁止外部访问到其他服务器,在 DMZ 之外它们是有效的。

这就完成了 EC2 和 EBS 上一个简单的 Web 服务器部署。下一节让这个例子更复杂,允许使用 Web 2.0 风格并将其应用于 Pustak 门户的案例研究中。

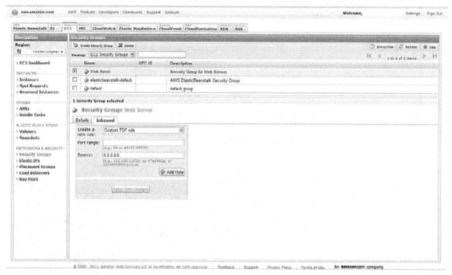

图 2.14   修正安全组

在 Pustak 门户中使用 EC2

下面介绍一个更复杂的情况,部署一个可以运行 Pustak 网站实例(序言中详细介绍的发布图片的门户网站)。门户增强到允许作者上传和与读者分享图书或短文各种格式,读者必须注册。这种功能类似于在线报纸和杂志的门户网站。为此,有必要存储文件,连同元数据,如文件类型和一个得到许可的读者的访问控制列表。由于它的课题性质,特定的文章可能会非常受欢迎,门户的负载可能也有很大不同,使用服务器的数量向上和向下扩展是必要的。这促使用户使用亚马逊 EC2。

提供 Pustak Portal(网站)性能的高层架构如图 2.15 所示。这些文章都存储在 S3 中,而相关的元数据,如文章属性、可以共享文件的用户清单表等,都存储在简单的数据库中。门户网站运行于 EC2,使用时自动上下扩展。它的用例代码将使用 Ruby 编写[14]。

注意

S3 APIs 说明

- 阅读对象。
- 写对象。
- 删除对象。

投供 Pustak Portal(网站)性能的高层架构如图 2.15 所示。

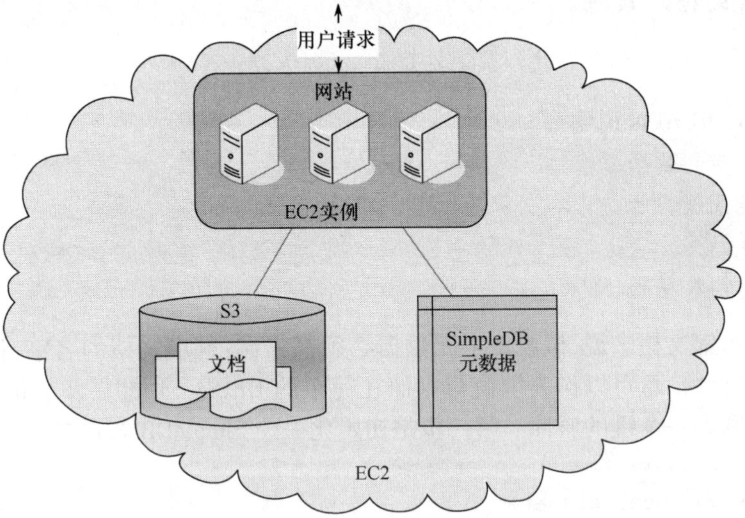

图 2.15　文章共享门户架构享文档的网站架构

网站中的文档存储

RightScale 已经为 AWS 开发了一些 Ruby Gems(包)。首先,这些导入的开源 gems 都使用 require 声明。

```
require 's3/right_s3'
```

接下来,用身份验证凭证初始化 S3 客户端,以便使用 RightScale AWS API 可能访问 S3[15]。当创建一个亚马逊账户时,从 S3 部分的开始处回忆生成认证密钥。

```
def initialize(aws_access_key_id, aws_secret_key)
@ s3 = RightAws::S3.new(aws_access_key_id, aws_secret_key);
@ bucket = @ s3.bucket('document_portal_store', true)
end
```

假设每个作者都有自己的存储器,在这种情况下,可以使用一个他们分配给这篇文章的唯一的标识符上传他们的文档。

```
def save(doc_id, doc_contents)
@ bucket.put(doc_id, doc_contents)
end
```

同样,打开现有对象的做法如下:

```
def open(doc_id)
@ bucket.get(doc_id).data
end
```

当一篇文档不再是相关的时,作者可以删除它,如下所示:

```
def delete(doc_id)
@ bucket.get(doc_id).delete
end
```

存储文档元数据

对于每篇文档来说,假设以下元数据必须都存储:这篇文档的名字、作者和读者列表。这些信息可以作为键值对存储在简单的 DB 中。回想一下,SimpleDB 允许存储关联到一个键的属性。第一步是初始化一个 SimpleDB 客户端。

```
require 's3 /right_sdb_interface'
class DocumentMetadata
def initialize(aws_access_key_id, aws_secret_key)
@ domain = 'document_portal_metadata'
@ sdb = RightAws::SdbInterface.new(aws_access_key_id,
aws_secret_key)
@ sdb.create_domain(@ domain)
end
```

为一个新的文档存储元数据,有必要为这篇文档创建一个条目,在 Simple DB 中写相应的属性。因为 Pustak 门户对于每个作者创建了一个存储器,文章的名字在存储器中是独一无二的,将作者的名字和存储器相结合将是独特的,可以用作键来存储和检索数据,是变量 doc_ id。注意,存储数据缓冲器的值始终是数组,所以名字和作者必须转换成一个数组。

```
def create(doc_id, doc_name, author, readers, writers)
attributes = {
:name = > [ doc_name ],
:owner = > [ owner ],
:readers = > readers,
:writers = > writers,
}
@ sdb.put_attributes(@ domain, doc_id, attributes)
end
```

可以检索的元数据如下:

```
def get(doc_id)
result = @ sdb.get_attributes(@ domain, doc_id)
return result.has_key? (:attributes) ? result[:attributes] : {}
end
```

下面的程序可以用来为读者授予或撤销访问权限：

```
def grant_access(doc_id, access_type, user)
attr_name = access_type = = :read_only ? :readers : :writers
attributes = { attr_name = > [ user ] }
@ sdb.put_attribute(@ domain, doc_id, attributes)
end
def revoke_access(doc_id, access_type, user)
attr_name = access_type = = :read_only ? :readers : :writers
attributes = { attr_name = > [ user ] }
@ sdb.delete_attribute(@ domain, doc_id, attributes)
end
```

找到用户访问的文档是有必要的。这些可能成为文档的作品是由用户（拥有）或那些其他用户授予访问的。我们可以使用 SimpleDB 的查询功能如下：

```
def documents(user)
    docs = { :owned = > [], :read_only = > [], :write = > [] }
    query = "['owner'='#{user}'] union ['readers'='#{user}'] union
    ['writers'='#{user}']"
    @ sdb. query(@ domain, query) do |result |
        result[ :items].each do |doc_id, attributes |
            access_type = nil
            if attributes[ "owner"].include? (user) then
            access_type = :owned
            elsif attributes[ "readers"].include? (user) then
            access_type = :read_only
            end
            docs[access_type] < < { doc_id = > attributes } if
            access_type
            true # tell @ sdb. query to keep going
        end
    end
    return docs
end
```

基本的数据模型可以用来为 ruby on rails web 应用程序编写视图和控制器，它是 Pustak 门户的一部分，允许作者上传和与读者分享文档。AWS 还为Java、.NET、PHP 以及 Android 和 iOS 移动平台都提供了 sdk，所以 Pustak 门户应用程序对于移动平台来说可以很好地在其他语言中发展。

EC2 实例:Pustak Portal 网站的自动扩展

基于 AWS 自动扩展网站的起点是 Web 应用程序包，它捕获了应用程序的所有依赖项。例如,如果应用程序是用 Java 编写的,门户需要一个 Web 应用程序和 Web 应用程序存档(WAR)。如果程序是用 Ruby 编写的,对于 Ruby gem 来说是同样的。使用应用程序包,可以以两种方式启用自动调节:

(1) 使用 AWS 装置;

(2) 基于自动调节的应用程序的特性。

下面讨论了这两种方式。

【使用 AWS Beanstalk 自动调节】

AWS Beanstalk[16]是 EC2 的一部分,它提供了自动扩展或伸缩部署过程。应用程序开发人员提供了应用程序 WAR,配置负载平衡器,设置自动扩展参数和 Tomcat/Java 参数,以及一个用于通告的电子邮件地址。所有这些可以在 AWS 控制台完成。当 Beanstalk 完成部署时,它在 http://<应用名称>.elasticbeanstalk.com 创建了一个功能齐全、自动扩展、负载均衡的网站。

图 2.16 显示了由亚马逊提供实例应用程序的装置控制台。应用程序在默认环境下运行,包括 Linux 和 Tomcat(这实际上是前面第 1 章描述的 AMI)。用于启动一个新的环境(AMI)或给 AWS 导入一个新应用程序的按钮显示在屏幕右上角。显示应用程序统计性能的图也在表中显示出来。

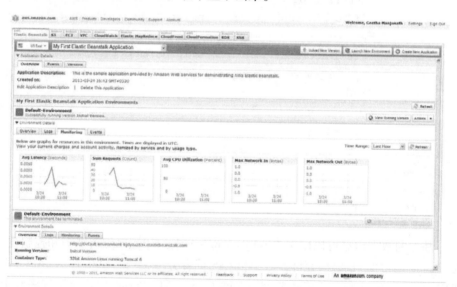

图 2.16　Beanstalk 亚马逊网络服务控制台

在撰写本书时,AWS Beanstalk 仅支持 WAR 部署,所以对在 Ruby 中早期描述的 Pustak 门户应用程序来说,它是不适合的。下一节描述一个在 EC2 上可以在一般情况下自动扩展的(非 Beanstalk)应用方案。

【应用程序控制的自动伸缩】

如果使用 Beanstalk,应用程序部署不能自动扩展,那么对于开发人员来说,开发自动扩展的基础设施是有必要的。这可以由以下三个步骤完成。

(1) 选择一个 AMI:如前所述,AMI 包含应用程序所需要的操作系统和软件的组合。大量的 AMIs 在 Amazon Machine Images (AMIs)上是可用的[17],包括软件开发商提供的 AMIs,如 IBM 和 Oracle。如果没有合适的 AMIs 可用,那么有必要创建一个定制的 AMI。这个过程在"创建一个自定义的 AMI"这一部分已经描述过。注意这个 AMI 的 Id。

(2) 创建一个弹性负载平衡器:从 AWS 控制台的 EC2 部分(图 2.16),选择"负载平衡器"→"创建负载平衡器",填写要求的值。可能开始没有任何实例启动,当自动伸缩激活后,它们才开始启动。记下新的负载均衡器的名字。

(3) 设置调节:这是在随后的命令行完成(因为它目前在 AWS 控制台是不可用的)。as – create – launchconfig 命令使用早期获得的 AMI ID 和一个 EC2 实例(在这种情况下的 ml. small)创建一个启动配置。as – create – autoscaling 命令创建一组实例,从 1 到最多 10 个的规模,被先前创建的负载平衡器所覆盖。在执行时,将自动创建实例的最低指定数量。

自动扩展是由一个自动扩展策略控制的。一个自动扩展规则指定了条件,在该条件下,实例数量被扩大或减少。这项规则是由 as – put – scaling – policy 指定的。以下代码片段陈述实例的数量应该增加 1,在连续运行和允许实例启动这段时间等待了 300s。运行这段代码将返回一条策略运行 ID,该 ID 必须将它记录下来。类似于扩张策略,收缩策略也必须详细说明。

在扩大规则执行下,这些条件是由 mon – put – metric – alarm 命令指定的。当CPU 利用率超过 75% 时,CloudWatch CPU 警报设置执行规则。关于 CloudWatch 的更多细节、EC2 的监控工具,将在第 8 章描述。最后,需要做所有脚本的步骤如下:

```
$as – create – launch – config DocPortalLaunchConfig – image – id < im-
age ID > -
instance – type m1. small
$as – create – auto – scaling – group DocPortalGroup – launch – configu-
ration
DocPortalLaunchConfig – availability – zones us – east – 1a – min – size
1 – maxsize
10 – load – balancers < loadbalancer name >
$as – put – scaling – policy DocPortalScaleUp – auto – scaling – group
MyAutoScalingGroup – adjustment = 1 – type ChangeInCapacity -
```

```
cooldown 300
$mon -put -metric -alarm DocPortalCPUAlarm -comparison -operator
GreaterThanThreshold -evaluation -periods 1 -metric -name CPUUti-
lization -
namespace" AWS/EC2 " -period 600 -statistic Average -threshold
75 -alarmactions
<policy ID > -dimensions "AutoScalingGroupName =DocPortalGroup"
```

注意

惠普 CloudSystem 自动化套件

● CloudSystem 阵列:使 IaaS 作为一个私有云解决方案以及基本应用程序部署和监控的产品。

● CloudSystem 企业:使 IaaS 作为一个私有或混合云的解决方案产品,支持单个服务视图、异构基础设施,如果需要快速扩张则桥接到公共云中,进行全生命周期管理。

● CloudSystem 服务提供者:使公共或私有云托管的产品;针对服务提供商提供 SaaS;包括聚合和管理这些服务。

惠普 CLOUD SYSTEM MATRIX[①]

亚马逊 EC2 是公共 IaaS 云的一个例子,惠普 Cloud System Matrix 是惠普公司为企业创建私有云或混合云提供一个重要 Iaas 平台。CloudSystem Matrix 是云系统自动化产品的一部分,其中包括三个 IaaS 产品:CloudSystem Matrix 产品、云系统企业和云系统服务提供商。CloudSystem Matrix,正如前面所述,它是 IaaS 提供的一个私有云。它允许客户执行基本的基础设施和应用程序配置,并且非常快速地执行管理。云系统企业包括模型和先进的 IaaS 功能,如管理混合云的能力、支持云爆裂(在第 6 章描述),以及在高峰时期从公共云来补充私有云资源的分配资源能力。因此,云系统企业可以利用来自公共云(如亚马逊)和属于企业的私人资源创造一个最佳的混合服务。云系统服务提供者是针对服务供应商,来提供构建供用户实用的 PaaS 和 SaaS 服务所需要的基础设施。本节描述了这三个产品的关键技术,即 CloudSystem Matrix 软件。以市场领先的惠普刀锋系统、模型操作环境和模型自动化云服务作为基础,云模型为内置生命周期管理优化基础设施、监控应用程序、云计算和传统 IT 保证正常运行时间提供了一个自助服务门户基础设施。在本节中,首先描述了 CloudSystem Matrix 的特点,接着描述关于门户如 Pustak 如何使

---

① 资源来源于 USA Hewlett -Packard Laboratories,Nigel Cook 先生。

用 Web GUI 界面进行设置。CloudSystem Matrix 也提供允许以编程方式管理基础设施的 APIs,在第 8 章通过一个具体实例说明 APIs。

因为亚马逊 EC2 已在前文详细描述,在本节中将会侧重于 CloudSystem Matrix 关键特征和内部实现细节的描述,而不是像描述 EC2 时侧重用户视图的 IaaS。读者将了解这些功能:可以期待一个通用的 IaaS 平台,提供一个潜在意义上的架构,并实现亚马逊 EC2 或类似的系统。

平台基本特性

CloudSystem Matrix[18] 是一个将服务器、网络、存储和管理组件结合在一起集成提供的惠普产品。这个内置管理提供了一个基于 Web 的图形用户界面,以及一个提供 IaaS 功能的公开 Web 服务 API。CloudSystem MatrixIaaS 接口的基本元素如下:

(1)服务目录;

(2)消费者入口(自助服务界面);

(3)一个或多个共享资源池;

(4)服务模板设计和工具授权;

(5)管理员窗口,包含工具组、资源能力、使用和维护管理。

这些元素的组合让基础设施更易于使用和管理。典型的例子是一个想要创建和管理服务的消费者。消费者可以浏览服务目录,它列出了可用的基础设施产品。对于消费者创建的新服务来说,目录条目充当计划模板。创建一个新的服务,在此,消费者使用用户界面,这是自助服务界面,通过该界面,给新服务在给定的目录下选择期望的资源池作为完成新服务的保证。自助方式,顾名思义是希望建立一个云用户不用与云管理员互动就可以设置的云服务。回忆第 1 章中,自助服务被 NIST 定义为云服务的基本特征。共享资源池由一组类似的资源组成,如存储 LUNs 和虚拟机组成。随后,消费者使用消费者门户来执行持续整个服务生命周期的管理业务。这可能是简单的活动包括重新启动或访问他们的控制台环境,或更高级的活动,如根据服务扩大来调整资源分配满足需求增长,以及在低利用率时的资源储蓄。

服务目录中的条目需要编写、测试和发布支持该过程的工具。这是通过服务模板设计师门户和工作流设计师门户来实现的。环境管理员使用管理员门户管理消费者群组,制定与他们目录访问相关的政策和消费资源池。管理员工具还需要支持与需求增长和维护计划影响相关联的容量规划。

CloudSystem Matrix 对所有资源使用统一的方式,即作为属性对象被分到资源池。对于服务器,虚拟服务器具有属性,如 CPU 速度、OS 可用性和成本。类似的虚拟服务器可以分组到服务器的资源池。同样,虚拟存储设备也可以具有属性,如速度、RAID 配置和每字节的成本,也可分组到资源池中。网络配置允许各种政策规范,如 IP 地址分配政策(静态、DHCP 或自动分配)。在服务实例化期间,根据用户规范,资源被分配到适当的资源池中。

创建 Pustak 门户基础设施

CloudSystem Matrix 可用于若干个 IaaS 用例[19]。像 Pustak 这样的门户可以使用 CloudSystem Matrix 服务目录模板和之前所描述的自助服务接口实现。CloudSystem Matrix 服务模板通常由一个内置图形设计创作,然后发表到一个 XML 格式的目录上。也可以使用其他工具生成 XML 表示,使用 CloudSystem MatrixAPIs 导入模板。

Pustak Portal 网站的模板设计

如前所述,服务模板设计是使用 CloudSystem Matrix 服务设置的第一步。随后,该模板可用于服务实例化[20]。Pustak 门户的模板设计显示在图 2.17 中。为了利用虚拟化灵活性,本设计采用虚拟机和物理服务器的结合实现服务。这一点在第 8 章管理云服务中进行说明,在那里将介绍云服务扩展或收缩。

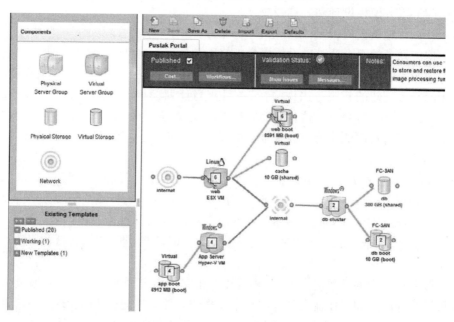

图 2.17   CloudSystem Matrix 服务模板实例

在传统的三层应用程序中实现服务。在示例模板中,Web 层连接到互联网,包含六个 ESX 主机 VMs,运行 Linux 操作系统实现一组克隆连接。这些 VMs 共享一个文件系统,用作经常使用的网络数据缓存。这个 Web 层连接到一个私人服务器内部网络,用于 Web 层的服务器和应用程序之间及数据库服务器之间的通信。

该 App 服务器层包含四个 HyperV VMs 运行窗体,而数据库层包含两个物理服务器运行窗体。物理服务器数据库群共享一个 300GB 光纤通道磁盘。

资源配置

模板定义后,需要配置用于服务模板的资源(服务器、存储器、网络)。这些属性设置在服务模板设计门户中。作为一个虚拟服务器配置的例子(图 2.18),可以按照如下设置:

- 用于每台服务器的费用;
- 各层模板需要初始和最大的服务器数量;
- 选择部署服务器用于链接复制;
- 每个 VM 的 CPU 数量;
- VM 内存大小;
- 服务器恢复自动化的选择。

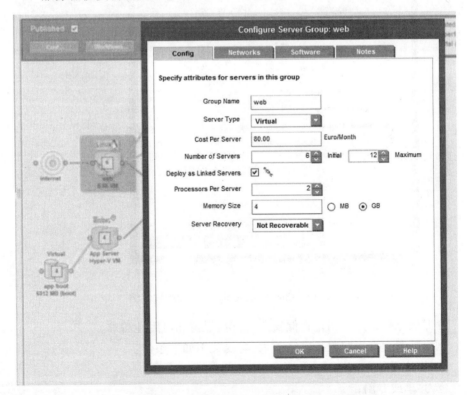

图 2.18　CloudSystem Matrix 服务器配置实例

对于物理服务器的配置有一个额外的配置参数,它与处理器体系结构和最小时钟速度有关。该参数在设计的软件标签中,允许软件配置部署到虚拟服务器或物理服务器上。

同样对于磁盘配置来说,图 2.19 显示了一个光纤通道磁盘示例,使用以下的配置参数:

- 磁盘大小;
- 用于每兆字节成本计算;
- 存储类型;
- RAID 级别;
- 路径冗余;
- 集群共享;
- 存储服务标签。

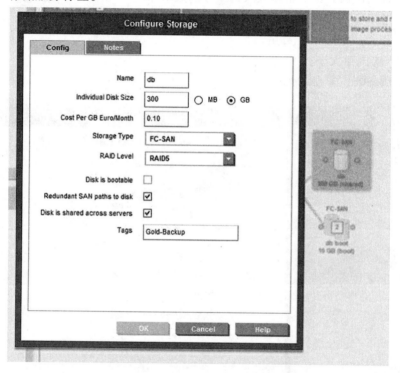

图 2.19　CloudSystem Matrix 存储配置实例

存储服务标记用于指定存储安全、备份、保留和可用性需求。

网络配置允许指定服务网络需求,需要关于如下条件:

- 公共或私人;
- 共享或专用;
- IPV4 和 IPV6;
- 主机名模式;
- 路径冗余;
- IP 地址分配规则(静态、DHCP 或自动分配)。

例如,指定一个私人、专用网络需要提供服务器网络,隔离环境中的其他服务器。

Pustak Portal 网站门户实例化与管理

一旦创建 Pustak 门户模板,消费者就可以使用 CloudSystem Matrix 的自助服务界面在云服务器上执行各种生命周期操作。生命周期操作是主要的管理操作,如创建、销毁、添加和删除资源。更具体的生命周期操作的细节(诸如 DMTF 参考架构)可以在第 10 章中找到。消费者生命周期操作可以从基于浏览器的控制台或通过发布的 Web 服务 APIs 使用。基于浏览器的控制台为消费者提供了一个便捷的方式,来浏览和访问他们的服务,浏览模板目录并创建新的服务和删除现有服务,查看他们已经开始的基础设施请求的研究现状和过程,检查资源池的利用率,并查看他们的资源消耗日志。

生命周期操作(lifecycle operations)包括调整一个特定服务所需的资源。以图 2.18为例,Web 层服务器的数量最初指定为 6 个服务器,其中 12 个服务器为服务器层数量的最大值。自助服务门户的消费者有请求增加额外服务器的能力,直至增加服务器数量为 12 个。消费者也有暂停和恢复层服务器的能力。例如,在一层有 6 个配置服务器,消费者可以要求 3 个服务器是暂停的,这将导致这些服务器被关闭,相关的服务器资源被释放。然而,服务器磁盘映像和 IP 地址分配被留存,以便后续操作时可以很快被重新激活,无需重新提供服务器软件操作。

为了保持服务水平和控制成本,业主可以动态扩展环境资源,以确保服务刚好有足够的服务器,并且存储资源刚好满足当前的需求,而不需要预先分配或有很多的闲置资源。服务扩展执行取决于访问系统的并发用户数量。如上所述,这可以通过消费者门户手动完成。在第 8 章云管理中,有关于自动使用 CloudSystem Matrix APIs 如何实现这一点的详细描述。

单元即服务[①]

本节描述了一个新的 IaaS 技术称为单元即服务,它是惠普实验室的研究原型。单元即服务原型(简称为单元)的建立用于支持对于复杂服务的多组织共享服务。在任何复杂的现实服务中,有各种部件,如票务服务、计费服务、日志服务等,可能需要托管在基础设施服务上。一个独特的单元原型功能能够为这样复杂的系统定义模板,并使其容易部署。单元一直在发展,目前支持前面提到的许多属性。如前所述,本节首先介绍一些简单的平台定义,通过简单的例子说明其使用,然后描述 Pustak 门户平台的高级特征。

---

① 资料来源于 Badrinath Ramamurthy 博士,Hewlett‐Packard,India。

单元即服务介绍

为了解什么是单元即一个服务,需要从不同的视角看云服务。在任何复杂的现实服务中,有各种各样的利益相关者和组件,它们是有区别的,区分如下念:

- 单元是提供某种服务的一组抽象相互关联的虚拟机。
- 服务模板(ST)是一个描述需要实现一种服务的基础设施模板(包括软件和硬件)。因为它是一个模板,不同的参数(如需要的服务器数量)可能不会被事先指定。
- 服务用户(SU)是服务的消费者。
- 服务提供商(SP)是获得资源来提供服务然后配置和运行服务的人。
- 计算服务提供程序(CSP)是通过提供服务模板从服务供应商处获得资源的实体,称为计算服务提供者(CSP)。

单元规范(CS)是指定一个特定的单元结构来实现某种服务。如果一个特定类型的服务被多次实例化,它有一个有效的 ST 用于描述服务,然后从它按需要派生一个单元规范(CS)。在某些情况下,对于一些为进行某些运算而租机器的个体来说,SU 和 SP 是相同的。CSPs 的例子有 Amazon EC2 和 CaaS 原型。

示例:建立一个网站

为了使上一节的内容更具体,考虑一个简化的情况,此时单元是用在可用的节点上设置一个访问 HTML 文档的 Web 服务。

这些单元门户是用户的主要入口点。用户做的第一件事(可能是一个 SP)是请求登录。一旦用户填写必要的信息和标志进入他的账户,就可以看见所有资源的访问权限。在这些资源中是用户已经创建的单元。

例如,假设他是一个新客户,他的名字没有单元。用户首先创建一个(空)单元,然后填充它。这个创造单元的过程即初始控制器服务,具体到单元,提供给用户。他现在可以通过单元控制器来填充单元。如果用户已经有一个包含指定单元(稍后有更多介绍)的文件,他只需通过选项来简单地提交单元规范。另外,该规范可以使用图形用户界面拖拽来创建元素、连接和指定元素属性。

单元规范包含单元所使用的所有(虚拟)资源。例如,考虑创建两个节点的单元:一个是 Web 服务器,另一个是 Web 服务器的后端数据库运行。指定该方法之一是如果想要两个虚拟机,一个 WebVM 和 DBVM 私人网络(图 2.20)。它们都有本地磁盘。WebVM 还有另外一个接口连接到外部世界;DBVM 拥有一个额外的大型磁盘存储数据库中的数据。图 2.20 所示为该配置的原理图。

为简单起见,假设两个 VMs 操作系统提供的专业 OS 图像,已经作为两个不同图像提供给用户,就像一个规范,同时,IaaS 控制台或门户网站提供了一个工具,创作这样一个规范图形(图 2.21)。然后用户就提交规范,于是服务部署所需的资源

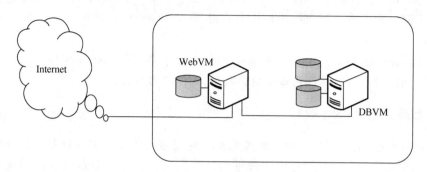

图 2.20　一个实例单元

以及能力都在单元中。

　　在 IaaS 页面上,用户将按说明书中指定的要求给单元分配资源,以及虚拟机生命周期中需要的磁盘和网络组件。在几秒后,节点运行,用户可以登录到外部连接着网络接口的节点。只需点击该节点,用户就可以看到外部可分解名称和路由的 IP 地址(图 2.21)。

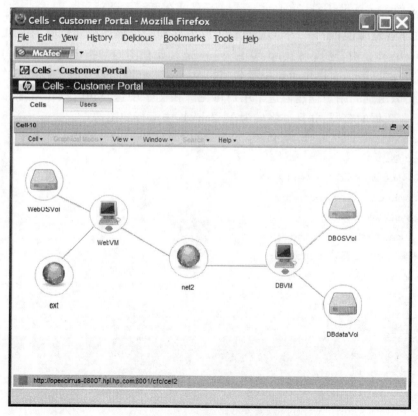

图 2.21　单元接口实例

用户也可以登录到 WebVM 和 DBVM(通过 WebVM),按需要对服务器进行所需的定制。配置将其提供给用户作为后台 WebVM 服务器上的一项应用程序服务(application service)。

单元提供的基于模板的服务部署方式,可以与典型的 IaaS 系统中多配置和脚本方式加以对比。这些模板规格可以共享,因此很容易复制。

上面实例的单元说明

如前所述,用户提交一个模板规范实现他们需要的单元内容或基础设施的部署。本节描述了一个能更好地了解平台的规范示例。单元规范示意图的架构如图 2.20 所示。

在这个例子中,该规范有一个包罗万象的 <单元> 元素,该元素包含两个网络元素(XML 节点网络):一个存储卷(XML 节点容量)和一个虚拟机(XML 节点容量)。这三个是单元中常见的基本资源。网络元素详细指定网络的名称,用户可以选择所需的子网 id。这个子网 id 是一个只可在单元内见到的资源。另一个单元可以使用相同的子网 id 但将代表仅限于单元内不同的子网。在这个例子中,两个网络子网 id 是 2 和 15,代表了两个网络上节点所在的网卡。

对于容量来说,还有一个与数量相关的名称和一个描述图像位置的 URL。本地的 WebVol 是由资源 urn:sup:0 - 1 - 27 初始化图像的指定内容。我们希望指定的资源已经独立提供给该资源名字的控制器。也许该容器要么由相同的用户创建,要么由别的用户创建但这个用户可见。在例子中这是包含操作系统和任何其他配置数据的容器,并且这将成为在 WebVM 中运行的图像。

```
<? xml version = "1.0" ? >
<cell >
-  <network def = "ext" >
<subnet >15 < /subnet >
</network >
-  <network def = "net2" >
<subnet >2 < /subnet >
</network >
-  <volume def = "webOSVol" >
<imageUrl >urn:sup:vol - 0 - 1 - 27 < /imageUrl >
<size >256 < /size >
</volume >
-  <vm def = "webVM" >
<vbd def = "vbd0" >
<volUrl >sup:/webOSVol < /volUrl >
</vbd >
```

```
< vif def = "vif0" >
< netUrl > sup:/ext < /netUrl >
< external > true < /external >
< /vif >
< vif def = "vif1" >
< netUrl > sup:/net2 < /netUrl >
< /vif >
< /vm >
...
< /cell >...
```

本节中最后一个项目是虚拟机。VM 是 WebVM 的一个例子。VM 规范只是提到 VM 的块设备应该连接到 WebVol 容量,如前面所提到的,这两个接口和 vif1 vif0 网卡应该适当地连接到前面所提网络元素。更进一步,接口规范限定 vif0 是外部路由接口。

显然,这只指定图 2.20 所示的所有单元规范的一部分。DBVM 及其两个容量(对操作系统和数据库)也需要指定。DBVM 上的 NIC 也连接到 net2,允许两个虚拟机通信。通过添加这些元素,该规范才是完整的。

注意,以上只展示了几个属性,如容量大小和网络接口的外部连接属性。实际上有更多的属性可以指定,如各个接口 IP 地址的后面部分,称为主机部分。该规范还可能包含详细的规则,描述在虚拟机中可能通过网络连接的单元。管理磁盘镜像共享也有规范可循。

多租户:支持多个作者发布(他们)图书(信息)

上一节介绍了如何创建一个简单的单元。本节将介绍一个更复杂的例子。这个示例还展示了单元如何通过虚拟机中运行的应用程序调用收缩单元。

假设 Pustak 门户(服务提供者或 SP)正在创建一个服务,使作者拥有为他们书籍创建门户的能力,并对于那些希望在作者的门户网站搜索术语的人提供一个搜索服务。因此,作者的门户网站需包含作者写的书。此外,它必须还包含一个可供搜索的索引。这个例子描述了如何创建这个会自动使用单元的复杂系统。

图 2.22 所示为所需单元的结构类型。假设服务提供者首先规范单元有两个虚拟机。一个是控制器服务 VM(CVM),主办主要服务是对未来的作者提供接口;一个是搜索引擎 VM(SVM),它为作者已经建立的索引提供书的管理服务,并且为用户提供基于书本内容的搜索服务。这个规范看起来就像在前面示例中对于简单单元的规范,但是有一个主要的区别:两个 VMs 是面向外部以及内部子网同时开放的。因此,每个虚拟机有两个网卡,如图 2.22(a)所示。

作者通过门户对 CVM 发出 Web 请求获得网站。在 CVM 中的应用程序对控制者发出请求,请求被受理后,应用程序需要维护一个合适的认证:当创建 SP 用户

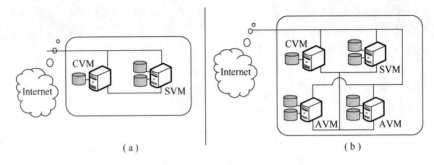

图 2.22　作者网站单元,支持每个作者的网站单元结构

时,单元会对 SP 用户提供一个认证。其结果是,作者虚拟机(AVM)在后台被创建并返回一个该作者 URL(AURL),他可以访问自己的网站(这是内部 AVM)。其他信息中,在 CVM 门户和创建作者网站之间的协议,包括创建证书对 AVM 门户的作者进行身份验证。这是在应用程序级,并且完全由 CVM 的应用程序逻辑处理。CVM 服务可以使用一些方法在 AVM 上完成身份识别。图 2.22(b)展示了经过两次 AVMs 添加后的单元。

　　作者使用 AURL 做服务允许的任何访问操作。他们能够上传书的内容。另一个特点是连接 SVM 和对其发出终端用户搜索内容请求的能力。请注意,每个作者获得一个新的 AVM:这是一个复杂的,需要多租户基础设施水平,并且这个平台处理得很好的用例。因此,单元结构不仅是一个 IaaS,而且允许定制并在其上建立云服务。

　　请注意,通过网站执行用户的操作请求,作者按需要设置自己的网站,逻辑访问和索引书籍,其他诸如此类功能则逻辑嵌入到相应的 Web 服务中,这些服务是对应 AVMs 产生的操作系统映像的一部分。

　　提交创建单元的初始规范格包含要求子网及容量的 CVM 和 AVM 规格,如图 2.22(a)所示。在 CVM 的 Web 应用程序逻辑节点上,决定创建一个 AVM。在这一节点上,CVM 动态地提交规范,从相应的图像创建一个 AVM。单元结构提供了一种通过提交规范改变或控制器 delta 来更新单元规范的方式。Delta 是一个改变所指定内容的规范。该规范显示在如下代码中:

```
<? xml version = "1.0" ? >
<delta >
- <set >
   <path > volAVM02a </path >
   <spec >
      <volume >
         <imageUrl >urn:sup:vol-0-1-30 </imageUrl >
         <size >250 </size >
      </volume >
```

```
        < spec >
  </set >
  -  <set >
        <path > volAVM02b </path >
        <spec >
            <volume >
            <imageUrl >urn:sup:vol-0-1-35 </imageUrl >
            <size >1000 </size >
            </volume >
            </spec >
  </set >
  -  <set >
        <path > vmAVM02 </path >
    <set >
    <vm >
        <vbd def = "vbd0" >
            <volUrl >sup:/volAVM02a </volUrl >
        </vbd >
        <vbd def = "vbd2" >
            <volUrl >sup:/volAVM02b </volUrl >
        </vbd >
        <vif def = "vif0" >
            <netUrl >sup:/net2 </netUrl >
        </vif >
        <vif def = "vif1" >
            <netUrl >sup:/net15 </netUrl >
            <external >true </external >
        </vif >
    </vm >
  </set >
  </delta >
```

在这个规范中,增加一个含有两个磁盘(volAVM02a 和 volAVM02b)的新虚拟机。一个用于操作系统和 Web 服务,另一个用于书籍内容和门户所有其他内容。AVM 像 CVM 和 SVM 一样,在预定义内部和外部子网都有网卡(net2 和 net15)。

多租户隔离

可以在以下几个方面提升单元设计优化解决方案。一是确保每个 AVM 不是单元之中存在的一个新的虚拟机,而是一个独立的单元。也可以增加只允许在 SVM 和相应的 AVM 间相互通信的规则。这种模式的优势是,由于每个 VM 是在一个独立的单元中,如果由于某种原因一个 AVM 被损坏,它将不会在任何附加子网内创建虚假流量,从而影响其他 AVM。然后甚至可以给作者充分访问 VM 本身的权限,让他以他所希望的任何方式提高它。在这种情况下,很可能他会设置一些不同的不受默认 AVM 所提供约束的应用程序。

作者网站的负载平衡

另一个有价值的单元优化可能是允许负载平衡。考虑这样一种情况,有必要使进入 AVM 的负载平衡。此外,负载平衡需要对控制服务提交 delta 规范增加 AVM 来触发,正如增加一个新的作者 VM。这个设计将在随后进行更详细的解释。

由于需做所有处理,假设在图 2.20 中的 WebVM 是过载的。使用 IaaS 的一个优势是基础设施可能刚好动态灵活地满足性能需求。为了做到这一点,我们可以如图 2.23 所描述的那样修改基础设施。

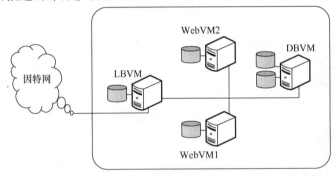

图 2.23　负载平衡配置

负载是到达系统的 LBVM 负载器节点。然后负载平衡器将请求转发给如图所示的两个 WebVMs。设施提供反向代理,例如,Apache Web 服务器中的逆向代理服务很容易提供功能。在简单的情况下,负载平衡器做转发请求循环。更进一步,当在所有服务器上的负载到达一个点时,SLA 下降,逻辑将提交请求到底层单元,弹出一个新的运行 WebVM 转发请求的节点。要做到这点,LB 需要提交 delta请求添加一个服务器。可以通过查看前面部分所讲的 delta 规范写出 delta 规范。

注意,应用程序级的逻辑需要重新配置 LB,以便它识别到的新节点是一个有效的用于转发信息的目标。依据类似可微调的规范(delta specification) 删除一个WebVM 以防负载过低,由一个较少的 WebVM 处理。在这种情况下,用于删除标识节点和其容量的 delta 如下:

```
<delta >
<set >
    <path > WebVM2 </path >
    <spec > </spec >
</set >
```

```
< set >
    < path > WebOSVol2 < /path >
    < spec > < /spec >
< /set >
< /delta >
```

另一种流行的灵活扩展 Web 的方式是添加一个 WebVM，然后使用基于 DNS 系统负载平衡的基础设施。DNS 服务器请求响应和负载平衡的细节超出了本书的描述范围，如欲了解这方面内容，可以查看 DNS 名称服务器负载平衡[21]。

在某些情况下，瓶颈是数据服务，而非 Web 服务器。一个解决方法是将数据分布在各个节点，如分布式哈希表或分布式列存储。在这种情况下，没有单独的数据库服务器。由 LB 根据被请求的数据做出去哪里转发请求的决定。当节点是收缩创建起来的时候，LB 还需要重新分配数据，以便使用新节点。一致性哈希技术可以用来减少数据运行量。

基础设施服务设计提供了核心基础设施的灵活能力。如果加上正确地应用程序逻辑来重新启动应用程序实例，并允许一些配置和可能的数据移动实际分发到负载，然后建立一个高度可扩展的 Pustak 门户作为平台，作者则可以主导自己的图书网站。

总之，要可靠、可伸缩地实现基础设施即服务，单元技术及其研究是实现简化界面和模块设计的关键。一个有趣的事实是，对于单元的所有操作可以通过发布适当的规范修改计算单元内的资源来完成。整个过程仅仅是规范驱动。而本节关注的是提供用户角度的单元原型，读者不妨看看惠普实验室相关技术报告[22,23,24]，了解一些网络和存储方面的内部工作介绍。

小结

正如本章的详细介绍，IaaS 云计算模型提供了虚拟计算资源（服务器、存储器和网络）作为服务。该模型的优势是它提供的灵活性，允许客户通过安装他们选择的软件创建任何所需的计算环境。与 PaaS 和 SaaS 模型相比，该模型的缺点是用户所使用软件升级的负担（一般来说是管理方面）。由于 IaaS 模型提供模拟一个物理数据中心的虚拟计算资源，这个技术可以被传统数据中心用来更新软件。

本章中讨论的 IaaS 服务有两个主要功能：服务创建和服务管理。服务管理的重要功能包括负载平衡、故障转移、监测和计量。作为简单的范例，Amazon EC2 的服务创建可以使用 AWS 控制台完成。涉及 S3 和 EBS 的更复杂的配置，可以通过编程或撰写脚本来设置所需的基础设施。惠普云系阵列的服务创建过程有两步。首先，通过服务目录、服务模板设计门户和工作流设计器门户这些定义服务。然后，这些定义以 XML 格式保存在服务目录中，在那里它们可以用于实例化服务。

在服务定义之后的 CloudSystem Matrix 第二步是服务实例化。与亚马逊 EC2 类似，用户门户可以被普通用户用来选择已有的服务模板（三层架构），并使用资源池的资源使其实例化。这种基于控制台的使用可以用来构建或复制复杂的基础设施，而不仅仅局限于简单的模板。

在亚马逊 EC2 中，服务定义是通过 AMI 定义完成的，其中包括对服务器所需软件和硬件的规范。EC2 提供各种标准化的计算环境（例如，Windows、Linux、Solaris、Ruby on Rails），以及一些流行的软件包（如 Hadoop、Apache 和 DB2）。这个软件环境可以被定制，要么通过在 EC2 虚拟系统上安装额外的软件，要么通过从客户服务器导入虚拟化服务器 VMWare 映像作为一个自定义的 AMI。AMI 还指定了所需的额外 EBS 虚拟磁盘。随后，AMI 可以在服务器上实例化预先确定的尺寸（例如，小型）。AMI 实例化后，AMI 上的软件可以（如果需要）手动或使用脚本配置。

除了 AMI 以外，EC2 也允许存储（通过 S3 文件，一个键值存储的简单数据库，或 RDB 关系型数据库）与 EC2 实例关联。网络允许创建两种类型的地址：与 EC2 通信的私人地址和与外部通信的公共 IP 地址。此外，可以使用 EC2 的虚拟私人云创建混合云，创建一个包括和 EC2 一样的企业数据中心资源的 VPN。

因为亚马逊 EC2 是公共云，它支持区域的概念，区域概念是指可以找到所需计算资源的特定的地理位置。这是为了性能目的或满足合法要求。在 CloudSystem Matrix 也可以将资源池按照地理位置进行分区，并指定分配中的特定区域。

服务管理是 IaaS 中所提供的另一个重要因素。负载平衡和故障转移是服务管理的重要功能。在 EC2 中，负载平衡和缩放比例可以通过平台即服务技术[16]和弹性负载平衡服务完成，这将为多个服务器分配传入请求。负载平衡器还支持会话的概念，这可能是由应用程序所定义。在 CloudSystem Matrix 中的负载平衡和缩放比例是通过 APIs 完成的，这在后面第 8 章管理云中会讲到。

最后，单元结构是一个非常有趣的研究，它使得复杂基础设施的创建变得很容易——仅用一个简单的可以在一个图形用户界面内编写的 XML 规范。这种方法可以创建一个复杂的基础设施，并将其共享和复制作为另一个实例。这个示例还描述了平台如何使用 Pustak 门户实现多租户服务提供商。这是很有前景的研究，可以简化部署和管理云基础设施。

作为一个重要的补充功能，存储即服务是指提供高可用性和可靠持久性的存储。对来自亚马逊网络服务的多个服务进行研究，他们提供了多样化的接口——块设备接口（EBS）、数据库接口（RDS）、键值存储（简单数据库）或简单文件系统（S3）接口。这些和其他存储平台服务在第 3 章中描述 PaaS 存储方面的部分进行介绍。第 5 章和第 6 章有关于如何有效使用云存储的附加背景概念的研究。

IaaS 模型允许云中的虚拟资源为企业提供应用程序。如果需要，这些可以是一个通向混合云模型的扩展的企业数据中心。因此，IaaS 模型适合将云作为自然扩展的数据中心的企业。关于使用 IaaS 平台来解决可伸缩性、可用性和其他云技术挑战的更深入讨论均可在第 6 章找到。

参考文献

［1］ Amazon Simple Storage Service（Amazon S3），http://aws. amazon. com/s3［accessed 16. 10. 11］.

［2］ s3cmd：command line S3 client，http://s3tools. org/s3cmd［accessed 10. 11］.

［3］ Standalone Windows . EXE command line utility for Amazon S3 & EC2，http://s3. Codeplex. com/［accessed 10. 11］.

［4］ API Support for Multipart Upload，http://docs. amazonwebservices. com/AmazonS3/latest/dev/index. html? uploadobjusingmpu. html［accessed 01. 11］.

［5］ Amazon Elastic Compute Cloud User Guide，http://docs. amazonwebservices. com/AWSEC2/latest/UserGuide/［accessed 10. 11］.

［6］ Amazon Elastic Compute Cloud Command Line Reference，http://docs. amazonwebservices. com/AWSEC2/latest/CommandLineReference/［accessed 01. 11］.

［7］ Amazon EC2 API Tools，http://aws. amazon. com/developertools/351? _encoding = UTF8&jiveRedirect = 1［accessed 10. 11］.

［8］ EC2 Introduction，http://aws. amazon. com/ec2/［accessed 10. 11］.

［9］ EC2 FAQs，http://aws. amazon. com/ec2/faqs/［accessed 10. 11］.

［10］ Elastic Load Balancing，http://aws. amazon. com/elasticloadbalancing/［accessed 10. 11］.

［11］ Amazon Virtual Private Cloud，http://aws. amazon. com/vpc/［accessed 10. 11］.

［12］ AWS Security Best Practices，http://awsmedia. s3. amazonaws. com/pdf/AWS_Security_Whitepaper. pdf；2011［accessed 10. 11］.

［13］ Fernandes R. Creating DMZ configurations on Amazon EC2，http://tripoverit. blogspot. com/2011/03/creating – dmz – configurations – on – amazon. html［accessed 10. 11］.

［14］ Ruby Programming Language，http://www. ruby – lang. org/en/［accessed 10. 11］.

［15］ http://docs. amazonwebservices. com/AmazonS3/latest/API/［accessed 10. 11］.

［16］ AWS Elastic Beanstalk，http://aws. amazon. com/elasticbeanstalk［accessed 10. 11］.

［17］ Amazon Machine Images（AMIs）：Amazon Web Services，Amazon Web Services，http://aws. amazon. com/amis［accessed 10. 11］.

［18］ HP CloudSystem Matrix，http://www. hp. com/go/matrix［accessed 10. 11］.

［19］ Server and Infrastructure Software – UseCases，http://www. hp. com/go/matrixdemos［accessed 10. 11］.

［20］ HP Cloud Maps，http://www. hp. com/go/cloudmaps［accessed 10. 11］.

［21］ DNS Name Server Load Balancing，http://www. tcpipguide. com/free/t_DNSNameServerLoadBalancing. htm［accessed 10. 11］.

［22］ Cabuk S，Dalton CI，Edwards A，Fischer A. A Comparative Study on Secure Network Virtualization，HP Laboratories Technical Report，HPL – 2008 – 57，May 21，2008.

［23］ Edwards A，Fischer A，Lain A. Diverter：a new approach to networking within virtualized infrastructures. In：Proceedings of the first ACM workshop on research on enterprise networking，WREN '09，2009. p. 103 – 10.

［24］ Coles A，Edwards A. Rapid Node Reallocation Between Virtual Clusters for Data Intensive Utility Computing. IEEE International Conference on Cluster Computing 2006.

第 3 章
平台即服务

3

【本章要点】

- Windows Azure
- Google App Engine
- 平台即服务:*存储方面*
- Mashups(聚合)

引言

前一章描述了云计算的第一种模型:基础设施即服务(IaaS),它作为一种云服务通过提供可靠的计算和存储资源来按需提供硬件资源。本章着眼于云交付的第二个模型:平台即服务(PaaS)。该模型提供了一个平台,在这个平台上,用户可以直接开发和部署他们的应用程序,而无需担心设置硬件或系统软件的复杂性。PaaS 系统通常支持应用程序的整个生命周期——从应用程序辅助设计、PAPIS 应用于应用程序的开发、支持构建与测试环境,到在云端提供应用程序部署。某些PaaS 解决方案还在程序运行期间提供附加功能,如持久性数据应用、状态管理、会话管理、版本控制和应用程序调试等。

IaaS 产品仅提供原始计算能力、客户购买的虚拟机实例、安装必要的软件,并在其上托管用户的应用程序。相比之下,PaaS 产品为在云端托管的应用程序提供完全的管理平台。PaaS 应用程序的客户管理实例指定所需的应用实例细节,并在无用户干涉条件下保护创建和维护实例的云服务。例如,当计算机出现故障时,PaaS 解决方案将通过在新虚拟机上自动创建一个应用实例来保障故障期间应用程序的可用性。为了促进自动化应用的管理,PaaS 解决方案为其客户提供了一个比 IaaS 更严格的环境,如对操作系统和编程环境的选择减少了。但是,这明显地减小了客户管理负担。

PaaS 系统可以用来托管各种云服务。它们可以用作类似 Facebook 的基于在线门户的应用,这需要扩展到成千上万的用户。它们可以被一个想要在"软件即服务"模型中托管新应用程序的新兴公司使用,而无需提前支付计算机硬件或系统软件费用,同时从扩展到大量用户的伸缩性中获益。PaaS 系统也可以用于高性能计算应用和互联网文件管理服务中的大规模并行计算。此外,企业可以在仍保持数据的安全性和隐私的同时,利用其规模和可用性在云端部署他们的业务线应用。

本节更深层次地着眼于一些通用的 PaaS 系统,即微软的和雅虎的 Windows Azure 平台,它是用于开发混搭应用和 Hadoop 的网络伸缩大数据平台。本章中有单独的一节来介绍平台即服务的存储方面的问题,特别详细地介绍了 IBM 的一些提供面向数据平台服务(纯可扩展标识语言和数据工作室)的云服务,将它作为案例进行研究。在前面的章节中,首先从应用程序开发人员视角描述了 PaaS,以便在平台上给开发者提供一个快速的着手向导。接下来,本章描述了 PaaS 系统的基本技术及组件,这些组件构成的平台让开发者能够利用 PaaS 解决方案的更先进特性来开发高效应用程序。通过介绍最适合云计算平台的新应用程序设计范例,鼓励读者学习第 5 章,以便对云应用程序的设计和开发有更深入的了解。

WINDOWS AZURE[①]

Azure 服务平台是一个受欢迎的云应用程序平台,它允许 Windows 应用程序和 Web 服务在微软数据中心托管和运行。Azure 的一个简单视图可以作为应用. NET 开发 Windows 应用程序的云部署平台。尽管 Azure 主要是为 PaaS 功能而设计的,但是它也包括数据即服务(DAAS)和基础设施即服务(IaaS)的一些功能。然而,本节主要关注平台的 PaaS 功能,只给出了 Azure 的一个关于 DaaS 和 IaaS 的高层次的功能概述。

本节的其余部分安排如下:首先,用一个简单的"Hello World"的示例来说明如何开始使用现有的 Windows Azure。接下来,用稍微复杂的例子来说明如何在两个应用程序组件之间传递消息,这是 Azure 集成组件的主要方式之一。第二个例子也是用来说明如何在 Azure 下对程序进行测试和调试。接下来是对 Windows Azure 的基本和高级功能的概述,如 Azure 存储、队列、表和安全。

本节中的示例和屏幕截图是基于 Windows Azure SDK1. 2 版本的。它们可能与在微软网站[1]上找到的新版本文档略有不同。考虑到决策者转移到 Windows Azure,该网站还为决策者提供了一个向导和一个可以作为定价向导的 TCO 计算器。Windows Azure 的业务端在 Windows Azure 定价业务中进行了描述[2]。门户网站和 PDC 网站还提供白皮书和用户将应用程序移动到云端的经验之谈。

一个"Hello World"示例

Windows Azure 服务的用法可以用一个简单的例子来完美诠释。这个例子展

---

① 资料由微软印度研究院 Gopal Sriuivasa 先生提供。

示了如何开发一个可以显示自定义主页、接受访客姓名并欢迎他/她的 Web 应用程序。为简化这个应用程序的开发过程,可以使用可免费下载[3]的 Visual Studio 2010 精简版的 Visual Studio 模板。

第一步是下载和安装开发 Azure 应用程序的开发工具。在写本书的时候,包含所有必需软件的 Windows Azure SDK 可以在以下网站上免费下载:http://www. microsoft. com/windowsazure/learn/get – started/? campaign = getstarted:

与其他任何托管在云中的应用程序类似,Windows Azure 应用程序通常在不同虚拟机上运行多个实例。然而,开发人员不需要明确地去创建或管理这些虚拟机。相反,他们只需要作为 Web 角色或 Worker 角色写出应用程序,并告诉 Windows Azure 每个角色应该创建的实例数。Windows Azure 创建所需数目的虚拟机,并在其上托管角色的实例。Azure 支持的两个角色描绘了 . NET 系统上托管的应用程序的常见类型。Web 角色映射了托管在 IIS 服务器上并提供外部交互设计。而 Worker 角色映射了通常由 Windows 服务器和应用程序完成的复杂任务处理。这些角色在后一章节会更加详细地介绍。一个典型的 Azure 应用程序包含多个组件(Web 角色和 Worker 角色),这些组件可以交换信息,并能够用于 Azure 中来构成基本设计模式。

开发一个应用程序的第一步是创建一个 Visual Web Developer 云项目。为此,使用 Visual Studio 上的"File"菜单,选择"New project",然后在左面板"Windows Azure Cloud Service"选项中选择"Cloud"。图 3. 1 展示了这一过程的一个截图。在对话框中单击"OK",开发工具中会显示另一个提供角色选择(前边简介的 Web 角色和 Worker 角色)的对话框。对于这个例子,将选择一个 Web 角色或者一个 Worker 角色,如图 3. 2 所示。

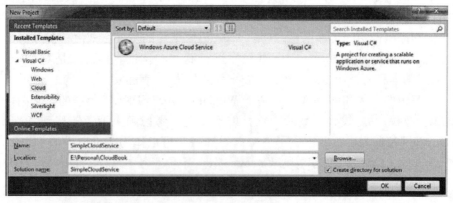

图 3.1　在 Azure Visual Studio 中创建一个新的云项目

请注意,这里所选择的角色的数目与可以在云端创建的角色的实例数无关。Windows Azure 将允许创建可以部署在云端的任何角色的多个实例。然而,在写这篇文章时,一个单独的应用程序最多只能有 25 个定义的角色。

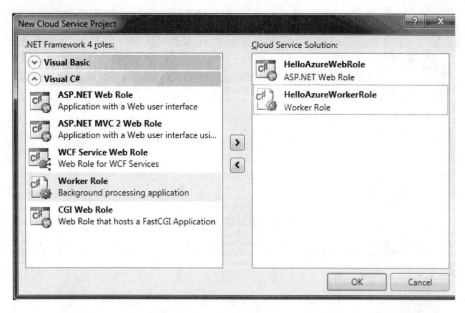

图 3.2 选择 Web 和 Worker 角色

选择角色之后,Visual Studio 会自动创建两个项目来开发每个角色。此外,为两个 Azure 角色创建了一个 Visual Studio 云服务解决方案,如图 3.2 所示。一个 Visual Studio 解决方案是一个可以作为逻辑实体分组的相关项目的集合。Worker 角色本质上是一个具有基于云部署附加功能的 ASP. NET 网络应用程序。Worker 角色是一个简单的 C#程序。在这个例子中将使用 C#作为编程语言,Java 和 Php 软件开发包可以分别在 http://www. windowsazure4j. org/ 和 http://phpazure. codeplex. com/下载。此外,也可以使用 VisualBasic 和 IronRuby 语言。文献[6]中列出了其支持的编程语言的完整列表。

下一步是修改"Default. aspx"网页来添加一条自定义信息,如图 3.3 所示。现在可以创建一个由两个文件组成的简单 Azure 应用程序解决方案,它包含一个存放二进制文件的服务包(*. cspkg),以及一个用于配置应用程序的服务配置文件(*. cscfg)。当前网页仅显示欢迎消息,用户可以在 Visual Studio 中通过"F5"键刷新网页来测试这个应用程序。此时,第一个 Azure 应用程序已经准备就绪。其他的简单例子可以在许多书和网站中找到。

举例:传递一条消息

在云环境中,组件之间传递消息是一项基本的功能,因为云应用程序由较为简单的组件构成的它们之间通过消息来通信。下一节将说明消息如何从一个组件传递到另一个组件。在这个例子中,Web 角色将提示用户输入他/她的名字并传递给 Worker 角色,最后打印由 Web 角色返回的结果。对此,首先在默认的 ASPX 网

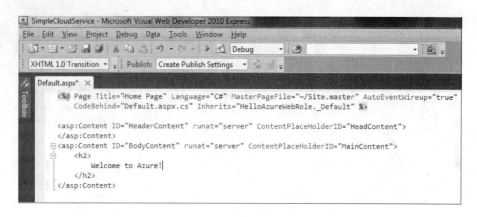

图3.3　修正默认首页写入用户消息

页中引入一些附加标记,来添加有一个文本输入框和一些附加标签的简单提交按钮,如下面的代码段所示。

```
< asp:Label ID = "MsgLabel" runat = "server" > Enter your name and click
submit. < /asp:Label >
< br />
< asp:TextBox ID = "NameTextBox" runat = "server" > < /asp:TextBox >
< asp:Button ID = "Button1" runat = "server" CausesValidation = "true"
Text = "Submit" OnClick = "OnSubmitBtnClick" />
< br />
< asp:Label ID = "ResponseLabel" runat = "server" > < /asp:Label >
```

默认页面的输入字符串由 Web 角色传递给 Worker 角色,然后 Worker 角色返回一个字符串(可能是即时的)。因此,单击"Submit"按钮的 OnSubmitBtnClick 需要将输入字符串作为一条消息传递给 Worker 角色。为了使 Web 角色和 Worker 角色可以互相通信,必须使用 Azure 的消息传递功能。Azure 云端的消息传递可以通过 Azure 存储的队列实现。Azure 存储的其他不同类型将会在后面章节中介绍。在此,示例代码将描述一些管理队列的 API 的简单应用。下面是 OnSubmitBtnClick 方法的实现。

```
protected void OnSubmitBtnClick(object sender, EventArgs e)
{
    //Select the storage account to use. Account information is speci-
    fied in the
    //service configuration file, as a key-value pair. Default behav-
    ior is to
    //use the dev store
    CloudStorageAccount account = CloudStorageAccount.
    FromConfigurationSetting("AzureStorageConnectionString");
```

```
//Now we create a client that can operate queues on the account.
CloudQueueClient client = account.CreateCloudQueueClient();
```

为了使用消息传递 API，必须创建一个存储账户（storage account）对象，并与 AzureStorageConnectionString 一同被指定在配置文件中。其他情况下，存储这种设置的应用程序配置文件以 key-value 对形式使用于程序中。与上述键所关联的值用作存储账户连接字符串。在开发过程中，该值可以设置为使用开发存储来方便程序的追踪/调试。在生产中，该值应设置为开发者的存储账户。

接下来，有必要为队列向 Worker 角色传送信息提供一个参考。这是该示例引入的 Worker 角色和 Web 角色双向通信所必需的。因此，使用两个队列，第一个命名为 Webtoworker，第二个命名为 workertoweb。这是由 GetQueueReference 方法完成的，这个方法为队列返回一个参考。CreateIfNotExist() 函数在代码第一次执行时创建队列。未建立此函数而试图去访问一个队列会抛出异常。

```
//We request access to a particular named queue. The name of the queue
//must be the same at both the Web role and the worker role.
//container name must be lowercase!
WebToWorkerQueue = queueClient.GetQueueReference("Webtoworker");
//Create the queue if it does not exist.
webToWorkerQueue.CreateIfNotExist();
workerToWebQueue = queueClient.GetQueueReference("workertoWeb");
workerToWebQueue.CreateIfNotExist();
```

现在可以为 Worker 角色的队列添加消息，即简单地把用户输入的字符串作为消息发送给 Worker 角色。这条消息被添加到 Webtoworker 队列，如下面的代码段所示。消息可以是任何序列化类型的对象。

```
WebToWorkerQueue.AddMessage(new
CloudQueueMessage(this.NameTextBox.Text));
```

已发送的消息将抵达 Worker 角色。若要处理来自 Worker 角色的响应，就需要监听 workertoWeb 队列上的消息。下面的代码段演示了这一过程。当检测可用消息队列时，代码循环执行。顾名思义，如果队列中有未处理的消息，则使用 PeekMessage() 方法进行检查。如果存在这样的消息，则将该消息返回，否则就返回空。一旦 Worker 角色向 workertoweb 队列写入消息，则循环终止。

```
//Wait for a response from the worker
while ((response = workerToWebQueue.PeekMessage()) == null)
    ;
//There is a message. Get it.
response = responseQueue.GetMessage();
if (response != null) {
    //Show the response to the user
    ResultLabel.Text = response.AsString;
```

```
//Always delete the message after processing
//so that it is not processed again.
responseQueue.DeleteMessage(response);
}
```

通过使用 GetMessage ( ) 函数获得来自队列的回复。GetMessage ( ) 函数和 PeekMessage ( ) 函数有两点不同：

（1）前者是一个阻塞函数，当队列为空时阻塞，而后者是一个非阻塞函数。

（2）对于其他角色访问队列，GetMessage ( ) 函数将消息标记为不可见，这类似于在一个特定的时间段获得一个消息独占锁，而 PeekMessage ( ) 函数与此不同。

一旦消息被取回，我们从队列中删除消息，这样同样的消息不会被处理两次，并通过对 Worker 角色返回的文本设置 ResultLabel 域来向用户展示回复。请注意，我们可以使用 AsString 函数，因为我们知道我们的消息是字符串型的。对于其他的自定义数据类型，我们必须调用 AsByte 属性，它会返回消息的序列化表示，并且将返回给对象的字节反序列化。当然，对于实际的应用程序，最好是用 AJAX 或者 ASP. NET 的 UpdatePanel 去轮询到达的消息，而不是如前面例子一样去无限地等待。这将给用户提供更好的体验，因为对 Worker 角色的后端请求不会阻塞。

> **注意**
>
> . NET 术语的使用
> - 属性：一个属性是一个成员，通常可以被公共访问，这提供了一个灵活的机制去读、写或者计算类的私有字段的值。
> - 序列化：将一个对象转换成一个字符串或者二进制形式的过程，使得可以通过网络传输或者保存到磁盘。从这样一个保存的副本创建一个对象的逆过程是反序列化。

现在，对例子中的 Worker 角色进行详细研究。Worker 角色必须监听新消息的输入消息队列，当它收到一条消息时，它必须回复一条消息，如回复服务器时间。所以，在示例中，Worker 角色将服务器时间附加到收到的消息上，并将其添加到输出队列。

回顾一下，Visual Studio 已经生成了一个模板 Worker 角色。这个模板有两个共有方法：OnStart 和 Run。当一个 Worker 角色实例开始运行时，调用 OnStart ( ) 方法。这是一次性的启动活动，如创建两个消息队列。同时调用一次 Run ( ) 方法，它为 Worker 角色完成处理。请注意，Run ( ) 方法不应该有返回值—Azure 代理检测角色是否被终止（可以是一个异常或者定期函数返回），并启动一个 Worker 角色的新实例。Azure 代理的这个特性保证了应用程序的可用性和云托管应用程序的最短停机时间。

Run ( ) 方法的例子如下：

```
Trace.WriteLine("HelloAzureWorker role entry point called", "Infor-
```

```
mation");
while (true) { //Get the next message from the incoming queue
    CloudQueueMessage message =
WebToWorkerQueue.GetMessage();
if (message ! = null) {
    //Say, the message is the username. Other fields in the message
    //like ID help map responses to requests.
    string userName = message.AsString;
    Trace.WriteLine("Got message with user: " + userName + " id: " +
    message.Id,    "Information");
    //Create the response to the web - role.
    CloudQueueMessage messageToSend = new CloudQueueMessage("Hello," +
    userName + ". The server time is: " + DateTime.Now.ToString());
    //Send the message to the web role.
    workerToWebQueue.AddMessage(messageToSend); Trace.WriteLine("
    Sent message: " + messageToSend.AsString + " with id: " + message-
    ToSend.Id, "Information");
    // delete the message that we are going to process. This prevents
    other workers from
    processing the message.
    webToWorkerQueue.DeleteMessage(message);
}
```

　　利用无限 while 循环获取消息是所有 Worker 角色的通常做法，这表明函数不应该终止。不同于 Web 角色，Worker 角色直接调用 GetMessage() 函数去查找新的消息。当获取一条消息时，Worker 角色可以阻塞，在这之前它不做任何事情。剩下的代码与 Web 角色的相似。Worker 角色读取来自 Webtoworker 队列的请求，使用服务器时间创建一个字符串，并将其添加到 workertoweb 队列发送给 Web 角色。

　　以上总结了 Worker 角色和 Web 角色的大多数示例代码的运行过程。

　　需要一个附加步骤：必须给 Web 角色和 Worker 角色设定一个 Configuration-SettingPublisher，以便于可以读取正确的配置文件。添加下面几行代码到应用程序启动函数（当 ASP. NET 应用程序启动时 Web 服务器调用的事件处理程序）。这个函数在 Web 角色项目的 Global. asax. cs 文件中（这是 ASP. NET 项目中一个自动生成的包含全局声明的文件），OnStart() 函数在 Worker 角色项目的 Workerrole. cs 文件中。

```
CloudStorageAccount.SetConfigurationSettingPublisher (( configName,
configSetter) = >
{
    string connectionString;
```

```
if (RoleEnvironment.IsAvailable) {
connectionString = RoleEnvironment.
GetConfigurationSettingValue(configName);
}else {
 connectionString = ConfigurationManager.AppSettings [config-
 Name]
}
configSetter(connectionString);
});
```

Azure 测试和部署

使用前面例子中开发的应用程序来说明 Azure 的测试和调试功能。当云服务器在调试模式下启动时,Visual Studio 将开启如图 3.4 所示的窗口。左窗格显示了程序的结果(Web 角色),右窗格显示了应用程序的源代码。程序员可以添加断点,单步执行代码并查看常规 Visual Studio 项目中处理的变量。请注意,Visual Studio 必须以管理员模式启动来调试云应用程序。现在,应用程序在 Windows Azure 模拟器上的称为开发结构的本地计算机上运行。开发结构在本地机器上提供 Windows Azure 功能,这样可以使用户可以在 Visual Studio 提供的熟悉环境中调试其服务的逻辑。

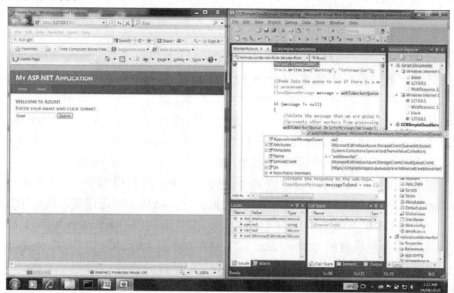

图 3.4　边边窗口显示 Azure 应用程序实际调试过程

应用程序的最终结果如图 3.5 所示,其中 Web 角色接收到来自用户的输入字符串,将它发送给 Worker 角色,然后接收到服务器的时间戳并显示给用户。

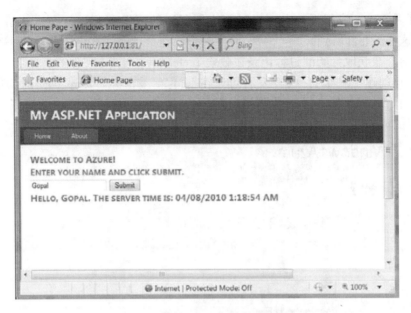

图 3.5 样板 Azure 应用程序的输出

程序员还可以查看消息队列并追踪 Web 角色和 Worker 角色的状态。对此，应用如图 3.6 所示的开发结构视图。程序员可以在左窗格选择一个角色,查看消息,并在右窗格追踪所选角色的输出。下一节将从技术角度对开发结构进行更加详细的描述。

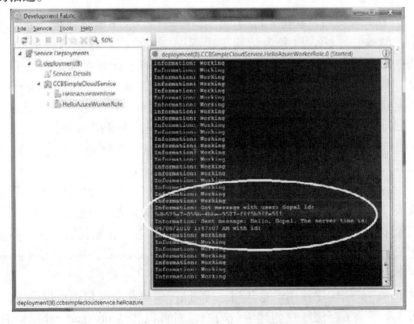

图 3.6 在开发 UI 构架中显示 Worker 角色的跟踪信息

部署 Azure 应用程序：目前，对新应用程序的开发和测试是在本地机器上。同时，这些需要部署到云端。对此，程序员需要在微软在线客户门户获得一个 Azure 订阅[8]。获取订阅的过程记录在微软 Technet 网上[9]。

一旦创建了一个订阅，开发者可以在 http：// windows. azure. com 的 Windows Azure 门户页面上登陆，且开发者可以在其上创建新的项目。图 3.7 展示了添加了项目后的 Azure 门户页面。

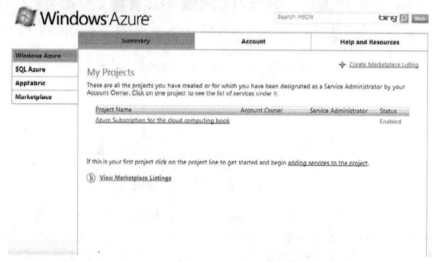

图 3.7　开发者门户的登录页面

一旦在开发者门户获得了订购，下一步就是为新应用程序创建一个托管服务和一个存储账户。托管服务为访问应用程序创建终点。这里选择的唯一服务 URL 将被用户用来访问应用程序。类似地，存储账户公开终点来访问应用程序的云存储。图 3.8 描述了托管服务和此处所选择的唯一 URL simpleazureservicecc 的创建。这意味着以下网址中的网页对于客户是可用的：http：//simpleazureservicecc. cloudapp. net. 。对于这个例子，假设应用程序和存储被托管在美国地区——其他可供选择的地区分布是欧洲或亚太地区。不同地区有不同的成本影响，不同成本的细节在 Azure 定价网页是可用的。

Windows Azure 允许我们请求一个应用程序的多个角色和以高效方式部署的共享数据，来获得良好的性能。这些是通过地缘组来完成的，地缘组是指一同工作的应用程序与数据可以放在一个地缘组中，以便于它们能被托管在同一区域内。对于此示例应用程序，使用地缘组的默认值。单击"Create"按钮，用所提供的设置创建一个占位符服务。

由于示例应用程序使用消息队列进行通信，因此存储账户也可以在门户上创建。图 3.9 展示了存储账户创建后的门户。对可以在 Azure、namelyblobs、表格和队列中使用的存储账户的不同类型定义了三个端点。本例中使用队列。其他模型

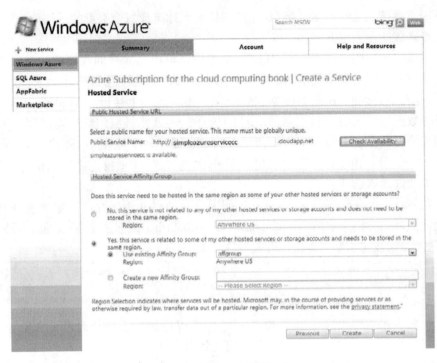

图 3.8　创建一个托管服务

图 3.9　存储网站信息

在下一节测试。与托管服务类似,存储账户的名称组成每个端点的一部分,并为其定义最高级的命名空间。

这里产生了两个访问密钥,任何一个密钥都可以用来访问存储端。微软建议定期更改密钥以避免密钥泄露的陷阱。细心的读者将会注意到截图上的术语地缘组,与托管服务类似,用来为数据和应用程序提供地理上接近。Windows Azure 还可以为数据提供内容交付网络(CDN)的选择。这就使得应用程序可以服务离终端用户最近的数据。在写本书的时候,世界上有 18 个数据中心,它们是 Azure CDN 的一部分。由于示例内容仅包括 Web 角色和 Worker 角色之间的消息传递,因此不会选择该选项。

在创建一个存储账户后,需要修改配置以对消息使用云存储。这通过修改服务配置文件(.cscfg)中的 AzureStorageConnectionString 配置参数来实现。回想一下,这个参数被初始配置以使用开发存储。新的设置是:

```
"DefaultEndpointsProtocol = [http|https];
AccountName = < storage_account_name >;
AccountKey = < key >".
```

现在重建应用程序。图 3.10 展示了应用程序访问云存储而不是开发存储。这个例子基本上是完整的。为了在云端托管 Web 角色和 Worker 角色,有必要利用"Publish"菜单来创建一个包,如图 3.11 所示。选择"Create Service Package"选项建立应用程序的服务包(.cspkg)文件。

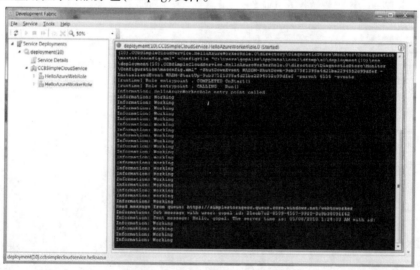

图 3.10　运行在云存储上的开发构架

接下来,我们返回到托管服务的主页,如图 3.12 所示。该页面显示了两个部署环境——生产和分期。这两个环境都在云端托管应用程序,但是分段环境利用临时的 URL 作为端点建立部署,而生产部署利用服务器 URL。

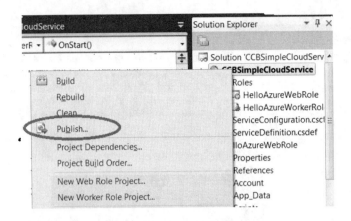

图 3.11 发布菜单

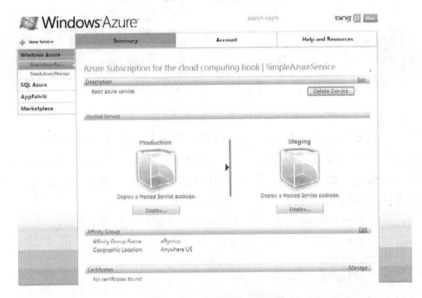

图 3.12 托管服务的网站主页

应用程序可以随时从生产环境转移到分段环境,反之亦然。首先,应用程序将被部署到分段环境里,如图 3.13 所示。Web 角色和 Worker 角色相邻的绿条说明它们正在执行。分期应用程序托管在一个临时的几乎不可能被偶然发现的 URL上。这使得开发者可在云端部署他们的应用程序并在公开使用前对其进行测试。

注意

CPU 时间计费

当应用程序部署在分段环境时,Windows Azure 开始对 CPU 时间计费,当应用程序(无论是在分段环境还是在生产环境)暂停时,继续计费。应用程序必须从门户删除才能停止计费。

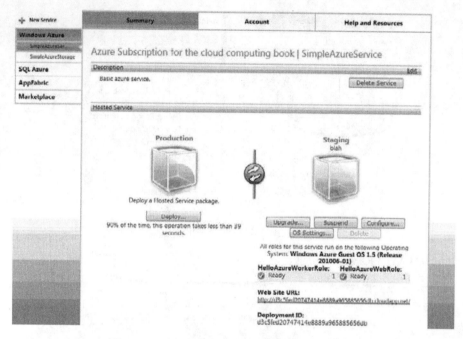

图 3.13　上传到分段环境的 HelloAzure 应用程序

最后,选择部署转换图标将服务转移到生产环境。这个应用程序在以下网站上是可用的:http://simpleazureservicecc.cloudapp.net.。如果需要更多的 Web 角色或 Worker 角色实例,可以修改位于门户配置页面的服务配置。配置文件是一个 XML 文件,与这里显示的相似:

```
<ServiceConfiguration serviceName = "CCBSimpleCloudService"/>
    <Role name = "HelloAzureWeb Role" >
     <Instances count = "1" />
     <ConfigurationSettings >
     </ConfigurationSettings >
    </Role >
    <Role name = "HelloAzureWorker Role" >
     <Instances count = "1" />
     <ConfigurationSettings >
     </ConfigurationSettings >
    </Role >
  </ServiceConfiguration >
```

实例节点指定了每个角色的实例数。如果任一角色需要更多的实例,可以将实例节点设置成更高的值。无论何时设置发生改变,在 Web 角色或 Worker 角色中调用 RoleEnvironmentChanging 方法作为处理机。虽然这个处理器的源代码是 Visual Studio 自动生成的,但是当角色设置发生改变时,其会被修改来完成自定义行为。回想一下,这个处理器被首先添加到了 OnStart( )和 Application_Start( )方法。

服务配置文件也可以用来设置管理的 VM 的规模,表3.1展示了在写本书时可用的 VM 大小。此外,每个存储账户在云端也可以有一个最大为100TB 的内存,总的来说,Azure 存储系统的设计初衷是提供3GB/s 的宽带,并为单一账户提供每秒5000次的服务请求。这是目前的数据,在未来可能会有所改变。

表3.1　Windows Azure 提供的空间 VM 规模(虚拟机)

计算实例规模	CPU/GHz	内存	实例存储/GB	I/O 性能	每小时的成本/ $
极小	1.0	768 MB	20	低	0.05
小	1.6	1.75 GB	225	中	0.12
中	2×1.6	3.5 GB	490	高	0.24
大	4×1.6	7 GB	1000	高	0.48
极大	8×1.6	14 GHz	2040	高	0.96

总结一下,以下是建立一个 Azure 应用程序所需的步骤。首先,在开发环境中创建和测试新应用程序的 Web 角色和 Worker 角色。接着,获取一个 Azure 订阅并利用它来建立一个托管服务和存储账户。下一步,利用云存储在开发环境下对应用程序进行测试。但是在云端对应用程序进一步测试是在分段环境中进行的。最后,分段环境转换到生产环境使得应用程序可以在所需的 URL 上被全球访问。然而,前面所有的步骤都不是强制的,该模式是一个可依据的有用模式,因为它允许在有更好工具支持的开发环境中完成大部分的调试,提高了整体的部署经验。图3.14展示了应用程序被转换到生产模式后的网页。

这个简单的例子说明了 Azure 平台的力量。Web 角色为访问应用程序提供可扩展的前端,开发人员可以将 Web 网站或者 Web 服务器作为 Web 角色进行托管,以获得应用程序的更高可用性和应用规模。Worker 角色更强大——开发人员可以将其用于大规模的 Azure 存储数据的处理,也可以将其用于其他计算密集的任务而无需对服务器、数据中心、冷却和人力资源管理上的投资。在停机时间很少或者根本没有停机时间时,他们可以扩展或者缩减其应用程序。只需配置文件的少许更改,商业企业可以根据用户负载利用 Azure 去托管电子商务门户。因此,托管的应用程序可以利用 Windows Azure 应用结构(以前称作 . NET 服务),与上述的数据和应用程序进行无缝连接。

Azure 平台的技术细节

在高层次上,Windows Azure 可以看做是微软 Blade 服务器上的一个云操作系统。这个操作系统掌握硬件的配置、监控和全权管理。它为应用程序提供共享的计算池、硬盘和网络资源。它还负责在平台上管理应用程序的生命周期,同时为编

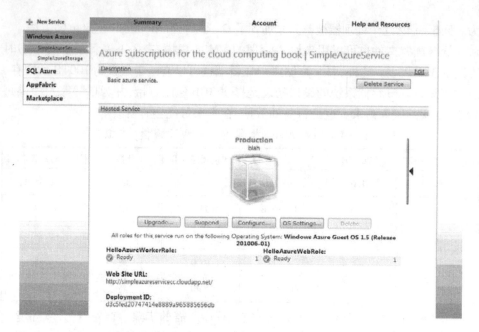

图 3.14　HelloAzure 应用程序的最终产品部署

写应用程序提供可用的构件,如存储、队列、缓存以及访问控制和连接服务。单独的应用程序可以在提供 Windows Server 2008 兼容环境的虚拟机上运行,并由云操作系统管理。

　　此外,该平台还提供了一个关系型数据库(SQL Azure)和一个名为 AppFabric 的服务集(之前称作 .NET 服务),该服务集允许内部应用程序与在云端托管的应用程序交互,保证安全连接性、通信以及身份管理。内部应用程序托管在计算机的企业级防火墙上。图 3.15 为这些部件相互作用的示意图。

　　以下各节描述了 Azure 运行时,环境、SQL Azure 和 AppFabric 的下一层详细情况。

【Windows Azure 运行环境】

　　Windows Azure 运行时环境提供了一个有管理能力的可扩展计算和存储的托管环境。它有三个主要部分:计算、存储和结构控制器。

　　如图 3.16 所示,Windows Azure 运行在大量的机器上,都在微软数据中心维护。Azure 的托管环境称为结构控制器。它有一个与网络连接,可通过负载平衡和地域复制来自动管理资源的独立系统池。它管理应用程序的生命周期而不需要托管应用程序去明确地处理其可扩展性和可用性需求。每个物理机托管一个管理机器的 Azure 代理——首先开机启动、安装操作系统,接着安装应用程序并在其执行过程中监视应用程序,最后甚至在代理检测到任何问题时去尝试修复系统。在该结构控制器的顶层创建计算和存储服务。请注意,结构控制器不同于 AppFabric,前者在云端管理机器,而后者为将内部应用程序连接到云端提供服务。

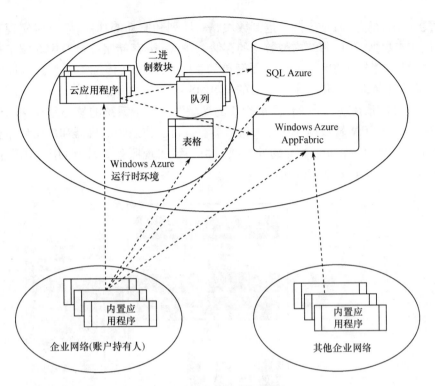

图 3.15 Azure 平台服务图解

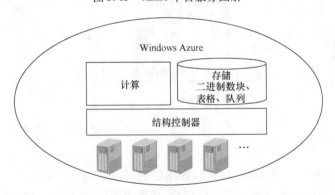

图 3.16 Windows Azure 运行时环境组件

Azure 计算服务提供一个基于 Windows 的环境,来运行以多种语言编写并受 Windows 平台上多种技术支持的应用程序。而任何 Windows 兼容技术都可用来开发应用程序,支持 ASP. NET 的 . NET 网络框架具有最大的工具及库支持。与大多数 PaaS 服务相似,Windows Azure 定义了一个特定平台的编程模式,即 Web 角色—Worker 角色模型。这个模型在"Hello World"的例子中简单提到过,在本章后面的 Azure 编程模型部分将对其进行详细介绍。

Windows Azure 存储服务以多种形式为运行在 Windows Azure 上的应用程序提

供可扩展的存储。通过支持二进制数块、表、队列和驱动等功能,它可以实现对二进制、文本数据、消息和结构型数据的存储。在 Azure 存储服务章节中介绍了这些不同类型存储之间的区别。对需要简单的基于 SQL 访问传统关系型数据库的应用程序,SQL Azure 提供一个基于云的 RDBMS 系统。这些都将在本节后面介绍。

图 3.17 所示为一个平台内部模块的鸟瞰图。这个系统的核心是存储和计算集群——存在于微软数据中心的大量机器。运行操作系统的机器和应用程序受结构控制器的管理。Azure 系统的外部接口由一组实现服务管理、给用户访问存储系统权限的 REST 接口集组成。

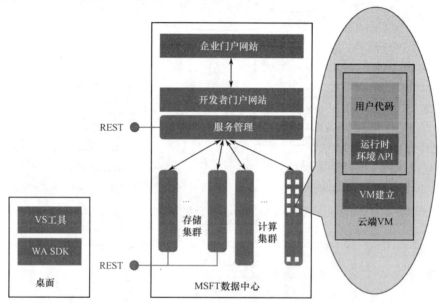

图 3.17　Windows zure 的局部

结构控制器

结构控制器(FC)是 Azure 用来管理集群内部硬件与应用程序的一个分布式程序。结构控制器的主要任务是根据角色数、角色实例数,以及应用程序指定的升级和故障域为应用程序分配适当的资源。集群中的每台机器运行一个管理程序,该管理程序托管着运行 Windows 2008 兼容的操作系统的虚拟机。管理程序是一个 Windows 操作系统指定版本的 Azure。主机操作系统有一个 Azure 主机代理,它负责监视物理机的好坏、启动虚拟机实例和向结构控制器报告机器运行情况。结构控制器通过心跳机制监视主机代理。如果结构控制器检测到宿主没有在预定时间内对心跳做出回应,它就认为机器停止工作了,并想办法修复机器。用户操作系统有一个监视虚拟机上运行角色的用户 Azure 代理。客户代理重启终止了的角色,并保持告知主机代理虚拟机的状态。主机代理和用户代理也可通过心跳机制通信。当宿主检测到它没有接受到来自虚拟机的心跳时,它就会采取措施修复虚拟机。

结构控制器还可以在需要时或有机器因某些原因停止工作时为集群启动新机器。图3.18展示了当多个主机代理运行一个应用程序的不同部分时结构控制器如何工作。为防止结构控制器成为一个单点故障,结构控制器自身在机器群上运行。

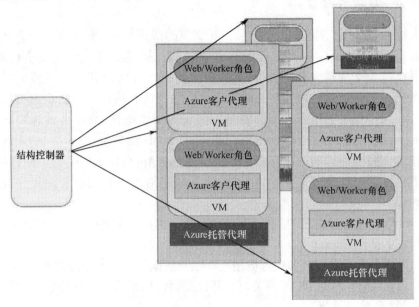

图3.18 结构控制器架构

读者可以查阅《Windows Azure 编程》[10]来获得更多关于 Windows Azure 构架的详细信息。另一个获取更多信息的好来源是马克·若斯诺维奇在 2010 年微软专业开发人员会议上关于 Azure 内部的报告。

SQL Azure

SQL Azure 在云端提供了一个关系型数据库,虽然 Azure 表存储服务实现了对结构型数据的存储和查询,但是它未能提供由传统关系型数据库管理系统(RDBMS)提供的全关系能力。SQL Azure 在 SQL 服务基础上提供基于云的关系型数据库管理系统,它几乎拥有关系型数据库管理系统现有版本的所有特性。因此,所托管的数据库可以利用 ADO. NET 以及其他一些微软数据库访问技术进行访问。事实上,当数据库部署在 SQL Azure 上时,大多数利用 SQL 服务器编写的应用程序工作不改变。用户也可以用如 SQL 服务器报告服务等客户端报告工具与云数据库一起工作。

SQL Azure 还可以从管理大型数据库的操作细节中释放用户。客户现在可以关注其应用程序的相关数据,而不只是关注服务日志、配置文件管理和备份。微软数据中心处理基础设施的操作细节是透明的。

SQL Azure 使用的编程模型与现存的数据库应用程序非常相似,在某种程度上,SQL Azure 提供数据库作为服务。对学习更多 SQL Azure 相关知识感兴趣的读者可以参考 SQL Azure 网站上的文档[12]。

Azure 应用程序结构

大型 IT 公司通常需要一个可供相互交流的应用程序,而这在一个企业内部是很难实现的,当将应用程序托管在云中时更加困难。这是由于安全性需求。整个系统需要支持联合身份管理,这样两个不同实体可以相互信任彼此的身份管理系统。这通常通过配置防火墙从而允许数据转移或者构建安全虚拟私有网络(VPN)来实现。当应用程序需要进行组织与其供应商、合作者或客户之间的通信时,会出现更复杂的情况,他们可能以不同的认证身份、安全性、应用程序政策和技术在完全不同的环境下进行操作。Azure AppFabric 是一个中间件平台,开发者可以利用它通过安全的、经过验证的跨网络边界将现有应用程序或数据连接到云。

Azure AppFabric 由三个主要部分组成:服务总线、访问控制以及缓存模块,简要介绍如下:

(1)服务总线提供云和内部应用程序以及数据之间的安全通信和连接。它以安全的方式通过防火墙、NAT 网关以及其他限制性网络边界向选定的云应用程序显示内部数据和服务。

(2)访问控制组件为基于标准身份的提供者提供联合身份管理,其中包括微软的现场指导、雅虎、谷歌以及脸谱网。使用这些访问控制模块,开发者可以利用 Windows Azure 应用程序整合他们自己的及其合作者或供应商的身份管理系统。这为组织间的用户提供一个单点登录来访问托管在 Azure 上的服务。配合服务总线,访问控制允许一个组织在适当的授权接入点,以一种安全的方式选择性地向合作者、供应商、用户显示数据和服务。

(3)缓存组件为应用程序数据提供一个可扩充内存的高度可用的缓存,该应用程序数据包括在 Azure 表和 SQL Azure 中存储的数据。缓存提高了云应用程序以及内部应用程序的性能,使其可以通过管理对象的智能缓存访问云资源。

所有 AppFabric 组件的功能作为 .NET 库对于开发者都是可用的。服务总线和访问控制是 AppFabric 的基本组成部分,在 Azure 商业版本中都是可用的。在写这本书的时候,缓存可用作一个技术预览。微软曾发布了两个多服务、集成和复合应用程序,为开发者提供更多功能。关于 AppFabric 的进一步详情可在 AppFabric 网站中找到[13]。此外,Azure 门户[1] 在很多课题上有深入介绍。这些包括服务总线、访问控制、表存储、数据块存储和队列。这些门户还在 SQL Azure 上有向导,包括 SQL Azure 介绍、缩放,以及 SQL Azure 数据库的开发和部署。

Azure 编程模型

在第一节介绍 Azure 的例子"Hello World"中,应用程序使用了一个 Web 角色和 Worker 角色的概念,并利用每个角色应创建的实例数配置 Windows Azure。Web角色使得 Web 应用程序被托管在ⅡS 服务器上,并提供外部交互,而 Worker 角色镜像通常由 Windows 服务和应用程序完成繁重任务处理。Azure 支持的这两个角色描述了开发人员为了创建的成熟云应用程序需要的常见组件类型。以下着眼于这些概念的更多细节,这有助于产生一个好的云应用程序设计。

Web 角色和 Worker 角色

顾名思义,Web 角色实例接受和处理 HTTP(或者 HTTPS)请求,这些请求是通过托管并运行在虚拟机上的 Web 服务器抵达。Web 角色可以利用微软 Web 服务器网络信息服务(ⅡS)7 实现,其中包括纯 HTML/JS、ASP. NET 和 Windows 通信框架(WCF)。Windows Azure 提供内置的负载平衡可以跨越单一应用程序的 Web 角色实例来传递请求。这对于应用程序具有重要意义。读者应注意,这里对于一个Web 角色的特殊实例没有地缘组,例如,来自客户的请求被随机分配给所有的Web 角色,且不能保证来自同一客户的请求发送到同一 Web 角色。因此,所有的Web 角色必须是无状态的。应用程序状态必须存储在 Windows Azure 存储器或SQL Azure 中。

Worker 角色类似于 Web 角色,因为它们都可以接受并处理请求,除非它们不在ⅡS 环境中运行。Worker 角色适用于进行通常由内部应用程序中的 Windows 服务完成的复杂任务处理。Web 角色和 Worker 角色利用消息队列或者通过 WCF 或其他技术建立直接连接来通信。图 3. 19 描述了一个有两个 Web 角色和两个Worker 角色的在云端运行的应用程序。该应用程序有一个负载平衡器将客户请求指引到一个 Web 角色实例。类似地,Web 角色可以与每个 Worker 角色实例联系。

微软提供 Visual Studio 项目模板可以创建 Windows Azure Web 角色、Worker角色以及两者的组合,开发者可以免费使用 Windows 支持的任何编程语言。用于Java 和 PHP 开发的通过使用插件支持 Eclipse 开发环境。

Windows Azure 软件开发包还包括开发结构——一个运行在开发者机器上的Windows Azure 版本。开发结构包括模拟 Windows Azure 存储的开发存储,以及一个能够提供很多云代理功能的 Windows Azure 代理。开发者可以利用本地模拟来创建和调试应用程序,然后在其准备好时,将应用程序部署到云端的 Windows Azure。这些在前面章节的图 3. 4 ~ 图 3. 6 已经描述了。

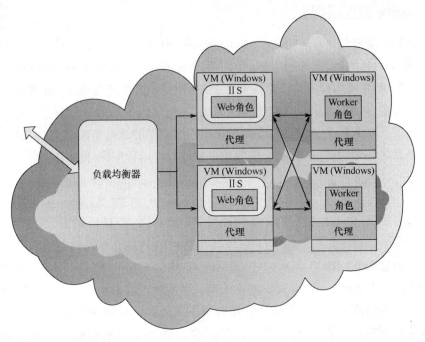

图 3.19 需要有两个 Web 角色和两个 Worker 角色的计算服务

【利用 Azure 云存储服务】

注意

Azure 存储服务

Blob 服务:用于大的二进制和文本文件。

Azure 驱动:用于挂载文件系统。

表服务:用于非关系数据的结构存储。

队列服务:用于组件间的消息通信。

Windows Azure 平台为应用程序存储数据提供了四种存储服务——blobs、驱动器、表和队列。Blob 允许应用程序存储和检索大型的二进制和文本数据,称为 blobs(二进制大对象)块。它提供文件级存储,这类似于亚马逊 S3。它还允许开发者以编程方式从应用程序内部访问增加 blobs 为"云驱动器"。Windows Azure 驱动用于增加一个 NTFS 卷以访问应用程序,这类似于亚马逊 EBS。表服务用于不相关数据的结构存储,这类似于亚马逊 SimpleDB。队列服务用于存储可能被客户访问的消息。我们在"Hello World"的例子中用过这个服务。队列存储为完全在云端的两个应用程序提供可靠的消息传递服务,这也同样适用于内部应用程序与云应用程序。内部应用程序和云应用程序可以通过一个基于 REST 的 CRUD API(参见侧栏)来访问存储服务的所有功能。

注意

CRUD:创建、读取、更新和删除功能,通常由处理数据的 API 提供。

通过作为命名空间和定义数据所有权的 Azure 存储账户来访问每个存储服务。这三个服务都可以通过 REST 端点(通过 HTTP/HTTTP)访问。客户创建存储账户使用这些服务的功能。每个存储账户可以存储不同类型存储最大为 100TB 的数据。客户可以创建额外的存储账户满足更高的存储需求。存储服务数据的访问由每个账户提供的一对键控制。

Blob 服务

Blobs(通常表示很大的数据块)是非结构化对象,如图像和媒体,这与亚马逊 S3 类似。虽然应用程序可能只读/写 Blob 的一部分,它们将 Blob 作为一个整体进行处理。Blobs 可以以 key − value 对形式关联的可选元数据,例如,声明版权图像可以存为元数据。Blobs 总是存储在类似 AWS 桶的容器中。每个存储账户必须至少有一个存储器,存储器里面可以有多个 Blobs。存储器名称可以包含目录分隔符("/")——这为开发人员提供了创建分层"文件系统"的类似磁盘的设施。这类似于亚马逊 S3,不同的是,在 S3 中对象命名(不是桶)可以有"/"字符。

Blob 服务定义了两种 blob 类型分别存储文本和二进制数据:一个页面 Blobs 和一个块 Blobs。页面 Blobs 是对 Blob 内容随机读/写操作的优化,而块 Blob 可以同时对块进行读和写,是对流的优化。多套 Blobs 可以被组织在能在 Azure 存储账户中创建的存储器中。

为了使数据传输更高效,Windows Azure 实现内容分发网络(CDN),存储应用程序常访问的数据。AppFabric 缓存组件也可用来提高访问 Azure Blob 时应用程序的读取性能。

如前面提到的,在 Azure 中通过 REST 接口访问 Blob 和存储服务。下面是一个创建块 Blob 的 REST API 的例子。请注意,同样的 Blob 可以被不同的应用程序或不同应用程序进程访问,这样可以共享文本或二进制数据。

```
Request Syntax:
PUT http://myaccount.blob.core.windows.net/pustakcontainer/
mycloudblob HTTP/1.1
Request Headers:
x−ms−version:2009−09−19
x−ms−date:Fri, 2 Sep 2011 12:33:35 GMT
Content−Type:text/plain; charset=UTF−8
x−ms−blob−type:BlockBlob
x−ms−meta−m1:v1
x−ms−meta−m2:v2
```

```
Authorization: SharedKey myaccount:YhuFJjN4fAR8/
AmBrqBz7MG2uFinQ4rkh4dscbj598g=
Content-Length: 29
Request Body:
Sold book ISBN 978-0747595823
```

如果 x-ms-blob-type 的标题是 PageBlob, 一个新的页面就建立了。同样地, 去访问一个 blob, 人们需要在 GET 方法中利用以下一个 URI, 这取决于共享数据是随时间变化的还是静态更新的。

```
GET http://myaccount.blob.core.windows.net/pustakcontainer/my-
cloudblob
GET http://myaccount.blob.core.windows.net/pustakcontainer/
   mycloudblob? snapshot=<DateTime>
```

响应包含可以被应用程序利用的 blob 的内容。此外, 响应还包含一个 Etag 响应标题, 该响应标题可以和 If-Modified 请求报头一起在下面的 GET 中使用来优化应用程序。

表服务

对于结构化存储, Windows Azure 提供所存实体的结构化 key-value 对, 即是所知表, 这类似于第 2 节讲到的亚马逊 SimpleDB。在传统典型的数据库中, 不存在基于 key-value 查询结构化数据非关系模型的表存储。关于 NoSQL 的概念以及开发者利用 key-value 对进行设计的指南会在第 5 章介绍。

简单地说, 表是一个代表应用程序域中实体的类型属性包。例如, 下面的定义 {EmployeeId: int, EmployeeName: string} 定义了一个可以存储雇员数据的表。非常值得注意的是这些表本质上是不相关的, 也不是由 Azure 框架执行的表模式。Azure 表中存储的数据是水平分区的, 采用分布式跨节点分布来优化访问。

每个表都有一个名为分区键的属性, 它定义了表中的数据如何跨存储节点分区, 有同样分区键的行存储在一个分区中。此外, 表还可以定义分区中唯一的行键, 并实现分区内的行优化访问。{分区键, 行键} 对唯一地表示表中的一行。

对表服务的访问也是通过 RESET API, 这类似于之前描述的 Blob 服务。要创建一个表, 一个 XML (实际上是 ADO. NET 实体集) 会作为请求主体发送到 POST 方法。要访问表中特定的数据, 应用程序可以使用 GET 方法中的查询实体操作。以下是利用表查询操作的两个例子。第一个利用分区键和行键的匹配来进行记录搜索, 而第二个是利用领域条件提取所需数据字段。

```
GET http://myaccount.table.core.windows.net/pustaktable
   (PartitionKey='<partition-key>',RowKey='<row-key>')
GET /myaccount.table.core.windows.net/Customers()? $filter=(Rat-
ing ge 3) and (Rating le 6)
```

队列服务

队列是第三种存储类型,它提供了服务内和服务间可靠的消息传递。一个存储账户可以有无限队列数量,其中每个队列又可以存储无限多的消息,在写本书的时候,消息的大小限制在不超过 8KB。Web 角色和 Worker 角色利用队列进行内部应用程序通信,并利用队列进行相互通信。在 Web 角色和 Worker 角色之间利用消息队列进行通信的示例程序在这一章前面可以看到。

Azure SDK 提供了实现存储服务 REST API 的 .NET 封装包。CloudStorageAccoun 类提供身份验证,而 CloudBlobClient、CloudTableClient 和 CloudQueueClient 类分别提供 Blob、表和队列存储的客户所需的功能。

Channel 9[14] 和微软专业开发者大会(PDC)[15] 是 Windows Azure 中讨论和深度挖掘的巨大来源。这两个网站都有来自 Windows Azure 团队的开发者和程序管理员,他们介绍和展示了 Azure 平台的不同特色。

处理云计算挑战

第 1 章提到所有的云平台都必须处理常见的技术挑战,即可伸缩性、多租户、安全性和可用性。下面的讨论展示了如何在 Azure 中处理这些挑战。

【可扩展性】

需要进行扩展的主要资源是计算资源和存储资源。

计算扩展:在很多云应用程序中,都要求应用程序能够响应负载需求去放大和缩小。为扩展 Worker 角色,开发者可以与多个 Worker 角色利用共享队列读取一个或多个队列,如图 3.20 所示。人们还可以在需要时在升级域(利用人工或自动升级)内利用 REST API 创建 VM 实例。升级域操作是异步的,可以被以下 POST 命令调用,例如:

```
https://management.core.windows.net/ < subscription - id > /services/
hostedservices/pustakService/deploymentslots/deployment/? comp up-
grade
```

Windows Azure 将 Web 角色置于硬件负载平衡器之后,硬件负载平衡器利用高吞吐量的 Web 角色不同实例为传入请求提供负载平衡。每个队列提供每秒近 500 次交易的吞吐量。对于更高的吞吐量,开发者可以在 Web 角色和 Worker 角色之间创建多个队列,Worker 角色可以随机或者基于其他一些调度策略来获取信息。用户可以使用监控 API(本节后边部分将介绍)去监控其角色实例的负载,并在需要时选择添加新实例。可以看出,这类似于亚马逊和 HP 云系统矩阵中可能的负载平衡。

存储扩展:在 Azure 中,利用数据分区来扩展存储,每个分区作为一个独立实体被存储和访问。如前所述,为方便扩展数据,Windows Azure 允许利用规范的分

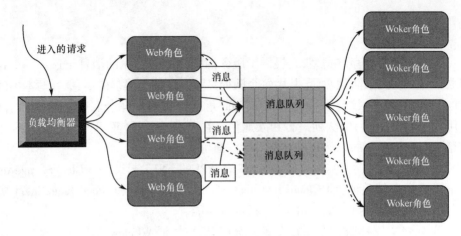

图 3.20　利用共享队列扩展 Web 角色和 Worker 角色

区键去跨机器划分 Blobs、表以及 Azure 存储的消息。因此,分区键决定数据如何跨机器划分,这使得它成为 Azure 应用程序设计中一个重要的设计决策。对于 Blobs 和队列,用 Blob 或队列服务的名称作为分区键,而开发者可以为他们创建的表定义分区键。

安全和访问控制

为了安全访问控制:需要处理好四方面的安全性,Azure 使用的解决方案如下所述:

身份和身份验证:首先,用于识别和验证用户身份的方法应该容易使用且可靠。Windows Azure 利用 ID 来提供身份和身份识别服务。用户在门户网站上进行的操作就是利用这个服务进行身份识别的。

消息加密:不同实体之间通信必须确保安全。对于所有安全的 HTTP 端点,包括存储和角色端点,Windows Azure 利用客户提供的证书进行自动验证和解密请求(以及内部原始的加密消息)。此外,服务管理 API 利用 SSL 将客户和服务之间的通信加密,并在 Azure 门户中使用客户上传的证书。这个过程还允许账户拥有者为一群人委派服务管理:首先,账户拥有者上传证书(用私有键)并为管理员提供公共键,管理员则需要利用所提供的公共键签署他们的请求(如果以编程方式实现)。因此,账户拥有者的证书和私有键依然保持私有,服务管理可以委派给其他人。

多租户:由于云是一个共享的基础设施,加强运行在同一服务器上多个程序的隔离方法是非常重要的。Windows Azure 信任终止在主机操作系统上的边界。以上在主机操作系统上执行的每个程序都是不可信的。这将创建一个边界,在这个边界里由可信任的代码(主机操作系统)负责物理机,而不可信任的代码运行在虚拟机上,它们之间有一个安全的管理程序来控制边界。管理程序和主机操作系统都经过了深入的审查,包括对恶意应用程序提供强屏障的验证程序。因此,虚拟机之间、虚拟机与主机操作系统之间都相互隔离。此外,与主机操作系统结合的主机 Azure 代理实施机制以确保其上运行的虚拟机不能欺骗其他机器,不能接收非针对它们的指示(在网络数据包术语中又称作混杂模式),也不能发送和接收来自不适当来源的广播流量。

存储安全:为了保护客户的数据,Windows Azure 提供大多数数据存取需要的存储账户密码(SAK)。这些 SAK 可以是来自 Azure 门户的。此外,存储请求可以用客户证书进行加密,这会保护客户通信不受窃听攻击。当数据从存储中删除时,存储子系统就使客户数据不可用——操作会立即删除,并且已删除数据的所有备份都被删除。在硬件维修时,数据中心的人员将硬盘驱动磁化以保证数据中心的客户数据永远不会丢失。

对于安全性和隐私性,Windows Azure 安全概述[16]是一个很好的有关 Windows Azure 安全和隐私指南。"Azure 安全注释"[17]提供关于云安全性的详细论述,并确保 Azure 应用程序的安全。开发 Windows Azure 应用程序[18]的安全最佳实践为设计安全的 Azure 应用程序提供最佳实践。此外,第 7 章介绍了一个安全的云平台设计思路。

可靠性和可用性

本节描述了 Windows Azure 采用的以确保服务和存储能力可用性的措施。

服务可用性:为提供可靠的服务,Windows Azure 引入故障域和升级域的概念。如果单个硬件故障、网络或者动力故障可以关闭两台虚拟机,那么它们就在一个单一故障域。当一个角色有多个实例时,Windows Azure 会在不同的故障域自动划分实例,所以单一故障不会降低作用。升级域是为正在运行的升级应用程序服务的。当现有应用程序进行就地升级时,Windows Azure 在同一时间推出一个升级域,这样就可以确保一些服务实例对于服务用户请求总是可用的。一个类似的决策用于 OS 升级——每个领域都是独自升级。总之,故障域和升级域确保了客户应用程序的高可用性。Windows Azure 的 SLA 保证了当用户在不同的故障和升级域部署两个或多个角色时的高可用性,他们的面向互联网角色在至少 99.9% 时间有外部连接。

存储可用性:Windows Azure 在不同故障域的三个独立节点上保存三份用户数据来使硬件故障的危害降到最低。类似地,当用户选择运行多个应用程序角色的实例时,这些实例在不同的故障和升级域运行以保证角色的实例总是可用的。SLA 保证应用程序 99.95% 的正常运行时间内有多个角色实例。此外,平台提供降低拒绝服务攻击机制——具体细节太过复杂因此这里不便提及,但是可以在最佳安全实践记录中找到[18]。

互操作性

Windows Azure 云的一个主要特点是基于云的应用程序的内部服务和资源的互操作性。互操作性是非常重要的,因为组织也许会将其应用程序的子集迁移到云。这些被设计为托管前提的应用程序,可能需要其他服务正确运作。例如,工资单应用程序也许需要访问一个内部员工数据库和企业身份验证服务,如活动目录。为了提供这样的访问,需要克服很多挑战。防火墙和 NAT 装置使得外部服务很难利用隐藏在障碍后的服务去初始化通信。用户的身份验证和授权是另一个问题,因为外部和内部服务可能利用不用的身份验证机制。最后,开发一个安全可靠的内部托管服务是一个挑战。

Azure AppFabric 专注于互操作性。正如前面所述,服务总线组件提供内部应用程序和云应用程序之间的双向通信。访问控制组件是一个调节 Windows Azure 和数据中心中的内部服务之间访问控制的服务。这两个组件都通过 Azure App-Fabric SDK 展现出来,并且可以作为付费服务被开发者利用。关于这个服务的细节超出了本节的范围。对这个话题感兴趣的读者可以在 Azure 网站上阅读 Windows Azure AppFabric 概述[13]。

在 Azure 上设计 Pustak Portal 网站

这一节通过考虑 Pustak Portal 网站的设计以及运行本书前言中描述的例子来说明 Azure 的功能。考虑在 Pustak 门户中实现一个自发布功能,它允许作者执行上传书籍、执行文档和图像处理等功能来准备出版书籍。门户提供商(Pustak 的拥有者)利用云平台的 IaaS 和 PaaS 功能扩展到数量庞大的在云端操作其文档的用户。门户提供商还有兴趣监控门户网站的使用,并确保门户可用性和可扩展性的最大化。

依据前言中对 Pustak 门户的描述,组件开发者可以在门户上添加额外的文档操作/处理功能,并且在有客户使用其文档服务时从门户拥有者处得到报酬。为启动该特性和易于集成,可以定义一个如下的标准组件接口。组件将依附于一个设计,它从消息队列获取源 URL、从 Azure 存储读取 URL 的内容、执行处理并将结果写回到目标 URL,这些也是在初始消息中指定的。接着,组件将返回一条显示目标 URL 以及操作是否成功的消息。

可以通过对每个不同的服务功能使用一个 Web 角色、Worker 角色对,从而在 Windows Azure 平台上实现这个门户,每个角色有多个实例可扩展。例如,如果其中一个功能是建立书索引,那么 Web 角色就有一个按钮来提交书到 Worker 角色进行索引。换句话说,每个文档处理应用程序将对应系统中的一个 Worker 角色(以及一个选择性 Web 角色)。本章前面展示的例子说明了如何去写这样的对。

CodePlex[19]上的 Windows Azure 指导项目有很多与开发和构建 Windows Azure

项目有关的文档。PDC 报告[20]是另一个好的信息来源。微软模式与实践开发中心有一个关于 Azure 应用程序构建的详细指导[21]。另一个有用的指导是 Trenches[22]写的 *Windows Azure Platform Articles* 这本书。

Pustak Portal 网站的存储

Windows Azure 存储服务可以用于 Pustak Portal 网站的不同方面。书的文档和图片可以保存在 blob 存储中,而用户信息和计费信息这些结构数据存储在表存储或 SQL 存储中。系统的主要实体如图 3.21 所示(若不考虑信息是存储在 SQL 中还是表中,它们是相同的)。用户 User 实体存储系统中作者的信息。Application 实体中存储着关于文档处理系统应用程序的信息。Developer 实体存储不同应用程序开发者的信息。UserFiles 实体包含作者所写的书的信息,UserApplicationActivity 实体存储作者使用应用程序的数据。在本节后边部分将对这些实体各字段进行详细说明,并对这些字段实现的功能进行说明。

图 3.21　Pustak Portal 网站实体

SQL Azure:SQL Azure 更适合存储关系型数据,如 User 实体和 Developer 实体。与其他 Azure 存储服务(表、队列和 Blobs)不同,SQL 没有 REST API。Sqlcmd 可以用来发送标准 SQL 命令去操作标准关系表、创建表、插入数据等。一个示例命令如下所示:

```
C:\> sqlcmd – U guestLogin@ hplabserver.net – P simple – S hplabserver.net – d master
1 > CREATE DATABASE pustakDB;
```

一般情况下,图 3.21 所示的实体可以在 Azure 表存储或者在 SQL Azure 中创建。选择一个应用程序而不选其他的一个重要考虑因素是这个应用程序是否需要强一致性和其他 ACID 性能。

安全性:如图 3.21 所示,在 Pustak 门户中,每个用户存储的数据包括用户姓名、用户 ID 和用户被成功授权时 ID 授权服务返回的一个 ID 授权标志。

为扩展 Pustak 门户数据可以使用分区键。图 3.21 中的键图标显示了每个表的分区键。对于 UserApplicatio nActivity、User 和 UserFiles 表,ID 授权标志将用户服务作为自然分区键,因为它在一用户一对话基础上区分数据和活动。对于开发者和应用程序表,DeveloperLiveID 和 ApplicationId 字段作为一个自然分区键来服务,因为它们分别基于开发者和应用程序来对数据分区。

跟踪和监视:尽管在仿真环境中 Windows Azure SDK 提供大量调试和分析工具,大多数现实世界的应用程序需要在部署环境中进行调试和分析。然而,在 Azure 云端进行调试是很困难的,因为云是一个动态环境,它有分布式事务并且应用程序在虚拟机之间动态转换。这就使得在 Azure 系统中很难对跟踪和诊断进行高效支持,尤其是能够对不同角色实例进行诊断、能将日志存储在一个在云外可用的可靠的数据存储中,并能微调诊断装置。Azure 云管理的更多细节将在第 8 章中介绍。此外,关于 Windows Azure 诊断和监视功能可以在 PDC10 门户[23] 和 MSDN 网站[24] 的完整文档中找到。

Google App Engine(谷歌应用引擎)

Google App Engine 是一个 PaaS 解决方案,它能使用户将它们的应用程序托管在和 google Docs 相同或者相似的基础设施上,如谷歌文档、谷歌地图和其他一些受欢迎的谷歌服务。正如微软 Azure 提供了一个平台来建立和执行 .NET 应用程序,谷歌应用引擎使得用户能够开发和托管以 Java、Python 以及名为 Go[25] 的新编程语言编写的应用程序。该平台还支持其他利用 Java 虚拟机运行编程语言,如 JRuby、JavaScript(Rhino)和 Scala 等。

托管在谷歌引擎上的应用程序可以像其他谷歌产品一样扩展计算和存储。该平台提供分布式存储以实现客户请求的复制和负载平衡。很多熟悉 Eclipse 集成开发环境的开发者可以在此基础上很容易地创建应用程序。这一节给出了平台的简单介绍和主要亮点。

入门

在本书所写程序的基础上,一步一步描过 Google App Engine 使用说明[26]。首先,开发者使用他/她的 gmail 账户注册一个谷歌引擎账户。图 3.22 展示了配置应用程序时的第一个截图。

谷歌应用引擎允许以开发者自己的域名开发新应用程序。例如,如果开发者选择 myapp 作为一个应用程序名称,那么应用程序将在 http://myapp.appspot.com 网站上提供服务。这个 URL 可以被共享或者选择性地在一个小组成员内共享,每一个开发者可以利用 500MB 免费存储空间托管 10 个应用程序。开发者需要象征性地为应用程序使用的超出限制的存储和带宽资源付费。门户网站上的简单仪表

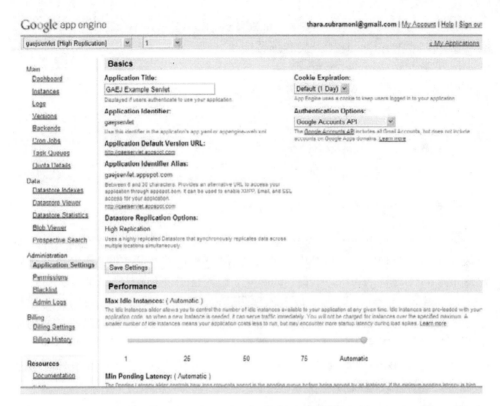

图 3.22　Google App Engine：应用程序配置

盘可以显示每个应用程序的使用指标，如图 3.23 中的截图所示。

图 3.23　负载在 Coogle App Engine 的应用程序显示窗口

注意

在 Coogle App Engine 上开发和部署

1. 下载 SDK(Eclipse 插件)。

2. 创建一个新的"Web 应用程序项目"。

3. 配置应用程序。

4. 编写代码。

5. 在模拟的应用引擎环境中测试。

6. 部署到 Google App Engine。

开发一 Google App Engine 应用程序

要开发 Java 应用程序,需要安装 App 引擎 SDK(软件开发工具包)。SDK 是一个 Eclipse 插件(图 3.24),其中包括构建、测试和部署环境,可以在以下网站中找到:http://dl. google. com. eclipse/plugin/3. x.。首先,应该创建一个新项目作为 "Web Application Project";右键单击该项目,在首选项中选择"Google",并为项目输入一个有效的应用程序 ID。应用程序开发(编程)完成后,在部署阶段需要为应用程序指定一个应用程序 ID。若要部署在 App 引擎上,其过程类似于创建应用程序,只需要右键单击项目,选择"Deploy to App Engine"选项,这样应用程序就被上传到 App 引擎并被部署。

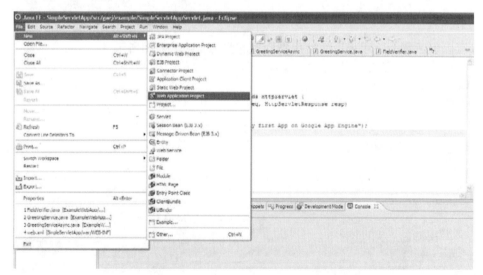

图 3. 24　Google App Engine Eclipse 插件

在应用程序配置过程中,另一个有意义的选项是选择创建一个 GWT(谷歌网页工具包)应用程序。GWT 基本上允许利用拖放功能创建交互式应用程序来制作用户图形界面。然后该工具包利用 AJAX[27](异步)自动将 UI 部分转换成 JavaScript,这样就可以访问服务器的后台逻辑。可以注意到,由于 JavaScript 运行在一个浏览器(客户端)上,并且 AJAX 提供非阻塞方式访问后端,整体效果对于交互式应用程序的快速响应是一个好的经验。可以利用以下命令创建一个 GWT 骨架代码。

```
WebAppCreator -out myFirstApp com.cloudbook.myFirstApp
```

开发者还可以在应用程序创建过程中选中"Generate GWT Sample Code"选项去创建一个默认的"Greeting"项目(图3.25)。如果此选项未被选中,开发者还可以编写自己的 Java servlet 代码,并部署在如前面提到的 App 引擎上。因此,实际上以 Java 编写的任何 Web 应用程序都可以部署在 APP 引擎上。

图 3.25　Google App Engine：App 部署

SDK 自带一个本地 Web 服务器来测试部署。这种本地 Web 服务器通过模拟安全运行或者程序引擎对底层操作系统进行有限制的访问。例如,只能使用 HTTP 在指定端口访问应用程序。它不能写入到文件系统,只能读取与应用程序代码一起上传的文件。沙箱环境的另一个限制是,当通过 HTTP 访问应用程序时,应用程序应该在30s 内返回一个响应代码。这些限制主要是为了防止一个应用程序干扰另一个。

使用永久存储

正如之前所提到的,在 Google App Engine 的沙箱环境中运行的应用程序不能写入文件系统,而且限制操作系统调用。但是,在现实生活中,两个应用程序可以通信,或者两个组件可以共享数据,再或者两个请求可能归入应用程序的同一会话,因此需要永久性数据。为了使用跨请求的永久性数据,应用程序必须使用特殊的应用程序引擎服务,如后面所介绍的数据存储和缓存。图 3.26 给出了一个利用永久性机制管理书籍信息的简单应用程序视图。

　　数据存储服务提供分布式数据存储支持事务语义查询引擎。这种数据存储是一种类似于亚马逊 SimpleDB 和 Windows Azure 表服务的 key‒value 存储。每个数据记录是一个实体,由一个键和一组属性进行标识。如果事务需要,对实体组的操作也可以被执行。App 引擎数据存储通过复制多个数据副本提供高可利用性,并为多个副本的同步提供一个可靠的算法(称为 Paxos 算法),最终提供一致的响应(最终一致性在第 6 章中会详细说明)。

图 3.26　在 Google App Engine 中使用永久存储

　　下面的代码片段体现了用于数据存储的应用程序引擎的使用。这段 Java 代码将是一个 servlet 的一部分,它利用 POST 方法实现书籍信息的上传。为了简便起见,只添加标题、作者和出版商。为了添加一些可用的数据类型,当前日期也被添加到书本记录中。首先,摘要检索表单提交信息,创建一个新的实体。然后,利用 setProperty 方法为实体添加新的 key‒value 对。最后,完成对实体的所有操作后,利用 datastore. put 方法上传那些信息。同理,开发者可以开发 GET 方法去列举选择的书或者书店中所有书的详细信息。

```
package guestbook;

import com.google.appengine.api.datastore.DatastoreService;

import com.google.appengine.api.datastore.DatastoreServiceFactory;

import com.google.appengine.api.datastore.Entity;

import com.google.appengine.api.datastore.Key;

import com.google.appengine.api.datastore.KeyFactory;

import java.io.IOException;

import java.util.Date;

import javax.servlet.http.HttpServlet;

import javax.servlet.http.HttpServletRequest;

import javax.servlet.http.HttpServletResponse;

public class SetBookDataServlet extends HttpServlet {
```

```
public void doPost(HttpServletRequest req, HttpServletResponse
resp)
throws IOException {

    String bookTitle = req.getParameter("title");
    Key bookKey = KeyFactory.createKey("book", bookTitle);
    String author = req.getParameter("author");
    Date date = new Date();

    Entity book = new Entity("BookData", bookKey);
    book.setProperty("author", author);
    book.setProperty("date", date);
    book.setProperty("publisher", publisher);

    DatastoreService datastore = DatastoreServiceFactory.
    getDatastoreService();
    datastore.put(book);
    resp.sendRedirect("/book.jsp?title=" + bookTitle);
    }

}
```

缓存服务可以利用一个本地缓存加快数据存储查询。例如,如果一本书是新出版的并且已经成为了一个热卖品,开发者就希望将那个实体信息存储在缓存中,在本地更新它然后写回数据存储,而不是在数据存储进行销售数据更新。类似地,当多个客户有相同需求时,缓存服务就有助于从缓存而不是从数据存储中提供响应。常规的缓存规则在这里也适应。如果缓存内存不够,任何记录都可能被其他实体代替。

下面是实现 Java 中名为 JCache 的缓存技术的代码片段:

```
import java.util.HashMap;
import java.util.Map;
import net.sf.jsr107cache.Cache;
import net.sf.jsr107cache.CacheException;
import net.sf.jsr107cache.CacheFactory;
import net.sf.jsr107cache.CacheManager;
import com.google.appengine.api.memcache.jsr107cache.GCacheFactory;
Cache cache;
public void initCache() {

    Map bookprops = new HashMap();
    bookprops.put(GCacheFactory.EXPIRATION_DELTA, 1600);
```

```
try {
    CacheFactory cacheFactory = CacheManager.getInstance().
    getCacheFactory();
    bookcache = cacheFactory.createCache(bookprops);
} catch (CacheException e) {
    System.out.println("Error in caching"); return;
}
//... other code.
}
public byte[] getFomCache()
{
    //Get the value from the cache.
        value = (byte[]) cache.get(key);
}

public void putCache(String key, byte[] value){
    //Put the value into the cache.
    cache.put(key, value);
}
```

除了之前介绍的高效永久数据存储的 API,这里还有其他非常有用的库,用来支持任务管理、用户数据管理和开发协作应用程序等。例如,API 通道提供浏览器客户和用于实时交互的服务器之间的无轮询的持久性连接。有兴趣的读者可以访问谷歌官方网站来获取 API 的最新列表,并从 Java 应用程序引擎概述——谷歌 APP 引擎——谷歌代码中获取样本代码[28]。

如前所述,托管在 APP 引擎上的应用程序在沙箱中运行。虽然 APP 引擎的沙箱不允许开发者向文件系统写入,但是可以读取被打包作为 WAR 文件的一部分文件。此外,访问确定文件类型的文件可以触发应用程序而有些则不会。允许访问静态文件,会引发简单文件访问。反之,访问称为源文件的文件可以导致应用程序的执行(如在 Web 应用程序服务器中执行 JSP)。开发者可以指定需要视为静态文件的文件,这些文件需要通过编辑一个名为 appengine - web.xml 的简单配置文件来将其作为源文件对待。配置文件的片段如下:

```
<static-files>
        <include path = "/**.png" />
        <exclude path = "/data/**.png" />
    </static-files>
    <resource-files>
    <include path = "/**.xml" />
```

```
< exclude path = "/feeds/**.xml" />
</resource-files>
```

综上所述,Google App Engine 对于开发者是一个很好的平台,他们可以将自己的第一个应用程序托管在云端。他们所需要做的就是开发一个类似 Web 的应用程序,然后 APP 引擎开发工具(Eclipse 插件)负责将其部署到云端。APP 引擎云平台的使用策略还使开发者可以很容易地创建云应用程序,如前 10 个应用程序可以免费在云端托管。这给了读者一个马上开始的充足理由。

平台即服务：存储方面

本节介绍云平台,仅提供访问云存储的 PaaS 解决方案。在之前的章节中,我们从宏观角度观察了 Azure 平台,其允许一些存储服务(通常伴随着表、大型二进制数据块、队列以及 SQLAzure)与计算平台一起使用。一些云平台还针对云应用所需的可伸缩性存储提供了特殊功能,并且在用于计算时,它可以使用独立的平台。这些由 PaaS 供应商所提供的特殊存储服务已经被 IBM 数据服务和 Amazon Web Services 的部门作为案例研究。

亚马逊 Web 服务：存储

当介绍在云端提供存储服务时,亚马逊 Web 服务(AWS)再一次位于了最前沿。它通过提供文件访问文件、存储块/卷、支持 SQL 查询的关系型数据库以及简单的key-value 对非关系型数据库,来满足云应用程序最常见的存储和数据需求。第 2 章给出了这些面向数据服务的详细介绍,并介绍了使用这些服务和云托管计算服务的一个例子。为保持连续性,这里给出了这些服务的简要概述。

亚马逊简单存储服务(S3)

读者也许还记得第 2 章中亚马逊 S3 在云端提供的文件存储。用户可以创建桶(bucket)并且删除桶中的对象或文件。这些文件可以从 URL http://s3.amazonaws.com/ 或者 http://bucket.s3.amazonaws.com/ 进行访问,这里的"bucket"是用户选择的一个适用于文件集的(类似于 Azure 中的容器)名,"key"是文件名。因此,在某种意义上,s3 提供单级目录。使用 HTTP 方法的 RESETful API,如用 GET 和 PUT 来检索和上传文件。客户端库从很多编程语言,如 Java 和 Ruby 中,调用这些操作。

数据文件也可以放置在称作区域的指定的地理位置上。默认情况下,复制每个文件并设计构架以保证在多副本失败时文件仍具有良好的可用性。此外,S3 提供文件的版本和访问控制,还提供日志来跟踪文件的变化。显然,亚马逊 S3 是一个非常有用的服务,它为云应用程序提供持久性的文件系统支持。它也可以作为一个需要大规模共享文件系统的内部应用程序的平台服务使用。

亚马逊简单数据库

亚马逊简单数据库(SDB)是一个高度可扩展的 key – value 存储,它可以很容易访问基于键进行属性存储和检索的半结构化数据。一个 key – value 对集以域的形式存在。例如,在 Pustak 门户,识别一本书(如国际标准图书编号)的一个键可以用来访问这本书的不同属性。简单数据库还提供 SQL – like 方法来查询数据库。不同于关系型数据库,简单数据库中的记录不需要固定的模式。这就使得可以方便地利用 SDB 方法来通过应用程序或者云应用程序的组件进行共享和整合数据,每个组件可以更新与其功能相关的 key – value 对,并根据需要使用其他的 key – value 对。

亚马逊关系型数据库服务

AWS 还将传统的关系型数据库作为云服务。实际上,一些关系型数据库已经被托管在 EC2 上,并且可被 Web 服务访问,这些包括在关系型数据库服务(RDS)和 IBM DB2 名义提供的 MYSQL。这些数据库可以实例化,并通过亚马逊 Web 服务控制台进行管理。亚马逊还提供了许多管理功能去记录和备份数据库。这个数据库可以用在基础应用程序中,也可以用在托管在 EC2 或者其他基础设施供应商上的云应用程序中。

在第 1 章中完整描述了关于亚马逊的存储服务。此外,一些数据存储的基本问题以及它们背后的理论将在第 5 章数据存储和第 6 章扩展存储中详细讨论。

IBM SmartCloud:pure XML[①]

SmartCloud 是 IBM 上的一组云产品和可用服务集,其中包括 IaaS、PaaS 和 SaaS 解决方案。这一节将介绍一个平台,这个平台利用 IBM Data Studio 和 Pure XML 来使用 XML 数据服务。其中 Pure XML 是一个存储服务,它允许云服务存储和检索 XML 文档[29]。许多云服务要求数据存储架构有灵活性,而实现这个问题的一个方法就是使用 XML 数据库。XML 还用作应用程序多组件之间的数据交流负载。例如,IBM DB2、Pure XML 和 IBM Data Studio 可以用来在 Adobe FLEX® 前端[30,31]创建微博应用程序。作者展示了如何利用 IBM DB2 的 Pure XML 功能在本地数据库中存储 XML,而 Adobe FLEX 应用程序可以直接读取 XML 并填充 FLEX 用户界面。此外,如第 6 章所述,XML 数据库支持多租户存储。

本节着眼于 Pure XML 的基本概念,Pure XML 如何有效地支持混合应用程序

---

① 资料来源于印度 AMD 公司主要技术负责人 Dibyerda Das 博士。

还涉及了一种支持易于编程的查询语言。本节第一部分介绍了在 DB2 中如何存储 XML 数据。随后,本节描述了如何利用 IBM Data Studio 使 Pure XML 成为一个可用的 Web 服务及其用法。

Pure XML

如前所述,这里需要厂商支持 XML 数据,以便应用程序可以从传统数据库系统的鲁棒性和可扩展性中得到益处,同时继续使用 XML 作为一个灵活的数据格式。然而,XML 并不能很好地适应于传统关系型数据库系统。因此,通过非关系型数据库技术存储和查询 XML 数据可能激发关系型数据库的优势,如性能、可扩展性、可用性以及可靠性。设计 Pure XML 的目的是利用 XML 数据的高效访问技术来匹配传统 DB2 的优势。

概念综述:下面是描述文档属性的一个简单 XML 片段。表 3.2 显示了用来存储这本书的所有数据的等效数据库的相应记录。可以清楚地看到这两者之间的相似之处。XML 节点的每个属性成为构架中的一个字段。非常值得注意的是,如果用户想要添加一些关于此书的额外信息(如获得奖项),数据库的固定构架使得它很难处理,因此几乎没有精力用于 XML 数据。不过,可以看出,可以在关系型数据库中存储 XML 数据(如 DB2)。

```
< book >
        < title > Angela's Ashes < /title >
        < author > Frank McCourt < /author >
        < genre > Fictionalized Biography < /genre >
        < publisher > Scribner < /publisher >
        < synopsis > includes anecdotes and stories of Frank McCourt's
childhood and early adulthood < /synopsis >
   < /book >
```

在传统数据库系统中管理 XML 数据通常采用以下技术之一:

(1)填充物:在关系型数据库中 XML 数据大型对象类型存储在大型对象中。在这种情况下,XML 数据通常作为一个进行存储或检索。

(2)分解:XML 数据分解成多个相关的列和表以及类似于表 3.2 例子中展示的部分。

(3)原生的 XML 数据库(NXD):数据库的内部数据模型是基于 XML 文档的,不需要像文本文件那样存储。它甚至支持如 XQuery 的查询语法。

表 3.2   等效于数据库 XML 示例

标题	作者	风格	出版商	简介
Angela 的骨灰	Frank McCourt	虚构的传记	Scribner	包括 Frank McCourt 童年和青春期的轶事和故事

虽然这些方法中有些可能对于确定类型的数据存储是有效的,但是当应用这些技术时,混合应用程序想要使用 XML 和非 XML 数据也许会面临很多问题。例如,当查询需要支持的部分数据时,大型对象中的填充 XML 数据就可能不是有效的,这种情况下就需要检索整个文档,甚至将数据分解成常规关系型数据库的行和列,也可能会导致失去灵活性和产生较高的转换时间。最后,本地 XML 数据库尚未成熟,不能提供已经建成的传统关系型数据库的可靠性。Pure XML 试图通过将 XML 文档存储为标有 XML 数据类型的 DB2 列那样来克服这些缺点。

注意

Pure XML 总结

- 将 XML 文档作为 XML 类型的 DB2 列来存储。
- 数据存放在原始层次表中。
- 高效存储和检索方法。
- 通过 XQuery 进行查询。

Pure XML 中的 XML 数据类型只是一个可存储、可查询、可快速访问的 SQL 数据。在这个数据类型中,XML 数据被存储在其原始层次表中。因此,Pure XML 具有以下的能力:

(1)高效地存储和管理 XML 文档中的层次结构。

(2)高效地将 XML 数据转换成关系型数据库或者创建一个关系视图。

此外,可以用通常用于查询 XML 的基于标准的查询语言(XQuery)查询 Pure XML,可以通过流行的 API 和框架访问 Pure XML,该框架包括 JDBC、ODBC、PHP、. NET、Rail 上 Ruby 和 Zend[32]。

图 3.27 所示为 Pure XML 下的混合数据库结构的视图。在这里,一个客户应用程序可以利用不同类型的查询透明地访问常规关系型数据库表或者 XML 数据,其中查询包括 SQL 查询、SQL/XML 混合查询、XQuery 或者 SQL/XQuery 混合查询。XML 解析器和关系型解析器接口向普通查询解析器发送查询,优化引擎随后访问混合数据库的相关部分(表的部分或者分层结构部分)来进行插入、删除、更新和查询。

存储体系结构:在 Pure XML 中,XML 文档以反映 XML 数据模型[33]的树结构存储在磁盘页面。XML 数据通常与原始表对象分开存储。在 XML 的每一行存储一个 XDS(XML 数据符)对象,包括如何访问磁盘上树结构的信息(图 3.28)。独立存储 XML 数据解决了填充和 XML 数据分解需求,它保持了其自然和灵活的层次结构。因此,XML 是 DB2 中的一个数据类型,与其他 SQL 数据类型一样,只是其存储机制不同。值得注意的是,为了保持 XML 列的一致性,XML 模式并不需要或者作为可选项。

用创建一个 XML 数据类型数据库表:用一个简单的例子来进行说明,假设用

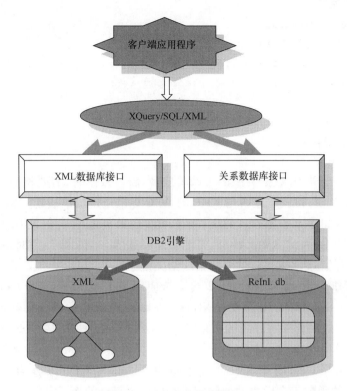

图 3.27 一个混合数据库视图

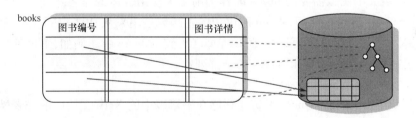

图 3.28 Pure XML 存储机制

混合型数据库存储 Pustak 门户中书本的信息。除了一个识别码,每本书的确定信息都被存为一个 XML 数据。可以用下面的命令来创建这样一个混合型数据库:

```
CREATE table books ( bookID char(32),..., bookDetails xml);
```

创建数据库后,以下是关于给数据库输入数据、查询数据库以及更新记录[34,35]的细节。

将 XML 数据输入到数据库:用 INSERT 语句将 XML 数据插入输入到一个创建的 XML 数据类型的表中。如果数据库需要大量的 XML 文档来填充,可以使用 IMPORT 命令。例如,下面的代码片段说明了如何将一个 XML 文档插入到一个动态 DB2 数据库的 XML 列。

```
INSERT INTO books ( bookID,...,bookDetails) VALUES ( ISBNxxxxx, ...,
```

```
XMLPARSE(' < book >
        < title > Angela's Ashes < / title >
    < author > Frank McCourt < / author >
    < genre > Fictionalized Biography < / genre >
    < publisher > ... < / publisher >
    < synopsis > ... < / synopsis >
        < / book >'
    ) );
```

当要在一个 XML 数据类型的 DB2 的一列插入数据时,需要检查数据结构是否正确,也就是说,检查它是否与 XML 的 W3C 标准指定的语法规则相一致。使用 XMLPARSE 关键字来检验它。然而,由于每次在数据库中填充 XML 数据时它总是被隐含地调用,因此 XMLPARSE 关键字是可选的。当明确使用时,一些额外的选择(例如,保留/删除空白)就可以指定给关键字。

查询 XML 数据:如前所述,DB2 会支持使用 SQL、XQuery(在 XPath 上建立的函数型语言)、SQL/XML 结合或者 XQuery 与嵌入式 SQL 的结合来帮助访问数据的查询语言。应用程序可以用 SQL 和 XQuery/XML 查询,并且一个单独的查询可以包含两种类型的查询。查询的结果可以是关系型的、XML 的或者是两者的混合。DB2 还包括一套用于 XML 数据的内置功能。它们可以分为 DB2 定义和 XQuery 定义的函数。在后边的示例中将给出每个组合的例子。

DB2 定义的函数需要用 db2 – fn 作为前缀来使用合适的命名空间。两个称作 xmlcolumn 和 sqlquery. Xmlcolumn 的可用的主函数是用来从 DB2 表的 XML 列提取 XML 文档的,而 sqlquery 可以将 SQL 查询嵌入到 XQuery 中。例如,下面的代码从 books 数据库中检索了 bookDetails 的全部列:

```
XQUERY db2 – fn: xmlcolumn('BOOKS.BOOKDETAILS')
```

可以利用下面的 XQuery 来访问存储在书籍表中的 XML 文档中的作者姓名:

```
XQUERY
    for $d in db2 – fn: xmlcolumn('BOOKS.BOOKDETAILS') /book/author
    return $d;
```

这个查询会返回如下的答案:

```
< author > Frank McCourt < / author >
```

下面是一个将 SQL 嵌入到 XQuery 的例子,可以选择有一个特殊的 bookID 的书的作者。在这里,sqlquery 函数提供了让 SQL 作为输入的全选择的选项。

```
XQUERY db2 – fn: sqlquery (
    'SELECT bookDetails FROM books WHERE bookID = ...'
    ) /book/author;
```

XQuery 定义的函数不需要前缀。这些函数支持字符函数(如 compare、concat)、布尔函数(如 not、zero – or – one)、数字函数(如 abs、floor、ceiling)、日期函

数（如 current – date、implicit – timezone）、顺序函数（如 count、last – index – of）、QName 函数和节点函数等多种字符串函数。XQuery 还支持 FLWOR（如 let、where、order by 和 return）表达式。还可以通过将 XQuery 表达式和命令嵌入到 SQL 中的 SQL/XML 命令混合进行查询。该查询下有一些有用的命令包括 XMLQUERY 和 XMLTABLE。XMLQUERY 允许将 XML 查询嵌入到 SQL 中，XMLTABLE 可以从 XML 数据中生成表格输出，这对于提供一个关系型视图很有用。下面是 XM-LQUERY 的例子，在这个例子中，XMLEXITS 根据是否存在一个特定的属性来返回一个布尔值。

```
SELECT bookID, XMLQUERY ('$c / book / author'
                        passing books.bookDetails as "c")

    FROM books
        WHERE XMLEXISTS('$d / book / title'
                        passing books.bookDetails as "d")
```

更新 XML 数据：为了更新存储在 DB2 数据库的 XML 列中的整个 XML 文档，可以利用 SQL 中的 UPDATE 命令，如下所示：

```
UPDATE books SET bookDetails = XMLPARSE( DOCUMENT (
    ...
) )
WHERE bookID = ...
```

为更新部分 XML 文档，可以检索整个文档并根据需要修改它，然后利用 SQL UPDATE 命令将现有版本替换为新版本。

注意

高级 Pure XML 特性

- XML 索引。
- XML 验证。
- XML 分解。
- 全文搜索。

Pure XML 的高级特性

除了之前介绍的基本数据库操作，为实现更好的管理性、正确性，速度以及对存储的 XML 数据的高效访问，Pure XML 提供了一些特性。这包括 XML 索引的使用、验证针对预定义的 XML 构架的 XML 数据和将 XML 数据分解到关系表，并且允许强大的 XML 全文搜索。

XML 索引是一种加快 XML 文档查询的机制。这些索引提供对层次树结构中间节点而不是树的根节点的直接访问。这加快了查询速度，但是也许会降低其他操作速度,如插入、删除和更新。此外,需要额外的存储空间来存储索引信息。

XML 验证过程是检查 XML 文档的结构、数据类型和内容是否有效。XML 验证是针对预注册 XML 构架实施的。下面的命令展示了如何针对预注册 schemaID 验证一个文档。

```
INSERT INTO books (bookID,...,bookDetails) VALUES (...,...,
XMLVALIDATE( XMLPARSE (
    '< book > ... < /book >') ACCORDING TO XMLSCHEMA ID schemaID ) )
```

XML 分解:DB2 提供分解 XML 数据的功能,这使它们可以作为关系数据库表的一部分存储在常规列中。它采用带注释的 XML 构架文档来描述分解规则。正如在构架验证中,描述分解的构架文档应该在 XML 模式库(XSR)中注册,注释指出传统数据库表的那部分应该对应于 XML 数据中的哪一部分。下面的命令可以用来分解 XML 文档。

```
DECOMPOSE XML DOCUMENT  < xml - doc - name > XMLSCHEMA  < xml - schema -
document >
```

除了支持 XQuery,即文本搜索是简单的字符串匹配,DB2 还支持通过网络查询扩展(NSE)引擎的高级全文搜索机制。NSE 可以在 DB2 数据库中用 SQL 查询对存储的文档进行全文搜索。NSE 并不采用对文本的顺序搜索,因为这种方式并不高效。相反,采用文本索引——通常由从文本文档中提取的几个重要的术语组成,可以高效实施并且对大量的文本进行快速搜索。对于 XML 列上的全文搜索,需要运行以下命令:

```
DB2 TEXT ENABLE DATABASE FOR TEXT CONNECT TO booksdb
    DB2 TEXT CREATE INDEX ind FOR TEXT ON books(bookDetails) CONNECT TO
    booksdb
```

利用 IBM Data Stuio 实现 DaaS

正如前面小节所述,Pure XML 使得开发者在应用程序中采用数据操作得到一个语义或应用层的数据抽象。这节描述了如何将支持 Pure XML 的 DB2 以数据即服务的形式(DaaS)托管在云端。在描述 IBM Data Studio 细节之前,先给出面向服务构架的一个简要概述。

注意

IBM Data Studio 组件

- 数据项目的搜索:开发和部署 DaaS 服务和客户。
- 数据资源搜索:通过数据库管理员管理 DB2 实例和数据库。

【面向服务构架】

每个托管在云端的应用程序向 Web 用户(基础应用程序或者其他协作应用程

序)公开 Web 服务 API(使用协议,如 HTTP、RESET 和 SOAP)使其来访问它的功能。虽然这很常见,但是这些应用程序大部分还遵循面向服务的架构,其应用程序内部组件作为一个 Web 服务应用程序接口(虽然可能不是公用的)显示。这些组件之间的通信将使用 Web 服务调用,因此独立组件的一些内部改变不会影响其他模块。它还可以进行独立维护和版本控制。更重要的是,这个设计是实现如第 6 章所展示应用程序扩展的关键。

Web 服务可以与一个用 Web 服务描述语言(WSDL)定义的正式合同进行互操作。WSDL 是一种独立语言,目前已经可以实现基于 C#和 JavaEE 的 WSDL。实际上,以 COBOL 编写的旧式系统也能作为 WSDL 的一个 Web 服务。WSDL 包括如何构建请求/响应消息、如何翻译这些消息,以及为激发服务应使用哪种协议(SOAP/RESET/HTTP)等方面的知识。传统 SOAP(简单对象访问协议),是一种定义有效数据载荷结构的协议,它可以激发其他服务,如 RPC(远程过程调用)机制,它已经用于实现 Web 服务接口。最近,有一个使用 REST(代表性状态传输)的驱动,它使用知名的标准 GET 中的 HTTP、PUT、POST、DELETE 方法来提供一个 Web API。在 SOAP 和 REST 中,大多数情况下使用 XML 实现 Web API 来为远程过程调用指定参数。

数据即服务(DaaS)是一个服务交付模型,它提供结构化数据作为服务。所以,面向服务体系结构设计的应用程序可以在数据库不同的组件内利用 DaaS 共享数据。Pure XML 可以作为一个 DaaS 被托管,因此它使得 Web 用户(基础应用程序或者托管在云端的程序)可以处理存储在 DB2 混合数据库中的数据。Pure XML 使用一个名为 Web 服务对象运行时框架(WORF)的软件框架。

【WORF 和 DADX】

WORF 是 IBM 提供的一个软件环境,用来创建简单的基于 XML 的 Web 服务来访问 DB2。它使用 Apache SOAP2.2 以及相应的称为文档访问定义扩展(DADX)的协议扩展。可以使用 SQL 命令定义一个 DADX 文档,每个文档可以定义一个 WORF 下的 Web 服务。WORF 支持基于资源的部署,其中 Web 服务仅定义在一个资源文件中,并存放在 Web 应用程序中的指定目录中。当客户请求资源文件时,WORF 下载文件并使 Web 服务按照规范存放在资源文件中。熟悉 Servlet 编程的用户可以看到这个 WAR 文件的一个类推部署在 Web 应用程序服务器上。如果源文件被修改,WORF 会检测到文件有更改,因此会重建一个新版本的 Web 服务。这使得 Web 服务部署变得非常简单。在本节后边部分将描述 DADX 形式的源文件。

DADX 是一个 XML 文件,它描述了用户可以访问的 Web 服务。当 Web 应用程序服务器收到一个来自客户的请求(以调用一个方法的形式/查询)时,WORF 查询 DADX 文件,并且尝试在文件中找到请求方法的位置。在找到被请求的方法后,执行与所请求的方法相关联的查询或存储过程。下面的代码段演示了一个由名为 getAuthor 的方法组成的 DADX 样本文件。WORF 在这个 DADX 文件中利用 getAuthor()方法发出一个客户请求,随后将回复"Frank McCourt"发送给客户。这里 XMLSERIALIZE 将查询结果以字符串形式输出给用户。

```
<operation name = "getAuthor">
    <query>
        <SQL_query>
            SELECT XMLSERIALIZE ( XMLQUERY('$c/book/author/text()'
            passing books.bookDetails as "c") as VARCHAR(64) )
            FROM books
                WHERE XMLEXISTS('$d/book/title'
                                    passing books.bookDetails as "d")
            </SQL_query>
        </query>
    </operation>
```

> **注意**
>
> WORF 功能总结
> - 连接到 DB2 数据库。
> - 执行查询语句并存储访问混合数据库的过程。
> - 生成 WSDL、XML 模式,测试网页以及 Web 服务的验证。

WORF 支持通过基于 XML 的 Web 服务可以用于访问 DB2 数据和存储过程的环境。WORF 利用 DADX 的定义文件来实现 Web 服务。这是用一个 Servlet 完成的,它接收来自 SOAP、HTTP GET 或者 HTTP POST 的 Web 服务引入点。这个 Servlet 实现了一下服务,即通过访问 DB2、调用定义在 DADX 文件中的 SQL/XML/XQuery 操作以及将返回结果作为响应。WORF 致力于 Websphere 应用程序服务器和 Apache Tomcat。该框架允许开发者轻而易举地编写和开发 Web 基础服务,从而增加他们的产量。WORF 不仅仅用于在运行时打包一个数据库查询或者作为一个 Web 服务器访问调用的上下文中的操作,它还生成了所有要求部署请求服务的需要。WORF 可以自动生成一个 Web 服务描述语言(WSDL)文件,该文件可以在一个 UDDI 注册中心发布。图 3.29 所示为 WORF/DADX/DB2 之间进行交互的视图。IBM 有一个可以实现 WORF 并且支持 DADX 下一代的工具,称为 IBM Data Studio。

【IBM Data Studio】

IBM Data Studio[36,37]是为基于 Eclipse 图形用户界面数据库管理员和数据库开发者提供的一个工具。它可以在 Linux 和 Windows 上运行,是 IBM 产品集成数据管理的一部分。Data Studio 的数据项目浏览器组件可以用来开发 SQL 脚本语言,编写 XQuery、存储过程以及随后在如 Websphere Application Server(WAS)的应用程序服务上进行部署。数据库管理员使用数据资源浏览器来管理 DB2 实例和

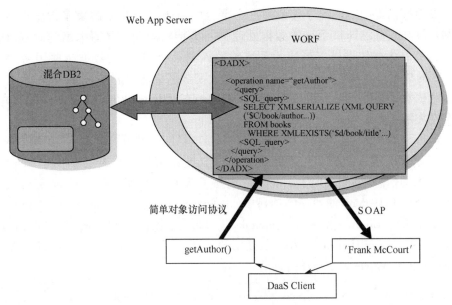

图 3.29 在 Pure XML 中 WORF/DADX 的交互

数据库。可以通过下载 DB2 Express—C、Websphere 应用程序服务器以及 Data Studio[38]来尝试使用 Pure XML。DB2 Express－C 是社区 DB2 通用数据库快捷版（DB2 Express）的版本，它可以完全免费地下载、开发、部署、测试、运行、嵌入和再分配。DB2 Express－C 可用于运行在 Linux 和 Windows 的 32 位或 64 位硬件。WebSphere 应用程序服务公用版在文献［39］中是可用的。IBM DB2 Express－C 的预创建亚马逊机器图像在 http∶//www. ibm. com/developerworks/downloads/im/udbexp/cl oud. html[40]中是可用的。

Data Studio 会考虑所有要访问/查询 DB2 数据的 JDBC 代码。它还会（内部）为创建的每个数据 Web 服务生成一个 WSDL 文件。此外，它会为客户创建运行时所需的工具，以使用 SOAP/HTTP/REST 风格的绑定来访问部署的 Websphere 服务，为相关的 DB2 访问查询生成在 WSDL 中所要查询的操作名称的代码并发布结果。部署服务还可以在被发布到大型社区使用之前进行测试。因此，IBM Data Studio 为用户提供一个统一的框架，利用这个框架，他/她可以快速方便地开发 Web 服务和数据库应用程序。对于 WORF 等功能以及 DADX 等文件的规范都是透明处理的。最后，生成的 Web 服务以即用型 Web 应用程序的形式打包供客户使用。Data Studio 的 Web 服务搜索组件可以用来测试生成的 Web 服务。它还可以测试这些服务中 SOAP 或者其他协议调用的引入点。

Apache Hadoop

Apache Hadoop 是当今最知名的大型数据云平台之一。很多研究论文描述了将大型数据密集型应用程序移植到这个平台的经历。Hadoop 解决了常出现在互联网计算和高性能计算领域的数据处理的一类特殊问题。在写本书的时候,Hadoop 保持着大型数据排序最快的系统的世界记录(500GB 的数据排序用时 59s,100TB 的数据排序用时 68s)。在具有分析大型数据集能力的同时,Hadoop 为有效存储这些数据集提供了一个解决方案。Hadoop 的优化可以用于批处理应用程序,以及在集群中扩展可用的 CPU 的数量。

Hadoop 的首次应用是作为 Apache Nutch 项目的一部分,该项目是由 API 开发的开放源 Web 搜索引擎。谷歌在发布关于其搜索引擎[41,42]背后的关于 MapReduce 技术的信息之后,又用 MapReduce 重写了 Nutch。随后,MapReduce 部分被提取到一个称为 Hadoop 的独立的项目中,正如所知的,MapReduce 是一个广泛适用的技术。Doug Cutting 和 Mike Cafarella 于 2004 年提出了 Hadoop 的初始版本。2006 年,正式宣布 Hadoop 作为一个独立的开源项目,该项目由 Apache 软件基金会支持,由 Yahoo 的众多开发商赞助。

注意

Hadoop 的关键子项目

- Hadoop 的通用组件。
- Hadoop 分布式文件系统。
- MapReduce。
- Pig、Hive、Hbas。

Hadoop 概述

Hadoop 有三个组件——通用组件、Hadoop 分布式文件系统组件和 MapReduce 组件。每个组件都是 Hadoop 顶层项目的一个子项目。通用子项目用于处理抽象以及可以用于其他两个子项目的库。文件系统接口是通用子项目中一个被广泛应用和实现的接口。Hadoop 分布式文件系统是在分布式计算机集群上存储大型文件的文件系统。Hadoop MapReduce 是正在运行作业的一个框架,通常处理 Hadoop 分布式文件系统上的数据。在 Hadoop 上建立了 Hbase、Pig 和 Hive 框架。Pig 是 Hadoop 上的一个数据流语言和执行环境。Hbase 是一个分布式键值存储,它支持类似于谷歌 BigTable[43]的类 SQL 查询。Hive 是 Hadoop 文件系统中管理数据存储的一个分布式数据仓库。现实生活中有很多 Hadoop 应用。可以参阅 http://wiki. apache. org/hadoop/PoweredBy 中使用 Hadoop 的应用程序和组织的完整列表。

本节利用一个简单的例子以及 MapReduce 和 Hadoop 分布式文件系统(HDFS)的高层次架构介绍了 MapReduce 平台。第 5 章从编程角度给出了 MapReduce 的详细介绍,并利用多个例子介绍了设计一个在 MapReduce 框架上高效工作的应用程序的方法。第 6 章给出 MapReduce 和 HDFS 应对云挑战的内部构架的详细介绍。

MapReduce

Hadoop 要求针对其平台开发的云应用程序使用名为 MapReduce[42]，这种新编程模型。该模型对于表达一个应用程序内部固有的并行性非常有用，它利用 Hadoop 提供的并行处理支持来进行快速高效的执行。MapReduce 分两个阶段进行工作——Map 阶段和 Reduce 阶段。用 MapReduce 框架编写一个应用程序，程序员只需指定两个函数——Map 函数和 Reduce 函数。这两个函数的输入都是简单的 key – value 对。

一个 MapReduce 程序的处理流程如下：

● 输入的数据分割成数据块，每个数据块被发送到不同的映射处理器。映射进程的输出包括 key – value 对。

● 映射进程的结果按键分区并被存储在本地。

● Reduce 函数得到按照键已分类过 key – value 对数据，处理它并生成输出 key – value 对。

通过下面的例子使过程更清晰

MapReduce 的一个简单例子

下面描述了一个利用 Java 中的 MapReduce APIs 来分析 Pustak Portal 网站的销售数据的例子。所描述的程序功能是获取每本书的总销售量，并获取每天销售量最大的那本书。输入是一个日志文件，它列出了每本书在不同销售商那的销售量（一本书一行），MapReduce 程序获取每本书总的销售量。Map 函数获取 key – value 对，其中行号作为键，输出也是 key – value，其中 key 是书的 ISBN。整理归类 key – value 对，提交每本书的所有销售数据给 reduce 函数。基于输入 key – value 计算该本书的销售量。更多细节如下。

假设在日志文件中获取的数据格式如下：

```
ISBN1234, name of book1, author, dealer name, location, 10, ...
ISBN3245, name of book2, author, dealer name, location, 20, ....

   ...
ISBN9999, name of book1111, author, dealer name, location, 32, ...
```

应用程序在两个阶段工作。在 Map 阶段，对日志文件进行预处理来提取记录中有价值的字段。日志文件的前几行以 key – value 对的形式映射到 Map 函数，如下面代码所示。这里的键是文件中被 Map 函数忽略了的线偏移量。

```
(0, "ISBN1234, name of book1, author, dealer name1, location, 10, ...")
(101, " ISBN3245, name of book2, author, dealer name, location, 20,
....")
```

```
(250, "ISBN1234, name of book1, author, dealer name2, location, 110,
...")
...
(1189, "ISBN9999, name of book1111, author, dealer name, location, 32")
```

因此,在这种情况下 Map 函数非常简单。Map 函数的输出片段:

```
(ISBN1234, 10)
(ISBN3245, 20)
(ISBN1234, 110)
...
(ISBN9999,32)
...
```

现在,MapReduce 框架在将 Map 函数的输出发送给 Reduce 函数之前对其进行处理。它根据键对 key – value 对进行排序和分组。因此,Reduce 函数得到每本书的总和数据(基于条形码),像这样:

```
(ISBN1234, [10,110])
(ISBN3245, [20])
...
(ISBN9999, [32,22,112])
```

Reduce 函数在一定时间内只需要通过一行,并为列表增加不同的元素来创建最终结果的 key – value 对。

下面在 Map 函数代码中给出了之前列出的处理函数的实际 Java 代码。应用程序中三个关键方法是:通过实现 Mapper 接口来定义 map( )方法的 Map 函数,通过实现 Reduce 接口来定义 Reduce 方法的 Reduce 函数,以及触发 map reduce 工作的 Main 方法。

```java
import java.io.IOException;
import java.util.Iterator;

import org.apache.hadoop.io.IntWritable;
import org.apache.hadoop.io.Text;
import org.apache.hadoop.mapred.MapReduceBase;
import org.apache.hadoop.mapred.OutputCollector;
import org.apache.hadoop.mapred.Mapper;
import org.apache.hadoop.mapred.Reporter;

public class SalesConsolidatorMap extends MapReduceBase
    implements Mapper <LongWritable, Text, Text, IntWritable >
{
```

```
public void map (LongWritable key, Text value,
        OutputCollector < Text, IntWritable > output, Reporter
reporter)
      throws IOExcpetion {
    String line = value.toString();
    String [] splitStr = line.split(",");
    String isbn = splitStr[0];
    int count = Integer.parseInt(splitStr[5]);
    //Output key value pairs with selective information
    output.collect(new Text(isbn), new IntWritable(count));
    }

}
```

Mapper 接口有四种形参:输入键、输入值、输出键、输出值。Hadoop 提供自己的一套基本类型来支持网络序列化(从而优化分布式应用程序执行),来代替使用 Java 内部类型。Map 方法通过输出信息的附加参数来传递一个键和一个值。通过调用 output. collect 方法来实现 Map 函数的输出,该方法通过写 ISBN 来计算 key - value 对。

Reduce 方法也以类似的方式进行编写。如下面的代码段所示,Reduce 的输入参数与 Map 方法的输出参数相对应。循环内部求和就是执行 Reduce 函数,然后利用 output. collect 方法输出综合的 key - value 对。需要注意的是,这个 Reduce 函数的输出格式实际上可以传递给另一个 Reduce 函数来进行分层整合。

```
import java.io.IOException;
import java.util.Iterator;

import org.apache.hadoop.io.IntWritable;
import org.apache.hadoop.io.Text;
import org.apache.hadoop.mapred.MapReduceBase;
import org.apache.hadoop.mapred.OutputCollector;
import org.apache.hadoop.mapred.Reducer;
import org.apache.hadoop.mapred.Reporter;

public class SalesConsolidatorRed extends MapReduceBase
    implements Reducer < Text,IntWritable, Text, IntWritable >
{

public void reduce (Text key, Iterator < IntWritable > values,
    OutputCollector < Text, IntWritable > output, Reporter

reporter)
```

```
    throws IOExcpetion {
  int sum = 0;
  while (values.hasNext()) {
    //Reduce function is performed here
      sum = sum + values.next().get();
  }

      //Output key value pair
      output.collect(key, new IntWritable(sum));
  }
}
```

下面的 MapReduce 任务的代码。在 JobConf 对象中给出了该作业的声明。Mapper 和 Reducer 类也置于相同的 Jobconf 对象中，RunJob 方法开启 map – reduce 活动。

```
import java.io.IOException;
import org.apache.hadoop.fs.Path;
import org.apache.hadoop.io.IntWritable;
import org.apache.hadoop.io.Text;
import org.apache.hadoop.mapred.FileInputFormat;
Import org.apache.hadoop.mapred.FileOutputFormat;
import org.apache.hadoop.mapred.JobClient;
import org.apache.hadoop.mapred.JobConf;

public class SalesConsolidator {
    public static void main(String[]args) throws IOException {
    if (args.length ! = 2) {
      System.err.println("Please give input path and output path as
      arguments");
    System.exit( -1);
    }
    //Define the new job
    JobConf job = new JobConf(SalesConsolidator.class);
    job.setJobName("Sales Consolidation");

    FileInputFormat.addInputPath(job, new Path(args[0]));
    FileOutputFormat.addOutputPath(job, new Path([args[1]]));

    //Set Mapper and Reducer functions for this job
    job.setMapperClass(SalesConsolidatorMap.class);
    job.setReducerClass(SalesConsolidatorRed.class);
```

```
job.setOutputKeyClass(text.class);
job.setOutputValueClass(IntWritable.class);

//Run the MapReduce job
JobClient.runJob(job);
    }
}
```

前面的实例代码使用的是 MapReduce API 0. 20. 0 版本。请参阅 http://ha-doop. apache. org 中 API 最新版本的下载和安装说明。现在,可以利用下面的命令来测试和执行之前的实例应用程序。输入日志文件在目录 data/sales/input 中,其输出日志文件将在目录 data/sales/consoled 中。

```
% export HADOOP_CLASSPATH = build/classes
% hadoop SalesConsolidator data/sales/input data/sales/consolid
```

【运行非 Java 的 MapReduce 应用程序】

在 Hadoop 中, MapReduce 框架有运行 Java 应用程序的本地支持。通过两个框架,即流动框架和管框架,它还支持由 Ruby、Python、C + + 和其他一些编程语言编写的非 Java 应用程序。流动框架允许用任何语言(包括外壳脚本)编写 MapRe-duce 程序,并作为在 Hadoop 中的 MapReduce 应用程序来运行。此处做出的基本假设是这些程序可以通过 stdin 和 stdout 来消耗它们的输入和输出。MapReduce 框架可以拆开流程序、在进程的 stdin 中发送键/值,并且从进程的 stdout 中获取输出。另一方面,MapReduce 中的管道库提供 C + + APIs 用于编写 MapReduce 应用程序。普遍认为,它可以提供比流更好的性能。当存在用 C 或 C + + 语言编写的应用程序,并且想将其移动到 MapReduce 模型中时,这是非常有用的。

MapReduce 中的数据流[1]

在分布式计算的 MapReduce 中,对输入进行分割。应用程序编写者的工作就是定义其应用程序的分割。例如,如果包含销售信息的日志文件是一个大文件,并且需要在其上进行销售整合(如前面的例子),应用程序编写者可以定义相当大的文件块的分割。分割信息包含在工作提交请求中。每个 Map 任务在一个分叉中开始工作,并产生输出。每个 Map 任务为所有 Reduce 任务产生输出。此外,每个 Reduce 任务的输出通过用户在 Map 输出键数据类型上提供的比较器来排序。输出的数量等于 Reduce 任务的数量。随着 Map 任务的完成,它们的输出被用于工作中的 Reduce 任务中。将 Map 输出传递到给 Reduce 任务的过程称为随机。在随机阶段,Reduce 任务和 Map 的输出部分(通常所有对具有相同键值)与它们有关。Reduce 任务处理它们的输入,并产生最终的输出(图 3. 30)。

---

[1] 资料由 Apach ltadoop PMC 的 Devaraj DAC 先生提供。

MapReduce 可以看做是一个分布式排序引擎。如果输入传递给了的架构具有恒等的 Map 函数和 reduce 函数则被定义为响应作业,输出反被分类。这个问题和其他重要算法的更多细节在第 5 章中标题为"Map Reduce 重访问"的部分中描述。

使用 MapReduce 样式的主要优点:应用程序现在以一种明确可并行执行的公式开发。例如,如图 3.30 所示,带有不同键的 key – value 对的操作可以并行完成。同样地,如果在不同的拆分下工作,Map 的任务可以并行工作。因此,不同的 Map 和 Reduce 任务可以作为独立线程执行或在计算节点群上处理以获得最大的性能。

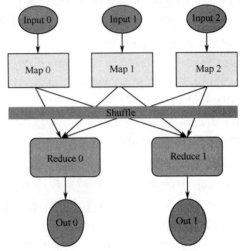

图 3.30   MapRedue 中的数据流

Hadoop MapReduce 架构

以并行方式工作的不同 Map 和 Reduce 任务的分布式计算 MapReduce 的体系结构组件如图 3.31 所示。系统中的关键工序是工作追踪器、任务追踪器和不同的任务。这些在下面将会描述。

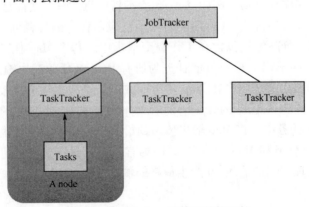

图 3.31   MapReduce 的体系结构组件

- 作业追踪器:对于完整的 MapReduce 集群,作业追踪器是中心机构,并且对安排和监控 MapReduce 任务负责任,记录 MapReduce 集群的节点中成员的状态,并且对于任务提交和状态能够响应客户的要求。作业追踪器可以设置成一个具有多个队列和选定作业的调度程序。一些正在使用的调度器是容量调度器和公平调控器。公平调控器是一个有单个队列的简单调度器,而容量调控器支持的是有不同优先级并保证资源能力的多个队列[44]。

- 任务跟踪器:任务跟踪器是 Worker。任务追踪器接受来自于作业追踪器的 Map 和 Reduce 任务,启动它们并随着时间的推移跟踪它们的进展。任务追踪器向工作追踪器报告任务的进度。任务追踪器跟踪任务(目前仅仅是内存)的资源使用情况,并结束超出内存限制的任务。

- 任务:作为单独的进程运行。任务具有能做一些安装和拆卸的框架代码,使其运行不同用户代码时。任务被期望定期向其上层任务追踪器汇报工作进度。任务在自己的沙箱环境中运行。

自从 Map 和 Reduce 任务并行执行后,当多节点添加到集群(见第 6 章理解增大比例的理论极限)中时,可以扩大 MapReduce 的计算。现在,因为所有的任务都是在 key – value 对中操作,所以存储具有高效率和高产出的高吞吐量。这是被称为分布式计算文件系统(HDFS)的另一个 Hadoop 项目的动机,它是一种能进行快速检索和更新的分布式文件系统,下面是对其的描述。

分布式计算文件系统

为了存储输入、输出和中间 key – value 对,Hadoop 提供了一个可以被任何人执行的接口,并以插件形式装在文件系统中。已经有许多文件系统是 Hadoop(文件系统)一部分。它们包括 Hadoop 分布式文件系统、S3 文件系统、Kosmos 文件系统及其他文件系统。每个文件系统为一些指定的低层次存储提供服务。Hadoop 分布式文件系统是基于谷歌文件系统[41]的想法的。

Hadoop 分布式文件系统(HDFS)是一种分布式文件系统,它提供高吞吐量来访问数据。HDFS 应用程序包括 MapReduce 以及其他一些平台,这些平台需要基于商业硬件的大型存储。该系统被优化用于极大文件的存储、数据的高可用性和可靠性。本节给出了 HDFS 构架的细节和访问它的 API 的概述。

HDFS API

应用程序可以通过标准文件系统 API 使用 HDFS 文件系统。HDFS 与其他有关的分布式文件系统的主要不同点之一是它提供简单的 IO 中心的 API,而不会试图提供一个完全成熟的 POSIX API 集。特别的是,HDFS 不提供读和写的一致性,例如,如果多个节点同时读和写文件,各节点所看到的数据有可能就是不一致的,不像 POSIX 兼容文件系统那样。此外,它显示了文件块的位置。此功能利用分布式计算的 MapReduce 实现所需数据的协同定位计算。

如前所述,分布式计算使用任何人都能执行的文件系统接口,并以 Hadoop 中的文件系统的形式插入。应用程序使用文件系统的统一资源标识符(URI)指定文件系统。例如,hdfs://用于识别 HDFS 文件系统。

HDFS 的示例:查找数据块的位置

由于 HDFS 是用 Java 编写的,所以就像其他任何 Java 文件一样,HDFS 文件使用 Java DataInputStream 和 DataOutputStream APIs 进行读和写,如 readUTF( )。如前所述,Hadoop 的主要功能之一就是在存储数据的节点上安排任务。HDFS 客户为了实现网络流量的最小化还试图从最近节点处读取数据。下面的代码段说明了如何寻找有特殊数据块的主机。

```
import java.io.File;
import java.io.IOException;
import org.apache.hadoop.conf.Configuration;
import org.apache.hadoop.fs.FileSystem;
import org.apache.hadoop.fs.FSDataInputStream;
import org.apache.hadoop.fs.FSDataOutputStream;
import org.apache.hadoop.fs.Path;
public class HDFSExample {
public static void main (String [ ] args) throws IOException {
  String exampleF = "example.txt";
  int BlockNo = 0;
/*1*/Configuration conf = new Configuration();
  FileSystem fs = FileSystem.get(conf);
/*2*/Path fPath = new Path(exampleF);
/*3*/FileStatus fStat = fs.getFileStatus (fPath);
/*4*/int fLen = fStat.getLen();
/*5*/BlockLocation[ ] blockLocs = fs.getFileBlockLocation (fPath,
0, fLen);
}
```

语句 1 和后面的语句对 HDFS 文件系统接口进行了初始化。语句 2 获得了一个所需文件(称为"示例 F")的指针。语句 3 获取了一个 FileStatus 对象。这个对象的方法之一就是 getlen()方法,它在语句 4 中被调用来获取块中文件的长度。语句 5 调用三个参数的 getFileBlockLocation ()方法。第一个参数 fPath,指定所需信息的文件。第二个和第三个参数指定所需信息文件的区域(起始块和结束块)。在示例中,需要查询整个文件的信息。getFileBlockLocation()方法返回一个 Block-Location 数组。调用完成后,blockLocs[i]包含关于第 i 块的位置的信息。block-Locs[i].getHosts()返回一个包含主节点的字符串数组,该节点在第 i 块区域有一个副本。现在这个信息可以用于系统中那些节点的移动计算。关于这些 API 的更详细的信息可查阅文献[45]。

如前所述,本节只介绍 MapReduce 和 HDFS 平台的使用。第 5 章给出了 MapReduce 编程范式的深入研究,第 6 章讨论了 MapReduce 和 HDFS 内部构架的一些高级主题。

混搭

目前为止,本节为高级开发人员开发云应用程序介绍了多种平台。本节着眼于利用可视化编程平台创建云应用程序的简单方式——甚至一个非专业终端用户可以用它开发与个人相关的应用程序。Web 上有大量的数据、服务和终端用户可能希望以一种他们认为最有用的方式整合这些。例如,在规划行程时,Web 网站会提供确定目的地之间的航班列表,现在用户可能会根据航班时间或者价钱对其进行排序,但只是针对他常乘坐的航班。另一个例子是一个用户想利用地图信息整合不同来源的数据,也就是说,世界地图上可居住的公寓以及当某一指定类型的公寓打折时的提醒信息。数据混搭,一种能实现对来自多个 Web 资源上简单的信息整合还能让终端用户去创建一个云托管个人应用程序的技术,如本节所述。

混搭是 Web 站点或者软件应用程序,它将独立的 API 和数据源合并为一个整合的接口/经验。因此,它通过移动控制更贴近用户来实现数据访问的民主化,然后用户再结合所涉及的[46]已存在的没有所有者的数据源。这样环境形成的(短暂的)应用程序过滤器,从多个源数据结合并聚集数据以满足特殊的需要。实现混搭的一个重要因素是很多 Web 服务(例如 Yahoo!、易趣和亚马逊)通过公用 API 和 Web 订阅将对外公开他们的系统(如 RSS 或者 Atom)。这使得第三方开发者可以整合基本数据,使得 Web 平台提供的信息比他们自己的更有用。Yahoo! 管道就是这样一个平台,它通过可视化编程来为终端用户创建 Mashup,下面是对它的描述。

Yahoo！管道

Yahoo! 管道(简称管道)是一个交互式工具,它能结合多个数据订阅(如 RSS、Atom 和 RDF)到一个单一的聚合,然后通过 Web 服务调用(如语言翻译。位置提取)传递它们。它们在概念上类似于 Unix 中称作管道的知名进程通信工具。同样地,通过多个程序 Unix 管道允许数据被依次填入管道,Yahoo! 管道还可以用来执行多数据集上的一系列数据操作。然而,利用 Yahoo! 管道,开发者可以操作 Web 上可用的数据,而不仅限于本地系统上可用的数据。Yahoo! 管道还不仅局限于一个输入和一个输出(如 Unix 管道)。特定的运营商可以有多个输入。

Unix 管道允许数据进行顺序处理,Yahoo! 管道允许用户定义一个数据处理管线,它可以是数据流图,如本节后面的例子所示。该图由互联的数据源和运营商来产生。管道数据源不仅包括 Web 网站的数据订阅,还包括任何可以转换成订阅的数据(如文件或者用户输入)。运营商是由管道预定义的,每个操作者执行一个特定的任务(如循环、过滤、正则表达式或者计数)。一旦管道建立,它可以在另一个管道中作为组件再次使用,直到最终的混搭被创建。还可以存储管道,并将其作为模块附加到 MyYahoo 网页或者 Yahoo! 头版上。

通常,创建管道来集合有价值的新闻订阅。作为例子其订阅包括①公园或学校附近所有公寓的列表;②在一定价格范围内的易趣物品;③处理 Craigslist 定阅并识别位置信息(地理编码)来增加订阅,通过连接将其传递给谷歌地图来展示一个属性的地址。关于如何创建如此简单人性化的信息整合的更多细节在下面进行说明。

图 3.32 给出了 Yahoo! 管道 Web 网页的一个截图,插图显示了一个为达到更好的可读性的放大版菜单。这一节其余部分首先描述了一个简单的例子,然后对多种数据源和管道可实现的操作进行了更全面的描述。

生成城市新闻的简单的 Yahoo! 管道

下面是一个称作城市新闻的管道示例,它生成一个包含城市新闻的订阅。它非常简单,但是说明了管道的作用。第一步是去 Yahoo! 管道网站 http://pipes. yahoo. com,然后单击 My Pipe 连接。如果还没有管道,这就会为创建第一个管道的管道用户界面激发一个编辑网页,如图 3.32 所示。

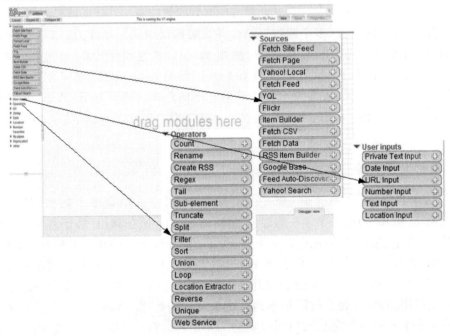

图 3.32 管道编辑器用户界面

选择 RSS 订阅:下一步是选择需要结合的网络订阅,并将其聚合成一个单一的订阅。在左侧的菜单栏,Sources 下是一个称为 Fetch Feed 的框。将这个框拖到编辑域会产生一个如图 3.33 所示的 URL 框,在这个框中可以输入期望的 RSS 订阅的 URL。在这个例子中,需要关于一个城市的新闻,所以可以使用政府网站的 RSS 订阅的 URL(图 3.34)。这个例子显示了如何添加 California 的 RSS 订阅。添加完订阅后,调试器显示订阅中有 45 项。可以通过拖拽 Fetch 框或者单击 Fetch 框上的" + "来添加其他的 URL。

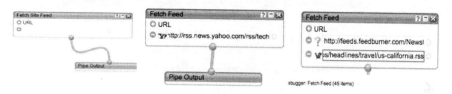

图 3.33　准备开始

合并 RSS 订阅:最后,可以使用 Union 框将所有的订阅合并。可以通过将左侧菜单中 Operators 下的 Union 框拖拽到编辑域中来创建这样的框。然后,可以通过单击或者拖拽鼠标将 Fetch 框的输出连接到 Union 框,如图 3.34 所示。该示例使用 Wikipedia 作为资源,从而彰显了多功能管道。在订阅合成操作完成后调试器显示了有 112 项。

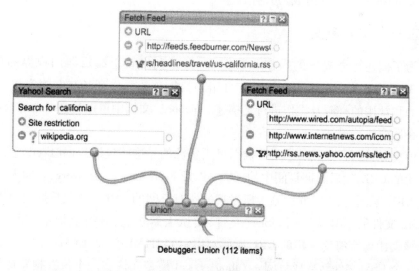

图 3.34　集合订阅信息

过滤管道:此时,管道有四种订阅,每日每种订阅都有大量重要信息,这些信息每日浪费大量时间。为了限制数据流量到一个可控的水平,可以进行管道过滤。这可以通过将左侧菜单操作分类下的 Filter 框拖拽到编辑域来实现。Union 框的输出连接到 Filter 框的输入,Filter 框的输出又作为管道输出的输入。当这个连接建立时,Filter 框上的下拉菜单 title 更新。Filter 框允许以各种方式过滤内容,可以通过单击 title 和 contains 框进行选择。假设它需要监视与失业率、技术和 California 有关的文章,图中的示例显示了如何展示包含这些关键字的订阅。当过滤器显示了 112 项后,调试器现在显示了 24 项(图 3.35)。

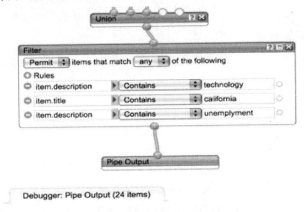

图 3.35　过滤订阅信息提要

通过单击编辑域顶部附近的 Save 来保存管道,并命名为管道。在 MyPipe 页,单击 Publish 可以使管道成为共有。

管道数据源和操作

为了描述管道提供的操作和数据源,可以利用管道编辑器用户界面(参看图 3.32 标题运营商),它可以将所有可用的数据源和操作列举在左侧窗口。它对重要的和常用的资源及操作进行了描述。Yahoo! 文档中可以找到一个综合列表,这将在后面进行描述。

信息源:图 3.32 展示了附着插图可用资源的。这些包括 Fetch Feed,它输入一个订阅的 URL,然后返回订阅中的项[47],以及 Feed Auto – Discovery,它输入一个网站的 URL,然后返回 Web 网站上所发现的所有订阅的 URL。获取数据模型输入一个 XML 文件的 URL 和一个 JSON 文件,尝试去解析它,并提取指定字段。Fetch Page 模型由像字符串一样的 URL 返回到指定的 HTML 页面,而 Fetch CSV 模型允许将一个 CSV 文件转换成订阅。Yahoo! Local 模型允许在一个位置搜索服务(如旧金山的健身房),而 Yahoo! Search 模型提供一个 Yahoo! 搜索接口。

一个重要信息源是之前列举的 YQL source。YQL 是一个类似于 SQL 的查询语言,它可以用于开发程序来处理 Web 上的可用数据,只仅仅是管道内的本地处理功能是不够的。有这样一个例子,想要在一个小镇上寻找有必胜客的一个公寓,最有效的方法就是生成一个列表,包括公寓及其位置,必胜客及其位置,然后将两者的位置进行排序和合并。后面的章节将详细描述 YQL。

用户输入:图 3.32 还显示了将用户输入作为管道的信息源。为了简单起见,只展示管道编辑器 GUI 的扩展 User Inputs 部分,其余的在图 3.32 中。Text Input 模型由用户接收输入的文本,并输出一个可以作为其他模型或操作的输入[48]的文本串,而 Private Text Input 模型用来输入不会显示的机密文本,如密码。The URL Input 模型接收用户输入的 URL,并输出一个可以用作为一个模型的输入的 URL。Location 模型接收用户输入,并输出一个可以作为另一个管道模型的输入的 Location 数据类型。Location 模型还显示了位置的质量,它用 0～100 的域值描述了其精确性(100 是最准确的)。

操作符:图 3.32 显示了管道中可用的操作符。可以看出,管道为字符串和数据结构操作提供了一个强大的操作符集合。Count 操作符计算订阅中的项目数。Create RSS 操作符从一个非 RSS 结构[49]创建一个 RSS。Regex 允许基于正则表达式的模式匹配和替换。具体细节请参阅模式参考:操作模块[49]。Union 和 Filter 操作在前面的例子中已介绍过。跟踪和截取操作分别返回一个 RSS 订阅的前 N 和后 N 项。Split 操作将一个订阅拆分成两个相同的订阅。Web 服务操作将管道数据以 JSON 形式发送到一个 Web 服务。

类似地,URL 操作使用管道数据的不同字段中构建一个 URL[50]。String 操作符执行字符串操作,如标记化、子字符串和模式匹配[51]。Date 操作进行数据析取和格式化[52]。Location 操作符提取和格式化位置信息[53],而 Number 操作符号执行简单的数学函数[54]。

Yahoo！查询语言

上一节介绍了 Yahoo! 管道,它允许上合并和过滤 Web 页面数据。虽然它很强大,但是对有些应用程序,可能希望有类似于关系型数据库的数据处理能力。这一节描述 Yahoo! 查询语言(YQL),一个允许开发人员进行更强大处理的服务,堪比关系型数据库。

为了鼓励创建一个有关 Yahoo! 数据处理开发者社区 YQL 是由 Yahoo! 开发的。因此对于所有的 Yahoo! 数据都有 Yahoo! 服务(例如,Yahoo! 邮件的联系人)。此外,非 Yahoo! 服务也可以被映射到 YQL。YQL 被 Yahoo! 内部大量的 Yahoo! 服务所使用(例如,Yahoo!、主页和搜索)。这确保了它的质量和全面性。

本节的其余部分首先提出了一个 YQL 的概述,包括对允许测试 YQL 语句的 YQL Console 的描述。接着是一个 YQL 的例子,它展示了如何生成 Pustak 门户出版的纽约时报畅销书。这个例子还说明了如何将 YQL 纳入管道。

YQL 概述

以同样的方式,关系型数据库视图数据被存储在表中,YQL 允许将处理的数据存储在开放数据表中(ODT)。为了允许 YQL 处理 Yahoo! 服务中的数据,Yahoo! 提供从 Yahoo! 服务到 ODT 的映射。例如,存储在 Flickr,Yahoo! 照片服务中的照片列表,作为 ODT 都是可用的。很多外部网络服务,如 Twitter,也可以用作 ODT。这些服务的完整列表可以在 Yahoo! 控制台中找到,如本节其余部分所描述的。

图 3.36 展示了 Yahoo! 控制台[55],它允许用户执行 YQL 指令并测试结果。因此,这是一个重要的调试和学习工具。在控制台的顶部有一个 YQL 语句可以被键入的区域。本图展示了 YQL 语句 show table,它显示了可用的表。下面是一个单选按钮,它允许选择 XML 或者 JSON 作为输出。输出域包含可用表的列表。默认情况下,它只显示 Yahoo! 表。单击右侧 Show Community Tables 连接也可以显示一个非 Yahoo! 表,包括 Facebook 和 Twitter。nyt 纽约时报菜单已经扩大到显示多个可用表,包括纽约时报的畅销书(图 3.37)。

图 3.36　YQL 控制界面

YQL 举例:关于纽约时报畅销书推荐

为了说明 YQL 和 Yahoo! 管道的用法,本节其余部分描述了如何编写一个管道:①从纽约时报中提取畅销书清单;②过滤 Pusatk 门户 Portal 网站发布的书;③生成这些书的评价留言(目的是宣传)。

图 3.37　可用的 Web 服务作为开放数据表

> **注意**
>
> YQL 示例
>
> - 访问 NYT ODT 文档。
> - 获取授权。
> - 在控制台测试 YQL 语句。
> - 建立渠道获取畅销书。
> - 创建管道遍历畅销书和其评价留言。

```
<results>
    <table name="nyt.bestsellers" security="ANY" src=http://www.
datatables.org/nyt/nyt.bestsellers.xml>
        <meta>
            <author>Sam Pullara</author>
            <documentationURL>http://developer.nytimes.com/docs/
best_sellers_api</documentationURL>
        </meta>
        <request>
            <select usesRemoteList="true">
                <key name="apikey" required="true" type="xs:string"/>
                <key name="listname" required="true" type="xs:
```

```
      string" / >
      < key name = "date" required = "true" type = "xs:string" / >
      < key name = "sort_order" type = "xs:string" / >
      < key name = "sort_by" type = "xs:string" / >
   < /select >
```

访问 ODT 文档,获取授权:如图 3. 37 所示,纽约时报畅销书列表在 YQL 中可以作为 ODT nyt. bestsellers 使用。提取畅销书列表,有必要了解为了访问表时提供的 API。这可以通过在 YQL 控制台键入 YQL 语句 desc nyt. bestsellers 并按下 Test 按钮来实现,或者将鼠标停在 nyt. bestsellers 项上并单击 desc 按钮来实现。每个方法产生的输出展示在描述 nyt. bestsellers table 的代码段中,它只清晰地展示 YQL 控制台输出。documentationURL 标签展示了 The Best Sellers API[56] 中访问这个表的文档。通过访问文档 Web 网站,可以看出为了使用 Web 站点有必要在 Web 网站进行注册。此外,还可以找到格式化查询所需的参数(后边展示)以及它们的格式。除了畅销品列表的名称(多个畅销品列表,如 Hardcover Fiction 是可用的),可以看出需要指定 api_key(授权需要)。Web 指定注册过程中产生的 api_key。

测试 YQL 语句:在前面获得文档上,可以被处理开发检索畅销书清单的语句并在 YQL 窗口中测试。利用 SELECT 语句[57]进行列表检索,如下面代码所示:

```
SELECT * FROM nyt.bestsellers WHERE listname ='Hardcover Fiction' AND
apikey ='
```

这个语句类似于 SQL SELECT 语句和检索满足选择条件(由 WHERE 子句指定)的记录。在这种情况下,语句检索所选记录的所有字段,由 * 声明。就像在 SQL 中。WHERE 语句包含两个条件。第一个条件声明 Hardcover Fiction 列表是所需的。可用列表及字段名称(listname)在 ODT 文档中可以找到[56]。最后一个条件指定 api_key,它给 Web 站点进行授权。在单引号之间的空白处指定 api_key。输出显示在控制台上(见测试查询检索 NYT 畅销品的代码段,只清楚地显示输出),包括书本列表,以及其他信息,如出版商。

```
< list_name >Hardcover Fiction < /list_name >
< display_name >Hardcover Fiction < /display_name >
< bestsellers_date >2011 -04 -23 < /bestsellers_date >
< published_date >2011 -05 -06 < /published_date >
< rank >1 < /rank >
< rank_last_week >0 < /rank_last_week >
< weeks_on_list >1 < /weeks_on_list >
< asterisk >0 < /asterisk >
< dagger >0 < /dagger >
< isbns >
  < isbn >
    < isbn10 >0446573108 < /isbn10 >
```

```
<isbn13>9780446573018</isbn13>
  </isbn>
  <isbn>
   <isbn10>0446573078</isbn10>
   <isbn13>9780446573078</isbn13>
  </isbn>
 </isbns>
 <book_details>
  <book_detail>
  <title>The Sixth Man</title>
  <description>The lawyer for an alleged serial killer is murdered,
  and two  former Secret Service agents...</description>
  <contributor>by David Baldacci</contributor>
  <author>David Baldacci</author>
  <contributor_note/>
  <price>27.99</price>
  <age_group/>
  <publisher>Grand Central</publisher>
  <primary_isbn13>9780446573018</primary_isbn13>
```

创建获取畅销书的管道:利用 YQL 查询检索畅销书的管道可以用如下方式生成。首先,单击资源列表中的 YQL 框来生成一个管道模型,如图 3.38 所示。之前步骤中执行的相同的 YQL 查询可以被键入到模型中建立一个管道,可以从纽约时报中获取畅销书列表。管道的输出需要经过过滤来取得 Pustak 门户出版的书。XML 文档中 publisher 字段中的出版商的名字是可用的(参见之前的代码段)。过滤的实现可以通过①为 WHERE 语句添加额外条件来选择记录 Pustak 门户中的 publisher 的位置;或者②将这个模型的输出连接到执行过滤的过滤器模型。

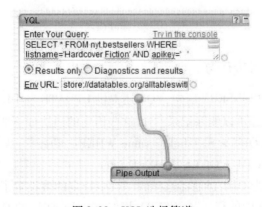

图 3.38　YQL 选择管道

127

创建管道生成评价留言:利用 ODT(开放数据表)信息好像是数据表中行,因此推文信息就变成可用的。以同样的方式可以找到可用的 API 和字段,与 NYT API 运行中 YQL 控制台一样,因此,此处不再重复。YQL INSERT 语句可以生成 Twitter 消息,类似于 SQL 计算部分,在一个表中添加一行。然而,YQL INSERT 语句也可以触发行动;在 Twitter ODT 的情况下,它将产生一个新的 Twitter 消息,如下面的代码段所示:

```
INSERT INTO twitter.status (message, userid, password) VALUES (" <
book > is on the New York Times bestseller list!", "userid", "pass-
word")
```

因为 Pustak Portal 网站的很多书都在畅销书列表中,所以有必要遍历所有的书,来为每本书生成一个 INSERT 代码段。在语句中,userid 和 password 是推文作者的用户 ID 和密码,用于验证。message 参数表示将要生成的 tweet,< book > 参数被书名所替换。

为生成所需的 INSERT 语句,可以使用循环管道模型。通过单击操作菜单的循环菜单项来在管道编辑器中建立循环模型(图 3.39)。通过把 String Builder 模型拖拽到 Loop 模型中并填写如图 3.40 所示的参数,有可能生成所需的 INSERT 语句就如字符串那样。这些字符串接着被传递到另一个有 YQL 模型嵌入的 Loop 模型中去。这个 Loop 模型迭代所有的字符串,并用每个字符串调用 YQL 模型,从而生成所需的 tweet。

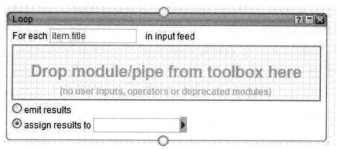

图 3.39　循环模块

YQL 更新和删除语句

除了 SELECT 和 INSERT 语句,YQL 还提供 UPDATE 和 DELETE 语句,它更新被选择记录的字段并可以删除记录[58]。这些语句的语法如下所示:

- UPDATE < ODT > SET field = value WHERE filter
- DELETE FROM < ODT > WHERE filter

UPDATE 语句为 ODT 过滤器选择的一行中指定的值设置了字段属性值。DELETE 语句删除所选中的行。与 INSERT 相似,根据所使用的 ODT,更新或者删除

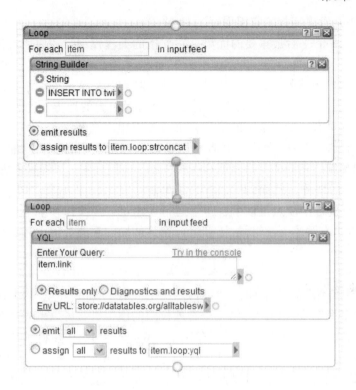

图 3.40 生成 tweet 的循环

可以触发一个动作。

因此就像本节中所描述的,很可能看到不同的 PaaS 解决方案而且也是可用的——使得已存的应用程序被托管在云端(Azure、谷歌、AppEngine),需要整个应用程序的重新设计,允许缺乏技术经验的终端用户来创建云应用程序(Yahoo! 管道)。

小结

本节描述了一个与开发者相关的重要的云模式。正如所看到的,平台即服务为云托管应用程序提供了一个应用程序开发和部署环境。曾经对不同类型的 PaaS 系统进行了研究。一方面,Windows Azure 和 Goole App 引擎使得传统应用程序(.NET 和 java)可以直接在云端执行。另一方面,Hadoop 为云应用程序提供一个完整的新范式。正如传统计算机应用程序有计算、存储和数据资源一样,PaaS 系统应该在这三个关键方面也为云应用程序提供支持。因此,本章还描述了 PaaS 的特性,它使得云存储服务和特殊数据服务可以保证应用程序以更加结构化的形式来处理数据,无论是以 XML 形式(Pure XML)还是以关系型(SQL Azure)。每一部分不仅描述了开发者 API,还包括一些内部技术构架细节,使得开发者可以更好地理解系统来开发更高效的应用程序。

Windows Azure 平台最重要的优势是它支持的编程模型。使应用程序成为操作中心，而不是虚拟机，它提供了对于开发者来说更简单的、更高层次的抽象。Visual Studio 提供丰富的工具和 API 支持，NET 框架以及 Windows 平台结合使得平台更有吸引力。开发和调试的方便是另一个有吸引力的地方。通过 API，管理就变得简单，这里有一个宽范围的第三方工具可以用来管理服务。另一个优势是服务总线和访问控制 API 允许开发者利用预制的应用程序混合和匹配云应用程序，使用它们预制的相同的身份验证和授权机制。应用程序可以轻松地进行缩放，也可以进行数据划分。然而，开发者需要调整其应用程序才能使用这个特性。Windows Azure 的一个缺点是该平台对于运行在 Windows 操作系统上应用程序的支持是有限的。在写本书的时候，托管运行在其他操作系统上的应用程序是不可能的。

虽然 Azure 通常作为一个 PaaS 系统来描述，但是在 2010 专业开发者大会上，微软宣布"VM 角色"的公用性，它本质是在 Windows Azure 环境[59]中提供类似 IaaS 服务。VM 角色允许用户提供完全管理权限的虚拟机。可以事先准备图片并将虚拟机上的应用程序上传到 Azure 存储中。Windows Azure 在将图片应用到虚拟机之前制作了图片的卷影副本。程序对于操作系统或者磁盘做出的改变可以保持在不同的磁盘上，这些改变可以方便地保存或回滚。这是一个例子，供应商在云端加强他们的核心力量来提供一个端至端的云解决方案。

Hadoop 已成为事实上的云平台，研究人员在这个平台上从事大数据计算应用的研究。由 Hadoop—引进新的编程范式 MapReduce，它起源于先前并行编程和分布式编程。看起来很明显，过去研究技术又重新流行而且和今天计算系统联系更密切。使用 MapReduce 范式要求用户考虑他/她的应用程序差异。第 5 章是为开发者配备基本概念来帮助他们以 MapReduce 的格式来分解应用程序设计。

Goole App 引擎，另一方面，针对的是非常熟悉传统系统编程并希望迁移到云的开发者。开发系统与传统开发（Eclipse IDE）非常类似，编程非常类似（Java，Python），部署也非常类似（从 Eclipse IDE）。一旦开发者可以创建一个新的云应用程序，应用程序引擎的一些其他功能如数据持久性（数据存储）、渠道、内存缓存等都变得可用。数据存储也非常简单，模拟其他云平台，并使用 key – value 对（NoSQ）。

最后，应用程序可以以多种形式使用云存储。应用程序开发者可能希望利用简单和传统的关系型数据库存储不同应用程序运行中的永久性数据。在这种情况下，就可以使用亚马逊提供的 SQL Azure 或者数据库。另外，可以在亚马逊 Sinple DB 中以更抽象的方式使用 key – value 对形式的关系系统。关于范围的另一方面，应用程序可以使用文件系统或者块存储（如可以利用本地文件系统在非云应用程序中完成）。在这种情况下，可以使用亚马逊 S3 或者 EBS。在应用程序栈和语义中进行更高的移动，如果应用程序想要使用类似于 XML 结构化数据，类似于 Pure

XML 的服务将是非常方便的。因此,用户使用云存储应用最相关的形式来解决曾经由云应用程序解决的问题域。

参考文献

［1］ Windows Azure. http://www. microsoft. com/windowsazure/ ［accessed 08. 10. 11］.

［2］ The Business of Windows Azure Pricing:What you should know about Windows Azure Platform Pricing and SLAs.

［3］ http://www. microsoft. com/windowsazure/sdk/ ［accessed 08. 10. 11］.

［4］ http://www. windowsazure4j. org/ ［accessed 08. 10. 11］.

［5］ http://phpazure. codeplex. com/ ［accessed 08. 10. 11］.

［6］ http://www. microsoft. com/windowsazure/sdk/ ［accessed 08. 10. 11］.

［7］ http://code. msdn. microsoft. com/windowsazure ［accessed 08. 10. 11］.

［8］ https://mocp. microsoftonline. com/site/default. aspx ［accessed 08. 10. 11］.

［9］ http://www. microsoft. com/windowsazure/learn/tutorials/setup – and – install – tutorial/2 – signup/ ［accessed 08. 10. 11］.

［10］ Programming Windows Azure:Programming the Microsoft Cloud, Sriram Krishnan, O'Reilly Media, 24 May 2010.

［11］ Inside Windows Azure, Mark Russinovich, Microsoft Professional Developers Conference2010, 29 October 2010, http://channel9. msdn. com/Events/PDC/PDC10/CS08 ［accessed 08. 10. 11］.

［12］ SQL Azure. http://www. microsoft. com/windowsazure/sqlazure/ ［accessed 08. 10. 11］.

［13］ Windows Azure AppFabric Overview. http://www. microsoft. com/windowsazure/appfabric/ ［accessed 08. 10. 11］.

［14］ Channel 9. http://channel9. msdn. com ［accessed 08. 10. 11］.

［15］ Microsoft's Professional Developers' Conference. http://www. microsoftpdc. com/2009 ［accessed 08. 10. 11］.

［16］ Windows Azure Security Overview, Kaufman and Venkatapathy. http://go. microsoft. com/? linkid = 9740388 ［accessed 08. 10. 11］.

［17］ Meier JD. Windows Azure Security Notes, http://blogs. msdn. com/cfs – file. ashx/__key/Community Server – Blogs – Components – WeblogFiles/00 – 00 – 00 – 48 – 03/0572. AzureSecurity – Notes. pdf ［accessed 08. 10. 11］.

［18］ Security Best practices for Developing Windows Azure Applications. http://download. microsoft. com/download/7/3/E/73E4EE93 – 559F – 4D0F – A6FC – 7FEC5F1542D1/Security – BestPracticesWindowsAzure- Apps. docx ［accessed 08. 10. 11］.

［19］ Codeplex. http://www. codeplex. com ［accessed 08. 10. 11］.

［20］ Developing Advanced Applications with Windows Azure, Steve Marx. http://www. microsoftpdc. com/2009/ SVC16 ［accessed 08. 10. 11］.

［21］ Moving Applications to the Cloud on the Microsoft Windows Azure Platform. http://msdn. microsoft. com/en – us/library/ff728592. aspx. ［accessed 08. 10. 11］.

［22］ Windows Azure platform Articles from the trenches. http://bit. ly/downloadazurebookvol1 ［accessed 08. 10. 11］.

［23］ Kerner K. Windows Azure Monitoring Logging and Management APIs. http://www. microsoftpdc. com/2009/ SVC15 ［accessed 08. 10. 11］.

〔24〕 Collecting Logging Data by Using Windows Azure Diagnostics. http://msdn. microsoft. com/en – us/library/ gg433048. aspx〔accessed 08. 10. 11〕.

〔25〕 http://golang. org/doc/go_tutorial. html.〔accessed June 2011〕.

〔26〕 http://code. google. com/appengine/.〔accessed June 2011〕.

〔27〕 Ajax learning guide. http://searchwindevelopment. techtarget. com/tutorial/Ajax – Learning – Guide.〔accessed June 2011〕.

〔28〕 http://code. google. com/appengine/docs/java/overview. html.〔accessed June 2011〕.

〔29〕 Chen WJ, Chun J, Ngan N, Ranjan R, Sardana MK. 'DB2 9 pureXML Guide', in IBM Redbooks? (http://www. redbooks. ibm. com/redbooks/pdfs/sg247315. pdf);2007.〔accessed June 2007〕.

〔30〕 Lennon J. 'Leveraging pureXML in a Flex Microblogging Application, Part 1: Enabling Web Services with DB2 pureXML', IBM developerWorks? article (http://www. ibm. com/developerworks/xml/library/x – db2mblog1/);2009.〔accessed June 2011〕.

〔31〕 Lennon J. 'Leveraging pureXML in a Flex Microblogging Application, Part 2: Building the Application User interface with Flex', IBM developerWorks® article (http://www. ibm. com/developerworks/xml/library/x – db2mblog2/index. html? ca = drs –);2009.〔accessed June 2011〕.

〔32〕 Chen, WJ, Sammartino, A, Goutev, D, Hendricks, F, Komi, I, Wei, MP, Ahuja, R, 'DB2Express – C: The Developer Handbook For, XML, PHP, C/C + +, Java and . NET', In: IBM Redbooks® http://www. redbooks. ibm. com/redbooks/pdfs/sg247301. pdf; 2006〔accessed June 2011〕.

〔33〕 Nicola, M, Linden, BV, 'Native XML Support in DB2 Universal Database', Proceedings of the 31st Annual, VLDB http://www. vldb2005. org/program/paper/thu/p1164 – nicola. pdf; 2005〔accessed June 2011〕.

〔34〕 Nicola, M, Chatterjee, P DB2 pureXML Cookbook: Master the Power of the IBM Hybrid Data Server. IBM Press; 2009〔accessed June 2011〕.

〔35〕 Zhang, G. Introduction to pureXML in DB2 9. http://www. hoadb2ug. org/Docs/Zhang0812. pdf〔accessed June 2011〕.

〔36〕 Bruni, P, Schenker, M 'IBM Data Studio', IBM Redpaper® . http://www. redbooks. ibm. com/redpapers/ pdfs/redp4510. pdf〔accessed June 2011〕.

〔37〕 Eaton, D, Rodrigues, V, Sardana, MK, Schenker, M, Zeidenstein, K, Chong, RF. Getting Started with IBM Data Studio for DB2. http://download. boulder. ibm. com/ibmdl/pub/software/data/sw – library/db2/ express – c/wiki/Getting_Started_with_Data_Studio_for_DB2. pdf; 2010〔accessed June 2011〕.

〔38〕 Chong, R, Hakes, I, Ahuja, R. Getting Started with DB2 – Express. http://public. dhe. ibm. com/software/ data/sw – library/db2/express – c/wiki/Getting_Started_with_DB2_Express_v9. 7. pdf; 2009〔accessed June 2011〕.

〔39〕 WebSphere Application Server Community Edition, IBM. http://www – 01. ibm. com/software/webservers/ appserv/community/〔accessed 14. 10. 11〕.

〔40〕 Free: IBM DB2 Express – C. http://www. ibm. com/developerworks/downloads/im/udbexp/cloud. html. IBM〔accessed 14. 10. 11〕.

〔41〕 Ghemawat, S, Gobioff, H, Leung, S – T. The Google file system. SOSP'03. Proceedings of the nineteenth ACM symposium on Operating Principles, New York: 2003.〔accessed June 2011〕.

〔42〕 Dean, J, Ghemawat, S. MapReduce: Simplified Data Processing on Large Clusters. OSDI '04: 6th Symposium on Operating Systems Design and Implementation USENIX Association. http://www. usenix. org/event/ osdi04/tech/full_papers/dean/dean. pdf; 2004〔accessed June 2011〕.

〔43〕 Chang, F, Dean, J, Ghemawat, S, et al. , 2008. Bigtable: A distributed storage system for structured data. ACM Trans Comput Syst (TOCS) 2008;26 (2)〔accessed June 2011〕.

[44] http://hadoop. apache. org/common/docs/r0. 19. 2/capacity_scheduler. html [accessed June 2011].

[45] Using HDFS Programmatically. http://developer. yahoo. com/hadoop/tutorial/module2. html#programmatically [accessed June 2011].

[46] Enals R, Brower E, et al. , Intel Mash Maker : Join the Web, Intel Research, 2007[accessed June 2011].

[47] Module Reference: Source Modules. http://pipes. yahoo. com/pipes/docs? doc = sources [accessed June 2011].

[48] Module Reference: User Input Modules. http://pipes. yahoo. com/pipes/docs? doc = user_inputs [accessed June 2011].

[49] Module Reference: Operator Modules. http://pipes. yahoo. com/pipes/docs? doc = operators [accessed June 2011].

[50] Module Reference: URL Modules. http://pipes. yahoo. com/pipes/docs? doc = url [accessed June 2011].

[51] Module Reference: String Modules. http://pipes. yahoo. com/pipes/docs? doc = string [accessed June 2011].

[52] Module Reference: Date Modules. http://pipes. yahoo. com/pipes/docs? doc = date [accessed June 2011].

[53] Module Reference: Data Types. http://pipes. yahoo. com/pipes/docs? doc = location [accessed June 2011].

[54] Module Reference: Number Modules. http://pipes. yahoo. com/pipes/docs? doc = number [accessed June 2011].

[55] http://developer. yahoo. com/yql/console [accessed June 2011].

[56] The Best Sellers API. http://developer. nytimes. com/docs/best_sellers_api [accessed June 2011].

[57] YQLSelect. http://developer. yahoo. com/yql/guide/select_syntax. html [accessed June2011].

[58] Syntax of I/U/D. http://developer. yahoo. com/yql/guide/iud – syntax. html [accessed June 2011].

[59] Migrating and Building Apps for Windows Azure with VM Role and Admin Mode, Mohit Srivastava. http://channel9. msdn. com/events/PDC/PDC10/CS09; October 2010. [accessed June 2011].

【本章要点】

- CRM 作为服务,Salesforce. com
- 社交计算服务
- 文档服务:Google Docs

引言

前两章已经分别介绍了通过利用 IaaS 模型将计算资源作为服务来提供;以及通过 PaaS 模型,应用程序布署平台作为服务被提供。很显然,这是开发者在开发应用程序中使用的通用服务,将访问这些通用服务作为一种服务是本章主题。这种云服务所提供的应用程序软件作为一种服务被归类为应用即服务,更知名的称呼是软件即服务(SaaS)。

将应用程序作为一种服务有很多优势。首先,用户可以直接使用这些服务,而并不需要在本地计算机上安装新的软件,而这些应用将在 Web 浏览器中运行(如 YouTube)。所需的软件可以从多个平台上获得,也可以在用户的任何设备上使用(如家庭个人计算机、办公室计算机、移动设备)。如果仅在较短的时间内需要应用程序,用户也可以简单地按次付费(如家庭建模软件仅在有人翻新/买房时使用)。此外,无论是在用户界面还是在所选的功能上,这些应用都可以由用户自定义,因此具有很大的灵活性。从应用程序供应商的角度来看,也有很多优势。许多服务提供商都发现,提供一个新的应用程序作为服务而不是创建包和分销渠道,在经济上是可行的。更重要的是,它有助于确保该软件不是盗版。通过 SaaS,应用程序供应商不需要担心更新应用程序的新版本,只有云应用程序需要更新,并且在下一次消费者访问它时使用的就是新版本。SaaS 模式通过确保用户使用的总是最新版本的软件,从而降低了软件支持成本。应用程序供应商还在一个中央位置分析收集用户使用数据,从而更深入地了解客户需求。由于这些原因,SaaS 模式将会使云计算适应面更广。

本章介绍一些流行的 SaaS 应用程序,这些程序不仅提供启动服务解决方案,还提供了一个平台,开发人员能够在此平台上快速创建和自定义新的在同一个域中的应用程序。第一节介绍 Salesforce.com,这是非常有名的 SaaS 云应用程序之一,主要提供 CRM 服务。之后介绍社交计算服务(social computing),然后是 Google Docs,这些都是重要的用户应用。每一节都讨论应用程序的简单应用和使用 API 平台扩展应用。每一节包括对底层技术的概述,以及 Pustak Portal 是如何应用它的运行事例。

[客户关系管理]

CRM 作为服务:SALESFORCE. COM

Salesforce. com[1]是一个著名的客户关系管理(CRM)应用程序,用于金融、交付以及人事等涉及业务系统操作的领域。CRM 应用程序包括一套工作流(业务流程)和帮助管理客户相关活动及信息的软件。这些活动可能与销售(如使用客户信息来生成未来的潜在顾客)、营销任务(如使用历史销售数据、制定销售策略)或者提供更好的客户服务(通过使用呼叫中心的数据)相关。Salesforce. com 提供这三种类型的所有活动的综合功能列表。然而,本节重点介绍 Salesforce. com 在客户支持代表方面的特色,来作为研究 SaaS 使用方法的案例。

特征简介

在使用 Salesforce. com 之前,企业用户需要根据自身的需求来设置 Salesforce. com。这包括:首先,获得 Salesforce. com 账户。其次,属于该企业的系统管理员需要将其现有的客户数据导入到 Salesforce. com,自定义各种 Salesforce. com 界面,并且给予企业员工在相应界面的访问权限。接下来将不对此设置进行详细介绍,并假设所需的配置已经搭建。

如图 4.1 所示,Salesforce. com 门户网站建立后,客户代表可以登录并进入客户服务中心 Web 页。这个 Web 页可以处理,用户请求,如记录客户电话,给工作人员分派申诉和寻找解决方案。即该 Web 页包含标签的数目。图 4.1 显示的 case 标签有助于代表跟踪和处理客户投诉。

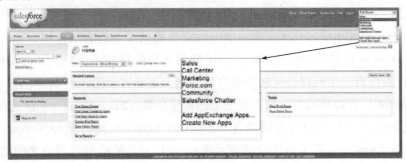

图 4.1　Salesforce. com

由此可以看出,Web 页允许搜索一个特定申诉,查看最新申诉并生成有用的报告,如申诉总数。Mass Email 工具允许对每个申诉相关联的电子邮件 id 发送一封电子邮件。通过单击 Web 页面左边的 Create New 工具条可以看到案例的默认字段。如图 4.2 产生的界面,支持人员可以通过这个界面从电话生成新的案例。Contact Name 和 Account Name 的字段可以通过 Contacts 和 Accounts 数据库中查询到。许多字段,如 Priority 和 Case Origin,可以在下拉菜单中选择它们的值。在Salesforce. com 中,这称为选择列表(picklist)。额外字段可以由管理员添加到案例记录中,因此可以根据每个企业的需求自定义这个页面。

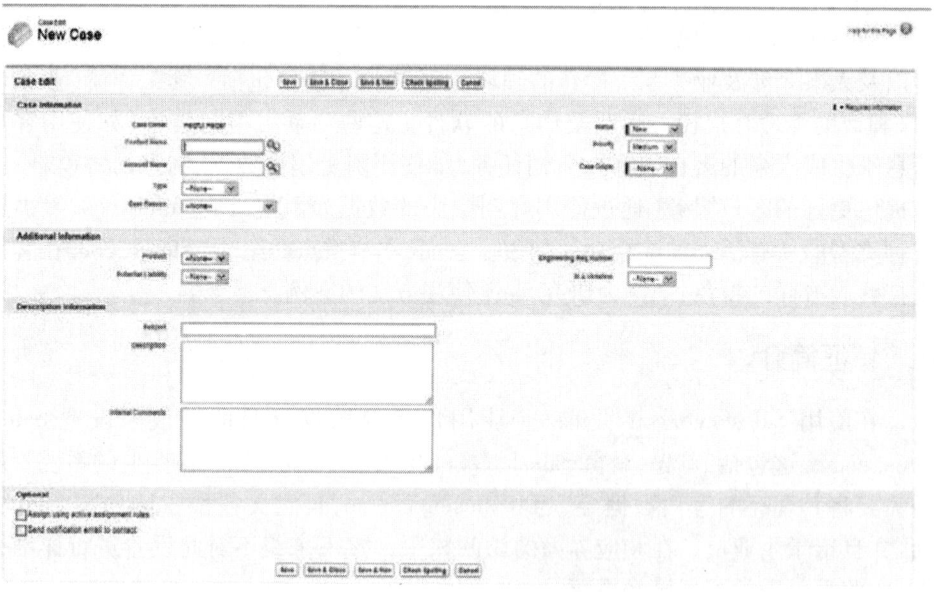

图 4.2　新案例界面

注意

为了测试这里介绍的功能,读者可以访问 www. salesforce. com 并注册一个免费账号。

页面上的其他字段给处理客户来电的雇员提供了一些有用且很有趣的功能。例如,Solutions 标签提供包含早期已解决问题客户的数据库访问。此数据库是可以访问的,使得员工可以快速解决用户的问题。可通过单击" +"符号的选项来获得完整列表。管理员可定义每个界面上的可见标签。Sales 和 Marketing 的 Web 页面分别包括销售和营销的有用功能,类似 Call Center 页面。此外,Community 和Salesforce Chatter 的 Web 页面允许即时通信、论坛和其他类型的用户之间的协作。可以看到应用程序接口的设计是为了满足特定的业务需要,并且可以在新的业务中作为应用程序来复用。

Add App Exchange App 标签使用户能够通过从 Salesforce. com 安装应用程序来扩展 Salesforce. com 的功能。AppExchange 门户网站和 Create New App 字段允许用户创建新的应用程序(在 Salesforce. com 上),并提供免费下载或通过 AppExchange 购买。企业的管理员控制这些标签的访问权限。该平台的高级功能是可以访问 Force. com 的连接,Salesforce. com 一个特色平台的完整执行过程在下一节中介绍。

一旦创建了新的案例,可以通过单击案例的 id 获取该案件的详情。该页面还包含一个用来创建相关行为案例的按钮,该案例可能是一个任务或者事件(如会议讨论该案例)。图 4.3 显示创建新任务的界面。此界面包含的字段用于将任务分配给另一个代理、设置截止日期等。

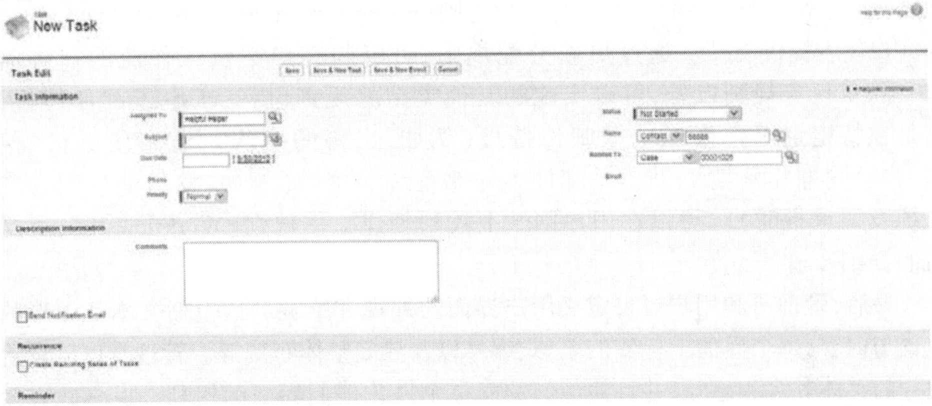

图 4.3　Salesforce. com 新任务界面

这里并不一定需要手动输入案例。Salesforce. com 可以从 Web 和传统的电子邮件中创建案例。为了在自助服务页面上自动创建案例,管理员可以使用 Salesforce. com 应用程序来创建 Web 脚本,该应用程序包含在属于业务的 Web 站点中。Salesforce. com 有其他高级功能协助客户支持代表。例如,案例也可以由客户电子邮件中的字段自动提取。也有一些功能来支持软电话,案例团队由不同角色的员工组成,并且创建案例的层次结构。这些高级功能的详细信息超出了本书的范围,但可以在帮助页面[2]的 Cases 连接下找到。

订制 Saleforce. com

在上一段中,已经介绍了 Salesforce. com 标准的功能和 Web 页面。然而,企业可能想要自定义适合其业务流程的 Salesforce. com。这是在一个 SaaS 应用程序中支持多租户的很重要的一方面。下面所列表示了一些重要的自定义设置和细节的简要概述。

> **注意**
>
> 订制应用程序
>
> - 更改字段名。
> - 设置字段更新的条件。
> - 设置邮件提醒的条件。
> - 自定义 UI(用户界面)。

如前所述,Salesforce. com 允许对所有的 Salesforce. com 数据库对象的字段重命名,以及添加自定义字段。例如,企业可以如图 4.2 所示,对要跟踪的特殊案例记录的数据业务添加字段。如 Product 字段,该字段通过选择列表(picklist)选择,可以设置企业的产品代码。工作流(业务流程)则在 Salesforce. com 中通过一系列规则来获取。例如,图 4.2 所示的分配规则(assignment rules)可用于自动分配来为客户代表提供支持。通过更新分配规则,可定制客户案例工作流的业务需求。除了任务规则以外,可以实施的其他类型的规则包括:①电子邮件警报,这是在特定情况下发送电子邮件警报(例如,出售的确认);②字段更新(例如,当合同即将到期);③出站邮件到外部系统的接口(例如,发送消息到财务系统发票审批时)。可以在门户网站上找到创建工作规则(Workflow Rules)网站的详细步骤[3]。

最后,管理员和用户可自定义用户界面的外观和感觉。这包括文本和图形的位置与内容,每个界面上标签的名称、编号以及界面整体布局等。管理员可以设置业务的整体外观和感觉,并且给他们的雇员个性化他们界面的权利。更多此方面的详细信息可以在帮助页[2]上的 Customize 连接中找到。

另一个 SaaS 应用程序是 Sugar CRM[4],其功能类似于 Salesforce. com,这是一个开放源代码的 CRM 套件。在附录[5]中,Salesforce. com 团队将 Sugar CRM[4] 和 Salesforce. com 进行了比较。

Force. com:CRM 作为一种服务平台

Salesforce. com 是建立在 Force. com 的软件平台的。当客户使用 Salesforce. com 时,他们真正使用的是建立在 Force. com 平台上的复杂应用程序,该应用程序在 Force. com 上保存其数据和执行逻辑(例如,不同案例记录的数据)。Force. com 的用户建立他们自己的应用程序,或者独立或与 Salesforce. com 集成在一起的。事实上,正如本章后面将要介绍的,读者可以看到在第 3 章学习的 Force. com 有数种特性,实际上,可以将之作为建立在它自己之上的 PaaS 解决方案。本节回顾了 Force. com 的架构和高层次的组件,展现给读者真正 SaaS 应用程序开发的复杂性。

体系结构概述

图4.4为Force.com的体系结构,这将在本节进行详细介绍。最下层是Force.com数据库,它存储了CRM数据的用户以及相关的元数据(例如,用户权限)。它是一个分布式的、可靠的数据库,并在Force.com的所有用户之间共享。为了确保每个用户数据的隐私性,且使每个人拥有自己数据库的用户可以高效访问,来自不同用户的数据被安全地彼此隔离开。另外,对数据库的管理和维护是自动化的,通过Force.com管理员来控制,从而减少用户的IT管理开销。数据库的上一层是集成层(Integration layer),它支持SOAP(简单对象访问协议),这是基于Web Service API[6]以访问数据库,并因此可以使用任何开发环境与SOAP交互,例如Java和.Net。Web Service API还用于开发用于连接到其他云服务的连接器,如亚马逊以及其他一些像SAP和Oracle的企业软件。

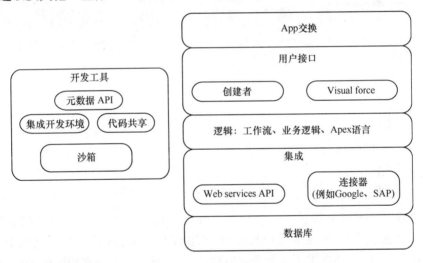

图4.4　Force.com体系结架构的主要组件

集成层上面是逻辑层(Logic layer),其中包含工作流和业务逻辑。这包含Salesforce.com的工作流逻辑,并且还允许客户扩展Salesforce.com的功能或编写他们自己的云应用程序。像数据库,其是在一个可扩展的平台上进行建造。这对于平台的用户是透明和虚拟化的,也就是说,用户不会意识到被用来执行工作量的处理器数目,甚至正在使用的处理器类型。工作流引擎包含常用的调度功能,如定时事件和任务。可以使用Apex编程语言[7]来建立更多复杂的逻辑。

逻辑层之上的是用户界面(User Interface:UI)层。有两种组件可用于创建UI。Builder组件提供简单的拖放接口,该接口允许对默认的UI做一些简单操作,例如,更改默认显示的布局方式。Visualforce framework允许建立一个自定义UI,这在本节后面有更详细的介绍。AppExchange层(Web页面)允许Salesforce.com客户安装第三方应用程序,第三方应用程序集成了 Salesforce.com 的功能,并对其进行扩展(图 4.5)。

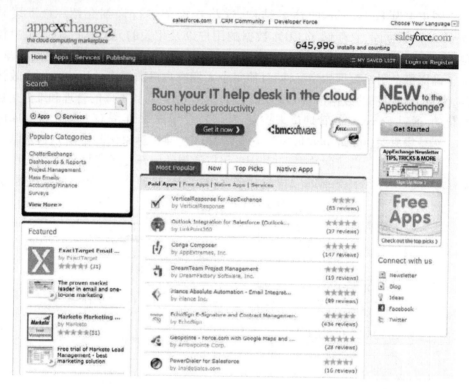

图 4.5　Salesforce.com AppExchange 界面

此外,Force.com 提供了一个开发工具集,用来对应用程序进行测试和调试。程序可以在一个特殊的运行环境中隔离运行和调试,这种运行环境称作沙箱(Sandbox)。沙箱还提供了一个全面的测试环境,甚至允许将客户的生产数据复制到沙箱来实现测试的目的。这与第 2 章介绍的 Google App Engine 提供的沙箱类似。集成开发环境(Integrated Development Environment,IDE)是基于 Eclipse 的,其中包含架构浏览器、Apex 代码编辑器、组织代码和生成最终程序等一些工具。开发工具也包括代码共享(Code Share),源代码管理系统允许不止一个程序员可以共用工作代码。开发人员工具还包括元数据 API(Metadata API),它允许开发人员来操作元数据,如对象的结构。这是非常有用的,例如,为了提高应用程序使用额外数据字段的能力,而无需对应用程序做重大修改。接下来对上述 Force.com 关键模块进行介绍。

Force.com 数据库

如前所述,Force.com 数据库存储 CRM 数据以及元数据,如用户的权利和特权。其不是关系型数据库。数据库中每条记录都对应一个对象。例如,创建任何新的案例将被存储为记录。同样,每个任务、账户或其他系统中的对象在Force. com 的数据库中都有一条相应的记录。

> **注意**
> - Force. com 数据库。
> - 面向记录而不是关系。
> - 每个记录对应于一个 Force. com 对象。
> - 每个记录有唯一 ID。
> - 与其他记录的关系由关系字段表示:主—从,父—子。
> - 数据类型包括数字、文本,还有一些特殊类型,如选择列表、电子邮件、电话和复选框。

每个记录都可以有三种类型的字段:

(1) 标识或 ID 字段:当记录首次生成时创建。ID 字段唯一标识记录,并且长度为 15 个字符。

(2) 数据字段:每个字段对应一个对象的属性。随后还会介绍很多数据类型。

(3) 关系字段:关系字段则保存对象间的关系。例如,每个案例可以有与它关联的联系人。因此,案例的记录将包含联系人 ID 字段。这种关系的类型称为查找(Lookup)关系。主—从关系(Master – Detail)包括父—子关系,凡是父记录被删除所有子记录也将被删除。这类似于 Delphi 数据库概念[8]。

此外,还有如可以创建日期和修改时间的 System 字段和可以存储记录相关帮助的帮助域。关于体系结构的更多信息可以在 Force. com 白皮书[9]中得到。

Force. com 数据库支持大量的数据类型。除了 Number 和 Text 这两种常见类型以外,也有一些特殊的数据类型来帮助简化编程,包括 Picklist 和 Multi Select Picklists,它们允许从值列表中选择其中一个值(例如,产品字段)。Checkbox 数据类型表示布尔值,也可以表示电子邮件、电话和 URL 值。在 A Comprehensive Look at the World's Premier Cloud – Computing Platform 一文中有一个完整的有效列表[9]。

在 Salesforce. com 及 Force. com 平台上的编程

本节介绍如何在 Salesforce. com 平台上开发一些简单的程序。由一个在Force. com 数据库中加载已经存在的数据块的简单程序作为例子来演示如何开发。批量加载的数据是将如同客户记录这样的多个记录成批放在一起,并一起加载到 Force. com 中。显然,由于每个加载操作都会导致网络开销,所以批量加载比单个加载的效率更高。

一个 Force. com 例子:批量加载数据

为了让用户快速上手,有一个用于将数据批量装载到 Salesforce. com 的简单

Java 程序。这个程序也可以上传用于测试和运行主程序的测试数据。由于该程序稍微复杂，它将通过方法解释方法。

> **注意**
>
> 该示例表明：
>
> - 使用 Force. com Web 服务连接。
> - 在 Force. com 数据库中进行块插入，删除或更新。
> - 使用 Web 服务 API。
> - 后台任务。

首先，代码需要导入所需的 Java 类库和 Salesforce. com 类库，所需的 jar 文件都可在由 http://code. google. com/p/sfdc – wsc/downloads/list 下载的 Force. com Web Services Connector（WSC）工具包中找到。执行命令"ant all"生成 jar 文件[10]。

```
Import com.sforce.async.AsyncApiException;
import com.sforce.async.BatchInfo;
import com.sforce.async.BatchStateEnum;
import com.sforce.async.CSVReader;
import com.sforce.async.ContentType;
import com.sforce.async.JobInfo;
import com.sforce.async.JobStateEnum;
import com.sforce.async.OperationEnum;
import com.sforce.async.RestConnection;
Import com.sforce.soap.partner.PartnerConnection;
import com.sforce.ws.ConnectionException;
import com.sforce.ws.ConnectorConfig;
package com.hindustan.crm;
import java.io.*;
import java.util.*;
```

下面的代码显示的是上文所述批量加载示例的 Java 源代码。对 BulkLoad 调用的方法的实现过程有详细介绍。

```
public class BulkLoad {
private static final String apiVersion = "19.0";
private static final String authEndpoint = "https:// login. sales-
force.
com/services/Soap/u/" + apiVersion;
private RestConnection restConnection = null;

public static void main(String[] args) throws ConnectionException,
```

```
AsyncApiException, IOException {
    if (args.length ! = 3) {
    System.out.println("User ID, Password and/or Security Token are
    not provided.");
    return;
    }
    String userId = args[0];
    String pw = args[1];
    String securityToken = args[2];
        BulkLoad bl = new BulkLoad();
    ConnectorConfig soapConnectorConfig = bl.establishSoapSession
    (userId,pw,securityToken);
    bl.getRestConnection(soapConnectorConfig.getSessionId(),
                        soapConnectorConfig.getServiceEndpoint());
    JobInfo jobInfo = bl.createInsertJob("Account");
    BatchInfo batchInfo = bl.addBatch2Job(jobInfo, "myAccounts.
    csv");
    bl.closeJob(jobInfo.getId());
    bl.waitTillJobIsComplete(jobInfo);
    bl.checkStatus(jobInfo, batchInfo);
}
```

登陆 Force. com 的程序调用 establishSoapSession 方法,其中用户 id 和密码通过命名行获得下一行使用 getRestConnection 创建一个 REST 连接到服务器。CreateInsertJob 方法创建一个 jobInfo 对象,该对象指定插入到 fore. com 数据库的账户记录。这个例子是有关上传数据的,jobInfo 对象指定一个已经创建了的插入作业。jobInfo 对象也可以指定批量更新和删除记录。要进行批量加载(更新或删除)记录,建议每批加载 1000~10000 条记录。也可以在多个批处理中执行作业。AddBatch2Job 通过指定源来指定一批记录的导入(在这种情况下,使用逗号分隔变量(CSV)文件),并且将作业作为批处理(后台)任务来处理。然后通过 CloseJob 关闭作业(批处理序列)。在随后的行中,程序等待作业完成并输出插入的对象的数目。

接下来的几个代码段显示在 BulkLoad 方法中调用其他方法的实现。

```
Private ConnectorConfig establishSoapSession(String userId, String pw,
    String securityToken) throws
ConnectionException {
ConnectorConfig soapConnectorConfig = new ConnectorConfig();
    soapConnectorConfig.setUsername(userId);
    soapConnectorConfig.setPassword(pw + securityToken);
```

143

```
    soapConnectorConfig.setAuthEndpoint(authEndpoint);
    new PartnerConnection(soapConnectorConfig);
    return soapConnectorConfig;
}


private void getRestConnection ( String sessionId, String soapEnd-
Point)
throws AsyncApiException {
    int soapIndex = soapEndPoint.indexOf("Soap/");
    String restEndPoint = soapEndPoint.substring(0, soapIndex) + "
    async/" + apiVersion;
    ConnectorConfig cc = new ConnectorConfig();
    cc.setSessionId(sessionId); cc.setRestEndpoint(restEndPoint);
    restConnection = new RestConnection(cc);
}
```

考虑到代码片段显示了 establishSoapSession 方法的执行,在设置了用户 ID 和密码之后会返回一个新的 ConnectorConfig 对象。由 getRestConnection 方法实现的代码,可以看出该方法由 SOAP 会话 ID 和服务终端节点创建了一个新的 RestConnection,SOAP 会话 ID 和服务终端节点则是由 establishSoapSession 方法创建的 SOAP 会话中获取到的。

CreateInsertJob 方法返回一个新的异步(后台)作业。setObject 方法指定要插入的 Account 对象;setOperation 方法指定正在进行的数据操作是插入还是导入。如下所示为这两种方法的完整代码。addBatch2Job 使用 createBatchFromStream 方法导入一批记录,这些记录是从文件中作为输入传递来的。

```
private JobInfo createInsertJob(String sobjectType) throws
AsyncApiException {
    JobInfo jobInfo = new JobInfo();
    jobInfo.setObject(sobjectType);
    jobInfo.setOperation(OperationEnum.insert);
    jobInfo.setContentType(ContentType.CSV);
    jobInfo = restConnection.createJob(jobInfo);
    System.out.println(jobInfo);
    return jobInfo;
}


private BatchInfo addBatch2Job ( JobInfo jobInfo, String filename )
throws IOException,
AsyncApiException {
    FileInputStream fis = new FileInputStream(filename);
```

144

```
try {
    BatchInfo batchInfo = restConnection.createBatchFromStream
    (jobInfo, fis);
    System.out.println(batchInfo);
    return batchInfo;
} finally {
    fis.close();
}

}
```

waitTillJobIsComplete 通过使用 getState 方法获取作业的状态,如果作业完成就退出。下面的 checkStatus 方法计算(以检测是否发生任意错误)已插入的对象的数目,并在屏幕上显示相关信息。

```
private void closeJob(String jobId) throws AsyncApiException {
    JobInfo job = new JobInfo();
    job.setId(jobId);
    job.setState(JobStateEnum.Closed); //Here is the close
    restConnection.updateJob(job);


}
private void waitTillJobIsComplete(JobInfo jobInfo) throws
AsyncApiException {
    long waitTime = 0L; //first time wait time is 0
    boolean jobDone = false;
    BatchInfo batchInfo = null;
    do {
        try {
        Thread.sleep(waitTime);
        } catch (InterruptedException e) {
        }
        BatchInfo[] biList = restConnection.getBatchInfoList(jobIn-
        fo.
        getId()).getBatchInfo();
        batchInfo = biList[0];
        BatchStateEnum bse = batchInfo.getState();
        jobDone = (bse == BatchStateEnum.Completed || bse ==
        BatchStateEnum.Failed);
        waitTime = 10 * 1000; //next time onwards wait time is 10 sec-
        onds
    } while (! jobDone);
```

145

```
    }

    Private void checkStatus(JobInfo job, BatchInfo batchInfo) throws
    AsyncApiException, IOException {
        CSVReader cvsReader = new CSVReader(restConnection.
        getBatchResultStream(job.getId(), batchInfo.getId()));
        List < String > headerLine = cvsReader.nextRecord();
        int colCount = headerLine.size();
        List < String > row;
        while ((row = cvsReader.nextRecord()) ! = null) {
            Map < String, String > result = new HashMap < String, String >
            ();
            for (int i = 0; i < colCount; i + +) {
                result.put(headerLine.get(i), row.get(i));
            }
            Boolean success = Boolean.valueOf(result.get("Success"));
            Boolean created = Boolean.valueOf(result.get("Created"));
            String id = result.get("Id");
            String error = result.get("Error");
            if (success) {
                if (created) {
                    System.out.println("Created row with id " + id);
                } else {
                    System.out.println("Problem in creating row with row "
                    + id);
                }
            } else {
                System.out.println("Failed with error: " + error);
            }
        }
    }
}
```

输入如下批量数据：

Account Number, Name, Contact

1. Acme Corporation, 1022238676868ab

2. XYZ Enterprises, aaabx1234fygher

第一行显示了文件中每一行包含 Account Number、Name 和 Contact 字段。Account Number 和 Name 是可识别的字段，而 Contact 字段则不是。Contact 字段是一个引用或指向已经存在的 Contact 记录的指针（如果联系人的数据还未被加载，它应该为空）。如前所述，Force.com 数据库中的每个记录都有 15 个字符长度的 ID，

146

并且 Account 对象中的 Contact 字段应该包含账户 Contact 记录的 ID。

这意味着生成测试数据集是一个真正的两步(或多步)过程。首先,有必要从 Force.com 数据库中提取 Contact 和 Contact ID 的列表。然后,相应的 Contact ID 均插入到文件,作为 Account 导入程序的输入。在 Account 对象中,所有的其他 ID 也同样要插入。

在 Force.com 中,批量数据的加载比记录单独加载效率更高。然而,有可能产生副作用,如增加了锁的竞争。Salesforce.com[13-15] 的文档中有一套有价值的提高性能的技巧。在一些例子中①调用 retrieve( ),使用 HTTP/1.1 连接实现持久会话;②在 SOAP 消息中使用压缩机制;③在大容量加载时尽可能延缓触发器(以提高加载速度);④确保正在加载的数据和其他处理没有锁冲突;⑤数据分区来加快处理速度。

Force.com——一个更复杂的例子

下面 Force.com 程序是一个更为复杂的例子,该例子涉及报警应用。考虑在运行 Pustak Portal 网站,假设属于一家出版社。出版社保存每本书的库存量。当一家书店需要订购图书时,可以在 Pustak Portal 输入该书的请求。如果该书有足够的库存,门户就会满足该请求。另外,如果满足了该请求,书的库存量将低于阈值,它触发一个印刷工作流更多的书的(以确认量为准)并且给出版社的相关人员发送一封电子邮件。

此程序的 UI 是使用 Force.com Builder UI 开发的。图 4.6 显示 Pustak Portal 公司的帐号列表。由于 Pustak Portal 是出版社,各个书店都是它的客户,因此每家书店在 Pustak Portal 内都开设一个帐号。

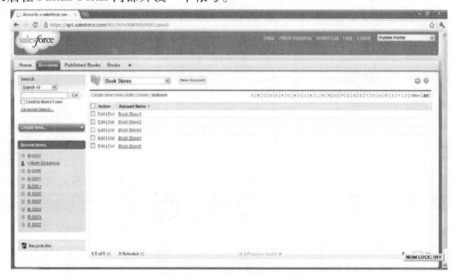

图 4.6　Pustak Portal 公司账户列表

　　Pustak Portal 出版的书籍列表如图4.7所示。书籍在 Force.com 数据库中定义为一种新的对象类型，它以 Inventory 和 ISBN 作为属性。默认情况下，Force.com 生成器 UI 为每个对象创建选项卡；此选项卡已经重命名为 Published Books。

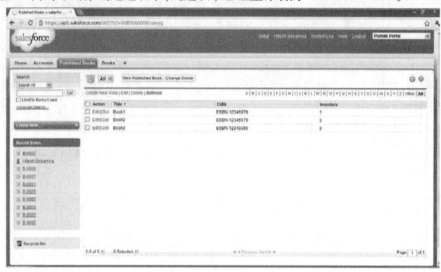

图4.7　Force.com 选项卡显示已出版图书

　　书籍的库存低于阈值时执行特定的工作流，该工作流能实现在某些特定条件（数据库操作，如插入、删除）下自动执行的触发器。该触发器是利用 Apex 程序语言实现的。Apex 仿照 Java，但是在 Force.com 平台下封装了许多功能。例如，Force.com 事件都被暴露在 Apex 中，此外，如果有并发更新的冲突，这些都在 Apex 运行时解决。更多差异的列表，请参阅 Apex。

　　触发器使用 Force.com IDE 定义，如图4.8所示。IDE 是从 Force.com 下载的一个 Eclipse 插件。触发器定义为 Triggers 包中的一个类。

　　与图4.8相同的代码已经被摘录在这里

```
Trigger booksInventoryTrigger on Book c (before insert) {
    for (Book c book : trigger.new) {
        Id id = book.Published_Book c;
        PublishedBook c pbook = [Select Inventory c from
        PublishedBook c where id =:id][0];
        if (pbook.Inventory c < book.In_Store_Inventory c) {
                book.In_Store_Inventory c.addError('Not
                enough prints available.');
        } else {
                pbook.Inventory__c = pbook.Inventory_c -
                book.
```

```
In_Store_Inventory c;
update pbook;
    }
  }
}
```

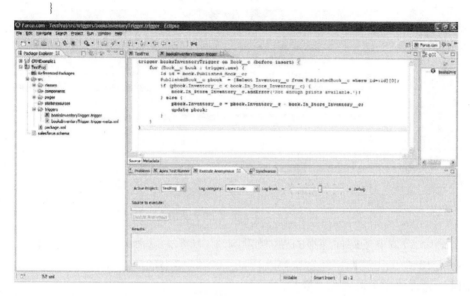

图 4.8　Force. com 开发环境显示 Pustak Portal 网站触发器

第一条语句定义触发器 booksInventoryTrigger,该触发器仅在数据库操作在类型为 Book__c(代表一本书)的记录上执行时才被激发。before insert 这句话表明该触发器为 before trigger,也就是说该触发器是在数据库操作之前执行。另一种触发器类型是 after trigger。这句话也表明该数据库操作为插入。Salesforce. com 白皮书中有触发器和 Apex 的其他功能的更多描述[18]。

第二行循环遍历所有被插入的记录,使用 book 作为循环变量。这种 for 循环称为一组迭代循环。下一行查找依照书店排序的书的 id(ISBN)。下一行是 Salesforce Object Query Language(SOQL)查询。该查询语句通过查看 PublishedBook__c 对象和比较发现书的 ISBN 和对象(id = :id)的 ISBN 来获取该书的 Inventory,id 前的':'表示所引用的变量。由于结果总是一组对象集,取第一个数据表示为[0]。SOQL 的更多详细信息查看文献[19]。If 语句检测请求是否会使库存小于阈值,如果小于就发出错误信号。

通过关联数据库插入操作和触发器,可以在每次调用过程中执行触发器。然而,为了证明 Force. com 的功能,我们通过 Force. com Builder 的 UI 定义了一个触发器。

图 4.9 显示如何用 Salesforce UI 定义工作流。Object 字段表明这个规则适用于对象 Published Book 类型被修改时。Rule Criteria 字段表明触发规则的标准是 Inventory 小于 5。工作流行为就是发送一封电子邮件警报。

图 4.9　一个工作流触发器简介

最后,设置电子邮件警报的界面如图 4.10 所示。它命名警报为"低输出"(这由图 4.10 中工作流调用并发送一条消息:一本特定书的库存较低)。请注意该电子邮件允许使用 Force. com 变量。

图 4.10　电子邮件报警配置

本章详细观察了知名的 SaaS 解决方案之一,CRM 应用程序。Salesforce. com不仅仅是一个托管 CRM 应用程序的门户网站,它还可使一个小企业在其上开展日常业务活动,还包括可以在 Force. com 上使用 CRM 模块建造更复杂应用程序的一个平台和一组开发人员 API。这很大程度上使不同用户可以自定义任何 SaaS 应用。在功能自定义的过程中，底层应用程序结构演变为一个平台并且开始看起来类似于 PaaS 解决方案，可配置的 SaaS 和简化的 PaaS 之间的界限变得模糊，特别是为增强应用程序将平台也展现给开发者。然而，不是所有的 SaaS 解决方案都遵循这条路线，特别是当应用程序没有过多的定制，可以被多个用户使用时——这将在 google 文档中看到。在下一部分探索另一个可自定义的 SaaS 应用程序类，该类是 Web2.0 计算风格。

社交计算服务[①]

社交计算已经将 Web 从作为工业和技术设施转变到类似于数字宇宙的东西，它是物理宇宙的一个副本。回顾一下，万维网始终作为"一个合作媒体，一个可以满足用户读和写的地方[20]"。然而，在 2006 年左右，当一定数量的用户生成内容（UGC）开始跨网络爆炸时就有一个区分的趋势。此外，像 Facebook 和 Wikipedia 这样基于云的服务给用户提供一个平台来创建它们自己的 Web 外观和内容[21,22]。这些 Web 站点不仅仅只是提供云计算的基础设施，而且通过集体智慧利用用户创建的内容来给其他人增加价值。因此，社交计算在 Web 上引入了一套具有革命性和独特性的挑战和机遇。

社交计算部分的目的有两个方面：①作为一种范例引入社交计算：它意味着基本概念和一些近期趋势；②使开发人员熟悉社交 API，这可以从一些非常流行的编写有用社交应用程序的 Web 站点得到。三个有名的社交计算服务作为案例研究进行探讨，分别为社交网络（Facebook）、社交媒体网站（Picasa）和微型博客网站（Twitter）。多样化的编程语言和使用模式将用于体现三个网站不同的 API。最后，给出开放社交 API 的概述，该 API 试图建立单一 API 接口，程序员可以利用该接口联系这个应用程序和多个社交网站，并讨论社交网络对私隐的影响。

是什么构成了"社交"计算？

术语"社交计算"一词是对基于云服务的广泛称谓，它鼓励用户积极参与并利用用户创建的内容。可称为"社交服务"的 Web 服务的例子包括在线交涉平台，如 Facebook 和 LinkedIn；内容共享网站，如 YouTube 和 flickr；内容创建网站，如 Blogger 和 Wikipedia。从这些例子可以很明显地看出，并不是所有的社交服务都类似。在某些情况下，重点是给共享用户生成的内容（如 Facebook）在云中提供一个空间。在其他计算服务中，重点是给共享用户生成的内容（如 YouTube）提供一个平台。在另一些情况下，社交计算工具被嵌入在一个主要服务中（如 Amazon.com），

---

① 资料来源于印度 HP 实验室的 Praphul Chandra 先生。

其中基于 Web 的零售商通过挖掘用户生成的内容来获得用户的推荐、买家和卖家的声誉等来创建群体智能系统。每个社交计算服务的侧重点都是不同的,它们之间的共同点是它们每个都能智能地挖掘用户创建的内容来创造主要的区分器。因此,我们定义社交计算①是用户之间的相互作用,它们创建的内容并挖掘此内容。

当然,用户作为参与者这一概念是社交计算的基础。如前所述,用户生成内容(UGC)可以采取多种形式,如社交媒体(youtube 上的视频,flickr 上的照片)、用户观点(Amazon 中用户的观点、eBay 的反馈)或者自我表达(Facebook 的个人主页、博客)。近期出现的微型博客如 Twitter 也很有趣。事实上,真实事件在像新闻网站这样传统媒体上出现之前就在博客上已经出现了,这使得博客和微博客成为实时搜索非常有吸引力的资源。在每种情况下,由用户生成的内容构成了算法所要处理的数据并以此来构建群体智能。这些应用程序破坏由多用户创建的内容并且利用它来创造可用的知识,例如:一个用户的声誉、网页的重要性、为用户推荐产品等。

在 Web 上的社交网络

Facebook 的流行已经使得"社交网络"这个词在今天的术语中司空见惯。我们之中的大多数人都向我们的朋友和家人提及该术语。虽然这大致是正确的,但可以有一个更正式的定义:

社交网络是人们或个人(或组织)组成图作为"节点",并且"边缘"代表两个个人之间的关系。边缘可以创建不同类型的相互依存关系,如友情、亲情,共同利益、金融交易,厌恶、性关系,或者信仰、知识或声望。

此定义需要注意的是理解在一个网络中节点和连接(图表)可以用来表示各种动作和它们之间的关系。注意到,当节点代表人,连接代表关系时,我们得到一个社交网络,该网络与 Facebook 类似,非常适合社交计算服务。有两类社交网络。考虑到社交网络的图表中每个节点代表用户的博客,其中每个连接代表博客间的超连接。下面的例子是一个社交中心网络,即一个网络代表了一个程序要访问所有的节点和节点间的互动关系。现在考虑到另一个社交网络,在该网络图中的每一个节点代表用户电子邮件 ID,节点间的连接代表邮件的通信(如文献[24]中发现的一个)。此图是从一个特定用户的角度创建的。这样的网络表示法称为以自我为中心的网络,它是代表特定用户观点的网络,因此是在一组较小的信息集之上进行操作。例如,假设 Alice 是 Bob 和 Carol 的朋友,她可能知道也可能不知道 Bob 是否和 Carol 之间存在连接。

---

① 术语"社交计算"和 Web2.0 在文献[23]中可以互换。

案例学习：Facebook

撰写本书时，Facebook 已经发展成为最受欢迎在线社交网络 Web 站点之一。它除了有社交应用，还允许用户上传照片和与朋友交流，Facebook 还开创了 Open Graph API，它允许开发者在现在的 Facebook 中利用社交网络工作数据。

在 Facebook 上的社交应用

Facebook 为用户提供了各种各样的功能。这里对不同类型的社交应用做一下简要概述。

新闻来源：在 2006 年 9 月推出，此特性将会在 Facebook 上为用户创建签名用户体验，并且是其他许多特性的骨干。当用户输入他们的账号时，他们看到他们朋友的一个不断更新的活动动态列表。基于用户隐私设置，更新的信息可能包括朋友的个人信息、即将发生的事、共同朋友间相互谈话等。评论家更注重用户体验的杂乱性与此功能对隐私的影响，但用户可以控制它们接收并共享给其他人的新闻内容的程度。

通知：此功能可以看做是新闻的实时版本。对于某些关键事件（例如一个朋友在用户墙上分享了一个连接，有人评论用户以前评论的帖子），用户可以在事件一发生时就看到。此功能也将不断更新或者不断地接近 Facebook 的朋友风格。

照片：这是 Facebook 最热门的应用之一。通过 Facebook，其承载了超过 500 亿用户的照片（截至 2010 年 7 月），每天有超过 30 亿的照片会被查看。这是一个非常简单的应用：用户允许上传他们的照片并且可以将它共享给其他人——真正的挑战是规模。为如此之大的规模创建一个可以可靠且有效伸缩的应用程序，这对于一些社交应用程序来说是一个关键挑战。

灯塔：在 2007 年 11 月推出，2009 年 9 月关闭，此特性是在在线社交网络中的商业机遇与用户隐私之间冲突的一个良好案例。Facebook 与 44 个网络站点合作（包括 eBay® 和 Fandango® ）因此，一个用户在这些站点中任意一个站点上的行为都会自动地分享给该用户的朋友。例如，一个用户在 eBay 上列了一个清单或者在 Fandango 上购买了一张电影票，这些信息通过新闻来源自动地传送给用户的朋友。对于在线零售商来说这提供了一个有针对性发布广告的好机会，对于 Facebook 来说，这是一个增加额外收入的机会。然而，该功能遭到用户和隐私维权人士的强烈反对而最终关闭。

喜好：这是一个非常有趣同时也非常有野心的功能。在某些方面，它是灯塔功能的后续，它旨在扩大 Facebook 的范围，使它不仅仅只是 Facebook 网站。网站开发人员可以像如下一样在网页上插入一个按钮，以便将 Facebook 插入到网页上（网页拥有自己的 URL，如 http://www.cloudbook.com）

```
<fb:like href = "http://www.cloudbook.com" font = "arial" > </fb:like>
```

如果 Facebook 用户像在网页上单击一个按钮一样单击 Facebook,通过新闻来源就可将该网页的 URL 贴到朋友墙上,从用户的角度来看,它允许用户就像在网站上一样分享内容———一个非常类似于社交书签的功能,并由像 delicious® 和 Digg® 这样的网站提供。从那些喜欢在他们网页上有 Like 按钮的网站拥有者角度来看,其允许通过利用喜欢该网页用户的社交网络来普及 Facebook(同时增加他的访问量)。最后,其允许 Facebook 来创建更丰富的用户个人信息并且有潜力成为在网站上单独的用户内容仓库。如果插入 Like 按钮的网页拥有者也增加元数据标记来描述网页所描述的实体,那么 Like 按钮的功能就能进一步增强。

Facebook 的插件

登录 Facebook:有些读者会发现 Like 功能的体系结构与上述其他功能的不同。事实上,任何一个网站都可以在它的网页中插入插件。另一个社交插件是 Facebook 的登录按钮。如果网站开发者在他的网页中插入登录按钮,访客将能看到在该网站中已经登录了的朋友的照片。当然,这是假设用户注册了 Facebook,如果没有,登录用户可以使用该按钮注册。对于用户而言,这个社交插件能够帮助生成信任等级与网站默认推荐(如果他的朋友们已经使用了该服务),并且对于网站而言,其通过利用现有用户的社交网络帮助建立自己的声誉。

在 Web 页上添加 Facebook 登录按钮,可以通过添加以下代码实现:

```
<fb:login-button show-faces="true"></fb:login-button>
```

请注意,如果在用户界面输入 URL,Facebook 开发者网站将会自动生成代码。

建议:另一个社交插件是 recommendations。该插件认为用户好友间的所有交互都从给定的网站上获得 URL(通过其他社交插件),并突出这些 URL 的对象。该插件能帮助用户通过利用用户与他们的部分好友在过去曾有过的互动信息,将注意力集中在网站中的特定部分。该插件将其加到复杂网站或者发现新功能作为导航援助是非常有用的。要在一个网页上添加 recommendation 插件(该网页 URL 为 http://www.cloudbook.com),必须添加如下代码:

```
<fb:recommendations site="http://www.cloudbook.com" font="arial"
border_color="light"></fb:recommendations>
```

在本书范围内没有详细覆盖所有的社交插件。这里的目的是使用户熟悉社交插件的概念。一个社交插件是一段代码,其可以嵌入在网页中,因此用户与该网页的交互可以记录并分享给其他用户。同时,其也使网页在在线社交网络平台上成为独立的实体,如 Facebook,从而可以利用通过平台提供的服务和功能。

Open Graph API

社交插件是开始将社交功能融入任何网站的一个简单方法。然而,社交插件仅仅提供一组有限的功能。为了创建具有自定义功能的社交应用程序,Facebook

的 Open Graph API[25]能够允许访问一个非常丰富的、能够被使用的用户内容资源。顾名思义,此 API 公开的核心内容表现为一个社交图。如本节前面所述,一个社交网络可以表示为节点和节点间的连接。节点和连接确切地表示什么取决于将要执行什么与上下文。在社交网络表示法中通常用人(或电子邮件地址或博客)表示节点,社交关系(或邮件传输或超连接)表示连接。Facebook 的社交图扩展了这一观点,Facebook 中的每个实体在它们的社交图中表示一个节点。这种方法简化了 API,并使它更易于使用,如下所示。

实体:使用基于 REST 的架构,Facebook 中的每个实体(如人、图片、事件)表示为社交图中的一个节点。每个节点分配一个唯一的 ID 和 URL,使得访问 Facebook 上的一个实体就如同发出一个 HTTP GET 命令(或在用户的浏览器中输入 URL)一样简单。要访问与标识为 ID 的实体相关联的数据时,URL 是 https://graph. facebook. com/ID,注意标识(ID)可能是系统生成的或者是用户创建的用户名,https://graph. facebook. com/me 指向当前用户。表 4.1 列举了一些例子。

表 4.1　Facebook 实体信息

实体	URL	注释
Users	https://graph. facebook. com/userid	用户的 userid 数据
Pages	https://graph. facebook. com/pepsi	Pepsi(百事)与其他产品数据
Events	https://graph. facebook. com/5282952746	伦敦 Facebook Developer Garage,事件 ID = 5282952746
Groups	https://graph. facebook. com/8450870046/	云计算用户组;组 ID = 8450870046
Application	https://graph. facebook. com/2439131959	涂鸦应用;应用 ID = 2439131959
Photos	https://graph. facebook. com/10150232972314050	能够从 Pepsi 页面获取的 Pepsi 照片;照片 ID = 10150232972314050
Profile photo	https://graph. facebook. com/10150309766585619	英国皇家挑战者班加罗尔板球队档案照片,档案照片 ID = 10150309766585619

访问 https://graph. facebook. com/ID 类型的 URL 返回与标志为 ID 的实体相关的所有数据。如果只想要部分数据,可以在 URL 中筛选,如 https://graph. facebook. com/bgolub? fields = id,name,picture 就仅仅返回 ID 为 bgolub 的用户的序号、姓名和图片。

连接类型:由于社交图中包含不同类型的节点,导致节点间的连接也需要分类。在 Facebook 中,它们称为 CONNECTION_TYPE。表 4.2 给出标识符为 my_ID 的用户的一些连接类型。

如果开发人员不知道特定实体间的所有不同类型的连接,给 URL 对象添加 metadata = 1 就会得到一个 JSON 对象,该对象包含一个元数据属性,列出给定对象的所有支持连接。例如,要查看 London Developer Garage 事件的所有连接,可以使用下面的 URL：

表 4.2　Facebook 连接类型

URL	注释
https://graph. facebook. com/my_ID/books	用户的书籍
https://graph. facebook. com/my_ID/events	用户分享的事件
https://graph. facebook. com/my_ID/groups	用户所参与的组
https://graph. facebook. com/my_ID/likes	用户的喜好
https://graph. facebook. com/my_ID/movies	用户的电影
https://graph. facebook. com/my_ID/home	向用户推送的新闻来源
https://graph. facebook. com/my_ID/notes	用户的笔记
https://graph. facebook. com/my_ID/photos	用户的照片
https://graph. facebook. com/my_ID/albums	用户的相册
https://graph. facebook. com/my_ID/videos	用户上传的视频
https://graph. facebook. com/my_ID/feed	用户墙

```
https://graph.facebook.com/5282952746? metadata =1
```

这会输出（为简洁起见删除了一些输出）：

```
{
    "id": "5282952746",
    "version": 0,
    "owner": {
        "name": deleted
        "id": deleted
    },
    "name": "Facebook Developer Garage London",
    "description": deleted
"metadata": {
    "connections": {
        "feed": "https://graph.facebook.com/5282952746/feed",
        "members": "https://graph.facebook.com/5282952746/mem-
        bers",
        "picture": "https://graph.facebook.com/5282952746/pic-
        ture",
        "docs": "https://graph.facebook.com/5282952746/docs"
    },
    "fields":[
    {
        "name": "id",
```

```
            "description": "The group ID. generic 'access_token',
        'user_groups', or 'friends_groups'. 'string'. "
    },
    {

        "name": "version",
        "description": "A flag which indicates if the group was cre-
        ated prior to launch of the current groups product in Octo-
        ber 2010. generic 'access_token', 'user_groups',
        or 'friends_groups'. 'int' where '0' = Old type Group,
        '1' = Current Group"
    },
    {

        "name": "icon",
        "description": "The URL for the group's icon. generic 'ac-
        cess_token', 'user_groups', or 'friends_groups'.
        'string' containing a valid URL. "
    },
    {

        "name": "privacy",
        "description": "The privacy setting of the group. generic '
        access_token', 'user_groups', or 'friends_groups'.
        'string' containing 'OPEN', 'CLOSED', or 'SECRET'"
    },
    ]
},
```

地点(实体和连接类型):特别值得一提的实体类型是位置。特定的位置有它自己的 Facebook 页面(如艾菲尔铁塔)。这样的位置在社交图中作为节点并分配一个唯一的 ID,URLhttps://graph.facebook.com/14067072198 便是艾菲尔铁塔的节点。用户和地点之间的连接类型是登记(checkin),登记代表用户在现实世界中已经访问了某个特定地点这一概念。这种信息可以通过如下方式进行访问:

GET https://graph.facebook.com/my_ID/checkins

如果 my_ID 表示用户的 ID,上面的 API 显示用户已经访问并登记的所有地点。如果 my_ID 表示位置页的 ID,那么上面的 API 就会显示访问该地点并登记的所有用户。

搜索:Facebook 社交图的体系结构不仅包括人与其他人的关系,还包括实体和实体间的各种关系。以用户为中心的角度看,不同的连接类型可以使用户在社交图中连接到不同的实体。例如,用户喜欢什么电影、一个用户属于哪个组、他的摄影作品和用户参加什么活动。这绝对是可以在多个应用程序中使用的非常充足的

157

数据,但是,由于这些数据太充足了,以至于很难找到所需的数据。访问实体信息的默认方法是已知实体的 ID 或者用户名。在社交图中也可能使用 URL 来找到一个实体,例如,在 Facebook 中要找电影 *Magnificent Ambersons*,如果电影的 URL 是 http://www.imdb.com/title/tt0035015/,那么就可以在 Facebook 社交图中使用下面的代码:

```
https:// graph.facebook.com/ ? ids = http:// www.imdb.com/ title/
tt0035015/
```

然而,Facebook 的用户可能意识到这不是在 Facebook 上用户查找实体的方法,而是使用 Facebook 上提供的搜索功能。Open Graph API 给程序员也开放搜索 API。下面的代码给出了搜索 API 的结构和一些例子。

对于社交应用程序来说,搜索 API 是一件强大工具,可以通过这件工具来搜索利用社交内容,这些社交内容与单个用户无关,但是能够根据其他标准进行分类。例如,在 Facebook 上查找与程序相关的组,查找所有允许用户登记的地点或者查找 Facebook 上存在的所有会议。搜索 API 的一般形式如下所示:

```
https://graph.facebook.com /search? q = QUERY&type = OBJECT_TYPE
```

例如,查询:

```
https://graph.facebook.com/search? q = network&type = post
```

会产生如下结果,是一个包含词"network"的 post 列表(注意仅仅显示了第一个结果)。

```
{
    "data": [
        {
            "id": "100002366911800_140673586021538",
            "from": {
                "name": "New Labor",
                "id": "100002366911800"
            },
            "link": "http://www.facebook.com/notes/new-labor/ouralp
                - is-a-communication-network/140673586021538",
            "name": "OurALP is a communication network,",
            "description": "\nOurALP is a communication network, not a
                faction. We have no official executive or leader. We are
                a group of rank and file members of the ALP who consult
                together and then each of us acts as we see fit...",
            "icon": "http://static.ak.fbcdn.net/rsrc.php/v1/yY/r/
                1gBp2bDGEuh.gif",
            "type": "link",
            "application": {
```

```
        "name": "Notes",
        "id": "2347471856"
    },
    "created_time": "2011 - 08 - 12T08:49:59 + 0000",
    "updated_time": "2011 - 08 - 12T08:49:59 + 0000"
},
```

同样,查询:

`https://graph.facebook.com/search? q = network&type = page`

有如下输出:

```
{
    "data": [
        {
            "name": "Cartoon Network",
            "category": "Tv network",
            "id": "84917688371"
        },
        {
            "name": "Food Network",
            "category": "Tv network",
            "id": "20534666726"
        },
```

这是在它们名字中有 network 的页面列表,只显示前两个结果。表4.3 显示了其他可接受的 OBJECT_TYPE 的值。

表 4.3 Facebook 查询 API

实体类型	查询
通过用户名获取 < userid >	https://graph. facebook. com/ search? q = < userid > &type = user
通过用户名获取含有 < eee > 字符串的事件;例如 < eee > = 会议	https://graph. facebook. com/search? q = < xxx > &type = event
通过用户名获取包含 < ggg > 字符串的组	https://graph. facebook. com/search? q = < ggg > &type = group
登记表	https://graph. facebook. com/search? type = checkin

扩展 Open Graph

之前在社交插件那一节中已经介绍了一些 Facebook Like 和其他一些社交插件。Like 按钮可以嵌入到任何网页中。它还指出 Like 插件要扩大 Facebook 的范围,使其不仅仅是 Facebook 网站。按照之前的 Facebook,如果网站开发者在他的页面中添加一些引用的数据元(如 Open Graph 标签),那么该网页就等价于 Facebook 网页。这就是说在本章 Open Graph API 描述的 Facebook 社交图中,如果添加了 Open Graph 标记,其就能够将任何其他网页作为一个节点包含在内。Open Graph 标记包含一些元数据,Facebook 可以通过这些元数据来理解网页。Open Graph 标记向 Facebook 提供了网页的结构化表示形式。下面的示例代码显示了当 Web 网站开发人员需要将他们的 Web 页面添加至 Facebook 社交图中时,Facebook 建议 Web 网站开发人员必须添加的元数据。被添加的元数据是一目了然的。

```html
<html xmlns:og="http://opengraphprotocol.org/schema/" xmlns:fb="
    http://www.facebook.com/2008/fbml">
<head>
    <title>The Magnificent Ambersons (1942)</title>
    <meta property="og:title" content="The Magnificent Amber-
    sons"/>
    <meta property="og:type" content="movie"/>
    <meta property="og:url" content="http://www.imdb.com/ti-
    tle/tt0035015/"/>
    <meta property="og:image" content="http://ia.media-im-
    db.com/images/M/MV5BMTg3NjE2OTIwNl5BMl5BanBnXk FtZTY-
    wODk5MTM5._V1._SY317_.jpg"/>
    <meta property="og:site_name" content="IMDb"/>
    <meta property="fb:admins" content="USER_ID"/>
    <meta property="og:description"
        content="The spoiled young heir to the decaying Amberson
        fortune comes between his widowed mother and the man she has
        always loved."/>
    ...
</head>
    ...
</html>
```

此外,还可以添加额外的元数据,如地点和联系信息。引用的这组元数据与 Facebook 的要求相一致,其优化整合那些表示现实世界中事物的网页,如电影、运动队、餐馆等。

使一个 Web 页面变为 Open Graph 的一部分有一种快速方法。首先是给网页中添加 Like 社交插件,然后添加如上所述的引用元数据。当一个用户在网页中单击 Like 按钮时,就会在页面和用户之间产生一个连接,并且该网页现在就是社交图的一部分。在功能上,该网页:①出现在用户个人资料的爱好和兴趣部分;②能够把内容(如广告)显示在用户墙上;③在 Facebook 搜索中显示。

社交媒体网站:Picasa

Picasa 侧重于将社交媒体经验集中到个人媒体。Picasa 允许用户给家人和朋友分享照片。此外,它还允许用户给照片建立相册,添加标记和其他元数据,如地点、其他用户给照片的评论等。

Picasa API

虽然 Picasa API 没有 Open Graph 或者社交插件的概念,但是 Picasa API 和 Facebook API 在精神上是类似的。从表 4.4 可以看出,REST 的 API 与 Facebook Api 在目的上是类似的。API 的参数字段包括在'< >'之中。例如<userID>表示用户 ID。Picasa 使用 Google 用户 ID 作为<userID>,当将其设为默认值时,该行为指当前用户。另一个参数如<albumID>,是由 Picasa 生成的唯一 ID。这些 ID 作为各种调用的结果被返回。例如,表 4.4 中第一行 API 返回一个<albumID>列表,该列表可用来在相册中查找<photoID>列表。这类 ID 的例子可以在下面用户查找 Taj Mahal 图片的代码段中找到。

表 4.4 Picasa 的 API

查询	REST API
请求指定用户的相册列表	GET http://picasaweb. google. com/data/feed/api/user/<userID>
列出 ID 为<albumID>,用户为<userID>一个相册中所有照片	GET http://picasaweb. google. com/data/feed/api/user/<userID>/albumid/<albumID>
列出用户<userID>在他们的相册照片中所使用的标签	GET http://picasaweb. google. com/data/feed/api/user/<userID>?kind = tag
列出照片<photoID>的标签	http://picasaweb. google. com/data/feed/api/user/default/albumid/<albumID>/photoid/<photoID>? kind = tag
列出照片<photoID>的注释	http://picasaweb. google. com/data/feed/api/user/default/albumid/<albumID>/photoid/<photoID>? kind = comments
查询用户为<userID>,标签为 tag1 与 tag2 的照片	GET http://picasaweb. google. com/data/feed/api/user/<userID>? kind = photo&tag = tag1 ,tag2
查询其他用户上传的(Context = all),匹配查询 TajMahal 的最多 10 张照片	GET http://picasaweb. google. com/data/feed/api/all? q = Taj%20Mahal&max – results = 10

http://picasaweb. google. com/data/是上面所列的 API 的公共部分。Feed 这个词在 URL 中指结果应该在一个 ATOM Feed 的格式中返回。ATOM Feed 例子的一个片段是一个 REST API,其返回如下代码。可以看出,这个数据是一个丰富的信息源,因为它包含照片的有关位置、EXIF 元数据、评论、标签、标题等信息。

```
<? xml version ='1.0' encoding ='utf –8'? >
<feed xmlns ='http://www.w3.org/2005/Atom'...
<updated >2011 –08 –13T06:32:18.072Z </updated >
<title type ='text'>Search Results </title >...
<openSearch:totalResults >158377 </openSearch:totalResults >...
```

161

```
<entry>...
<id>http://picasaweb.google.com/data/entry/api/user/<deleted
>/albumid/5114761574886048065/photoid/5114761725209903490</id>
...
<title type='text'>DSC00675.JPG</title>
<summary type='text'>Taj Mahal, from the 2006 trip. </summary>
<content type='image/jpeg'
src='http://lh6.ggpht.com/-7FDWt-hEeU0/RvtIsJ3mgYI/AAAAAAAAcE/
TrmtAzW1x88/DSC00675.JPG'/>...
<gphoto:id>5114761725209903490</gphoto:id>...
<gphoto:position>0.9782609</gphoto:position>...
<gphoto:commentCount>40</gphoto:commentCount>...
<exif:tags>
    <exif:fstop>5.0</exif:fstop><exif:make>SONY</exif:make>
    <exif:model>DSC-H2</exif:model>
    <exif:imageUniqueID>4e7378f98016420d001c7269504db13b</exif:
    imageUniqueID>
  </exif:tags>
</entry>
</feed>
```

除了 ATOM Feed 以外,其也支持其他类型的简单 HTTP 响应。下面的 API 显示如何更新照片和元数据,或者仅是照片,或者仅是元数据。照片和/或元数据应该在 PUT 语句的正文中。只有完整的元数据可以替换此 API。

```
Updating a photo and metadata or photo only
PUT http://picasaweb.google.com/data/media/api/user/<userID>/
albumid/<albumID>/photoid/<photoID>
Updating a photo's metadata only
PUT http://picasaweb.google.com/data/entry/api/user/<userID>/
albumid/<albumID>/photoid/<photoID>
```

URL 的 API 部分指出所有与对象相关的元数据应返回并且是可以读写的。剩余的 URL 指向特定的 REST API 功能。下面的例子显示一个完整的发送消息,该消息能够发出一个带有元数据的图片。

```
Content-Type: multipart/related; boundary="END_OF_PART"
Content-Length: 4234766347
MIME-version: 1.0

Media multipart posting
-END_OF_PART
Content-Type: application/atom+xml
```

```
<entry xmlns='http://www.w3.org/2005/Atom'>
    <title>Taj Mahal.jpg</title>
    <summary>Wife and I in front of Taj Mahal 2009</summary>
    <category scheme="http://schemas.google.com/g/2005#kind"
    term="http://schemas.google.com/photos/2007#photo"/>
</entry>
-END_OF_PART
Content-Type: image/jpeg
...binary image data...
-END_OF_PART-
```

包装库

多数程序员不喜欢直接使用 REST API,而是使用需要多次调用的通用处理过程抽象出的库。库中提供解析从 GET 调用得到的内容的处理是十分常见的。该库还提供在 POST 信息中增加一些默认内容,这同样也很常见。

该库在很多程序语言中都很常见。这是一个使用为 Picasa 开发的 Python 库的例子。为了使用任何库,首先其需要初始化。对于 python Picasa 库,初始化如下:

```
import gdata.photos.service
import gdata.media
import gdata.geo
gd_client = gdata.photos.service.PhotosService()
```

一旦已经初始化接口,应用程序需要进行身份验证(它不在这里显示,在下一节描述 Facebook 的 OAuth API 来告诉用户要做什么)。如今社交应用程序可以使用库来写。下面的代码语句显示与本节开始介绍的 REST API 调用对应的 python 库。注意到,python 函数处理由 GET 调用的数据。作为一个程序员,不需要每次都解析 Atom Feed。相反,库以一个很好的结构解析和存储这些数据。

如下所示代码用于请求一个特定用户 ID 的相册列表。

```
albums = gd_client.GetUserFeed(user=username)
for album in albums.entry:
print 'title: %s, number of photos: %s, id: %s' %
(album.title.text,album.numphotos.text,album.gphoto_id.text)
```

要列举 ID 为 albumID 的相册中的所有照片,该 ID 属于用户 userID,代码如下:

```
photos = gd_client.GetFeed(
'/data/feed/api/user/%s/albumid/%s?kind=photo' % (
username, album.gphoto_id.text))
```

```
for photo in photos.entry:
print 'Photo title:', photo.title.text
```

要列举相册中照片已经使用的用户的 userID 的标记。

```
tags = gd_client.GetFeed('/data/feed/api/user/% s? kind = tag' %
username)
for tag in tags.entry:
    print 'Tag', tag.title.text
```

Listing tags by photo:

```
tags = gd_client.GetFeed('/data/feed/api/user/% s/albumid/% s/
photoid/% s? kind = tag' % (username, album.gphoto_id.text, pho-
to.gphoto_id.text)) for entry in feed.entry:
print 'Tag', entry.title.text
```

列出照片评论的方法如下:

```
comments = gd_client.GetFeed(
'/data/feed/api/user/% s/albumid/% s/photoid/% s? kind = com-
ment&max -
    results =10' % (
    username, album.gphoto_id.text, photo.gphoto_id.text))
for comment in comments.entry:
print 'Comment', comment.content.text
```

搜索使用 foo 和 bar 标记标识同时属于 userID 的照片的代码如下:

```
photos = gd_client.GetTaggedPhotos('foo,bar', user =username)
for photo in photos.entry:
print 'Title of tagged photo:', photo.title.text
```

搜索由其他用户上传的照片,与 puppy 匹配的搜索:

```
photos = gd_client.SearchCommunityPhotos('puppy', limit ='10')
for photo in photos.entry:
print 'Community photo title:', photo.title.text
```

微博:Twitter

Twitter 是一种微博和社交网络站点。如同博客允许用户写任何东西,然而,触发线"发生了什么"建议用户尽量写关于当时的经历——就像自创的状态消息。不同于典型的博客网站,Twitter 用户被限制在 140 个字符以内(因此称为"微型")。同样,正如其他博客服务一样,Twitter 允许用户访问其他用户博客,这样,用户就可以关注其他用户也可以读他们的微博客(Twitter 术语称为状态或推文)。

请参考图 4.11 所示的示例:有三个 Twitter 用户,Alice、Bob 和 Carl,Bob 与 Carl 关注了 Alice 的消息,但是 Alice 没有关注任何人的消息。因此 Bob 和 Carl 称为

Alice 的关注者。当 Alice 在 Twitter 上发一个微博客(或推文)时,Bob 与 Carl 收到通知并可以读 Alice 的推文。注意,当 Bob 发出一条消息时,尽管该推文是公开的,Alice 也不会收到通知。Alice 可能以后会访问或搜索。Twitter 社交网络很有趣的一部分是其不对称的性质,这是由用户关注其他用户产生的。在例子中,Twitter 社交图(图 4.11)中,从 Bob 到 Alice 与从 Carl 到 Alice 有一条直接的连接,而没有来自 Alice 发出的连接。在 Twitter 术语中,Alice 有两名关注者但没有朋友,Bob 有一个朋友 Alice,Carl 有一个朋友 Alice。

　　Twitter 要注意的另一个重要问题是实时性。Twitter 是实时发布的。例如,推文几乎在提交时间就发布。在 Twitter 中有许多优点都是由于遍历 Twitter 的信息的实时特性。这引发一场推文分析创新,按时间轴分析趋势、用户偏好的改变等。

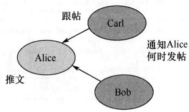

图 4.11　Twitter 社交图实例

注意

Twitter Api 的摘要

- 关注者与朋友的名单。
- 实时:最后 n 条推文。
- 流媒体:推文的连续流入。
- 地理标签:来自一个或多个位置的推文。

Twitter API

　　允许开发者访问前面在 Twitter 数据的 REST API 在 Twitter 开发者文档中已详细说明。Twitter 支持的来的 RESTAPI 的响应数据的格式包括 JSON 和 XML。两种格式。首先,表 4.5 包括代码片段显示之前所述的访问朋友与关注者之间差异。

　　Twitter 中还有许多其他 API 允许实时访问。表 4.6 显示一些支持基于时间的推文分析 API(或状态)。

　　另一组开发 Twitter 实时性的 API 称为 Streaming API[28]。当一个应用程序使用基于实时数据分析的社交网络数据时非常有用。执行此操作的一个方法是调用一个 API 在迭代循环中检索所需的数据。另一个更有效的方法是使用流式 API,流式 API 会将数据实时流向应用程序。引用官方文档,这种 Twitter API 允许"高吞吐量近实时(near – real – time)访问 Twitter 公开和受保护的各种 Twitter 数据"。

表 4.5　Twitter API

操　作	REST API
获取指定用户的扩展信息(包括最后状态)	GET http:// api. twitter. com/ 1/users/show. xml? screen_name = praphulcs
查询 API(通过指定账户名查询一个用户)	GET http://api. twitter. com/1/users/search. xml? q = Praphul%20Chandra
获取用户的朋友列表,包括每个朋友的当前联机状态	GET http://api. twitter. com/1/statuses/friends. xml? screen_name = praphulcs
返回用户的关注者,包括每个关注者的当前联机状态	GET http://api. twitter. com/1/statuses/followers. xml? screen_name = praphulcs

表 4.6　Twitter 中的和时间有关 API

从非保护用户中获取最近 20 条状态	GET http://api. twitter. com/version/statuses/public_timeline. json
通过账户名获取最近 20 条状态	GET　http://api. twitter. com/version/statuses/user_timeline. json? screen_name = praphulcs
为授权(当前)用户获取最近 20 条提及消息	http://api. twitter. com/version/statuses/mentions. json

考虑到另一个社交服务应用,该应用实时跟踪和分析关于一些主题(如运动)的推文。为了接收与主题相关的关键词的 JSON 更新,就有必要创建一个称为 sportstracking 的文件,该文件的内容包括 track = cricket, soccer, tennis, badminton 并且执行:

```
curl – d@ sportstracking http:// stream.twitter.com/1/ statuses/ fil-
ter.
json –u <appUserId>:<password>
```

Curl 是一个命令行工具,其使用 URL 语法传输数据并且支持 HTTP 和其他常见的协议[29]。当然,appUserID 和 password 是应用程序,用来检索数据的用户 ID 和密码。同样,考虑到一个从特定位置实时跟踪和分析推文的社交应用程序。Twitter 有一个称为地理标记 API(其指定生成推文的经纬度),一些 Twitter 客户端便可以生成附以地理标签的消息。为了接收有关附以一个特定位置地理标签的推文的 JSON 更新,有必要创建一个称为 locations 的文件,该文件给所需位置指定一个定界框。定界框是经度和纬度对地图上定义的矩形框。Locations 文件可以包含多个定界框以便跟踪从各种位置而来的推文。例如,位置 16. 786, – 3. 018, 16. 76, – 2. 997 是马里的廷巴克图的边界框,16. 786 和 – 3. 018 分别是定界框一个角的经度和纬度,16. 76, – 2. 997 是另一个角的(图 4.12)。

语句 locations = 16. 786, – 3. 018, 16. 76, – 2. 997, 16. 726, – 3, 16. 714, – 2. 972 是廷巴克图和附近的卡巴拉镇的部分定界框。在 locations 文件中使用上述语句,可以得到廷巴克图和卡巴拉的如下消息:

```
curl -d @ locations
http://stream.twitter.com/1/statuses/filter.json -u < appUserid >:
< password >
```

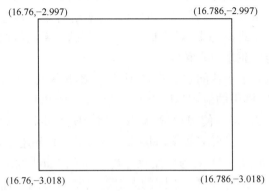

图 4.12　Timbuktu 定界框

还有另一个给推文添加地点信息的有价值方法。不是简单地添加经度、纬度信息,而是还要给地点添加额外的语义信息。例如,由产生的推文中获取城市或者邻居信息。为了添加这些信息,Twitter 提供了一个 API(反向地理编码),该 API 可以搜索能够添加到消息中的地方(城市或邻居)。给予经度和纬度对或者 IP 地址,这个 API 就会返回所有有效的城市及其邻居的列表,这可以在一条推文中作为 place_id 来使用。

```
http://api.twitter.com/1/geo/reverse_geocode.json? lat =16.786&long =
- 3.018
```

客户端应用程序可以通过用户的纬度、长的位置信息使用这个 API 检索"地点"列表,并让用户验证他或她的地点,接着通过一个调用状态/ 更新将这个地点 ID 发送出去。

来自谷歌的开放社交平台

本节到目前为止,介绍了三个最受欢迎的、为社交应用程序的开发提供 API 的社交网站。尽管三个网站都提供了 REST API,但是三个网站使用的协议是不同的。有许多类似的社交网站有它们自己的协议。这种多样性可能是十分重要的,因为其为用户提供了一个选择并且推动这个新兴领域的创新。然而,从程序员的角度来看,这种多样性提出了一个挑战。应用程序可以支持多少个不同的 API? 这对一致性有要求。Google 的开放社交平台[30]试图提供一组可以与许多网站进行交互的统一 API。其基本上是一组在多种社交网站与服务之上作为一个抽象层,或者作为在开放式社交的术语中的容器来进行服务的。这种方法取得了一些成功,但是并不能保证每个社交平台都支持它(尽管大多数都支持)。读者可以到开放社交开发者网站[30]获取更多信息。

167

隐私问题：OAuth

社交计算编程时关键之一是牢记隐私。根据定义,社交计算是关于用户、用户与其他用户间的关系以及他们创建的内容。当使用这些内容进行编程时,对于用户隐私期望的评估是理解许多"社交应用程序"基础体系结构的基础,并且也确保一个应用程序不能侵犯用户隐私期望。

下面的示例说明了一些问题。考虑 Alice 已经下载的一个社交应用程序。如果 Alice 应用在社交网中的应用程序与 Bob 连接,并且 Bob 在 youtube 上收藏了一个视频,应用程序(由 Alice 使用)是否有权访问和使用 Bob 收藏的视频? 同样,假设 Alice 是 Bob 在线社交网站(如 Facebook)上的朋友,Bob 还是 Carol 的朋友,但是 Alice 不是 Carol 的朋友。Alice 的应用程序能否访问 Carol 的个人资料? 事实上,这里没有正确的或错误的答案。不同的人对隐私都有不同的理解。更重要的是,不同的社交网络协议实施不同的隐私政策。这些政策在 API 想让程序员做和不做什么中得到反映。甚至当在线社交网络门户允许应用程序访问用户内容时,它也要求应用程序在访问内容之前得到用户明确的允许。

另一个例子,Facebook 的社交应用程序旨在创建一个基于用户和他的朋友们喜欢什么电影的电影推荐应用。现在,假设一个特定的用户 Alice 想使用这个应用程序。从功能上来说,该应用程序需要访问 Alice 喜欢的电影、她的朋友列表和她朋友喜欢什么电影。应用程序应如何得到这些信息呢? 应用程序让用户 Alice 提供她 Facebook 的用户名和密码,然后访问所需信息。这种方法虽然简单,但是存在很大的安全漏洞。第一,Alice 没有理由相信该应用程序,它实际上可能使用她的用户名和密码获取她的个人照片和滥用它们。第二,一旦 Alice 把她的用户名和密码给了应用程序,她没有办法再拿回来,应用程序从今往后都可以在 Facebook 中访问 Alice 的私人信息。当然,Alice 可以修改她的用户名和密码来阻止应用程序,但是这种方法不能很好地进行扩展——期待用户仅在使用一次社交应用程序后就修改他的用户名和密码将只会确保没有人会再使用这类应用程序。因此,需要一种安全的体系结构,以确保社交应用程序能够在特定时间访问具体的内容而不需要用户与此应用程序共享她的用户名和密码。有很多安全的体系结构达到了这个目的,例如：Google AuthSub、Yahoo! BBAuth、Flick API 与 OAuth 协议。在它们中日益开放体系结构标准的是 OAuth,下面来解释。

OAuth 概述

OAuth 给用户提供了在没有分享他们密码的情况下使应用程序访问他们"资源"的方法。它还提供了设定访问权限(在范围、持续时间等方面)的方法。尽管 OAuth 安全协议的全面介绍超出了本章范围,但是本节的目的是使用户了解这种体系结构,以便开发一种他们的应用程序接受认可的身份认证流程,以便在发生错误时调试他们的代码。

OAuth 中介绍的最重要的体系结构变化是资源所有者(resource owner)的概念。在传统的客户机—服务器身份验证模式下,客户端使用他的安全证书(用户名和密码)在服务器验证自己。OAuth 在这种模式下引用了第三个角色——资源拥有者。区分资源拥有者和客户端是十分重要的,客户端代表资源所有者但不是资源所有者。为了说明问题的,表 4.7 提到术语对应关系是很有用的。通过这个对应关系,理解在社交程序中使用 OAuth 就变得容易了。

表 4.7 OAuth 术语映射

资源拥有者	用户(人)
客户端	社交应用(部署在用户的 PC 与/ 或后端服务器之上的应用)
服务器	一个保存用户私有数据的社交网站(如 Facebook)

为了使社交应用程序可以在资源所有者的行为(用户)之上从服务器(社交网络站点,如 Facebook)访问资源,其必须得到资源所有者的许可。OAuth 以标记(token)和匹配共享秘密(shared secret)的形式允许该许可。标记的目的是使资源所有者没有必要与客户端分享她的用户名和密码。OAuth 协议可以用于社交网以外的其他应用程序。在社交计算上下文中使用 OAuth 协议(图 4.13)的数据流如下所示:

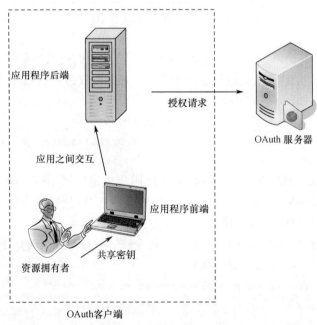

图 4.13 OAuth 高级体系架构

(1)用户向社交应用程序发送请求。

(2)社交应用程序使用 redirect_uri 将用户重定向至社交网络(SN)站点。

（3）SN 站点通知用户相关资源（通过用户界面），社交应用程序请求访问并且要求确认该资源。

（4）用户通过输入安全证书（用户名和密码）接受请求。

（5）SN 站点验证用户安全信息。

（6）如果正确，SN 站点发送一个标记或与社交应用程序分享密码并且将用户重定向到 redirect_uri（其他请求被拒绝）。

（7）SN 应用程序使用令牌或共享密钥来访问允许访问的资源。

在 Facebook 上使用 OAuth：如上所述，用户可以在不公开 Facebook 的用户名和密码的情况下明确地允许其他应用程序访问在社交网站上的内容。本节演示 Facebook API 的用法，使用 OAuth 实现此功能。以下是要访问用户在 Facebook 上的非公开内容时应用程序进行身份验证所需的步骤。

（1）注册该应用程序，获取到该应用程序的 ID 和密钥。可以通过单击"Create New App"并且阅读在 http://www.facebook.com/developers/createapp.php 中的正规注册说明来做到这一点。在注册步骤结束时，Facebook 分配一个如下的应用程序 ID 和密钥。

```
App ID: 275910438759498
App Secret:20182e6931efd7939a01135e1baaa5d3
```

从 OAuth 角度看，从现在起这个 Facebook 应用程序 ID 是 client_id，密钥为 client secret。

（2）下面 URL 会将用户重定向至 Facebook，因此他们可以登录并允许访问应用程序，同时也可指定用户应该重定向至 URL，完成授权过程（redirect_uri）后，用户得到一个界面，如图 4.14 所示。

```
https://www.facebook.com/dialog/oauth?
client_id = <AppId>&redirect_uri = www.pustak.com&scope = email,
read_stream
```

（3）如果用户授权应用，Facebook 将会把用户重定向回用一个额外的参数指定的 redirect_uri（code = string），而 string 为验证字符串（代码或会话验证码），该字符串可以为 app 获取访问令牌。

（4）验证字符串必须被交换来获取访问令牌。这使用如下的 API 便可以做到，与前面步骤的 redirect_uri 完全相同。

```
https://graph.facebook.com/oauth/access_token? client_id = <Face-
book
AppId>&redirect_uri = http://www.pustak.com/oauth_redirect&client
secret = <Facebook App
Secret>&code = <session authcode>
```

上面 API 的响应就是一个访问标记（access_token 参数）连同到标记到期为止

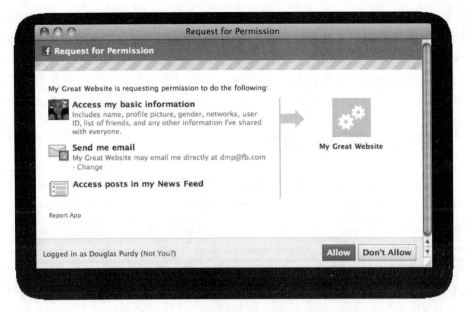

图 4.14 用户授权应用程序访问他/她的 Facebook 数据

的(expires 参数)秒数。一个返回的例子如下所示：

```
Access_token = 12178242641841264 | safkhjfsafh317813.jhffas.
244&expires = 5108
```

（5）然后，应用程序使用上述请求返回的访问令牌来生成用户访问 Facebook 数据的细节。如果应用程序需要不限时的访问，应用程序可以请求 offline_access 权限。

在本节中，读者可以更好地理解用于将来自流行社交网络站点的有用数据写入到社交应用程序中的不同的 API。在算法上有许多文献可以用于这些社交应用程序，但是这些已经超出本书的范围。对于这个话题介绍的比较好的一本书是由 Toby Segaran[31] 编写的 *Programming Collective Intelligence*。这本书中引入了许多非常有趣的算法，可以从程序员的角度通过社交网络服务利用数据。分析社交网络来理解用户行为也是一个很有趣的学习主题[32]。最后，社交计算是高度动态并且发展很快的研究领域，因此读者必须参考有最新研究成果的出版物与当前最新的 API 文档。

文档服务：Google Docs

文档服务：Google 文档正如在社交网络一节中提到的，云计算的一个非常重要的用途就是分享数据。这种分享可以是和前面提到的朋友或同事，也可以是跨越多种设备的个人。一个消费者拥有一种以上计算设备（办公室的笔记本电脑、家用电脑和甚至个人移动设备）是很常见的。在这种情况下，云服务的应用仅仅是上传文档到安全的地方,并且可以随时、随地在多个个人设备中使用,这是非常有价值的。已经存在许多这样的云服务,如 www. dropbox. com、www. slideshare. com、www. scribed. com。不仅这样,如果云服务允许一个人与选定的几个朋友分享这些文档并且允许他们中的部分人更新和修改,那么它也将是协作的一个非常有用的工具。我们使用 google 文档作为例子介绍这类文档服务功能的更多细节。

使用 Google Docs 门户

Google 文档是一个很受欢迎的云应用,也是协作文档服务很好的例子。它允许用户在线创建和编辑文档以使团队中的人使用单个文档来一起分享和工作。它最基本的特点就是简单—分享,编辑或者简单地存储文档。现在这是社交的一个基本特征,Google 文档近年来也变得非常流行。

图 4.15 显示用户登录 Google 主页面的截图。该页列出 Test 目录中的文件。左侧栏显示其他文件集(例如,符合特定标准的那些,如文件 Owned by me)或者其他文件夹(如目录 shared with me)。顶部的操作按钮表示对选定文件或所有文件的操作。图中显示选中了两个文件。特别地,Share 按钮允许与其他用户分享选中的文件。当分享时,将询问用户仅仅是以"可查看"权限共享还是"可编辑"权限共享。这相应地就设定了每个用户是可读和可读写的权限。

图 4.15　Google Docs 主页

在 Test 目录中的文档要么是使用 Google 文档刚刚生成的,要么是本地计算机创建然后上传到 Google 文档中的。这两个选项在顶部左侧菜单中显示。使用 Google 文档创建文件很简单。图 4.16 显示页面创建一个演示文稿的截图。可以看出这个页面与演示文稿软件包(如 Microsoft PowerPoint)的视图很像。一个区别是 Share 按钮在页面的右上方。单击这个按钮允许共享演示文稿,因此多个用户可以在文档的开发中进行协作。除了介绍以外,用户也可以在文档、电子表格和图纸间进行协作。

桌面工具可以简化文档到 Google 文档的上传步骤,仅仅需要简单的拖拽即可。这种工具的例子是 Windows 平台下的 ListUploader 或者 Mac OS X 下的 GDocsUploader。火狐浏览器还支持一种称为 GDocsBar 的插件,它支持拖拽上传到侧栏。同样,当一个文档与一组用户共享时,便可以通过 Google 分析器跟踪谁读了该文档。这只是需要在 Google 文档中设置的一个简单选项。随着服务越来越流行,将会产生越来越多的简单用法。

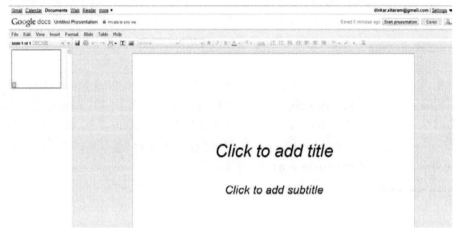

图 4.16　Google 文档创建演示

使用 Google 文档 API

Google 文档还提供了 API,可以允许用户开发上传文档到 Google 文档中或共享文档的应用程序[33]。当使用任何 Google 产品时,应该注意到的 Google 数据协议(GDP)正在被隐含使用。GDP 为应用程序提供了一个安全方法使最终用户访问和更新由许多 Google 产品存储的数据。GDP 使用 GET 和 POST 请求,因此用户也可以使用协议来直接地应用所支持的任意编程语言,而这些编程语言则是通过 HTTP 客户端库所提供的。REST API 类似于 Facebook 上所使用的这种 API,其允许直接使用协议。在本节中,介绍了一个 Java 的例子。作为例子,使用了 Google 文档列表 API[33],其允许用户以编程方式访问和操纵存储在 Google 文档上的用户数据。

注意

这个程序演示其如何使用 GData 的 API 上传和共享文档。

下面是一个应用程序例子,该例子演示了文档共享的几种特性。首先,应用程序将文档上传至 Google 文档,然后将文档共享给邮件列表(Google 组 ID)中的人们,还会给那些人发送一封电子邮件通知这些人注意文档。由于该完整的程序需要运行多个页面,因此本节中只描述程序中的关键代码。

首先,需要导入如下主要 Google 文档软件包:

```
import com.google.common.*;
import com.google.gdata.util.*;
import com.google.gdata.client.uploader.*;
import com.google.gdata.data.docs.*;
import com.google.gdata.data.media.*;
import com.google.gdata.data.acl.*;
```

一个简单的例子

首先考虑一个非常简单的不会有上传错误的例子。下面的 Java 代码片段实现此功能。当上传过程中有通信或网络错误时这个方法抛出 IOException。uploadURL(为简单起见,这里为硬编码固定值)为上传指向 Google 文档,然后创建一个 DocService 对象,并为该对象设置用户凭据,之后上传文件就很简单了——只要设置文件名和标题,然后调用服务的插入方法。

```
public DocumentListEntry uploadFile(String filepath, String title)
                throws IOException, ServiceException, Docu-
                mentListException {
        URL createUploadUrl = new URL ("https://docs.google.com/
                feeds/upload/default/private/full");

        DocsService service = new DocsService("Pustak Portal");
        service.setUserCredentials(gmail_user, gmail_pass);

        File myfile = new File(filepath);
        String mimeType = DocumentListEntry.MediaType.fromFileName(
                        file.getName()).getMimeType();

        DocumentEntry myDocument = new DocumentEntry();
        myDocument.setFile(myfile, mimeType);
        myDocument.setTitle(new PlainTextConstruct(title));

        return service.insert(createUploadUrl), myDocument);
}
```

下面的代码片段演示如何用 DocumentListEntry 方法来输出上传文件的详细信息。

```
public void printDocumentEntry(DocumentListEntry doc) {
    StringBuffer buffer = new StringBuffer();
```

```
buffer.append(" -? - " + doc.getTitle().getPlainText() + " ");
if (! doc.getParentLinks().isEmpty()) {
    for (Link link : doc.getParentLinks()) {
        buffer.append("[" + link.getTitle() + "] ");
    }
}
buffer.append(doc.getResourceId()); output.println(buffer);
}
```

提示

如果使用 ResumableGDataFileUploader 来上传数据,那么连接中断也可以处理得很好。

在网络中处理中断

上传大文件需要很长时间而且不能保证客户端在上传的时间间隔内始终保持连接。上传可能因为网络中断在中途就会失败。不幸的是,对于重新开始失败的上传任务,HTTP 并没有提供任何指导。但是,Google 文档有 API 来处理这些中断,并因此有必要使用称为 ResumableGDataFileUploader 的 Java 类。为此,应该在 Java 线程中执行如下代码,并使用 Listener 模式来等待上传任务的完成。

```
int MAX_CONCURRENT_UPLOADS = 10;
int PROGRESS_UPDATE_INTERVAL = 1000;
int DEFAULT_CHUNK_SIZE = 10485760;


// Create a listener
FileUploadProgressListener listener = new FileUploadProgressListen-
er();
// Pool for handling concurrent upload tasks
ExecutorService executor =
        Executors.newFixedThreadPool(GDataConstants.
        MAX_CONCURRENT_UPLOADS);


// Get the file to upload
File file = new File(fileName);
URL createUploadUrl = new URL
        ("https://docs.google.com/feeds/upload/default/private/
        full");


DocsService service = new DocsService("Pustak Portal");
service.setUserCredentials(gmail_user, gmail_pass);
```

```
MediaFileSource mediaFile = new
    MediaFileSource(file,DocumentListEntry.MediaType.fromFileName
                                            (file.getName()).
                                            getMimeType());

//Fetch the uploader for the file
ResumableGDataFileUploader uploader = new
        ResumableGDataFileUploader(createUploadUrl, mediaFile,
        service,
            DEFAULT_CHUNK_SIZE, executor, listener,
            PROGRESS_UPDATE_INTERVAL);
    //attach the listener to the uploader
    listener.listenTo(uploader);
    //Start the upload
    uploader.start();
    while (! listener.isDone()) { try {
        Thread.sleep(100);
    } catch (InterruptedException ie) {
        listener.printResults();
        throw ie; //rethrow
    }
}
```

使用邮件列表共享文档

最后,思考一个更复杂的例子,一个代表登录 Google 文档(GDataServiceDelegate 类)并赋予同伴 Google 组邮件列表(SHARING_GROUP_NAME)的写入权限。相同的 Java 代码如下,以粗体显示重要方法。ACLFeed 类(访问控制列表[34])用于添加一个新的项目,并设定合适的范围和作用组。

```
private void shareUploadedDocumentWithGroup() {
        try {
    GDataServiceDelegate delegate = new GDataServiceDelegate(
                        GDataConstants.APPLICATION_NAME);
    delegate.login(username, password);
    DocumentListFeed resultFeed = delegate.getDocsListFeed
    ("documents");
    List < DocumentListEntry > listEntries = resultFeed.getEntries
    (); DocumentListEntry entry = null;
    if (listEntries.size() > 0)
```

```
    entry = listEntries.get(0); // firstentry
else
    return;

AclFeed aclFeed = delegate.getAclFeed(entry.getResourceId());
for (AclEntry aclEntry : aclFeed.getEntries()) {
    AclScope scope = new AclScope(AclScope.Type.GROUP,
    SHARING_GROUP_NAME);
    aclEntry.setScope(scope);
    aclEntry.setRole(new AclRole("writer"));
    aclEntry = aclEntry.update();

    printMessage(new String[] { aclEntry + ","
            + aclEntry.getScope().getValue() + " ("
            + aclEntry.getScope().getType() + ") : "
            + aclEntry.getRole().getValue() });
        }
    printMessage(new String[] {"Your document has been shared"});
    } catch (Exception e) {e.printStackTrace();}
}
```

在其他 HTML 页面中嵌入 Google 文档

考虑这样一个场景,其中 Pustak 门户页面需要嵌入 Google 文档,也就是说,单击一个连接,将显示实际上是存储在 Google 文档中的文件。如果 Pustak 门户决定使用 Google 文档作为后端存储,可能会出现这种情况。Pustak 门户可能使用与早些时候介绍的相同的 API 上传文档至 Google 文档并且将 Google 文档作为一个存储库来存储 Pustak 文档。问题是如果 Pustak 门户的一个用户想要打开一个文件,该文件需要用户到 Google 文档服务登录并只能查看该文档,于是使用 Pustak 门户的经历被碎裂成小段。因此,有没有可能留在 Pustak 门户,但可方便地在后端使用 Google 文档? Google 文档同样方便地支持这样的使用情况。

为了将 Google Docs 文档嵌入到另一个 HTML 文件中,需要被插入文档唯一的 URL。为了得到这个唯一的 URL,该文件需要作为一个网页发布。为此,在 Google Docs Web 页上,单击"Share",选择"Publish As Webpage",就可以看到如图 4.17 所示的窗口,该窗口不仅显示公共 URL,还显示类似下方的 HTML 代码,这些应当被插入到 Pustak 门户中去。

```
< iframe src = "https://docs.google.com/document/pub? id =1ayCJGX8b9
YEwiya 7K17eEhteiDMv
1Xb JUuzcWuHF4&amp;embedded = true" > < / iframe >
```

177

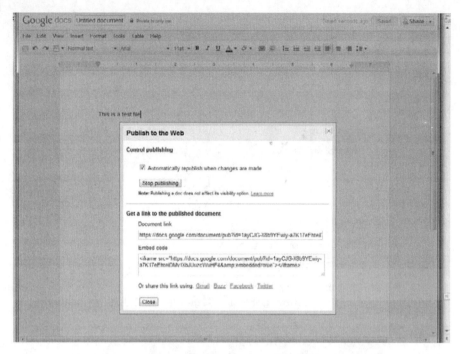

图 4.17　文档作为 Web 页面发布

除了能够按名称检索文件以外，Google Docs 还具有 API 来搜索文档[35]的列表。API 不仅可以通过文本字符串搜索，还可以通过文件的属性搜索，例如，文件的类型和最后一次访问的时间。还可以从图片中提取文本和将文档从一种语言翻译到另一种语言[36]。

Google 文档是一个简单的文档管理 SaaS 应用程序，其被设计为使用云服务作为允许上传和共享文档的信息持久存储库。像所有的 SaaS 应用程序一样，可以使用门户网站访问 Google 文档的所有功能。此外，开发人员能够 API 使其他应用程序使用这个云应用程序。Google 文档提供了许多类似的功能来协作完成任务，如撰写本书。需要了解 Google 文档在经过的网站和 API 面方面的所有特点的用户可以分别参考 Google Docs[37] 和 Google Documents List Data API，正如所看到的一样，即使是一个简单的上传功能，用这种方式实现一个 API 都是不平凡的，它适用于在网络中有弹性的连接断开。最后，本节展示了在运行的 Pustak 门户例子中如何使用 SaaS 的特性。

小结

本章侧重点主要是 SaaS 应用程序的技术方面，而不是商业利益或营销炒作。但是，并没有给用户或者应用程序供应商介绍 SaaS 在计算模型中的大变动，这样的 SaaS 章节是不完整的。下面关于这一主题进行简要阐述,并评估在本章所述的不同案例研究的方法。

从历史上看,SaaS 的概念甚至在"云计算"一词产生之前就已经存在了。例如,早在 2001 年产生关于 SaaS 的大多数讨论甚至与如今相关。单词 SaaS 之后创造了很多利益,也意识到在互联网上将计算看做一种服务的好处。有很多应用程序服务提供商仅仅通过将他们的应用程序托管在门户网站上,便摇身一变成为 SaaS 供应商。然而,当应用程序用户数量增加时,他们很快意识到除了提供一个新的应用程序服务模式外,SaaS 还要在硬件和平台级处理规模、多租户和可靠性问题上解决很多挑战,因此,第一个真正的云计算产品是来自于像 Salesforce、Google 和 Amazon 这样的公司,这些公司可以看做是 SaaS 供应商,其分别提供 CRM 作为服务、搜索作为服务与图片销售。为了取得成功,这些供应商被迫开发能使他们的服务可以快速扩展到很大规模并且在他们的基础设施之上支持多用户,同时仍旧保持隔离(多租户)的功能。因此,最终 SaaS 模型扩大为云模型。

除了技术以外,社交计算应用程序作为 SaaS 被提供,这在网络上产生了重大影响。正如导言中介绍的,这些应用程序推动网络进化到如今的数字世界。影响云计算深度进化的一个主要驱动因素很可能是用户内容增加的产物,以及用户日益增长的在移动设备访问和修改这些内容的能力。此外,由企业挖掘这些丰富的内容,以便将交给用户产品更加个性化。例如,可以说因特网将会从被动的实体(就像海洋不知道鱼在海洋中游)改变为一种能够意识到在里面居住的用户的智能云。

从应用程序交付的角度看,SaaS 使终端用户视角透视的云计算,应用程序不再安装到本地计算机而是可以在因特网上安装。对用户而言,SaaS 的优点包括侧重使用应用程序而不是花费精力安装和维护程序的功能。对于小型企业,SaaS 使复杂的企业应用程序由大公司负担。对于中型和大型企业,如引言所述,有必要研究金融来确定通过 SaaS 和私有云部署交付的应用程序中节约成本的机会。应用程序提供商从 SaaS 模型中还看到了许多好处。任何新的应用程序不需要建立分销渠道或服务渠道便可以快速推向市场,以便来确保关键错误的修复可以到达他们的用户,这是非常有价值的,特别是企业起步阶段。

从技术方面来说,SaaS 系统不同于 PaaS,它根据云技术不同层次的应用而变化多样,这显示了其可能应用的多样性。供应商可以提供一个新颖的应用体验,或者提供一个单独但大多数用户都使用的功能(如在 Google 文档中上传和共享文档),或者提供一个可以自定义不同业务场景的通用应用程序(如 Salesforce 所示),或者提供在特定域内可以创建新应用程序的平台(社交计算)。在每一个例子中,应用程序的配置和系统的灵活性程度对于不同用户来说有很大不同。进一步分析这些差异是很有趣的。

在 Salesforce. com 中,用户不仅能够使用门户接口微调外观和感觉,还可以使用 Salesforce 的平台组件编写自己的程序来开发新的应用程序。为了向复杂应用程序的开发提供所需的灵活性和可配置性，Salesforce 演变成了 Force. com，Force. com 是一个用户必须访问独立应用程序组件（数据库、逻辑、工作流），甚至可以为其他领域开发应用程序（不限 CRM）的 PaaS。因此，如果一个 SaaS 应用程序是为了给不同用户提供不同的功能集，或者将相关配置元素暴露给用户，平台中心法则是正确的方法（虽然只限制平台的功能最终可能会暴露给用户）。然而，不需要总是将 PaaS 暴露给用户，特别是当 SaaS 应用程序本身支持多用户使用而不需要特别自定义——正如我们在 Google 文档一节中看到的。

Google 文档的例子产生了一些额外的见解。虽然 SaaS 应用程序可以看做一个可以进行文档托管、共享和查看的简单门户，网站但是支持互操作性和可靠性这些其他功能也是很强大的。如果被需要作为文档的一种共享和分配机制，Google API 可用于支持客户端应用程序，它可以将云作为持久存储器，开发新型的应用程序。在 SaaS 应用中一个需要特别关注问题是确保相关程序的可靠性。鉴于访问任何 SaaS 应用程序都需要网络连接，并且该网络很可能断开，上传 API 对于确保断开连接期间的会话管理有特殊作用。Salesforce. com 的另一个类似功能是批量加载数据[12,40]的能力。结合这些功能来弥补由于云承载应用程序产生的所有间隙或限制，这是 SaaS 应用程序成功的关键，例如，Google 文档和 Microsoft Office 优越性的几次争论。

虽然每个 SaaS 应用程序都集中在一个特定的领域，并允许用户在特定域中自定义或开发更新的应用程序，结合多个 SaaS 应用程序并使其对于终端用户来说更为简单，这有很多机会。例如，FaceConnector 是 Salesforce. com 和 Facebook 的结合——将 Facebook 的配置文件和好友信息混合到 Salesforce CRM 应用程序中[41]。同样，使用 Salesforce 和 Google Docs 一起作为集成解决方案使它能够在 Web 中管理所有办公[42]，并且 Amazon Web 服务和 Facebook 之间的集成允许利用 Amazon 和 Salesforce. com 集成开发应用程序[43]。因此 SaaS 形成了云计算中的一个重要方面。

参考文献

［1］SalesForce. com. http://www. salesforce. com ［accessed October 2011］.

［2］https://na3. salesforce. com/help/doc/user_ed. jsp? loc = help ［accessed March 2011］.

［3］Creating Workflow Rules. https://login. salesforce. com/help/doc/en/creating_workflow_rules. htm ［accessed October 2011］.

［4］SugarCRM. http://www. sugarcrm. com/crm/ ［accessed October 2011］.

［5］White Paper. http://www. salesforce. com/ap/form/sem/why _ salesforce _ ondemand. jsp? d = 70130000000 EN1GandDCMP = KNC － Googleandkeyword = sugar% 20CRMandadused = 1574542173andgclid = CNfqoLK2uaQCFc5R6wod_R3TbQ ［accessed March 2011］.

［6］Force. com Web Services API Developer's Guide. http://www. salesforce. com/us/developer/docs/api/in-

第4章 软件即服务

dex. htm [accessed 08. 10. 11].

[7] Salesforce Apex Language Reference. https://docs. google. com/viewer? url = http://www. salesforce. com/us/developer/docs/apexcode/salesforce_apex_language_reference. pdf [accessed October 2011].

[8] A Beginner's Guide to Delphi Database Programming. http://delphi. about. com/od/database/a/databasecourse. htm [accessed October 2011].

[9] A Comprehensive Look at the World's Premier Cloud – Computing Platform. http://www. developerforce. com/media/Forcedotcom_Whitepaper/WP_Forcedotcom – InDepth_040709_WEB. pdf [accessed October 2011].

[10] Force. com Web Service Connector (WSC). http://code. google. com/p/sfdc – wsc/wiki/GettingStarted [accessed October 2011].

[11] Salesforce API Reference. http://www. salesforce. com/us/developer/docs/api/index_Left. htm# [accessed October 2011].

[12] Bulk API Developer's Guide. https://docs. google. com/viewer? url = http://www. salesforce. com/us/developer/docs/api_asynchpre/api_bulk. pdf [accessed October2011].

[13] Performance tips by Simon Fell. http://sforce. blogs. com/sforce/2005/04/performance_tip. html [accessed October 2011].

[14] http://blog. sforce. com/sforce/2005/05/sforce_performa. html [accessed 08. 10. 11].

[15] http://blog. sforce. com/sforce/2009/08/partitioning – your – data – with – divisions. html [accessed 08. 10. 11].

[16] http://wiki. developerforce. com/index. php/Apex_Code:_The_World's_First_On – Demand_Programming_Language [accessed 08. 10. 11].

[17] DeveloperForce Website. http://wiki. developerforce. com/index. php/Force. com_IDE_Installation_for_Eclipse_3. 3. x [accessed October 2011].

[18] Apex Code: The World's First On – Demand Programming Language. http://wiki. developerforce. com/images/7/7e/Apex_Code_WP. pdf [accessed October 2011].

[19] Salesforce Object Query Language (SOQL). http://www. salesforce. com/us/developer/docs/api/index_Left. htm#CSHID = sforce_api_calls_soql. htm l StartTopic = Content% 2Fsforce_api_calls_soql. htm [accessed October 2011].

[20] Lawson M. Berners – Lee on the read/write web. http://news. bbc. co. uk/2/hi/technology/4132752. stm; 2005 [accessed 03. 10. 10].

[21] Eldon E. Facebook: 300 Million Monthly Active Users, " Free Cash Flow Positive ". http://www. insidefacebook. com/2009/09/15/facebook – reaches – 300 – million – monthlyactive – users/; 2009 [accessed 03. 10. 10].

[22] Voss, J. Measuring Wikipedia. In: Proceedings of the ISSI 2005. Stockholm, 2005.

[23] O'Reilly T. What is web 2. 0: Design patterns and business models for the next generation of software. http://oreilly. com/web2/archive/what – is – web – 20. html#mememap; 2005[accessed 03. 10. 10].

[24] Baker C. My Map. http://christopherbaker. net/projects/mymap; [accessed 03. 10. 10].

[25] Graph API. http://developers. facebook. com/docs/reference/api/ [accessed 08. 10. 11].

[26] Picasa Web Albums Data API. http://code. google. com/apis/picasaweb/overview. html [accessed 08. 10. 11].

[27] Twitter developers. https://dev. twitter. com/ [accessed 08. 10. 11].

[28] Streaming API. http://dev. twitter. com/pages/streaming_api [accessed October 2011].

[29] CURL. http://curl. haxx. se/docs/ [accessed 08. 10. 11].

[30] OpenSocial. http://code. google. com/apis/opensocial/ [accessed 08. 10. 11].

[31] Segaran T. Programming collective intelligence: building smart web 2. 0 applications, O'Reilly Media; 2007.

181

ISBN - 13：978 - 0596529321.

[32] Wasserman S, Faust K. Social network analysis：methods and applications. Cambridge University Press；1994. ISBN - 13：978 - 0521387071

[33] How to do stuff with Google Docs. http：//www. labnol. org/internet/office/google - docsguide - tutorial/4999/ [accessed 08. 10. 11].

[34] http：//code. google. com/apis/documents/docs/3. 0/developers_guide_java. html#AccessControlLists [accessed 08. 10. 11].

[35] http：//code. google. com/apis/documents/docs/3. 0/developers_guide_protocol. html#SearchingDocs [accessed 08. 10. 11].

[36] Translate a document, https：//docs. google. com/support/bin/answer. py? answer = 187189 [accessed October 2011].

[37] Google Docs homepage. http：//docs. google. com [accessed 08. 10. 11].

[38] http：//code. google. com/apis/documents/docs/3. 0/developers _ guide _ protocol. html # SpecialFeatures [accessed 08. 10. 11].

[39] Software As A Service. A Strategic Backgrounder, Software & Information Industry Associatio, SIIA 2001, http：//www. siia. net/estore/ssb - 01. pdf [accessed October 2011].

[40] Got (lots of) Data? New Bulk API for High Volume Data. https：//docs. google. com/viewer? url = http：// www. salesforce. com/dreamforce/DF09/pdfs/ADVD009_Ferguson. pdf [accessed 08. 10. 11].

[41] http：//sites. force. com/appexchange/listingDetail? listingId = a0330000003z9bdAAA [accessed 08. 10. 11].

[42] http：//www. google. com/press/annc/20080414_salesforce_google_apps. html；2008 [accessed 08. 10. 11].

[43] Force. com Toolkit for Amazon Web Services. http：//aws. amazon. com/solutions/globalsolution - providers/ salesforce/ [accessed October 2011].

第 5 章
云应用开发范式

5

【本章要点】

- 可伸缩的数据存储技术
- MapReduce 回顾
- 富因特网应用

引言

新平台,诸如第 3 章研究平台即服务,使开发人员可以方便开发高效、可伸缩的运行在 WEB 的应用程序。然而,为了高效地使用这些平台,刚刚步入云应用的开发人员需要学习新的应用程序设计理论。本章介绍一些基本的新设计方法和范式,使开发者在应用程序的开发中有意识地做出正确的选择。

下一节介绍在程序执行期间处理大规模数据存储的新概念和技术。详细解释存储云端数据的关系数据库和非关系型数据库存储(NoSql)。第 3 章介绍的 Ha-doop 平台提出 MapReduce,这一编程的新概念,要求开发人员重新思考程序设计。下一节解释了 MapReduce 范式的基本概念并指导用户建立类似 MapReduce 问题描述架构,"大数据"的应用程序尤其需要(这种问题描述架构)。后续章节内容包括混合利用客户端编程和可视化编程开发运行在云端订制客户端接口,利用这些接口开发富客户应用程序。

可伸缩的数据存储技术

正如第 1 章所述,云应用可能有超过企业级应用数据存储的要求。例如,在 2009 年,Facebook 需要 1.5PB 的内存来存储照片,每周增长 25TB[1]。这种大容量存储需求远远超过了企业存储系统的能力。因此,高容量、高吞吐量可能是传统技术无法扩展到云端的原因。一个欧洲社交网站 Netlog 有 4000 万活跃成员,在高峰时间每秒产生 3000 多次查询[2]。工作负载来源于写频繁操作,读写比率为

1.4：1。最新的报告指出，Google 每分钟处理 2×10^6 次服务请求[3]。

这些例子表明传统的存储技术不能满足云端应用。本节讨论如何将存储系统扩展到云端。基本的技术是利用多个独立存储系统分区和复制数据。众所周知，数据库能被划分成多个相互关联的子数据库，这些子数据库因为性能和可用性（要求）自动同步，所以需要强调独立。由于组合系统的总吞吐量是单个存储系统的总和，所以分区和复制会增加系统的整体吞吐量。

本章介绍的另一个可伸缩存储技术是 NoSQL①（非关系型数据库）。开发 NoSQL 是对传统数据库完善，重点是确保企业应用数据完整性，但 NoSQL 限制太严格不能扩展到云规模。例如，传统数据库一旦实施了一个数据存储方案，就不容易改变。然而，像云这样快速变化的环境，数据存储方案改变可能是必要的。例如，在 Pustak 网站中，可能需要采集在售的图书的附加信息，以便能够使用更复杂的推荐算法向表中添加新列。与关系数据库对比，NoSQL 存储系统更简单、更灵活，不足之处是应用程序更复杂。例如，NoSQL 不需要实施严格的存储格式，代价是编写应用程序需要处理不同格式的数据记录（模式）。

通过减少在每个分区中存储的数据量，利用分区和复制技术增加了存储系统的可用存储容量。然而，这将产生同步性和一致性的问题，第 6 章介绍这方面的内容。

本节中其他部分的结构如下：下一节以 Pustak 网站为例，发布典型示例数据。第二节可伸缩的存储系统，通过分区上节示例数据，介绍如何实现可伸缩技术，讨论关系数据库背景，同样的概念适用于分区 NoSQL 系统。第三节讲述 key – value 存储模型 NoSQL 系统。最后一节述 NoSQL 系统的另一个类型，称为 XML 文档数据库。

示例：Pustak 门户网站数据

使用下面的例子说明云存储的基本技术和展示交易（过程）。假设在 Pustak 网站中，存储书籍销售的交易，以及每本书的客户档案和当前库存。数据模型用图 5.1 的实体 – 关系图显示。

表 5.1 显示需要存储的客户数据和图书销售数据。客户数据包括客户编号（Customer_id，主键）、客户名（Name）、客户住址（Address）、客户从 Pustak 网站购买书籍总金额（Total Bought），这个数据用来确定客户会员等级（例如，金卡会员或银卡会员），会员等级可以用来计算折扣或其他会员优惠。库存表（表 5.2）包括 Book_Id 和 Warehouse_Id，两个字段共同构成 Inventory 主键，用来描述图书的库存数量。销售数据（表 5.3）包括 Transaction_id（交易号）、Customer_Id 和 Book_Id 以

---

① NoSQL 源自 No SQL 的缩写。由于云中关系数据库的优点变得更加知名，No SQL 现在重新解释成不仅仅是 SQL（No Only SQL）。

及 Sale_Price。

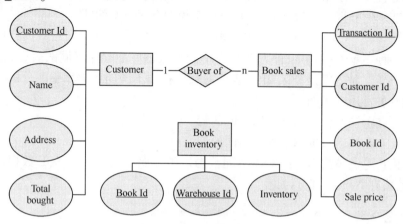

图 5.1 Pustak 门户网站数据样本

表 5.1 Pustak 门户网站 Customer

Customer_Id	Name	Address	Total_Bought
38876	Smith, John	15, Park Avenue, ...	$5665

表 5.2 Pustak 门户网站 Inventory

Book_Id	Warehouse_Id	Inventory
1558604308	776	35

表 5.3 Pustak 门户网站 Transaction

Transaction_Id	Customer_Id	Book_Id	Sale_Price
775509987	38876	99420202	$11.95

例如,因为折扣,图书销售价格会有不同,因此有必要在书的销售数据中存储它。由于一个客户可能买了多本书,每本图书只能卖给一个客户,因此在客户和图书之间形成一对多的关系。在本章后面介绍存储技术时这个数据库将作为一个例子。

可伸缩存储技术:分区

由于关系数据库被企业广泛使用和高度重视,因此其性能和可靠性达到了一个很高的水平,是云存储的一个自然选择。截止当前,许多云应用使用 MySQL 存储数据,包括 Wikimedia[4]、Google[5] 和 Flickr[6]。目前,太(10^{12})级别数据库被认为存储容量非常大[7]。如前所述,像 Facebook 等云应用需要存储巨量的数据,传统的数据库部署不能满足这一要求。

吞吐量和巨大数据存储量的扩展超出传统数据库能力,因此,分区数据和将每个分区数据存储不同数据库是必要的。为了扩展吞吐量,也需要复制技术。本节剩余部分首先介绍用于扩展关系数据库的分区和复制技术,随后,将这些技术应用于前一节示例数据。在最后一小节,进一步说明分区方案的缺点。

回顾表5.1~表5.3所列的关系数据库,描述了将 Pustak 网站数据存储在关系表中两种简单方案:第一种方案是在不同的数据库中存储不同的表(如多数据库系统);第二种方案是分区,单一表中的数据存到不同的数据库中。分区一个表中数据两种常用方法如下:

(1) 在不同的数据库中存储不同的行。

(2) 在不同的数据库中存储不同的列。

下面讨论三种技术。由于在不同数据库中存储不同列在 NoSQL 数据库中更常用,这将在 NoSQL 部分讨论。

功能分解

如前所述,一种分区技术是在不同数据库中存储不同的表,形成多数据库系统(MDBS)[8]。图5.2显示门户网站 Pustak 应用了 MDBS[9]。网站数据被存放在四个数据库中。Session 存储用户信息,诸如用户配置文件(user file)、用户标识符(user_id)和密码(password)。eCommence 存储用户交易信息。Content 存储销售图书的信息,如它们的图片和价格。Data WareHouseing 分析交易数据并推断用户购买兴趣。需要指出的是,这些数据库不是独立的。例如,Data WareHouseing 定期从 eCommence 中提取数据。注意,由于服务必须在大约10s内分解成一组子功能,因此分区技术时间范围不超过10s;否则,不能满足云架构需求。

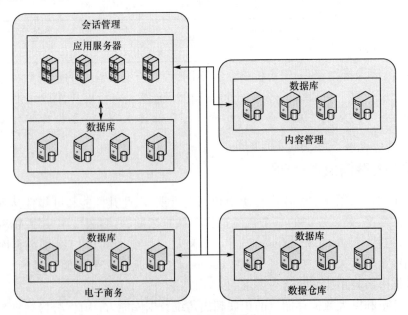

图5.2 数据功能分解

主从复制

为了提高交易的吞吐量,就可能有多个数据库的副本。一种常见的复制模式是主从式,如图 5.3 所示[9]。主从数据库相互复制。所有的写操作在主数据库中进行,主数据库和从数据库同步更新,任何数据库中都可以进行读操作。由于在多个数据库中执行读操作,这是一个实现读密集型任务负载均衡的好技术。对于写密集型任务,可能有多个主数据库,因此多个进程同时更新不同的副本,确保数据一致性就变得很复杂。由于必须写到所有主数据库中和主数据库间数据同步额外开销,因此写操作的时间增加了。

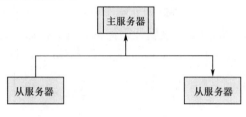

图 5.3 主从复制

行分区或分片

在云中,分片指将一个表中的记录存放在多个独立的数据库中[10]。在关系数据库中按记录分区不是新技术,在并行数据库中被称为水平分区。分片和水平分区之间的区别:水平分区时数据库对应用程序是透明的,分片则明确由应用程序划分。传统数据库开发商已经开始提供更为复杂的分区策略,这两种技术已经开始趋于一致[11]。由于分片和水平分区类似,首先讨论不同的水平分区技术。可以看出,分片技术效果取决于数据组织和预期的查询类型。下面介绍几种常见分片方法。

Round - robin 方法:DeWitt et al[12]描述了三种基本水平分区的方法。Round - robin 方法循环的将不同行分别存放在不同的数据库。在本例中,可以将交易表记录分区到多个数据库中,第一条交易信息存放在第一个数据库中,第二条交易信息存放在第二个数据库中,以此类推。

循环分区的优点是简单,缺点是失去数据间联系(相关的记录不可能在同一数据库中存储)。例如,用户可以登录到 Pustak Portal 并且查看最近的订单状态,可能这些订单存在不同的数据库中,需要查询所有的数据库。

注意
分片技术
● 按一个分片属性 Round - robin(循环) 分片数据,(注:将数据循环存储在不同的数据库中)。

对分片属性应用 Hash 函数以判断该记录存在哪个数据库

- Hash 分区:将分片数据通过 Hash 函数存储在不同的数据库中。
- 范围分区:每个分片存储一部分数据。
- 基于目录:在分区目录查询分片属性发现对应的分区。为了高效查找,

使用内存缓存存储分区目录。

- 循环分片丢失数据联系。
- 在范围分区中,需要慎重将数据分区,否则可能出现负载不平衡。

Hash 分区:Hash 分区和范围分区可以保留数据间的联系(图 5.4)。在 Hash 分区中,通过散列一个选定属性值查询出元组存储在哪个数据库中。如果频繁地查询某个属性(如 Customer_Id),Hash 该属性来保留数据间的联系,此属性值相同的记录存储在一个数据库。图 5.4 中显示 Customer_Id 是 38876 客户的交易记录存放 DB1 中。

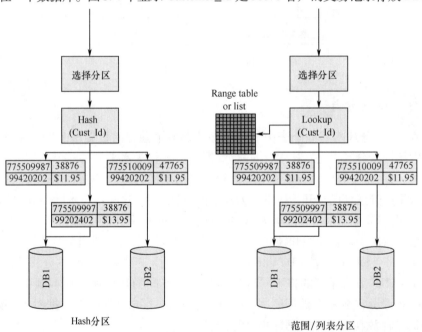

图 5.4　分片方法

范围分区:将属性"类似"记录存储在一个数据库中。例如,可以按 Customer_Id 范围,划分数据存在不同数据库中。如果选定经常查询属性作为分组属性,记录关系会被保存,因此没必要合并不同数据库数据。

有些网站使用列表分区(List Partition),这是范围分区的泛化[2]。不是按属性取值范围对记录分区,而是检索目录发现属性的组合属于哪个数据库。例如,如果 Customer_Id 是分区属性,检索目录查找对应数据库分区信息(图 5.4 说明范围分区和列表分区)。为了避免出现性能瓶颈,如果数据量可能很小,可以缓存数据库

（例如，有 2×10^7 个客户，占用的数据库可能约为几兆字节）。

除非仔细选择分区，否则范围分区易受负载不均衡的影响。范围分区，容易出现分区中数据量存储的不平衡（数据倾斜）或者执行跨分区查询（执行倾斜）。这些问题在循环分区和散列分区中不太可能出现，因为它们往往将数据均匀分布在分区。

案例学习：Netlog 采用分区

为了说明这些原则，本小节介绍 Netlog 网站采用分区方法[2]。Netlog 社交网站包含三个数据库：用户数据库、用户关系数据库和用户发布的消息数据库。用户数据库包括用户的详细信息，如照片和视频。最初，所有数据库都存储在同一数据库服务器中。随着 I/O 需求的增长超过了一个数据库服务器的能力，为了扩展 I/O 需求，Netlog 进行尝试：

主从：第一次扩展（升级），Netlog 网站采用主从式（图 5.3）。由于 Netlog 应用具有较高读/写比率（1.4∶1），因此，主数据库最终成为一个性能瓶颈。

垂直分区：由于写用户数据库是一个瓶颈，因此对用户数据库执行垂直分区，独立列存放在独立数据库中（如图片的详细信息被存储在一个独立数据库中）。然而，关系和消息数据库成为新性能瓶颈。

功能分解：三个数据库：用户数据库、关系数据库和消息数据库分别存放在不同数据库服务器上（类似于图 5.2 所示的结构配置）。随着负载的增长，关系和消息数据库再次成为一个瓶颈。

主从：最初，只有用户数据库建成主从式。随后，为了增加吞吐量，关系和信息表随之也被建成主从式。然而，消息数据库要求高写入带宽，因此成为瓶颈。

分片：高写操作的数据库（消息数据库）按照 userid 分片。用户的数据存储在数据库 x 中，x 是 userid 对数据库数的模数（图 5.4）。这是一个 Hash 分片，其中 Hash 值是 userid 模数据库数。

示例：Pustak 网站数据分区

为了对（前例介绍的）Pustak 门户网站的数据进行分区，需要组合使用功能分解和分片。简短地讨论可选方案，以及实施这些可选方案的代码段。从下面的讨论中可知，不存在唯一的"最佳"分区选择，选择分区方案在很大程度上依赖应用程序（即，所查询具体数据库）。

首先，功能分解可使客户数据、交易数据和图书的库存数据分别存储在不同的数据库中，每个数据库单独分片（类似于图 5.2 中的配置）。一种进一步扩展的简单方案是根据 Customer_Id 对客户数据和交易数据进行分片（例如，散列 Customer_Id）。选择 Customer_Id 作为分片属性是假设大多数的在线交易都与单独用户相关（例如，查找最近订单状态或者更新客户个人信息）。其他交易（如查找一本书的总销售额)是离线交易,因此访问速度不是至关重要的(虽然也应高效查询)。如前所述,根据 Customer_Id 对交易信息进行分片,保持数据间相关性,因此对一个用户未付款订单查询不需要跨越多个服务器,减少查询时间。

这种分片方法实施之前,必须要解决一个问题,即对于给定 Transaction_Id,交易表按 Customer_Id 分区,需要用 Transaction_Id 中检索对应 Customer_Id。例如,一本书可能已经发货给用户,跟踪订单状态的软件可能需要按订单 Trandaction_Id 发送信息给邮件模块通知用户该书已经发货。不可能查询交易表检索出 Customer_Id,由于交易表按照 Customer_Id 分区,因此查询发往分片是未知的。这个问题可以通过修改交易表解决(表 5.4)。在这里,Transaction_Id 已经分解为(Transaction_Num, Customer_Id)共同形成表的组合键。Transaction_Num 是数字类型,用于唯一标识用户的某次交易,如秒数(从某个特定日期到本次交易)或随机生成数字。可以看出,分片的策略可能影响表的选择。

表 5.4　分片交易表修正

Transaction_Id			
Transaction_Num	Customer_Id	Book_Id	Sale_Price
6732	38876	99420202	$11.95

```
CODE TO INITIALIZE CONNECTION TO TRANSACTION DATABASE SHARDS
import java.sql.*
class transDBs {
    public static final int NUM_TRANS_SHARD = 10;
    String dburl1 = "jdbc:mysql://transDB"  //First part of DB URL
    String dburl2 = ":3306/db"; //Second part of DB URL
    Connection[] transDBConns; //Array of transaction DB connections
    /* Return connection to transaction db shard for Customer_id */pub-
    lic Connection
    getTransShardConnection (int Customer_id) {
        return (transDBConns [Customer_id % NUM_DB]);
    }
/* Load JDBC driver */
Class.forName ("com.mysql.jdbc.Driver").newInstance();
/* Initialize transaction DB shard connections */ transDBConns = new
Connection [NUM_DB];
for (int i =0; i <NUM_DB; i + +) {
String dburl;
/* transDBConns[0] points to jdbc:mysql://transDB0:3036/db */
/* and so on */
dburl = dburl1 + new Integer (i).toString() + dburl2;
```

```
try {
transDBConns[i] = DriverManager.getConnection (dburl, userid, pwd);
} catch (Exception e) {
e.PrintStackTrace();
}
} //for
} // transDBs
```

执行上面代码可实现交易数据库的分片。假定数据库被划分 NUM_TRANS_SHARD 片。transDBs 类维护一组到不同的数据库分区 transDBConns 连接。方法 getTransShardConnection 得到某个 Customer_id 用户到某个数据库分片连接。可以使用以下代码对数据库分区进行查询,该段代码演示如何检索一个用户的所有交易记录(假设 Customer_id 是交易表次要索引)。

以 transDBConn = 开始的语句得到某个特定用户到某个特定分区连接,并且随后的 stmt. executeQuery 语句执行分片查询。

```
Executing a Query to a Transaction Database Shard
    Connection transDBConn; // Connection to transaction DB shard
    Statement stmt; //SQL statement
    ResultSet resset;
    transDBConn = transDBs.getTransShardConnection (Customer _ Id);
    stmt =
    transDBConn.createStatement();
    resset = stmt.executeQuery ( " SELECT  *  FROM transTable WHERE
    custID = "
    + new Integer (Customer_Id).toString());
```

如果用户住址是地理上分散的,那么就要使用一个更复杂的方法。假设可以使用 Address 字段提取用户所居住的州,并且 Pustak 门户网站在每一个洲都部署一组服务器。在这种情况下,对每个用户的查询直接指向其所在的州服务器。可以通过将 continent 和 Customer_Id 字段散列来实现。例如,如果分片号是 3 位数(如 342),洲代号使用分片号的第一位数字表示,Customer_Id 使用其余的两位数字。

分片库存数据的一种常见方法是使用 Book_Id 作为分片属性。这允许查询单个服务器发现所列图书存储在哪些仓库中,直接将客户订单发给就近仓库。然而,这也意味着一些分片间交互,如结账,将跨越多个数据分片。因为当一个用户结账时,订购图书库存清单将更新,由于按 Book_Id 分区,更新涉及多个服务器。

使用下列分区方法可以避免上述问题。假定存在一个库存清单管理系统,利用该系统,一个距离客户最近的仓库有很高的概率(如 95%)存放着客户希望订购的图书。在这种假设下,可以按 Warehouse_Id 分片。当用户结账时,很可能该用户订购图书都在距离他最近的仓库中,因此更新库存的操作很可能只涉及一个服务器。如果没有在最近的仓库中找到该书,该操作就要依靠库存管理系统完成。例如,如果有一个主库存服务器存放所有书的数据,只能查询主库存服务器。

分片的缺点

如前所述,分片技术增强数据库伸缩能力的同时也产生新的复杂性。分片产生的一致性问题,使得当传统分片方法没有提供足够吞吐量时,重新分片变得很困难[13,14],细节如下:

连接复杂性:当单个数据库被分片跨越多个服务器时,连接操作就变得不再简单,连接操作必须涉及多个服务器。一个常见解决方法是反规范化(denormalization),即某些属性被复制到多个表中[15]。在 Pustak 门户网站示例中,假设存在可由用户发起的主题论坛。考虑一下这种情况,当一个用户登录该门户网站时,显示由该用户发起的所有主题的回复。解决这个问题的一个常用方法是创建两个表:主题表,包含主题和发起该主题用户的 userid。回复表,包含主题 ID 和一组回复。以主题 ID 和用户 ID 做关键字将主题表和回复表连接起来可以得到期望的列表。如图 5.5 所示,生成用户 ID 是 999 报表。从主题表中看出该用户是 106 号和 107号主题的发起者,从回复表中可以看出答复 10061 和 10062 是对这些主题的回复,并且是可选的。由于回复表可能被分片,主题 106 和 107 回复可能在不同的分片中,这使操作变得复杂。处理这个问题的一个方法是给回复表中添加主题发起者的 userid(本例中为 999)。这使生成如前面所述查询变得简单,但是由于表不再规范化,增加了数据库规模并且也产生保持主题表和回复表一致性的问题。如果存在不一致性,可能用户就不能看到她发出主题的回复,反之亦然。

数据一致性:上面的例子可能会引起潜在的数据的不一致性。因为表被分割到多个数据库服务器中,确保数据一致性的责任交给了应用程序。

Topic Id	Initiator
106	999
107	999
108	841
109	263

Reply Id	Topic Id	Reply
10059	76	…
10060	55	…
10061	107	…
10062	106	…

图 5.5 反规范化示例

再分片:Netlog 案例研究表明:最初的分片设计也许不能满足吞吐量要求。在这种情况下,数据库需要通过增加分片数量或使用不同分区再次分片。这是非常复杂的。

可靠性:备份和快照变得更加复杂。为了保证数据的一致性,所有分区不得不同步备份。

自增键的复杂性:实现自增键(每个插入的行都得到一个按序排的编号)必须跨分区合作。

数据库方案改进

在数据库部署的生存期内,重组数据库不是非常罕见的。Oracle[11]白皮书讨论了许多重组数据库引发问题,如修改(存储)方案和引进新的索引。这些变化增加分片复杂性。

自动分片支持

为了通过使用代理服务器,自动增加 MySQL 分片,计算机专家付出了极大的努力。在这些情况下,代理服务器位于客户端和分片数据库之间。截获客户端的请求,代理将请求指向合适的分片,结果在返回给客户端之前被合并。代理服务器还可以以透明的方式给数据库重新分片。这种代理的例子包括 Scalebase[16]、Spock proxy[17]和 Hibernate Shards[18]。

NoSQL 系统:key – value 存储

讨论了关系数据库之后,本节介绍关系数据库的替代方案。提出这些替代方案的原始动机是克服关系型数据库存在的妨碍扩展性的限制[19]。包括更完全的反中心化导致(应用程序)承担更大的责任(如避免数据库副本间的紧同步)以及与 SQL 相比更简单的接口。本小节介绍了 key – value 存储,简单存储 key – value 对,唯一的查询接口是按键获取相应的值。下一节介绍 XML 文档数据库。

本节的其余部分介绍几种常见的 key – value 存储。可以看出它们具有一些共同的特征。首先,用于访问主要 API 对于一个值的存储或检索基于一个键。其次,通过利用水平分区自动扩展存储也是基于一个键的值。因此分片是 key – value 存储的内置功能。

HBase

HBase 是 Hadoop 项目的一部分,是一种重要的可伸缩 NoSQL 技术。Facebook用其进行消息传递,大约每个月处理 1350 亿消息[20]。选中 HBase 的原因很多,包括扩展性和简单的一致性模型[21-23]。下面,首先介绍 Hbase 用法,然后介绍将Hbase 扩展到云的技术。

HBase 的用法:HBase 是一种 key – value 存储,是一个 Google 的 BigTable[24]思想的开源实现。它是 Hadoop 项目的一部分,从本节后面内容可以看出它和 Hadoop MapReduce 是紧密集成在一起的(在第 3 章和本章稍后详细介绍)。作为一种数据存储,HBase 可以被认为,通过 Key 式主键索引每一行。然而 HBase 不同于关系数据库在于:关系数据库中每行列数相同(并且通过数据方案中明确指定),

而 Hbase 中,每行列数不同。可通过如下方法实现:当创建一行的时候,每一列值定义成{column name,value}组合。列名(column name)包括两部分——列族(column family)和限定符(qualifier)。列族用于数据库的垂直分区,回想 Scaling Storage 那一节的讨论:垂直分区是一种分区模式,可以提高数据库的扩展性。Hbase 在不同文件中存储不同的列族。这对性能调整是很有价值的。同一列族的多个列存储在同一个文件中,并且是一起存储或检索的,因此将相关列组成一个列族提高性能。此外,无论何时给一个键赋予一个值,都不会覆盖旧值。相反,新值添加到数据库使用时间戳来区别。定期运行一个删除旧时间戳的压缩过程,可以指定保存旧版本的数量。

图 5.6 阐释了这些概念,看出表中有 5 行。键值为 A 的行在时间 T1 和 T2 有两个版本。A 行在 T1 有两列: CF1: Q1 和 CF1: Q3。在同一列族,在 T2 时只有一列。行 B 和 C 彼此具有相同的格式,但和 A 行的列不同。D 行和 A 行的格式相同。

Row A	CF1:Q1 = V1	CF1:Q3 = V6	T1
Row A	CF1:Q1 = V2		T2
Row B	CF2:Q2 = V3		T3
Row C	CF2:Q2 = V4		T4
Row D	CF1:Q1 = V5	CF1:Q3 = V7	T5

图 5.6　HBase 数据布局

为了使 HBase 背后的概念更清晰,下面显示 Hbase 如何实现 Pustak 门户网站部分(数据存储)功能。这一节的示例代码显示如何向交易表插入交易记录,和查找某个客户的交易记录。假设用于保存 Pustak 网站交易数据(参照示例:Pustak 门户数据)的交易表已经在 HBase 中创建了,表名是 transTable。用于存储交易数据的 transactionData 列族创建了。注意存储交易数据值实际的列在开始没有详细指定。

```
Connecting to HBase transaction table
    import org.apache.hadoop.hbase.HBaseConfiguration;
    import org.apache.hadoop.hbase.HTable;
    class transTableInterface {
        HBaseConfiguration HBaseConfig = new HBaseConfiguration(); //A
        HTable transTableConn = new HTable(HBaseConfig,"transTable");// B
}
```

此段代码显示如何连接到交易表中。假设类 transTableInterface 包含和交易表交互的所有程序。在语句 A 中,变量 HbaseConfig 自动初始化与 Hbase 的连接参数,这些参数存储在 CLASSPATH 中的 hbase – site. xml 或 hbase – default. xml[25]文件中。语句 B 将连接参数存储到交易表 transTableConn 中。

```
Inserting a new transaction in HBase transaction table
import org. apache. hadoop. hbase. client. *;

class transTableInterface {
    public static insertRow (int transNum, int CustomerId, int BookId,
    float salePrice) {
        Put row = new Put (BytestoBytes (new Integer (CustomerId).
        toString() + "@" + new Integer (transId).toString())); //A
        row. add (Bytes. toBytes ("transactionData", Bytes. toBytes (new
        Integer (CustomerId). toString()));
...
        transTableConn. put (row); //C
}
```

前面的代码显示如何给交易表中插入一条新交易。insertRow 方法向表中插入一个新的交易。语句 A 将交易 ID 作为主键创建了一个新对象。由于 key – value 存储,交易 ID 被唯一设定。在这里,交易 ID 被编码为 < Customer_Id > @ < Transaction_ Num >格式的字符串。语句 B 给值为确定的 BookId 的行增加一列 transactionData:BookId。使用相似的语句需要添加 salePrice,为简洁起见省略了这些语句。语句 C 最后向表中插入行。因为没有明确指定的时间戳记,所以提供默认的时间戳。

上面的代码用于查找一个用户所有的交易记录。由于 HBase 不支持二级索引,所以不可能按用户 ID 查找交易表。一种可能的方法是维护一张表包含客户 ID 和交易 ID,查询这个表来找到某个用户的交易 ID,然后查询交易表找到对应交易。这等同于在程序中使用客户 ID 来辅助查询。当然,这需要一个额外的查询来查找交易 ID。以下是直接从交易表中找到交易的方法。如果有需要,修改该方法可以用来维护和查询表中交易 ID 和用户 ID。

```
FINDING ALL TRANSACTIONS FOR A CUSTOMER IN TRANSACTION TABLE
import org. apache. hadoop. hbase. client. *;
class transTableInterface {
  public static ResultScanner findCustTrans (int CustomerId) {
    Scan CustIdScan = new Scan(); //A
    RowFilter CustIdFilter = new RowFilter (CompareOp. EQUAL,new Bina-
    ryPrefixComparator
    (Bytes. toBytes (Integer (CustomerId). toString() + "@")); //B
    CustIdScan. setFilter(CustIdFilter)
```

```
    ...
        return (transTableConn.getScanner (CustIdScan); //C
}
```

代码段 FINDING ALL TRANSACTIONS FOR A CUSTOMER IN TRANSACTION TABLE 用于发现客户的所有交易记录。这段代码表示的关键点是按照交易 Id 建立表 < Customer_Id > @ < Transaction_num > ，为了发现客户的所有交易记录（如 38876），仅仅需要按交易 id 查询表中的 38876@ xxxx。另外，这个查询被高效执行的理由是 HBase 按关键字分区。语句 A 创建一个 scanner 对象。语句 B 详细说明查询条件是行关键字等于 CustomerId@ 。查询条件使用携带两个参数的 RowFilter 对象具体说明。第二个参数 BinaryPrefixComparator 执行比较操作（比较指定的字符串和行关键字的开始部分）。第二个参数（CompareOp. EQUAL）比较操作是相等。语句 C 执行查询返回结果。通过使用这项技术查询客户交易记录。使用一项类似的技术可以解决这些问题，例如希望维护客户以及他们购买图书的链表或二级索引。当然，也可以通过维护一个关键字形如 < Customer_Id > @ < Book_Id > 的表来解决。

HBase 缩放：HBase 通过按键水平分割表来实施自动缩放。表的分区称为区域，服务一个区域 HBase 的服务器称为区域服务器。因此，Hbase 使用了本节之前介绍的范围分区技术：行分区或分片分区。随着表的增长，在 HMaster 服务器的控制之下自动重新分片。HBase 使用 Zookeeper 聚类的基础设施提供一致性和可用性[26]。第 6 章中有 Zookeeper 的更多详细信息。

HBase 还根据用户指定的参数复制数据。写操作被写入所有副本，任何副本可以满足读操作。因此，复制可以用来处理读密集型工作负载的扩展。注意到，Hbase 使用分片进行扩展，分片的缺点它也具有。

HBase MapReduce：HBase 是 key – value 存储，并且与 MapReduce 是天作之合。因为 MapReduce 处理在 key – value 对，将输入的数据划分多个节点之间有助于缩放 MapReduce 应用。[27]

> **注意**
>
> 常用的 key – value 存储
> - 第 2 章基础设施即服务介绍的 Amazon SimpleDB。
> - 第 3 章平台即服务介绍的 Windows Azure Table Service。
> - 本章介绍的 Cassandra。

Cassandra

Cassandra[28] 是广泛使用的 key – value 存储系统，其复制和数据存储中有些功能很有特点。这里介绍数据存储功能，在第 6 章介绍 Cassandra 的复制和一致性功能。在被发布为一个开源项目前,Cassandra 是 Facebook 的内部项目,发布后,据说被 Twitter 和 Digg 使用。

Cassandra 中基本 key – value 存储与 Hbase 类似,且受到谷歌 BigTable 的影响。如 Hbase,值指定给列族或列,且加时间印戳。新值不会覆盖旧值,但会附加一个时间戳。

Cassandra 有两个高级的功能与 Hbase 不同,它们是:

(1) 在 Cassandra 中列名可以是值,不需要列名。在这种情况下,值直接存在列名处,列值为空。例如,为存储用户电话号码,不需要创建 PhNo 的列,只存储类似 5555 – 5555 值。如果有需要,值 5555 – 5555 可以直接作为一个列名存储。

(2) 列也可以是超级列。如果列族中一个列是超级列,那么所有的列都必须是超级列,即列族中超级列和列不能混合。超级列允许值是列表清单。回想 Pustak 门户网站的例子,允许读者保存感兴趣书目清单。为了实现该功能,通过创建称为 favorites 列,书名组成一个列表。例如"Hound of the Baskervilles, Maltese Falcon, Dr. Faustus, The Unbearable Lightness of Being"。假设归类为"侦探小说"有"Hound of the Baskervilles, Maltese Falcon"。归类为文学小说有"Dr. Faustus, The Unbearable Lightness of Being"。在 key – value 存储中,通过定义存储值 DetectiveFiction 和 LiteraryFiction 两列实现该功能。然而,在 Cassandra 中可能定义一个名为爱好的超级列,该列的值为"侦探小说"和"文学小说",它们列的值分别为 "Hound of the Baskervilles, Maltese Falcon" 和 "Dr. Faustus, The Unbearable Lightness of Being"。

NoSQL 系统:对象数据库

另一种主要的 NoSQL 存储系统类型是对象数据库。这些数据库存储对象,(对象)通常用 XML 表示法描述。对象型数据库可以存储比 key – value 型更复杂的结构,通过单个键索引存储值。从某种程度上说,这两者的区别并不如想象的大,因为在 key – value 存储类型中,值域不由存储系统解释,因此可以编码一个复杂对象。然而,在一个对象数据库中,数据库意识到对象结构,因此,基于对象任何字段的搜索都是可行的。相比之下,在 key – value 存储中,唯一可能的搜索是值为简单值的情况,如整数或者字符串。因此,这种差异的一个重要后果是应用程序员不需要维护二级索引,如在 key – value 存储中需要维护从客户 ID 到交易号的 map。

MongoDB

MongoDB 是一个可存储结构化的对象 (JSON 对象)高可伸缩的存储系统,被 Craigslist 采用,这是一个社区论坛,交流从 http://www.craigslist.org/ 上发现的 (Locla)分类,其中 MangoDB 用来归档数十亿计的记录[29,30]。

JSON：MongoDB 存储用 Java 脚本对象表示法（JSON）说明的对象。JSON 是一种轻量级、基于文本格式的表示法，方便人们阅读和机器解析。这是一种常见的序列结构对象并且可以用于替代 XML。JSON 对象基本结构包含以下两部分：

（1）括在"｛｝"中的 name – value 对列表（可以看做是结构体）。

（2）括在"［］"中的表示成数组值列表。

这些结构混合可以创建大多数编程语言支持的更复杂的对象。例如，结构体或包含子结构结构体数组[32]。图 5.3 中 Pustak 门户网站中的交易数据用 JSON 格式表示如下：

```
Pustak Portal Example transaction Data in JSON
｛"Transaction_Num" : 6732,
"Customer_Id": 38876,
"Book_Id": 99420202,
"Sale_Price": 11.95 ｝
```

【MongoDB 概念】

下面是 MongoDB 编程概念的简要概述。首先，MongoDB 中的每个对象必须有一个对象 id[33]。这是该对象的第一个字段，命名为 _id。如果在创建对象的过程中未指定 id，则系统生成一个 id 指定 _id 字段且插入到对象中。MongoDB 中的对象存储在集合中，与关系数据库中的表相对应，就好像集合中的对象都是彼此相关的，且都存储在一起。对象 id 在集合中应该是唯一的。

回想 Pustak 门户网站示例，可以看出可以用集合表示交易数据，类似的客户数据和库存数据也可以用集合描述。使用先前所述的交易数据，可以看出每笔交易中没有唯一的 id（由于主键是合成的），因此，没有指定交易对象 id。因此，前面所示的 JSON 代码可以用于描述交易对象。

MongoDB 的强大的功能之一是对象可以包含指向其他对象的指针（类似于关系数据库中的外键）。在交易数据中，Customer_Id 和 Book_Id 字段可以将指针指向其他对象，因为它们可能是它们各自的集合中的对象 id。

【MongoDB 编程】

在本节的其余部分介绍 MongoDB 的编程方法[34]。考虑向交易表中插入一个交易记录和查找一个客户的所有交易记录，下面的代码是连接到 MongoDB 数据库所需代码段。

```
Connecting to a mongodb database
import com.mongodb.Mongo;
import com.mongodb.DB;
import com.mongodb.DBCollection;
import com.mongodb.BasicDBObject;
import com.mongodb.DBObject;
import com.mongodb.DBCursor;
```

```
Mongo connPool = new Mongo ("transDB",27017); //A
DB dbConn = connPool.getDB ("db"); //B
```

执行语句 A 连接 MongoDB 数据库服务器,语句 B 连接服务器到数据库。注意,没有必要在 MongoDB 中显式创建数据库;数据库在第一次客户端连接时就已经创建好了。

简洁代码段显示需要向交易数据表中插入新的交易语句。假设交易数据存储在一个集合 transactionData,该在数据库 db 中。

```
Inserting a new transaction
DBCollection transData = dbConn.getCollection("transactionData"); //A
BasicDBObject trans = new BasicDBObject(); //B
trans.put ("Transaction_Num", 6732); //C
trans.put ("Customer_Id", 38876);
trans.put ("Book_Id", 99420202);
trans.put ("Sale Price", 11.95);
transData.insert (trans); //D
```

不需要在 MongoDB 中显式创建集合,在对象首次插入到集合时,就已经创建了(在前面的示例中,到数据库的连接已被初始化)。如果集合 transactionData 已经存在了,语句 A 得到一个指向它的指针,否则它创建一个挂起指针。语句 B 创建一个空对象,通过填充在语句 C 交易域数据实现。然后通过语句 D 给 transactionData 集合插入记录。如果之前集合不存在,语句 D 也会创建一个。

为了查找特定用户的所有交易,需要能够按 Customer_Id 进行搜索。可以通过如下方式使它成为索引来实现:

```
transData.createIndex (new BasicDBObject ("Customer_Id", 1));
```

如下代码段,所示 Customer_Id 被定义为索引后,就可能找到某个用户所有的交易记录。注意在 key - value 存储中,存储仅通过一个键索引(交易表中的 Transaction_Id)实现,因此应用程序员一般需要显式维护字段 Customer_Id 的二级索引。然而,在 XML 数据库中不需要。

```
Finding all transactions for a customer
DBCursor results;
BasicDBObject query = new BasicDBObject(); //A
query.put ("Customer_Id", 38876); //B
results = transData.find (query);
while (results.hasNext()) {
    /* Process results */
}
```

在前面的示例代码中,语句 A 创建了一个空对象。语句 B 和之后的语句对交易数据进行了查询。While…loop 语句结果集迭代执行。任何期望的处理都可以插入到循环体中。在循环体中,变量 results. next( ) 指向结果集的下一轮。

前面几节主要介绍存储伸缩的技术。开发者或者选择分区关系数据库,或者使用 NoSQL 数据存储(key - value 对或对象数据库)确保集中式数据存储可被云应用程序不同组件访问。下一节深入指导使用 MapReduce 范式开发云应用程序。

重新审视 MapReduce

正如第 3 章所研究的,MapReduce 是一种受欢迎的云编程范式,特别适用于大规模数据处理。它对于在成百上千个处理器上并行处理的大规模数据并行应用程序是非常有效的。编写并行和分布式程序的传统方法是要求开发人员将任务明确地拆分为多个进程,在多个 CPU 上部署这些进程并管理进程间的通信(通过通信接口),交换中间结果或最终结果。写分布式应用程序对于开发时序机的程序员来说很不容易。MapReduce 编程模型使并行应用程序的开发变得容易[35]。程序员只需要开发一个 map 函数和 reduce 函数的应用程序,MapReduce 框架自动实现并行处理和数据分布,使得云应用程序高效地并行执行。此外,该平台确保应用程序是容错的[36]。本节描述 MapReduce 框架的一些高级特征,为应用程序开发人员提供一些新的见解和建议。

深入了解 MapReduce 程序的工作

如前所述,在 MapReduce 编程中,程序员定义一个 map 函数和 reduce 函数。map 函数需要输入一个 key - value 对,并生成一组中间 key - value 对。MapReduce 平台将并行执行 map 函数的中间结果整理成一组,对应于一个单一的键发送给 reduce 函数。另一方面,reduce 函数将中间键和对应该键的一组值结合形成一个更小的 key - value 对(通常是 1 或 0)来作为计算的所有结果。

MapReduce 程序的处理流程如下:

● 输入的数据被分割成数据块,发送到不同的 Mapper 进程中并行执行。map 函数读取指定 key - value 对后,开始并行执行。

● Mapper 进程运行结果基于 key 被划分,存储在本地。在这里,用户可以提供比较运算符。MapReduce 平台对中间结果依次执行分类操作。

● 不同的 Mapper 进程产生的相同键的运算结果传递给相同的 reducer。reducer(由用户提供)处理这个分类键值的数据,从而生成输出。

在第 3 章,对 map 和 reduce 任务之间的数据流进行简要的说明(图 3.25)。对于相同的数据流,图 5.7 给出了更详细的视图。正如所看到的,按 key 值进行分类,相同 key 值的 value 传递给相同 reducer 进程。如第 3 章提到的,如果 map 和 reduce 函数是恒等函数,就可以实现简单的分布式合并排序。在本处理流程中,用

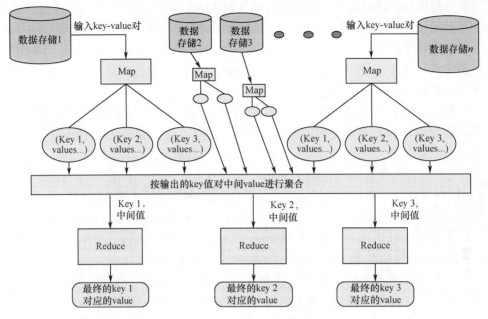

图 5.7 map 函数中的详细数据流

户可以定义多种函数来实现所需要的应用程序,以及优化应用程序的执行。下面的函数可以由用户定义:

• map(in_key, in_value) :输入数据和产生((out_key, interMediate_value) list)。

需要指出的是,通过 map 函数得到的 key – value 对可以(通常如此)与输入不同。

• reduce(out_key,interMediate_value_list):分析、汇总值列表,输出(out_key, aggregated_value_list)。

reduce 处理同一 key 对应的 value。因此,得到的结果具有相同的 key。

• combine(key2,value2_list):分析、汇总值列表并输出(key2,combine_value2)。

• 为了高效地执行,combine 函数被定义为对同一 key 对应结果(value)执行聚类函数。在 combine 函数对同一处理器的 map 结果处理完之后,将处理后的结果发送给 reducer 实例执行。

• partition(key2):确定数据分区和返回需要的 Reducer 的数量。

传递给 partition 函数 key 和所需的 Reducer 的数目,并返回所需 Reducer 的索引。

combine 函数和 partition 函数可以帮助优化并行算法。通过对具有相同 key 值数据在本地执行聚类,减少了 mapper 和 reducer 之间不必要的通信。为实现随后的并行执行,partition 函数有效地对输入数据进行划分。通常情况下,数据源中的不同记录(可能是不同的文件或给定文件中一些行或数据库一些记录)用作划分依据。其他高级技术,如前一节中数据分片中的水平分区,也可以是这个函数中一种实现。分片对无共享架构,如 MapReduce 是最有效的,而且还可以通过分片数据的复制获得良好的性能。

理想情况下,如果 Mapper 和数据划分运行在同一个节点上(没有移动数据),输入数据和 mapper 任务之间的通信就可以达到最小化。然而,这取决于输入数据的存储位置和是否有可能在同一个节点上执行 Mapper 过程。对 HDFS 和 Cassandra,可以实现在存储节点上运行 Mapper 任务并且 Job Tracker 将划分后数据指派给 Mapper,从而显著减少数据移动。另一方面,单纯的数据存储,如 AMazon S3,不允许在存储节点上执行 Mapper 逻辑。当在亚马逊 Hadoop 上运行时,有必要在 EC2 中创建一个 Hadoop 集群,将数据从 S3 中复制到 EC2(这是免费的),存储 MapReduce 中间结果在 EC2 的 HDFS 中,最终结果返回到 S3[37]。

一般情况下,MapReduce 的 API 简单易用,允许应用程序内的分布式合并排序的具体设计范式并行规范。当实现一个大型网络集群时尽可能地考虑应用方面,MapReduce 平台(如 Hadoop)将具有自动并行化、容错、负载平衡、数据分析及网络功能。

MapReduce 编程模型

从编程模型的角度看,MapReduce 抽象模型基于以下的简单概念:
(1) 对输入进行迭代;
(2) 计算每片输入 key—value 对;
(3) 按 key 值对所有中间结果分组;
(4) 对最终分组迭代;
(5) 对每一组进行归纳和简化。

虽然这种编程模型有些局限,但它可以解决在处理大型数据集的实践中遇到的许多问题。仅仅对谷歌来说,就有超过 10000 个不同的利用这种范式开发 MapReduce 应用程序在云中运行。此外,该范式表达能力中的一些局限可以通过将问题分解成多个 MapReduce 计算或以其他解决子问题的方式克服。

MapReduce 范式为程序员能够较容易地开发并行应用程序提供了新的简洁框架。开发人员需要学习这种新的编程范式,它借鉴了很多函数的编程概念。下一节简要介绍函数式编程以及与 MapReduce 编程模型的关系。

对 MapReduce 编程模型形式化定义详细解释和分析来自美国斯坦福大学及雅虎研究机构在离散算法会议即 SODA 2010[38] 发表的论文。本书只对一些符号做了轻微改动:

定义 5.1 Mapper 函数(可能是随机的)输入是一条有序的二进制位串

< key；value >。输出结果是多且新 < key；value > 对,注意,Mapper 每次只操作一对 < key；value >。

定义 5.2 Reducer(可能是随机)输入一个二进制位串 K(主键)和一组二进制位串 $V_1,V_2\cdots$。输出是多组二进制字符串 $< k；v_{k;1} > < k；v_{k;2} > < k；v_{k;3} >\ldots$；输出元组的 key 与输入元组的 key 相同。

一个 MapReduce 程序由一个 Mapper 和 Reducer 序列 $< M_1,R_1,M_2,R_2,M_3,R_3,\cdots >$ 构成。输入是 U_0,表示多组 < key；value > 对。输入 U_0 后程序开始执行:

```
For r = 1, 2, ... R, do:
```

1. 执行 map 函数

将 U_{p-1} 中的每对 < k；v > 提供 Mapper 进程 M_p。M_p 运行将生成一系列元组对, $< k_1；v_1 > < k_2；v_2 >；\ldots$,用 U'_p 表示 Mp 产生的多组 < key；value > 对,即

$$U'_p = U_{<kv>\in U_{p-1}}Mp(< kv >):$$

2. 归类

对每个 k,$v_{k,p}$ 是 v_i 值的多重集,如 $< k, v_i > \in U'_p$。随后执行 MapReduce 从 U'_p 中构建键值对多重集 $V_{k,p}$。

3. 执行 reduce

对每个 k,提供一些 $v_{k,p}$ 组合给 reducer 的实例 R_p。R_p 产生一元组序列 $< k_1；v'_1 >；< k_2；v'_2 >；\cdots$,用 U_p 表示 R_p 产生的一系列 < key,value > 对,即

$$U_p = U_k R_p(< k V_{k,p} >)$$

当最后一个 reducer 进程 Rp 运行结束时,计算停止。

作者定义了一类新问题称为 MRC,需要完成 MapReduce 循环迭代次数为 $O(\log n)$。SODA[38] 提供了更多详细的对 MapReduce 范式严格的评价。另一篇论文[39]也对读者理解 MapReduce 的理论基础也很有益。

与 MapReduce 编程范式中的几个基本概念

本节的其余部分介绍了需要了解的编程模型,特别是基础的编程功能和数据并行的关键概念。

函数式编程范式

引自 Sanjay 等人在 ACM SIPOPS 会议上发表的具有开创意义的论文,该论文是第一篇描述 MapReduce 范式的论文:"MapReduce 抽象的灵感来源于 Lisp 和许多其他函数式语言中的 map 和 reduce 原语"[40]。

函数式编程范式将计算看做是几乎不需要状态维护和数据更新的零数学函数(或最小数学函数)。如在使用 C 或 Java 开发的应用程序中被完全写成函数式的、不保存任何状态的函数,这样的函数称为纯函数。这是 MapReduce 范式的首个相似处,即所有的输入和输出值作为参数传递,map 和 reduce 函数不保存状态。然

而,该输入和输出数据存储在文件系统或数据库以保持计算数据的长期性。使用纯函数可以消除副作用,因为纯函数的输出仅取决于提供给它的输入,调用一个具有相同参数值的纯函数两次将得到两次相同结果。Lisp 是一种流行的函数编程语言,两个强大的递归设计称为 map 和 reduce,完成工程分解和代码复用。类似的组合在另一个函数编程语言 Haskell 中也存在。因为 Haskell 符号表示简单,本节其余的例子使用 Haskell 表示法。

Haskell 的 map 函数通过对输入列表的元素施加相同操作,结合输出值列表进行计算。map 函数的结果是一个列表,输出列表中的 j 元素是函数应用输入列表的 j 元素得到的结果(或序列)。结果列表和输入列表长度相等。下面示例的 map 运算功能是使输入列表的值加倍。

```
Haskell-prompt > map ((*)2) [1,2,3]
[2,4,6]
```

在 Lisp 中,reduce 函数对列表中所有元素施加二元运算。例如,如果二元运算符为" + ",reduce 的结果为输入列表中所有元素累加。reduce 函数等同于 Haskell 中 fold 运算符。foldl 是左结合复杂任务运算符,foldr 的是右结合复杂任务运算符。下面的示例是计算的所有数值的总和,表达式"(+)"表示相加,常数 0 是默认值。

```
Haskell-prompt > foldl( +) 0 [1,2,3]
6
```

从前述例子中可以看出,MapReduce 编程范式也遵循函数编程模型。操作员不修改(覆盖)旧数据结构,总是创造新的,原来的数据并没有被修改。这两个函数对列表(很像 Lisp 和 Haskell)和数据流操作包含在整个程序设计中。

虽然 MapReduce 框架是将 map 和 reduce 函数高度抽象结合后形成的,但是仍有许多不同。MapReduce 范式和函数语言中支持 map - reduce 组合的异同点在 *Google's MapRecude Programming Model - Revisited*[41]中进行了详细的讨论。例如,map 函数输入是 key - value 对列表,并生成新的 key - value 对列表,但在 MapReduce 框架中,期望 map 函数逻辑处理整个列表使用迭代或等价方式,而不是在函数式语言上的 map 操作符定义一个简单操作处理列表中的每个数据,产生输出列表。此外,在函数式语言中,map 运算的输入输出列表的长度相同,这和 MapReduce 框架中的 map 函数不同。

并行体系结构和并行模型

MapReduce 为数据的处理提供了一个并行执行平台。这节与下节描述理解 MapReduce 的核心概念。

【Flynn's 分类】

Michael J. Flynn 在 1966 年创建了一个支持并行计算体系结构的分类,是基于架构可以处理并发控制流和数据流的数量。这种分类广泛用于描述并行体系结构。简要介绍如下：

- 单指令流单数据流（SISD）：其实就是传统的顺序执行的单处理器计算机，其指令部件每次只对一条指令进行译码，并只对一个操作部件分配数据，如 PC（单核）。

- 单指令流多数据流（SIMD）：计算机有多个处理单元，由单一的指令部件控制，按照同一指令流的要求为他们分配各不相同的数据并进行处理。系统结构由一个控制器、多个处理器、多个存储模块和一个互连总线（网络）组成。所有"活动的"处理器在同一时刻执行同一条指令，但每个处理器执行这条指令时所用的数据是从它本身的存储模块中读取的。支持这种模式的并行架构的例子是阵列处理器或图形处理单元（GPU）。

- 多指令流单数据流（MISD）：计算机具有多个处理单元，按照多条不同的指令要求同时对同一数据流及其处理输出的结果进行不同的处理，是把一个单元的输出作为另一个单元的输入。这种体系结构并不常见，有时也用于提供容错，相同的数据在异构系统操作中提供独立的结果进行相互比较。

- 多指令流多数据流（MIMD）：计算机具有多个处理单元，按照多条不同的指令要求同时对同一数据流及其处理输出的结果进行不同的处理，是把一个单元的输出作为另一个单元的输入。所有分布式系统被公认为 MIMD 架构。

SPMD 单程序多数据模型，在同一程序上执行多个计算过程，是 SIMD 的一个改进。SIMD 可以实现与 SPMD 相同的结果，但 SIMD 典型的应用在集中式环境中利用锁同步控制应用程序执行。

可以看出，当 map 函数的多个实例被并行执行时，它们工作在不同的数据流上却使用相同的 map 函数。本质上，虽然底层的硬件可以是一个 MIMD 机器（计算集群），MapReduce 平台由于一个 SPMD 模型而减少了编程工作量。当然，它支持简单的用例，一个复杂的应用程序可能涉及多个阶段，在平台是 SPMD 和 MIMD 的组合时，每个阶段由 MapReduce 来解决。

【数据并行和任务并行】

数据并行是在多个处理器上并行执行应用程序。侧重于在并行执行环境中数据分布在多个节点网和在不同的计算节点对这些分布式数据子集能够同时计算。这是典型的 SIMD 模式（单指令流多数据模式），可以有一个单独的控制器控制并行数据操作或多个线程以同样的方式在单个计算节点（SPMD）上工作。

相反，任务并行主要侧重于在多个并网计算的节点网分式的并行执行线程，这些线程可以相同也可以不同。按照并行算法执行，这些线程通过共享内存或显式的通信信息来交换信息。在最一般的情况下，并行任务系统中的线程可以执行完全不同的程序，但需要协调解决具体问题。在最简单的情况下，所有的线程可以执行相同的程序，基于节点的 ID，确定所执行任务任何变化。最常见的算法如雇主—工人模型,有一个单一的雇主(Master)和多个工人(worker)的任务并行算法。雇主基于调度规则和其他任务分配策略的原则将计算分布给不同的工人。

MapReduce 是数据并行 SPMD 架构下的类别。

在 MapReduce 应用程序中固有的数据并行性

由于所应用函数式编程范式,单个 Mapper 运行结果与其他 Mapper 的运行结果无关。此外,由于 Mapper 函数执行的顺序无关紧要,所以可以重新排列或并行执行。因此,这种固有的并行性使 Mapper 函数扩展,并可以在多个节点上并行执行。相同的原理,reduce 也可以并行运行,每个实例工作在不同的输出 key。所有的值都被独立处理,再次促进隐式数据并行。

通过在任务提交时配置的 map 和 reduce 任务的数量决定并行执行的程度[42]。这个数量取决于在应用程序中固有的并行和在 MapReduce 基础设施中可用节点的数量。一般的经验法则是确保 map 和 reduce 任务的数量远远大于可用节点的数量。然而,如果算法不是高度并行的数据,map 任务的数目应该选择最大数据量的分割,例如,在一个 MapReduce 集群有 100 个节点,如果任务没有任何依赖,map 任务的数量可以设置为大于 1000 的数字。但是,举个例子,如果 map 的任务是从每个单独的文件中读取,并且最多只有 10 个文件被使用,那么 map 任务的数目就应该设置为 10。reduce 任务的数量至少应该是在中间结果中预期的不同key 的数量,因为这些是可以并行执行的计算。如果 map 任务预计产生不同的key,用于每个英文字母,这时 reduce 任务的数目应该是 26 或 26 以上。在下一段的描述中,有一种定义分区函数的方法,就像 reduce 任务,在一个分层的方式中,通过 reduce,甚至一个单一的 key 都可以被并行执行。在一天结束时,可以利用应用程序的逻辑或限制使用并行化算法的数量。因此,选择正确的算法平台功能是非常重要的。下一节将对如何使用正确的算法给出一些例子和技巧。

使用 MapReduce 的几个算法

显然,从开发人员到规划有大量的工作要做,包括解决他们的问题并设计适合MapReduce 范式的应用程序。本节详细描述了几个示例性的问题和可用在 MapReduce 上下文中的一个合适的算法。读者可以将这些看做是标准模型,沿着类似的路线设计自己的应用程序。对于每个例子只有 map 和 reduce 的键片段或代码片段在这里显示,在第 3 章中用完整的 Java 代码来描述这样一个例子。

字数统计

以下是引用最简单的例子计算出现的词语。问题是要找到一个文本文件语料库中出现的词语总数。每个 map 函数被调用的关键是文档的名称和有文件内容的值。

```
map(String key, String value):
for each word w in value:
    EMitInterMediate(w, "1");
reduce(String key, Iterator values):
int result = 0;
for each v in values:
result + = ParseInt(v);
    EMit((key,AsString(result)));
```

map 函数将每个单词(包括重复单词)的出现次数标识成 1,即中间 key – value 对的形式是｛("this","1"),("is","1"),("a","1"),("nice","1"),("book","1"),…,("a","1"),…,("book","1"),…｝。reduce 按 key 统计 value 值,即 reduce 函数累加相同 key 的 value 值。请注意,由于这样的 key – value 对的数量远远超过 reducers 的数量,并非一个 key 的所有 key – value 对都由同一个 reducer 处理。所以可能采用多次规约,即一个 reduce 的输出作为另一个 reduce 的输入。因此,我们可以定义一个合并函数,它和 reduce 一样合并相同 key 的 value。

排序

排序问题是最简单的也是最适合使用 MapReduce 算法。如前所述,MapReduce 计算遵循分布式排序模式,因此 map 和 reduce 函数可以自动实现其输入排序。

排序输入的是一组文件,每行一个文件(对文件的单词排序)。Mapper 的 key 是文件名和行号,Mapper 的 value 是该行的内容。

```
//Sort Algorithm
map(String key, String value):
for each word w in value:
    EmitInterMediate(w, "");
reduce(String key, Iterator values):
int result = 0;
for each v in values:
    EMit((v,""));
```

该算法充分利用 reducer 进程按 key 顺序处理(key – value 对),因此 reducer 输出自排序。假设只有一个 reducer,这种方案将在归类中产生大量的通信。

MapReduce 发展中的一个重要的里程碑是应用在 Apache Hadoop 的 TeraSort 算法(于 1985 年吉姆·格雷提出),对兆字节的数据进行排序。当应用于自定义分类程序时,TeraSort 很适合 MapReduce 编程模型而且效果很好。具体的划分方案是:saMple[i – 1] ≤ key < saMple[i] 范围 key – value 对被发送到 reduce i。这可确保 reduce i 的输出都小于 reduce i + 1 的输出。还应选择散列函数,实现 k1 <

k2 散列值(k1) < 散列值(k2),这将确保散列值自动按 key 排序。

针对本例中的多个 reducer,partition 函数如下:

```
partition(key) {
range = (KEY_MAX - KEY_MIN) /NUM_OF_REDUCERS
reducer_no = (key - KEY_MIN) /range
return reducer_no
}
```

TF – IDF

词频—逆文档频率(TF – IDF)算法是在文本处理和信息检索应用程序中最常见的计算。这是一个统计量,用于评估某个词语对于一个文件语料库的重要性。术语 i 在文档 j 词频计算公式如下($n_{i,j}$ 是单词 t_i 在文档 d_j 中的数量):

$$tf_{ij} = \frac{n_{ij}}{\sum k n_{k,i}}$$

分母是文档中所有词语的总数。通过比较它在文件中出现的频率,逆文档频率测量了单词的重要性。具体而言,逆文档频率为

$$idf_i = \log \frac{|D|}{|\{j : t_i \in d_j\}|}$$

式中:$|D|$ 为资料库中的文件数量;分母为包含 t_i 的文件数量。问题是计算 $tf_{i,j} * idf_i$。

为了采用 MapReduce 模型,把这个问题分成以下四步。

1. 计算文档内的词频

• 这与本节中的第一个例子相同。向 Mapper 输入(docname, contents) 和输出结果((term, docname), 1)。

• Reducer 统计每个单词在文档的出现次数,输出((term, docname), n)。

2. 计算文档的字数

• 向 Mapper 输入((term,docname), n) 和输出结果(docname, (term, n))。

• 接收 Mapper 运行结果,reducer 对同一文档中每个单词词频 n 累加,它输出((term, docname), (n,N)),其中 n 是词频,N 是该文件的长度。

3. 查找语料库中的词频

• 将((term, docname), (n,N))作为 Mapper 输入,输出是(term, (docname, n, N, 1)),传递是已经计算的数据。

• Reducer 统计某个单词在语料库出现的次数,输出((term, docname), (n, N,m))。

4. 最后的工作是计算 TF – IDF 值

• 向 Mapper 输入((term, docname), (n, N, m))),并用公式(n / N) * log

(D/ M)计算 TF – IDF,其中 D 是语料库的大小。D 可以通过假定或通过另外 MapReduce 计算得到。Mapper 输出((term, docname), TF * IDF)。

- 在这种情况下,reducer 是一个恒等函数。

从早先的更复杂的例子中可以看出,算法中的数据并行活动的短脉冲被分配成独立的 MapReduce 工作,使算法充分地得到执行。

广度优先搜索

考虑的最后一个问题是基于图形算法[43]的问题。由于应用程序的函数编程的性质,图形数据结构不能存储在全局存储器中,还不可以被不同节点上的 map 和 reduce 函数处理。此外,将整个图形发送到每一个 map 任务时需要耗费大量的内存。因此,需要仔细考虑一个表示图形方法。

图形表示的一种常见方法是图中节点存在数组,边或节点间的联系存放在一个链表中。这种表示需要将公用数据存储在共享存储器中,启用锁保护避免读写碰撞和不一致性。另一个常用的存储方法是图的邻接矩阵。图中所示的二维行列式(矩阵)中行和列的数量等于节点的数目。$A[i,j]=1$ 表示从节点 i 到节点 j 存在一条边,值 0 意味着有的 i 和 j 节点之间没有边。这种表示方法很适宜对数据并行操作。图 5.8 邻接矩阵如表 5.5 中所列。

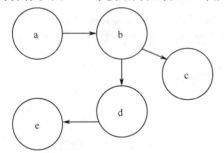

图 5.8　图的邻接矩阵

表 5.5　邻接矩阵

0	1	0	0	0
0	0	1	1	0
0	0	0	0	0
0	0	0	0	1
0	0	0	0	0

这是表示图形的一种简单方法,大多数大型图的邻接矩阵是稀疏矩阵,矩阵元素存在大量 0,甚至是图 5.8 所示小图,邻接矩阵也是如此。可将稀疏矩阵表示成数组,数组中的元素是每行非 0 元素的数组个数。

表 5.6 说明怎样用数组表示邻接矩阵。在表中,为了更加清晰地表示矩阵稀疏信息,对部分单元格加阴影,没有其他意义。前两个数组元素(1,2)表示节点 1 到节点 2 的连接边数。由此可以看出,数组包含图中所有的边列表。这种表示法非常简洁,也容易将数据传递给 map 和 reduce 函数。

表 5.6　邻接矩阵的稀疏表达

1	2	2	3	2	4	4	5

举一个例子来理解上述概念,寻找从一个源节点到一个或多个目的节点的最短路径。学过数据结构课程的读者会想到 Dijkstra 算法和广度优先搜索(BFS)。虽然 Dijkstra 算法有效地减少了计算量,但 MapReduce 版本最短路径采用 BFS 提高并行性。

总体思路如下:

```
For srcNode, lengthTo(srcNode) = 0
```

所有与节点 srcNode 连接的节点 n:

```
lengthTo(n) = 1
```

所有与节点集 S 连接的节点 n:

```
lengthTo(n) = 1 + min( lengthTo(m), m)   节点 m 在节点集 S 中
```

现在将该算法修改成 MapReduce 范式的算法:

• Mapper 任务将接收到的节点 n 作为 key,(D, reaches – to)作为 value,其中 D 是其他节点到 srcNode 的距离,reaches – to 是可到达节点 n 的节点集。

• 该 Mapper 向前搜索与已知边界距离一跳的节点,执行宽度有限搜索,输出(n,d,reaches – to)用新节点附加在 value 上(reaches – to)。

• 当 d 停止变化时该算法停止。

• 当长度停止改变时,需要一个非 MapReduce 的任务去处理迭代并保证处理的结束。

更复杂的算法可以使用 MapReduce 来开发。Apache Mahout 项目是一个平台,利用该平台可以开展关于 Hadoop 算法的研究,有兴趣的读者可以试用 Mahout 平台。

富互联网应用程序

自定义云计算服务必须跨网访问,面向终端应用需要有一个赏心悦目的界面,这包括用户友好和丰富的体验。这样的应用程序归类为富互联网应用程序(RIA)。"丰富"一词通常是与提供一个良好的用户体验联系在一起,而不仅仅是表示所需要/信息。另外一个优点是卸载富客户端的一些进程。

考虑一个简单的例子,以显示以年份为编号的销售数据的表格,以及这些年一个国家的不同地区的销售收入。传统的 Web 应用程序会从服务器获取数据,并显示为表格。但是对于在这些数据上的任何统计计算,浏览器需要回到服务器。要显示的图表将需要服务器的进一步合作。有了富互联网应用程序,这些都可以成功地在客户端上做到。因此,网页在内容上被看做是"富人"并且在相互作用时具有较低的延迟,使整体有更好的用户体验。本节描述能够开发富互联网应用程序的平台。

入门

富互联网应用程序(RIA)可以运行在可以解释客户端脚本(JavaScript,注:一

种脚本语言)的 Web 浏览器和一个浏览器插件上或作为桌面应用程序(如 Flash
应用程序)运行在一个安全沙箱中。例如,当在一个网站注册时,简单的用户名验
证就是通过一封电子邮件,可以在浏览器利用 JavaScript 脚本互动地完成。最好用
户记住支持自动完成关键词搜索的搜索引擎,搜索过程也可以按客户端脚本完成。

　　RIA 平台有自己的运行库(runtime library),执行引擎和渲染机制。例如,Flex
by Adobe[44]在 Flash 运行库上运行,Microsoft Visual Studio(Expression Belend)运行
库是 Silver light[45]。可以指出的是,运行库运行在客户端独立于服务器。事实上,
服务器甚至可能不知道客户端应用程序运行的具体平台。这种应用程序模式下客
户端和服务器端相互独立运行。另外,由于采用安全沙箱,可以忽视应用程序运行
环境(运行在浏览器中,还是一个桌面应用程序上)。对于一些运行库,如 Adobe,
可以作为浏览器插件也可以运行在桌面应用程序上。图 5.9 显示了一些现今可用
的流行 RIA 技术图解。

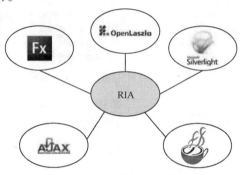

图 5.9　一些 RIA 技术图解

RIA 开发环境

　　RIA 始于一个集成开发环境(IDE),如 Flash Builder.3,开发人员利用 IDE 提
供两个视图窗口开发应用程序。设计视图窗口用于应用程序界面布局设计,例如,
按钮或文本框应放置的位置。开发人员所需要的大部分的控件(如各种按钮和图
表)在 SDK 中都已提供(通常是免费的)。完成"外观和风格"的设计后,代码窗口
用于输入源代码。例如,在登录屏幕,开发商要在提供的文本框中验证用户 ID 和
密码,如果验证失败,则显示错误消息。

　　一般来说,在集成开发环境中,代码按照一些扩展 XML 格式编写,对于 Flex
是著名的 MXML。如图 5.10 所示,源代码可以包含 ActionScript。ActionScript 脚本
语言遵循 ECMA 标准(跟 JavaScript 一样)。ActionScript 方法通常用于流量控制和
执行在 MXML 无法完成的对象操作功能。实际上,MXML 是建立在 ActionScript 顶
部的一个更高层次的抽象。SDK 组件、MXML 代码、ActionScript 代码是编译器的
输入(SDK 的一部分)。编译后的输出结果是一个中间值(Flex 情况中的 SWF)。

因为浏览器只懂 HTML,所以 SWF 文件又嵌入到 HTML 包装器中。当遇到 SWF 输入(图5.10)时,浏览器最终会调用浏览器插件。相同的 SWF 代码可以运行在桌面上的 Adobe AIR 运行库及桌面应用程序。

图5.9 中显示几个知名 RIA 技术。visual studio 采用标记语言被称为 XAML。在微软 Silverlight 中,.NET SDK 编译器将 XAML 和 SDK 组件转换成运行在客户端的.NET 平台上的 CLR 中间代码。在 OpenLazslo 平台上,标记语言 LZX 可以编译成 SWF 或者直接运行在 Java Servlet Server 上,其行为和界面外观上完全相同。在 AJAX(异步 JavaScript 和 XML)中,用 JavaScript 编写脚本可直接由浏览器解释,与 ActionScript 或 OpenLaszlo 的对比,不需要浏览器插件。然而,这可能会导致浏览器依赖和不兼容性,相同的 AJAX 应用程序可能无法在所有浏览器上运行,得到相同的运行结果。最后,JRE 用作 JavaFX 运行库,JavaFX 使脚本语言变成环境。

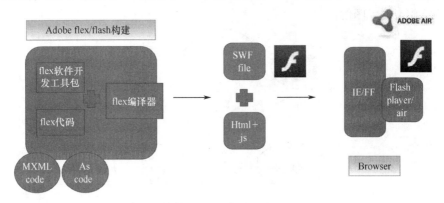

图5.10　RIA 开发环境

一个简单的(Hello World)例子

以下是一个简单的示例,使用 Flex 作为说明性平台的 RIA 应用程序。

```
1. <? xml version = "1.0" encoding = "utf - 8"? >
2. <mx:Application xmlns:mx = "http:// www. adobe. com/ 2006/ mxml"
3. layout = "absolute" creationComplete = "init()" >
4. <mx:Button id = "mxmlButton" label = "This one is done by MXML"x = "10"
   y = "10"  click = "mxmlButton. label = 'MXML Button says Hello World!'"/>
5. <mx:Script >
6. <! [CDATA[
7. import mx. controls. Button;
8. // Init Function is executed when the application boots
9. public var newButton:Button = new Button();
10. private function clickHandler(e:Event):void
     newButton. label = 'ActionScript Button - Hello World!';
```

```
11. }
12. private function init():void {
13. // Modify Properties
14. newButton.label = "This one is done by ActionScript";
15. newButton.x = 10;
16. newButton.y = 40;
17. newButton.addEventListener(MouseEvent.CLICK, clickHandler);
18. // Add the new button to the stage (Screen)
19. this.addChild(newButton);
20. }
21. ]] >
22. < / mx:Script >
23. < / mx:Application >
```

前面的代码创建两个按钮,一个由 MXML 代码创建,另一个由 Flex3 中的 ActionScript 创建。这个例子说明了两点:首先,它概述了一个简单的 RIA 应用程序的开发流程。其次,该应用程序显示的所有 MXML 代码都由预处理器转换为 ActionScript。

第一行给出了 XML 版本。第二行给出了应用程序的类型,共有两种类型分别是:①mx:Application,部署和运行浏览器上,②mx:WindowedApplication 部署和运行在桌面上。也给了 XML 命名空间,即应该从哪个命名空间选取控件编译和生成 SWF 二进制码。在同一行还详述了应用程序界面布局。这里的布局可以是绝对的,如(控件的位置)相对于屏幕(如 x = 40 等)指定偏移量。也可以是相对的,主要指相对于所在容器指定偏移量。当所有必要的初始化工作完成后,creationCoMplete( )语句是通知 init( )函数启动运行库,运行库初始化许多默认对象。最后调用 init( )函数,启动应用程序时运行。

> **注意**
> 应用 RIA 技术的 Hello World 示例
> - 表明 MXML 和 ActionScript 可以混合出现在一个脚本文件中。
> - MXML:XML 声明创建具有某种属性的按钮和鼠标单机动作定义。
> - ActionScript:像过程一样定义属性和鼠标单机动作。

第 4 行是创建 MXML 按钮声明。按钮的属性,如位置(使用 x = 和 y =)、标签,以及声明单击按钮时应采取的行动。init( )函数是应用 Action Script 创建一个按钮。5 ~ 22 行显示了如何在 ActionScript 中创建具有相同属性的同样按钮。这封装在称为 mx:Script 的标签中来区分 MXML 代码和 ActionScript 代码。可以看到,这两种代码混合在同一个应用中。

ActionScript 代码如下:首先,在第 9 行中定义和创建按钮。在第 10 行定义鼠标单击处理程序(当单击脚本语言时执行)。最后,12～20 行调用主函数 init( ),该函数创建了已知属性的按钮。当这个简单的应用程序使用 Flex IDE 编译时,它在任何情况下都会报告错误。当应用程序运行在 Flex IDE 时,它能打开浏览器并显示如图 5.11 所示的页面。因为在执行之前 MXML 转换为 ActionScript,在启动应用程序和单击按钮时,可以看到屏幕上的任何差异。

图 5.11　简单的 Hollow World 实例输出

客户端—服务器的例子:RSS 阅读器

如前所述,Flex 是一种客户端技术。然而,由于客户需要访问服务器,Flash 平台提供了 API 来实现这一目的。之前列举的其他客户端技术也是如此。开发人员没有必要编写需要连接到服务器的代码。如果开发人员提供一些简单信息,如后台、被访问的数据结构,以及它如何呈现在客户端,那么当前的 RIA 可以生成支持任何后台的客户端代码。在 Flash4 中,这些实用程序具有 Flash4 的以数据为中心特性。Flash4 可以自动生成客户端代码,以及后台的 PHP 代码(包装),如更新记录、创建、删除等。这些功能大大减少了开发这样的应用程序的时间。

虽然利用客户端技术都可以连接到任一个后台(如 PHP、Java),但一个特定的客户端技术可以更好地处理一些后台。例如,尽管 Flex 支持许多后台,如 Java、PHP 和 Perl,但开放源库 AMFPHP 和 Flex/PHP 配合得更好,连接到 PHP 有更好的性能。

下面的例子显示如何从 Flex/Flash 连接到后台。假定从一个网站中读取一条 RSS 反馈,并将其写在 Flex RSS Feed Reader 中(这里 < http://www. Manfridayconsulting. it 是解释)。当 Flex 应用程序启动时,读取发布在本网站反馈,以一个更友好的方式显示。用户可以单击一个连接来获取更多的信息。Flex 中的代码如下:

```
1. <? xml version = "1.0" encoding = "utf -8"? >
2. <mx:Application xmlns:mx = "http:// www. adobe. com/ 2006/ mxml"
   layout = "absolute" width = "380" height = "492" >
3. <mx:Script >
4. <! [CDATA]
```

```
5. import mx.rpc.http.HTTPService;
6. import mx.rpc.events.ResultEvent;
7. import mx.rpc.events.FaultEvent;
8. private var feed:HTTPService;
9. [Bindable]
10. public var feedresult:Object = null;
11. public function send_data():void {
12. feed = new HTTPService();
13. feed.method = "POST";
14. feed.addEventListener("result", httpResult);
15. feed.addEventListener("fault", httpFault);
16. feed.url = "http://www.manfridayconsulting.it/index.php? option =
com_content&view = frontpage&Itemid =19&format = feed&type = atom";
17. feed.send(parameters);
18. }
19. public function httpResult(event:ResultEvent):void {
20. feedresult = event.result;
21. }
22. public function httpFault(event:FaultEvent):void {
23. }
24. ]]>
25. </mx:Script>
26. <mx:HBox y = "10">
27. <mx:Button id = "startbutton" click = "send_data()" label = "start"
    width = "80"/>
28. <mx:VBox>
29. <!  -The blog header -  >
30. <mx:Label text = "{feedresult.feed = =null?"":feedresult.feed.
  title}">
31. </mx:Label>
32. <mx:Label text = "{feedresult.feed = =null?"":feedresult.feed.
    subtitle}">
33. </mx:Label>
34.
35. <mx:DataGrid id = "feedlist" dataProvider = "{feedresult.
    feed = =null?"":feedresult.feed.entry}"
    height = "157" selectedIndex = "0">
36. <mx:columns>
37. <mx:DataGridColumn dataField = "title" width = "200"/>
```

```
38. </mx:columns>
39. </mx:DataGrid>
40. </mx:VBox>
41. </mx:HBox>
42. <mx:ApplicationControlBar x="0" y="237" width="380" height="
    217">
43. <mx:TextArea height="180" width="354" borderStyle="solid"
    borderThickness="4" themeColor="#0E83E7" borderColor="#979DA1"
    cornerRadius="13" alpha="0.7" htmlText="{feedresult.feed==
    null?": feedresult.feed.entry[feedlist.selectedIndex].con-
    tent}"/>
44. </mx:ApplicationControlBar>
45. </mx:Application>
```

1~4 行一些基本的信息已经解释过了。在 Flex 中从后台获取信息有三种基本方法,分别是利用 HTTPservice、Webservice 和 ReMoteObject 服务。HTTPservice 使用的 HTTP 协议从后台中获取数据。与 Webservice 借助 SOAP 消息格式使用 HTTP 协议,直接连接到服务终端,而不是 PHP 和 Perl 后端交谈。ReMoteObject 服务使用本地格式直接访问业务对象数据。只有这种格式是在双方约定的情况下才有可能实现。例如,如果 Flex 连接到 Adobe 的 ColdFusion 后台,因为两者都可以利用本地消息格式进行交流,Flex 客户可以直接调用服务器端的方法获取本地格式数据。这将具有更好的性能,因为不需要发送 XML 格式数据,并在客户端解析。

上面代码 5~10 行使用 Flex 中的 HTTPServer API,从该网站获取 XML 格式 RSS 反馈。10~18 行使用 SEND_DATA() 方法创建一个新的 HTTPService 对象,并填写必要的细节,如 URL、事件监听器、调用(POST 或 GET)HTTP 方法并最终将请求发送到该网站。19~23 行中声明了事件处理程序(结果和故障事件处理程序)。第 26 行声明实际的 UI 控件。在图 5.12 中可以看到,应用程序中有三个 UI 控件,HBox、VBox 和一个显示内容的文本。一旦声明,可将网站检索数据显示在相应的 UI 控件。通常通过 id 字段来进行数据和控件的绑定。例如,被结果事件处理程序填充的 FeedResult 用来填写 DataGrid,忽略 RSS feeds 的传递细节,当单击时,通过 DataGrid 的 feedlist 的 id 到达文本区域。

高级平台功能

在处理像 Pustak 门户网站那样更复杂的例子之前,本节介绍一些 Flex4 中的高级功能。

事件处理:目前任何平台的重要功能。RIA 应用程序是典型异步调用模式。考虑一个 Flex 应用程序,它有两个组件:一个显示公司的股价文本框;另一个显示证券交易指数(生活指数)文本框。要求生活指数与股票价格同步更新。事件处

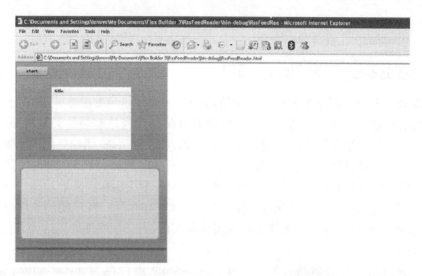

图 5.12　单击"start"前,Feed Reader 输出界面

理程序确保整个 Web 应用程序不是单线程,并且应用程序的 UI 组件并行响应用户动作/输入,实际上,应用程序也具有这种能力。

再具体一些,事件处理的工作流程如下:当一个对象接收到一个事件采取行动(在上面的例子中,股票市场及时更新响应股票指数的改变)时,它注册一个事件的监听器。当事件完成时,事件处理子系统调用监听器,监听器可以采取适当的行动。事件包括用户动作,如鼠标单击,以及系统事件如从远程服务器收到回复,或应用程序的一些变化,如对象的创建或销毁。上面示例包含一些错误的处理程序。

远程对象调用:如前所述,远程对象服务调用后台方法通过使用本地协议不需要使用标准协议。数据在服务器和应用程序之间以被称为动作消息格式(AMF)的二进制格式进行传递。下面的例子显示了一个远程对象服务如何在 ColdFusion 后台调用一个远程方法。被调用的包由源代码给出,方法和相应的事件处理程序如下:

```
<? xml version = "1.0" encoding = "utf - 8"? >
<mx:Application >
...
  <mx:RemoteObject
    id = "myRequest"
    destination = "ColdFusion"
    source = "flexapp. return" >
<mx:methodname = "returnRecords"result = "returnHandler(event)"
   fault = "mx.controls.Alert.show(event.fault.faultString)"/>
<mx:methodname = "insertRecord"result = "insertHandler()"
fault = "mx.controls.Alert.show(event.fault.faultString)"/>
```

```
</mx:RemoteObject>
</mx:Application>
```

高级的例子：实现 Pustak 门户

以 Pustak 门户网站为例说明如何使用 Flex 来开发一个好的客户端，并且着重强调先前描述特性和平台的可用性。假设 Pustak 门户网站有两种类型的用户，第一种用户使用的平台服务类型类似于文档服务，如文件清理、图像处理等。第二种是组件开发人员，他们将自己开发的组件卖给 Pustak 网站，只要 Pustak 使用他们提供的服务就支付相应的报酬。Pustak 网站需要一个应用程序来显示用户加载的图像/文件。需要一些方法，允许开发人员发布他们的组件，客户使用该组件处理图片/文件。可以开发一个组件来显示图像和文件，另一个组件处理这些文件和显示处理结果。

定制的图片查看器被开发成一个 ActionScript 组件称为 myCollection. photoViewer。为了说明问题，应用程序创建了三个组件：ThumbNailView、CarouselView 和 SlideShowView。下面的源代码表示用于不同组件创建那些视图窗口。

```
<mx:Application xmlns:mx = "http:// www.adobe.com/2006/mxml" xmlns = " * "
    paddingBottom = "0" paddingTop = "0"
    paddingLeft = "0" paddingRight = "0"
    layout = "vertical"
    pageTitle = "Photo Viewer"
    creationComplete = "init()" viewSourceURL = "srcview/index.html" >
    <mx:Script >
        <![CDATA[
        import mx.collections.ArrayCollection;
        import mx.rpc.events. * ;
        import myCollection.photoViewer.Gallery;
        import myCollection.photoViewer.PhotoService;
        [Bindable]
        private var service:PhotoService;
        private function init():void
        {
        service = new PhotoService("data/galleries.xml");
        }
        ]]>
    </mx:Script>
    <mx:Style source = "main.css" />
    <mx:Binding source = "service.galleries.getItemAt(0) as
    Gallery"  destination = "gallery" />
```

```
    <mx:ViewStack id = "views" width = "100% " height = "100% " >
      < ThumbnailView id = "thumbnailView" gallery = "{gallery}"
         .. />
      < CarouselView id = "carouselView" gallery = "{gallery}"
         .. />
      < SlideShowView id = "slideshowView" gallery = "{gallery}"
         .. />
    < / mx:ViewStack >
  < / mx:Application >
```

添加视频播放到 Pustak 门户

如何用 Flex 相对容易地开发看起来很复杂的应用程序,如 Youtube,是非常有价值的。利用它的许多高级功能可以实现。在这一节中将举一个这样的例子。

考虑如何给指定的视频写一个 Flex 应用程序。这个视频是可以在 Flash 播放器播放的 FLV 视频(Flash Player 是运行 Flex 应用程序)。假设视频在 Pustak 门户是可用的,可通过 HTML 访问,代码如下:

```
<? xml version = "1.0" encoding = "utf - 8"? >
<mx:Application xmlns:mx = "http:// www. adobe. com/2006/mxml"
layout = "vertical" horizontalAlign = "center" >
  <mx:Script >
    <! [CDATA[
    import mx. events. VideoEvent;
    private var mute : Boolean = false;
    private function muteHandler(event:mouseEvent):void{
      if (! mute) {
      player. volume = 0;
      mute = true;
      muteButton. label = "Unmute";
      }
      else{
      player. volume = volSlider. value;
      mute = false;
      muteButton. label = "mute";
      }
    }
    private function videoDisplay_playheadUpdate(event:VideoEvent):
    void{
    progressBar. setProgress(event. playheadTime, player. totalTime);
    }
```

219

```
        ]]>
      </mx:Script>
      <mx:Label text = "Basic Video Player Example in Flex3"
      fontFamily = "Georgia"
      fontSize = "30" fontWeight = "bold" color = "#6D0A26"/>
  <mx:TextInput id = "URLinput" x = "10" y = "10" width = "500"/>
  <mx:VideoDisplay id = "player" source = "{URLinput.text}"
      maintainAspectRatio = "true"
      width = "450"height = "350"autoPlay = "false"
      playheadUpdate = "videoDisplay_playheadUpdate(event);"/>
  <mx:ProgressBar id = "progressBar" mode = "manual" label = " "
  width = "{player.width}"/>
  <mx:HBox width = "450">
    <mx:Button label = "Play" click = "player.play()"/>
    <mx:Button label = "Pause" click = "player.pause()"/>
    <mx:Button label = "Stop" click = "player.stop()"/>
    <mx:Button id = "muteButton" label = "mute" click = "muteHandler
    (event)" width = "70"/>
    <mx:HSlider id = "volSlider"
      liveDragging = "true"
      minimum = "0.0"
        maximum = "1.0"
        value = "1.0"
        snapInterval = "0.01"
        change = "player.volume = volSlider.value"
        width = "100"/>
  <mx:Label text = "{int(player.playheadTime)} /{int(player.
  totalTime)}"
      color = "#FFFFFF" width = "73"/>
  </mx:HBox>
  </mx:Application>
```

主要的应用始于mx:TextInt,获取需要在视频播放器中播放FLV文件的URL。mx:VideoDisplay是Flex SDK包中一个有用UI组件,可以用来打开指定的FLV视频。很容易看出,它只有一个参数,或者是视频位置或者是FLV文件。playerUpdate是一个方法,当视频在指定的时间间隔变化时,调用该方法。在我们的案例中,调用该方法更新进度条,创建一个进度条,显示已经播放视频的长度。HBox控件包含播放器控制功能,如播放、停止、静音、暂停等。音量控制滑块可用来设置播放器的音量。所有这些控制件向主要控制方法VideoDisplay传递控制信息。视频播放器如图5.13所示。还可以在本例中增加其他特性,如用户的播放列表或喜欢的视频等。

220

在服务器统计所播放的各类视频(例如,经常播放的影片、被视频播放的最后时间)。

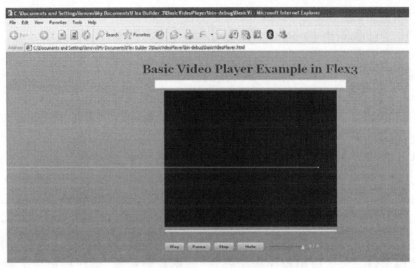

图 5.13 Flex 基本视频播放器输出界面

小结

本章深入讨论了辅助开发高效的云应用几种重要技术观念,从高效开发可伸缩云应用程序开始,重点关注可伸缩的存储技术和 MapReduce 范式。介绍可伸缩存储的基本原理分区及介绍三个分区技术。第一种技术,功能分解,把不同的数据库放在不同的服务器上。第二种技术,垂直分区,提出了将一个表中不同的列存放在不同的服务器上。第三种,技术分片,类似于在数据库中水平分割,把不同的行存放在不同的数据库服务器上。然而,分区对应用程序之间是不透明的。分区的缺点是使关系数据库一些常用的技术如 join 通常变得很复杂。虽然在关系数据库中已经描述分区技术,但它们也适合于非关系数据库。

本章还对已出现的作为关系数据库替代技术 NoSQL 存储系统进行了介绍。NoSQL 系统的共同特点是,有灵活的存储方案和使用查询界面,这是与关系数据库的不同之处。此外,它们通常内置支撑工具实现自动缩放(通常通过分片和复制)。但是如第 6 章所述,许多非关系数据库放宽关系数据库提供的严格一致性,因此性能并不完善。

本章讨论了两种类型的 NoSQL 系统。第一种 key – value 存储,典型存储一个可以用 key 检索的 value。value 可以是一个复杂的对象。然而,key – value 存储将 value 看做是不透明字节序列。因为 value 对于存储来说是不透明的,因此使用不同字段的作为 key 记录的格式不同。第二种 object/ XML 数据库,可按

key 检索存储对象,且 key 是对象的一部分,此外,可以以任何属性建立索引。因此,key – value 存储比 object/ XML 更适合复杂的查询。第 6 章中描述了 NoSQL 系统的详细架构。

接下来讨论使用 MapReduce 范式开发云应用程序的技术,并简单介绍数据并行和函数式编程的基本概念。在 Mapreduce 架构中数据流被详细说明,这有助于理解 MapReduce 提供并行能力。人们认识到,有必要开发新型的算法,利用 MapReduce 平台提供的数据的并行计算能力。本文介绍几种基于 MapReduce 平台典型子问题的算法(如排序、字数、TF – IDF)并对 MapReduce 计算的形式化规范进行了简要描述。

富互联网技术依靠浏览器的沙箱或桌面应用程序运行应用程序。使用 MXML(对于 Flex)、XAML(Silverlight)、LZL(OpenLazslo)等一些扩展的 XML 语法开发源代码。应用程序可以将 ActionScript 或 JavaScript 组件包含在同一个源文件中。当开发人员设计 UI 界面时,一些工具,如 Flex/Visual Studio。帮助开发人员在设计用户界面的使用设计窗口,当需要完成组件和事件处理的交互时,切换到代码窗口。为了应用程序界面外观,风格规范标准,源代码也嵌入样式表(CSS)中。一旦完成这些操作,使用 SDK 中给定的编译器编译应用程序,就可在平台上呈现。

当前技术状态是只有少数渲染引擎受欢迎。目前,Flash(Adobe)由于易于构建应用程序并支持许多高级功能而广受欢迎,被大部分 RIA 应用程序所采用。其他越来越流行的渲染引擎是 . NET 平台上的 Silverlight(微软)。OpenLaszlo 是一个在 JSP 服务器或 Flash 上运行 Silverlight 开源尝试,声称应用程序在两种服务器运行界面相同。

Adobe 的 Flash 很像一个虚拟机,它使图形、多媒体和代码配合得十分高效。Flash 播放器具有悠久的历史,最新版本是 FP versin 10。Flash 播放器实际上包含 ActionScript 虚拟机(AVM)和多媒体渲染引擎。目前,AVM 更新到 AS3. 0 版本,在 runtime 上运行前做了复杂的优化。同样,Adobe 努力保持多媒体播放质量,在新版本中采用最新多媒体标准如 H. 264 标准。

在这个领域,Silverlight 是 Adobe Flash 的竞争对手。尽管要让 Silverlight 赶上 Flash 从而成为市场的领导者还需要一些时间。早期的 Silverlight 版本令人印象深刻。Silverlight 使用 XAML 作为标记语言,可以容易地在 XAML 中嵌入 HTML 和 JavaScript 方法。目前 Silverlight 的一大优势是 Silverlight 对象对搜索引擎优化(SEO)很友好,从这个角度,这些对象可以像文本一样被检索搜索,而 Flash 对象则(编译对象)不能。

SUN 公司的 JavaFX 在这个领域是一个后来者,依靠极高的 Java 普及率正在改变整个领域的版图。由于 Java 对于客户端虚拟机来说是非常重要的并且还由于其庞大的应用基础,所以 JavaFX 在开发者中有一定影响。

最后,不对 HTML5 上发生的变化做出评价就结束本章是不合适的。开发人员认为 HTML5 中的视频和音频渲染机制近乎可以代替 runtime,如 Flash 和 Silverlight。它最大的优点是,不需要下载插件来就可运行 Web 应用程序。开发人员正在期待 WebGL 标准,这是 Web 应用程序开发标准。在这里只有时间可以证明谁将会是这个领域最终的胜利者。

参考文献

［1］ Vajgel P. Needle in a haystack：efficient storage of billions of photos. http：//www. facebook. com/note. php? note_id = 76191543919；［accessed 01. 05. 09］.

［2］ Persyn J. Database sharding, Brussels, Belgium：FOSDEM'09；2009.

［3］ By The Numbers：Twitter Vs. Facebook Vs. Google Buzz. http：//searchengineland. com/by - the - numbers - twitter - vs - facebook - vs - google - buzz - 36709；［accessed 08. 10. 11］.

［4］ Why does Wikipedia use MySQL as data store rather than a NoSQL database? DomasMituzas. http：// www. quora. com/Why - does - Wikipedia - use - MySQL - as - data - store - ratherthan - a - NoSQL - database；［accessed 08. 10. 11］.

［5］ Gulliver I. A new generation of Google MySQL tools. http：//flamingcow. dilian. org/2011/04/new - generation - of - google - mysql - tools. html；［accessed 08. 10. 11］.

［6］ Elliott - McCrea K. Using, Abusing and Scaling MySQL at Flickr. http：//code. flickr. com/blog/2010/02/08/ using - abusing - and - scaling - mysql - at - flickr/；［accessed 08. 10. 11］.

［7］ Very large databases. http：//www. vldb. org/；［accessed 08. 10. 11］.

［8］ Ozsu M, Valduriez P. Principles of distributed database systems. Englewood Cliffs, NJ：Prentice - Hall；1990.

［9］ MySQL Reference Architectures for Massively Scalable Web Infrastructure, Oracle Corp. , http：// www. mysql. com/why - mysql/white - papers/mysql_wp_high - availability_webrefarchs. php；［accessed 08. 10. 11］.

［10］ Roy R. Shard - A Database Design. http：//technology. blogspot. com/2008/07/sharddatabase - design. html；［accessed 28. 07. 08］.

［11］ Hu W. Better sharding with Oracle. Oracle Openworld 2008. http：//www. oracle. com/technetwork/database/ features/availability/300461 - 132370. pdf；2008. ［accessed 08. 10. 11］.

［12］ DeWitt, D, Gray, J. Parallel database systems：the future of high performance database systems. Commun ACM 1992；35(6)：85 - 98.

［13］ Obasanjo D. Building scalable databases：Pros and cons of various database sharding schemes. http：// www. 25hoursaday. com/weblog/2009/01/16/Building Scalable Databases Pros And Cons Of Various Database Sharding Schemes. aspx；［accessed 08. 10. 11］.

［14］ Database sharding. http：//www. codefutures. com/database - sharding；［accessed 08. 10. 11］.

［15］ Henderson C. Building Scalable Web Sites：Building, Scaling, and Optimizing the Next Generation of Web Applications. O'Reilly Media；1st ed. （May 23, 2006）,ISBN - 13：978 - 0596102357.

［16］ Scalebase Architecture. http：//www. scalebase. com/resources/architecture/；［accessed 08. 10. 11］.

［17］ Spock Proxy - a proxy for MySQL horizontal partitioning. http：//spockproxy. sourceforge. net/；［accessed 08. 10. 11］.

［18］ Hibernate Shards. http：//www. hibernate. org/subprojects/shards. html；［accessed 08. 10. 11］.

[19] DeCandia G, et al. Dynamo: Amazon's highly available key – value store. Stevenson, Washington, USA: SOSP'07; 2007.

[20] Facebook's New Real – Time Messaging System: HBase To Store 135 + Billion Messages A Month. http://highscalability. com/blog/2010/11/16/facebooks – new – realtime – messaging – system – hbase – to – store – 135. html; [accessed 08. 10. 11].

[21] The Underlying Technology of Messages. http://www. facebook. com/note. php? note_id = 454991608919#; [accessed 08. 10. 11].

[22] Borthakur D. Realtime hadoop usage at facebook – part 1. http://hadoopblog. blogspot. com/2011/05/real-time – hadoop – usage – at – facebook – part. html; [accessed 08. 10. 11].

[23] Borthakur D. Realtime hadoop usage at facebook – part 2 – workload types. http://hadoopblog. blogspot. com/2011/05/realtime – hadoop – usage – at – facebook – part_28. html; [accessed 08. 10. 11].

[24] Bigtable: A Distributed Storage System for Structured Data. OSDI 2006. http://labs. google. com/papers/big-table – osdi06. pdf; [accessed 08. 10. 11].

[25] HBase 0. 91. 0 – SNAPSHOT API. http://hbase. apache. org/docs/current/api/overviewsummary. html; [ac-cessed 08. 10. 11].

[26] George L. HBase Architecture 101 – Storage. http://www. larsgeorge. com/2009/10/hbase – architecture – 101 – storage. html; [accessed 08. 10. 11].

[27] Package org. apache. hadoop. hbase. mapreduce. http://hbase. apache. org/docs/current/api/org/apache/ha-doop/hbase/mapreduce/package – summary. html#package_description; [accessed 08. 10. 11].

[28] Weaver E. Up and Running with Cassandra. http://blog. evanweaver. com/2009/07/06/up – and – running – with – cassandra/; [accessed 08. 10. 11].

[29] Zawodny J. Lessons Learned from Migrating 2 + Billion Documents at Craigslist. http://www. 10gen. com/video/mongosf2011/craigslist; [accessed 08. 10. 11].

[30] Zawodny J. MongoDB live at Craigslist. http://blog. mongodb. org/post/5545198613/mongodb – live – at – craigslist; [accessed 08. 10. 11].

[31] Introducing JSON. http://www. json. org/; [accessed 08. 10. 11].

[32] JSON Example. http://json. org/example. html; [accessed 08. 10. 11].

[33] Object Ids. http://www. mongodb. org/display/DOCS/Object + IDs; [accessed 08. 10. 11].

[34] Mongo DB Java Tutorial. http://www. mongodb. org/display/DOCS/Java + Tutorial; [accessed 08. 10. 11].

[35] Introduction to Parallel Programming and MapReduce. http://code. google. com/edu/parallel/mapreduce – tu-torial. html#MapReduce; [accessed 08. 10. 11].

[36] Dean J, Ghemawat S. MapReduce: A flexible data processing tool. CACM; 2010.

[37] Running Hadoop on Amazon EC2. http://wiki. apache. org/hadoop/AmazonEC2; [accessed 08. 10. 11].

[38] Karloff H, Suri S, Vassilvitskii S. A Model of Computation for MapReduce. Symposium on Discrete Algorithms (SODA); 2010.

[39] Google Cluster Computing, Faculty Training Workshop, Module IV: MapReduce Theory, Implementation, and Algorithms, Spinnaker Labs, Inc.

[40] Dean JJ, Ghemawat S. MapReduce: Simplified data processing on large clusters. In: OSDI'04, 6th Symposi-um on Operating Systems Design and Implementation, Sponsored by USENIX, in cooperation with ACM SIGOPS; 2004. p. 137 – 50.

[41] Lämmel R. Google's MapReduce programming model—revisited_. Redmond, WA, USA: Data Programmabil-ity Team Microsoft Corp.

[42] Ho R. Pragmatic programming techniques. Blog. http://horicky. blogspot. com/2010/08/designing – algorith-mis – for – map – reduce. html; [accessed 08. 10. 11].

[43] Graph processing in MapReduce. http://horicky. blogspot. com/2010/07/graphprocessing – in – map – re-duce. html and http://horicky. blogspot. com/2010/07/google – pregelgraph – processing. html; [accessed 08. 10. 11].

[44] Programming Flex 3: The comprehensive guide to creating rich internet applications with Adobe Flex. O'Reilly Publications; 2008.

[45] Microsoft Silverlight 4: Step by Step. O'Reilly Publications; 2010.

225

第6章
应对云计算面临的挑战

6

【本章要点】

- 可伸缩的计算能力
- 可伸缩的存储能力
- 多租户
- 可用性

引言

为了提供一个真正实用的计算基础设施,任何云平台或云应用都需要解决几个关键技术难题。目前,云平台用来解决 IaaS、PaaS 和 SaaS 可扩展性问题的一些技术,分别在第2章、第3章、第4章进行了讨论。第8章将讨论当前平台支持的各种功能,这些功能用来对云平台和基础设施提供细粒度的监控。本章将详细介绍云计算所面临的挑战以及解决方法,并提供这些方法所需的一些技术基础,但这些解决方法都有一定的局限性。这里将介绍云计算所面临以下的三个关键技术难题:

(1)可伸缩性:能够按照数百万用户同时访问云服务要求来调节云的计算能力。

(2)多租户:通过使用云的基础设施能够给多租户提供隔离性及良好的性能。

(3)有效性:无论是软件还是硬件故障,云架构都能保证云的基础设施和云应用有很高的可靠性。

可伸缩性需要在计算以及存储访问能力方面满足快速变化的需求。第一部分将详细介绍一些通过添加更多服务器线性扩展计算能力的架构。本书将借助几个重要概念帮助开发者理解性能瓶颈,性能瓶颈一般因为应用程序并发访问数据导致,解决瓶颈的方案将在第二部分讨论。第三部分将详细介绍多租户问题的解决方案。第四部分则介绍了确保云托管应用程序高度可用性的体系架构。

可伸缩计算

正如前面章节中讨论的那样,按实际需要可伸缩分配计算能力是任何云计算平台的关键需求。计算的伸缩性可以在基础架构层面或平台层面完成。在基础设施层面,要求增加计算能力,而在平台层面,主要通过智能地管理不同客户端的请求高效率利用基础设施来完成,无需客户端做任何特殊操作。

横向伸缩与纵向伸缩

计算资源的伸缩性基本上有两种主要方式,即纵向伸缩(vertical scaling)和横向伸缩。向上伸缩(scale up)或称纵向伸缩,是指对一个节点或者单一系统增加较多的资源从而提高性能,如增加 CPU 数量、使用多核系统替代单核系统或增加额外内存。这里关注的焦点是如何使底层计算系统功能更为强大。现在这些更强大的计算资源可以通过一个虚拟层更加有效地利用,从而支持更多的进程或虚拟机——使其能够扩展到为更多的客户访问。为了支持云基础设施按需伸缩,系统应能够在不影响平台或应用程序执行的情况下,动态提高计算能力。除非系统虚拟化,否则通常不可能在不关闭系统的情况下动态提高系统计算性能。第 9 章详细介绍虚拟化技术和虚拟化方法。纵向伸缩系统是共享内存系统,如对称多处理器系统。纵向伸缩系统机器的典例是 IBM POWER5 和惠普安腾 Superdome 服务器。纵向伸缩系统的优点是编程范式更简单,因为它不涉及分布式编程,而横向伸缩系统则大不相同。

另一方面,向外伸缩(scale out)或称水平伸缩(horizontal scaling),是指为分布式应用程序增加新的计算系统或节点来扩展计算资源。这种分布式应用程序设计成可以更有效地利用增加到系统中的计算资源。这种系统的一个典型例子是Web 服务器(如 Apache)。事实上,鉴于大多数云应用都具有服务功能,它们需要进行改进从而能够使用横向伸缩技术来按需伸缩。横向伸缩系统的优点是使用磁盘和内存等商用硬件来提供高性能。一个典型的横向伸缩系统如计算节点集结起来,其计算能力比传统的超级计算机更强,尤其是在采用更快互联技术如 Myrinet 和 InfiniBand 的情况下。横向伸缩系统将主要用于共享高性能磁盘分布式系统。与纵向伸缩系统不同的是,为了充分利用横向伸缩系统的全部性能,编程人员采用不同的设计模式设计应用程序。在横向伸缩系统上有许多应用设计模式,如 MapReduce 模型、Master/Worker 模型和 TupleSpace 模型等。

IBM 公司的 Michael Maged 等人[1]进行了一项研究,对横向伸缩系统和纵向伸缩系统的搜索应用程序进行了详细对比。他们的结论是,横向伸缩系统比纵向伸缩系统具有更好的性能和性价比。这是因为搜索应用程序基本上是由独立的并行搜索组成,因此可以很容易地部署在各个处理器上。横向伸缩技术也可用于应用程序级。例如,一个典型的 Web 搜索服务是可伸缩,其上的两个客户端的查询请求完全可以使用并行线程进行。然而,横向伸缩系统所面临的难题是基础设施管理的复杂性,尤其是基础设施动态地满足资源需求时。此外,不包含独立计算的应用程序是难以进行横向伸缩的。

阿姆达尔定律(Amdahl 定律)

如前所述,只增加更多的计算资源,并不一定总能获得更好的性能。增加一个计算节点不一定会使应用程序的性能提高 1 倍。加速比受到算法中的并行计算或应用程序中固有的并行计算程度的限制。用于解释这个概念的一个著名理论就是阿姆达尔定律。该定律表明,一个应用程序所能获得的最大加速比取决于应用程序中顺序的部分。如果 α 是一个应用程序需要顺序执行的部分,$1 - \alpha$ 是可以并行完成部分,使用 P 个处理器,那么最大加速比可通过以下公式给出:

$$\frac{1}{\alpha + \frac{1 - \alpha}{P}}$$

即使程序的 80% 可以并行运行,其 20% 仍需要顺序执行(例如,收集并显示并行计算的结果),那么,在 10 个处理器上可获得的最大加速比仅为 $1/0.28 = 3.6$($令 \alpha = 0.2$)。

鉴于阿姆达尔定律给出的限制,云应用程序需要精心设计,避免上面所提到的约束。实现并行性的方法之一是根据不同客户端的请求使用不同的进程或计算节点,所以基本上每个请求是并行完成的。并行处理源于请求并行性。如果客户端请求是相互独立的,α 接近于 0,则加速比等于 P,那么计算资源的使用率将可以达到 100%。如果达到了负载峰值,那么解决的办法是增加物理资源(P),故只需添加更多的计算资源。如前所述,这种模式很少在客户端进行应用程序互动,如搜索中性能良好。当然,由于客户请求使用共享数据结构(如网络索引),通常不可能使 $\alpha = 0$。再者,可以采用并发读术(在第 5 章中所描述的数据分区介绍)。云应用因此被设计成面向服务的架构,以便于可以独立地处理多个客户端请求(尽可能使用业务逻辑)。

寻找客户端请求的并行部分另外还有一种方案。考虑一个类似 Facebook 的应用程序,如果用户更新自己的状态,可能需要更新列表中好友状态。此应用程序的一部分(更新用户状态和好友列表)是顺序的,但其余部分可以并行完成。云应用的可扩展性单纯地受限于在可用的计算硬件上的调度效率和完成客户请求服务访问外部资源效率。

基于反向代理的云应用伸缩

当云应用程序运行在横向扩展架构时,不同的计算节点执行不同的客户端请求,需要解决的一个问题是如何做好服务的协调。简单地说,执行云应用程序不同节点对客户端应该是公开的且单个服务端点能够被发布。本节介绍的反向代理(reverse proxy)可以解决这个问题。

反向代理基本就是一台 HTTP 代理服务器,该服务器会从一个或多个服务器检索内容,但对客户端其行为表现得又像一台原始服务器,不像转发代理(forward proxy)服务器可使多个浏览器访问外部 Web 服务器。例如,为了访问 Internet,HP 员工在其浏览器中使用多台代理服务器去访问 hp. com。hp. com 将有一个专门的反向代理服务器接收访问 Internet 的请求,透明地将他们分发到各个门户网站的 Web 服务器。由于反向代理服务器位于整个系统的前段,可以应用防火墙和数据加密为整个系统提供安全保障、优化客户端—服务器间通信、通过高效调度客户端对服务器请求平衡服务器端的负载。

使用反向代理的简单原理如图 6.1 所示。该浏览器访问一个网站如 http://xyz. com,反向代理寄宿在 DNS 成名为 xyz 的机器上,实际上就是浏览器中面对前端的服务器,其作用是把客户端请求分配给后台不同 Web 应用服务器(通常称为上游服务器)。若要扩展访问量,只要在反向代理服务器后面添加少数的上游服务器即可。

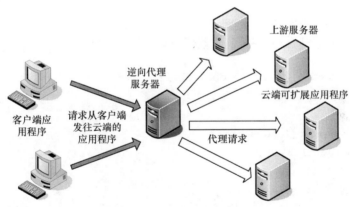

图 6.1 逆向代理配置图解

反向代理应很容易实现,但不应成为服务器请求的负担或瓶颈。

写本书时,Nginx 是一个声称可以托管超过 20 万个网站的反向代理服务器[2]。Nginx 使用一个简单轮循调度方式来转发客户端请求。还有一种方式是基于散列的调度,通过基于一个变量的散列值选择上游服务器,这个变量可以是请求的 URL、输入 HTTP 请求标题,或一些组变量组合。

Nginx 服务器简单配置如代码段 NGINX Configuration 所示。称为 upstream 的列表,列出了后台配置的不同的虚拟 Web 服务器。扩展系统需要做的是添加更多的服务器,并在 upstream 中添加那些 IP 地址。详细了解 Nginx 设置和使用说明,读者可参考文献[3]。

```
NGINX CONFIGURATION
user cloud – user;
worker_processes 1;
error_log /var/log/nginx/error.log;
pid/var/run/nginx.pid;
events {
worker_connections 1024;
}
http {
include/etc/nginx/mime.types;
default_type application/octet – stream;
access_log /var/log/nginx/access.log;
sendfile on;
keepalive_timeout 65;
tcp_nodelay on;
gzip on;
server {
listen 80;
server_name localhost;
access_log /var/log/nginx/localhost.access.log;
location/{
proxy_pass http://one_loadbalancer;
}
}
upstream sample_loadbalancer
{ server 10.1.1.3:80 ;
server 10.1.1.4:80 ;
server 10.1.1.5:80 ;
server 10.1.1.6:80 ;
}
}
```

如果 Nginx 服务器配置成具有两个网卡的网关,代理服务扩展到两个网络。事实上,当其中一种网络是企业内部网(专用网络),另一种是公共云从未形成混合云时,这种配置非常有用。其实例将在 OpenNebula 部分详细介绍。

混合云和云爆:OpenNebula

混合云是私有云和公有云的结合,它是能够根据需要使本地基础设施扩展为商业架构的基础设施。使用混合云,机构可以利用内部现有的基础设施,按需从公共云补充额外的资源。对云用户来说,混合云最符合成本效益,因为其能确保现有基础设施的良好利用率。云爆（Cloud Bursting）使得私有云能够借用公有云计算能力,从而增加私有基础设施的额外计算能力(图6.2)。

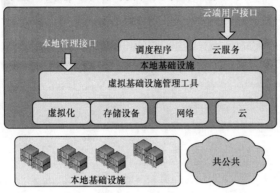

图6.2 混合云

这种配置可以扩展到云联合（Cloud Federation）和云聚合（Cloud Aggregation）,前者用来与合作者共享基础设施,后者通过使用多个云端来提供更大的云计算基础架构。HP CloudSystem Enterprise 是由 Hewlett – Packard 提供的商业化混合云。亚马逊的虚拟私有云(VPC)通过使用亚马逊 EC2 和私有云之间的 VPN 连接提供混合云。OpenNebula 是一个通用的开源云平台,设计该平台是为了支持混合云,下面将详细介绍它的内部结构。

OpenNebula

Opennebula 是一种分布式的虚拟机管理器,可以管理跨越多个云平台的虚拟化基础设施[5]。这个开源项目开始于 2005 年,它的第一个版本于 2008 年 3 月诞生,从那以后,每月有上千次的下载量。OpenNebula 设计的关键在于其系统模块化,可以较好地集成多个异构的云基础设施和数据中心。图6.3 显示 OpenNebula 架构主要的四层。最高层 EC2 和 OCCI 层[6]包含一些高级 API,允许 OpenNebula 支持使用亚马逊 EC2 或开放云计算接口(OCCI)API 的应用程序,从而与支持 EC2 和 OCCI 的其他云端的实现互操作。第二层是核心 OpenNebula API,它提供主要的 OpenNebula 虚拟化功能。第三层是资源管理 API 和驱动程序,它抽象资源管理的细节,并允许 OpenNebula 支持不同异构虚拟化、网络和存储。例如,虚拟化管理器(VM)API 有可插拔虚拟化驱动程序用来支持不同类型的虚拟化,VMware 虚拟化驱动程序支持 VMware 的虚拟化技术,Xen 虚拟化驱动程序支持 Xen 虚拟化技术,这是因为 VM API 提出一种对核心 OpenNebula API 的抽象,允许它支持这两种类型的虚拟化。同样,传输管理器(TM)API 抽象存储子系统,可支持 NFS、MooseFS① 和其他存储协议。Auth API 为安全和身份验证提供支持,网络管理器

---

① MooseFS 是一个伸缩度高、元数据集中的分布式文件。

API(NM API)允许网络的管理。

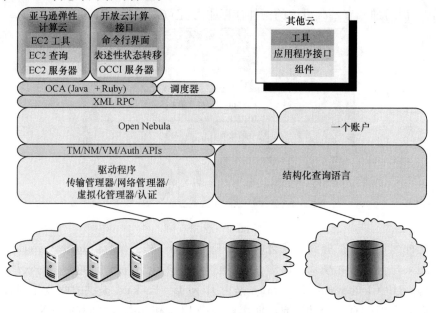

图 6.3 OpenNebula 提供的不同接口

在功能方面 OpenNebula 实现了 EC2 Query API 和 OCCI – OGF 界面,使订制的与标准的云计算基础架构能够集成在一起。在基础设施内部,OpenNebula 方便集成等集群调度程序(本地资源管理器),诸如 SGE LSF、OpenPBS 和 Condor[7],使本地资源得到更好的利用。该系统具有分配虚拟机和网络元素、在处理器之间迁移虚拟机的接口,并有几种用户管理以及镜像管理功能。OpenNebula 允许一个物理集群动态地执行多个虚拟集群,更好地实现按需配置资源以及集群和集群划分整合。分配给虚拟节点物理资源也可以是动态的,主要取决于它的计算需求,利用现有的 VMM 提供的迁移功能,可将虚拟机迁移到其他进程,支持异构负载(均衡)。如同其他 IaaS 基础架构,名为 Opennebula SunStone 的门户界面也可用了。

OpenNebula 可以结合反向代理服务器形成由 OpenNebula 提供负载均衡和虚拟化支持的云爆混合架构(图 6.4)[8]。OpenNebula VM 控制服务器在 EC2 以及 OpenNebula 上的分配,与客户端连接的 Nginx 代理服务器通过 Web 服务器将负载均衡分配给 EC2 以及 OpenNebula 云中。除了 Web 服务器之外,EC2 也有自己的 Nginx 负载均衡器。

围绕 OpenNebula 开展了大量的研究工作。例如,芝加哥大学提出了一个高级预约系统,称为 Haizea Lease Manager。IBM Haifa 开发了一个策略驱动、概率管理控制和动态布局优化的站点级管理策略,称为 RESERVOIR 策略引擎[9]。Nephele 是一个由 Telefonica 开发的基于服务等级协议(SLA)—驱动的自动服务管理工具。集群自动管理工具 Virtual Cluster Tool 支持 CRS4 分布式计算组制定多版本的多种传输协议。

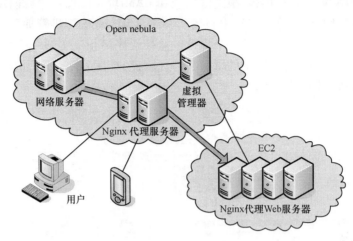

图 6.4　具有反向代理的 OpenNebula 云爆

设计一个可伸缩的云平台:Eucalyptus

除了 OpenNebula 之外,Eucalyptus 也是一个重要的开源云平台。Eucalyptus 的内部细节和设计在下文给出。这里主要介绍使用虚拟化技术来实现一个完整的云平台。Eucalytus(Elastic Utility Computing Architecture Linking Your Program to Useful Systems)在现有的基础设施实现私有云和混合云。使用 Eucalyptus 建立的云平台支持亚马逊 AWS REST 和 SOAP 接口,从而使亚马逊 EC2 客户端无缝地在现有的设施上工作。

构成 Eucalyptus 云的每一台机器都运行节点控制器(Node Controller),从而控制节点上虚拟机的执行、监测和终止(图 6.5)。一个集群控制器(Cluster Controller,CC)组成每个集群的前端管理和调度节点上虚拟机的执行。Eucalyptus 还有一个存储控制器(Storage Controller,SC)称为 Walrus,提供数据块存储服务,提供与亚马逊 EBS 和 S3 使用相同接口,用于存储和检索虚拟机映像以及应用程序数据。用户和管理员的主要入口是云控制器(Cloud Controller,CLC),它查询不同的节点做出有关虚拟化设置大部分的决定,并通过集群控制器和节点控制器执行这些决定。这些模块在本章的后面部分进行介绍。有关详细信息,请参阅 Eucalyptus 公司白皮书[10,11]。

节点控制器(Node Controller,NC)运行在构成云计算基础架构每个节点上,指定寄宿在一个虚拟机实例中。利用节点上操作系统的系统 API 和监视器获得系统信息,如内核数量、内存的大小、可用磁盘空间的虚拟机实例等,NC 应答来自系统控制器的查询请求。NC 支持的 API 有 runInstance、termInateInstance、describeresource、describeInstance 等。只允许授权的实体调用这些 API(使用标准的 Web 服务机制)。为了创建一个新的虚拟机实例,NC 要从一个远程映像储存库制作影像文件的本地副本,它包括内核、根文件系统和 RAMDISK 映像。然后创建一个新的端点加入虚拟网络中(在下一段中叙述),并请求其本地虚拟机管理程序来启动该实例。为了停止一个实例,NC 请求虚拟机监控程序终止该实例,删除其在虚拟网络的端点并清除根文件系统中的所有文件。因此,应用程序必须使用外部的一个永久存储设备来保存执行结果。

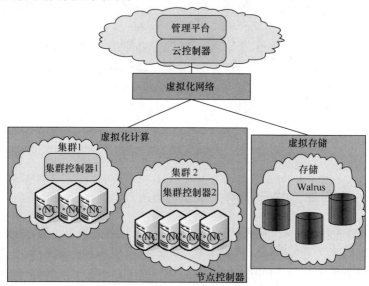

图 6.5   Eucalyptus(桉树)关键模块图解

集群控制器(Cluster Controller)运行在可能由两个网络组成的系统上,一个网络将集群控制器和节点控制器连接起来形成集群,另一个网络连接到云控制器。集群控制器中 API 功能类似于 NC,但它们工作在一组节点上而不是特定节点。集群控制器将进来的实例执行请求调度给特定的节点,控制实例覆盖虚拟网络(运行实例的虚拟机组成网络),并收集一组 NC 的报告信息。当 CC 接收到一组实例的执行请求时,它会首先检查每个 NC 上可用的资源,并将实例调度到第一个满足资源条件(例如,CPU 内核、内存、磁盘等)节点。

CC 主要负责创建和拆卸连接不同虚拟机组成的虚拟网络。由于每台虚拟机上运行的程序可能要求获取 MAC 地址、系统 IP 地址,并执行一些管理程序才能执行的特权操作,故必须有另一个虚拟层,以确保其他应用程序的安全。而完整的网络等级访问权将提供给运行在单个节点上的应用程序。CC 应能全权管理和控制虚拟机网络,提供虚拟机通信隔离,定义虚拟机逻辑组防火墙规则,并在虚拟机启动和运行时动态分配公共 IP 地址。允许用户启动时将他们的虚拟机添加到一个逻辑网络中,这个逻辑网络将被指定一个唯一的 VLAN(虚拟局域网)号和唯一的 IP 子网(专用 IP 范围)。通过这种方式,同一网络名各节点将能够互相通信,但会与其他组虚拟机隔离。CC 可以作为虚拟机子网之间的路由器,并阻止虚拟机网络之间的通信（默认情况下）。用户仍然控制他们构建的虚拟机网络的防火墙规则。为了使网络可访问公共 IP 地址，用户可以请求将公共 IP 地址分配给他们的虚拟机组中的特定虚拟机。这种访问通过使用网络地址转换（Network Address Translation, NAT）协议来管理，动态实现目标 NAT 和源 NAT 地址从公共 IP 到私有 IP 映射，这个过程可以在启动或运行时定义。当虚拟机群分布在整个集群中时，集群前端与通道连接并且所有的 VLAN 数据包均通过 TCP 或 UDP 协议从一个集群传送到另一个集群。

Eucalyptus 的数据存储服务称为 Walrus。Walrus 提供了一个与 Amazon S3 兼容的接口（详细信息见第 2 章），采用标准 Web 服务技术（Axis2Mule），并提供两个 S3 接口：REST 和 SOAP。无论实例是虚拟机映像，还是应用程序数据的存储/流动，此模块都为节点上执行的这些实例提供了长久的数据支持。

Walrus 对确保云计算应用程序的可伸缩性非常关键，因为多个实例并发数据访问可能会因为一个客户端请求阻塞而延迟另一个客户端请求。因此 Walrus 不提供对象写入锁定，不过要保证用户读和写的一致性。如果对一个对象写操作遇到对同一个对象前一个写操作在进行中，那么前一个写操作无效。利用对象 MD5 校验码向对象发送请求和响应，Walrus 通过检查对象访问控制列表对用户进行身份验证和授权。写和读进行依赖 HTTP 协议。研究人员也可以自定义身份验证和 Walrus 数据流协议。

云控制器是一组 Web 服务器，提供以下服务：①全系统资源的分配仲裁；②永久用户和系统数据的管理；③在可视窗口中处理用户的身份验证和协议转换。利用来自 CC 和 NC 系统的数据维护系统资源状态（System Resource State, SRS）。当用户请求到达时，使用 SRS 根据预期的服务水平对客户请求做出准许接受的决定。为了创建一个虚拟机，资源被首先预留在 SRS 中，客户端的请求向下发往到 CC 和 NC。一旦请求被满足，资源就被托管在 SRS 中，否则回滚失败。生产规则系统利用 SRS 中的信息确保在基于事件设计中满足 SLA（服务等级协议）。可以用如定时器、网络拓扑结构变化和内存分配等事件修改资源请求和更改系统状态。CLC 提供的数据服务处理有状态的系统的创建、修改、查询和存储以及用户数据。最后，一组 Web 服务为用户请求提供各种接口（如亚马逊 S3、EC2）通往 Web 控制台管理和监控服务入口点。

Eucalyptus 是云计算平台中非常有价值的一项工作，研究人员和技术专家不仅能够在现有基础设施上创建新的云平台，而且还开始研究和试验资源调度的新算法、不同服务等级的协议和分配策略。Eucalyptus 可以部署在一台笔记本电脑上，也可以部署在庞大的服务器集群中。

ZooKeeper：可伸缩的分布式协调系统

如果客户端的请求作为独立的进程并且可以在不同的服务器（或虚拟机）上

调度,那么横向扩展的体系架构会很有用。然而,某些应用程序可能需要多个相关进程一起运行来解决一个客户端请求,使用一根消息总线或数据库进行协调。协调这种分布式进程是一项非常具有挑战性的任务,因为不同的进程看不到同一个共享数据。本节介绍了一个通用的开源 Apache 项目,称为 ZooKeeper,这是一个具有高度可用和可靠的协调系统[12-14]。

ZooKeeper 是一个集中的协调服务,用于维护分布式应用程序配置信息、执行分布式同步并实现集群管理。ZooKeeper 服务实施了高效的协议确保一致性和集群管理,为应用程序提供了一个简单的框架,使应用程序以伸缩的方式完成领导选举或集群成员管理。ZooKeeper 可以在整个系统中维持单一配置,这可使系统获得一种非常重要的功能:线性伸缩。ZooKeeper 也可用于事件通知、锁定和实现一个排队系统。接下来介绍 ZooKeeper 概述与 ZooKeeper API 使用示例。

ZooKeeper 概述

ZooKeeper 使用一个(称为 znode)共享的、分层数据寄存器命名空间(Znode)来协调分布式进程。znodes 对共享文件系统做了抽象,更像分布式,按层次结构组织成一致的共享内存。ZooKeeper 提供高吞吐量、低延迟、高可用性、严格有序的 znodes 访问。在可靠性方面,可以运行 ZooKeeper 的三个副本,从而避免它成为一个单一的故障点。因为 ZooKeeper 提供了严格的顺序,因此可以在客户端上实现复杂的同步原语。

ZooKeeper 提供了一个非常类似于标准文件系统的命名空间。每个 znode 都有一个标识名,是由斜杠("/")分隔开的路径元素序列,且除了根目录之外,每个 znode 都有一个父节点。如果 Znode 有子节点,便不能被删除(就像一个文件夹中有文件便无法删除该文件夹一样)。每个 znode 可以有与之关联的数据,并且仅限于千字节的数据量。这是因为 ZooKeeper 的设计仅为了存储协调数据,如状态信息、配置、位置信息等。

ZooKeeper 服务维护着数据树在内存的镜像数据,它被复制到所有运行 ZooKeeper 服务器上。只有事务日志和它快照存储在持久性存储器,从而实现了高吞吐量。因为对 znodes 所做的更改(在应用程序执行期间)附加到事务日志中。当事务日志增大时,zockeeper 服务摄取所有 znodes 节点的当前状态快照并写入到持久存储区中(文件系统)。此外,每个客户端仅连接一个 ZooKeeper 服务器,并维护一个 TCP 连接,通过它发送请求、获得响应、观察事件,并发送心跳。如果到服务器的 TCP 连接中断,则客户端将连接到一个备用服务器上。客户端只需要与 ZooKeeper 的第一个服务器建立会话,如果它需要连接到另一台服务器上,此会话将会自动重建。

ZooKeeper 按顺序排列完成所有更新。使用 zxid(ZooKeeper Transaction Id)标记每个更新序列。每个更新有一个唯一的 zxid。读和写顺序遵循更新顺序;也就是说,最后的更新被服务器标记为新的 zxid 号。为了实现分布式同步,ZooKeeper 实现了由 Leslie Lamport 提出经典兼职议会或议会协议(一致性算法)称为 Zab (ZooKeeper Atomic Broadcast)协议,该协议有点类似于 Butler Lampson 提出的 Paxos Multi – Decree 协议[15],但 Zab 是一个两阶段提交协议[16]。

如果将 ZooKeeper 认为是一种共享的文件系统,那它的功能很易理解。在客户端只需读取和写入文件(虽然很小)。来自客户端的读取请求在与其客户端连接的 Zookee Nev 服务器上处理。而写入请求则转发到其他 ZooKeeper 服务器。写入请求需要通过一致协议,以确保正确写各个副本。同步请求也转发至其他服务器,但不用通过遵循一致协议。如果读取请求注册一个对 znode 监控,也只能在对本地 ZooKeeper 服务器进行监控。因此,如果应用程序有很多读取请求,也不会影响系统可伸缩性,而如果同时收到大量写入请求,则会降低服务器性能。下面将给出 ZooKeeper API 的一些使用细节。

使用 ZooKeeper API

执行以下操作以启动 ZooKeeper 服务器:

```
java – jar ZooKeeper – 3.3.3 – fatjar.jar server 2181 /tmp/zkdata
Java – jar ZooKeeper – 3.3 – 3 – fatjar.jar Server2181 /tmp/zkdata
```

前一个命令行在 2181 端口上启动 ZooKeeper 服务器并指示它使用/tmp 命令来存储数据。在实际使用中,许多 ZooKeeper 服务器实例可能在一个集群中执行,下面是一个更详细的配置(不使用常见的/tmp 文件夹):

```
java – jar ZooKeeper – 3.3.3 – fatjar.jar server server1.cfg &
```

为了研究 API,选择了 ZooKeeper recipe[17] 中的一个例子。该例实现了一个 Barrier,这个 Barrier 是并行分布式程序中的一个同步点。对一组进程,一个 Barrier 意味着每个进程都必须在该点上停止不能继续运行直到其余的进程到达这个点。分布式系统使用 Barrier 来阻止一组节点的运行直到满足所有的节点为止,所有节点才可以继续运行。

ZooKeeper 中的 Barrier 是通过指定 Barrier 节点来实现的。如果 Barrier 节点存在(从概念上讲,如果该文件存在),那么 Barrier 出现进程停止。下面列出的是客户端需要调用的应用程序的顺序。

(1)客户端在故障节点上调用 ZooKeeper API 的 exist()函数,watch 值置为真。

(2)如果 exist()返回结果为假,则表示故障节点已被移除,客户端继续运行。

(3)否则,如果 exist()返回结果为真,则客户端等待来自 ZooKeeper 故障节点的一个 watch 事件。

(4)当 watch 事件被触发后,客户端再次发起对 exist()的调用,再次等待直到故障节点被删除。

一般的实现方法是设一个故障节点,设置成单个进程节点的父节点的节点。假设我们称故障节点为"/b1"。每一个进程"P"创建一个节点"/b1/P"。一旦足够多的进程创建了其对应的节点,联合进程便可以开始计算。如果 Barrier 节点存在,则 Barrier 设置在合适的位置。

以下是使用 ZooKeeper API 来实现一个故障节点的 Java 代码:

```java
import java.io.IOException;
import java.net.InetAddress;
import java.net.UnknownHostException;
import java.nio.ByteBuffer;
import java.util.List;
import java.util.Random;

import org.apache.zookeeper.CreateMode;
import org.apache.zookeeper.KeeperException;
import org.apache.zookeeper.WatchedEvent;
import org.apache.zookeeper.Watcher;
import org.apache.zookeeper.ZooKeeper;
import org.apache.zookeeper.ZooDefs.Ids;
import org.apache.zookeeper.data.Stat;

public class Barrier implements Watcher {
static ZooKeeper zk = null;
static Integer mutex;

String root;
/**
 * Barrier constructor
 *
 * @param address
 * @param root
 * @param size
 */
Barrier(Zookeeper zk, String root, int size) {
    this.root = root;
this.size = size;
//Create barrier node
if (zk ! = null) {
try {
Stat s = zk.exists(root,false);
```

```
if (s = = null) {
zk.create(root, newbyte[0], Ids.OPEN_ACL_UNSAFE,
      CreateMode.PERSISTENT);
}
} catch (KeeperException e) {
System.out
.println("Keeper exception when instantiating queue: "
+ e.toString());
} catch (InterruptedException e) {
System.out.println("Interrupted exception");
}
}


//My node name
try {
name = new String(InetAddress.getLocalHost()
.getCanonicalHostName().toString());
} catch (UnknownHostException e) {
System.out.println(e.toString());
}


synchronized public void process(WatchedEvent event) {
synchronized (mutex) {
// System.out.println("Process: " + event.getType());
mutex.notify();
}
}


/* *
* Join barrier
*
* @ return
* @ throws KeeperException
* @ throws InterruptedException
* /

boolean enter() throws KeeperException,InterruptedException{
zk.create(root + "/" + name,new byte[0],
Ids.OPEN_ACL_UNSAFE,
```

```
CreateMode.EPHEMERAL_SEQUENTIAL);
while (true) {
synchronized (mutex) {
List < String > list = zk.getChildren(root,true);

if (list.size()<size){
mutex.wait();
} else {
return true;
}
}
}
public static void main(String args[]) {
//Create a ZooKeeper object
try {
System.out.println("Starting ZK:");
zk = new ZooKeeper(address,3000,this);
mutex = new Integer(? 1);
System.out.println("Finished starting ZK: " + zk);
} catch (IOException e) {
System.out.println(e.toString());
zk = null;
}
//Do some processing which is independent of other processes.
//Now, client needs to synchronize
Barrier b = new Barrier(zk,"/b1", new Integer(args[2]));
try{
boolean flag = b.enter();
System.out.println("Entered barrier: " + args[2]);
if(! flag) System.out.println("Error when entering the barrier");
} catch (KeeperException e){

} catch (InterruptedException e){

}
try{ //Cleanup
zk.delete(root + "/" + name, 0);

} catch (KeeperException e){
```

```
} catch (InterruptedException e){
}
//Process rest of the distributed code
}
```

main 方法创建了 Zookeeper 类的一个对象,并将其保存在一个静态变量中。当应用程序需要进入一个 Barrier 时,则创建一个 Barrier 对象。enter( )方法可确保所要求数目的进程在其各自的进程中调用这种方法,使用 mutex. wait( )进行等待。在 getchildren 返回所有进程后,互斥锁被释放。到达 Barrier 的最后一个进程会将 Barrier 解除,所有的进程被释放继续执行。

ZooKeeper 提供了一个非常简单的方法来实现 Barrier 同步化,而无需在进程间传送大量的信息。读者应注意到,虽然从语义上看,分布式进程好用一种共享的方式同步创建和删除文件,但是内部实现并不是那样。这些文件并没有存储在任何普通的文件系统中,而是保持在内存数据结构中。ZooKeeper 实现的一致性算法确保了高效和可伸缩的同步。这可以通过 Apache 使用 ZooKeeper 在 Hadoop 中协调分布式 MapReduce 进程这一事实来例证。

可伸缩的存储能力

本节提供了一些基本概念,用于解决在多个应用程序间中使用公用数据存储所带来的可伸缩性问题。第 5 章讨论了数据分区和复制的各种方法,以及将单一存储系统扩展到超过自身的吞吐量和容量限制的方法。然而,这一章没有解决如何保持各个分区数据一致性的问题[18]。在 Pustak Portal 网站示例中,假设 Total_bought 变量表示一个客户所买图书的总金额,它应该和交易中 Book Sals 数据保持一致。无论新的买卖何时发生,这都可以通过创建事务更新 Total_Bought 来实现。但是如果数据是云规模,这两个数据库可能存储在分离的存储系统中。如果(数据库)位于不同网络分区中,那么每次完成销售时,可能无法及时更新 Total_Bought。

前面虽有所介绍,这一节更详细、深入地讨论一致性和可用性问题,如前面的一些详细讨论。首先,这部分回顾了 CAP 定理,最早是由 Brewer 在文献[19]给出一个猜想,由 Lynch 和 Gilbert 最后证明[20]。CAP 定理表明大规模分布式系统中保证的一致性,不可能像集中式系统那么严格。具体来说,该定理表明分布式系统可能需要提供 BASE 保证而不是传统集中式数据系统提供的 ACID 保证[21]。最终,一致系统(eventually consistent)形成(BASE)系统的一个重要子集[22]。接下来,考虑如何使用不同的数据库和 NoSQL 存储系统处理 Pustak Portal 示例中的数据来介绍这些原则。最后,由于这是一个不断演变的研究领域,我们总结了 CAP 定理的一些重要的统计观点。

CAP 定理

CAP 定理表明,分布式系统能够不能同时满足以下三点保证:一致性(Consistency)、可用性(Availability)和分区容错性(Partitioning – tolerance)。在这里,一致性在数据库中已定义,即如果对同一个对象(实际上存储在分布式系统中)执行多个操作,操作结果的产生与在单一系统上按指定顺序执行操作产生的结果相同。例如,如果执行 O、P、Q、R 四个操作,永远不可能出现以下情况:Q 看到的结果是前两个操作按先 P 后 Q 的顺序执行所得,而 R 会看到的结果是前两个操作按先 O 后 P 的顺序执行所得。如果系统上的每个操作(如查询)都会返回一些结果,那么满足可用性定义。如果即使系统的两个组件之间的网络瘫痪,系统也是可操作的,那么该系统能够提供分区容错性能。Lnych 等人已正式证明了这一结论[20]。

根据 CAP 定理,分布式系统最多能同时满足三个条件中的两个,因此分布式系统有三种类型[19]。CA(可用,一致)系统提供一致性和可用性,但不能对网络分区进行容错。CA 系统的一个例子是一个集群的数据库,每个节点存储该数据库一个数据子集。这样的一个数据库不能在网络中断时提供可用性,因为对分区节点中的数据查询会失败。CA 可能对云计算没用,因为分区可能发生在中大型网络中。注意分区还可能包括消息延迟很高的情况,以至于同步时间变大,使得系统无法保持一致性[23]。因此,在以下几节内容中将介绍其他两种类型的系统。

CAP 定理的实例

为了理解大规模分布式数据产生的限制,考虑以下示例,以及伴随常用证明方法。假设第 5 章的 Pustak Portal 数据存储在如图 6.6 所示系统中。第 5 章的表 5.1 中的客户数据被划分到 A、B、C、D 四个服务器中。进一步假定为了提高可用性,将 A、B、C 服务器中的数据复制到 D 中。考虑以下情况:客户 1 和客户 2 希望查询客户 38876 的 Total_Bought 值。

如果没有网络分隔,所有服务器都是一致的,两个客户看见的值是准确的(如 $5665)。然而,如果网络分隔,如图 6.6 所示,所有服务器不可能同步更新保持一致。那么就有两个选择,一个选择是保持这两个服务器正常工作,忽略一致性,这样做便构成系统一直可用,但数据不一致的的 AP(可用,分区容错)系统。在这种情况下,两个客户端可以得到不同的 Total_Bought 值;客户端 1 可能查看到正确值(如 $5665),而客户端 2 可能会查看到一个过期的值(如 $5500)。另一个选择是关闭一台服务器,以避免不一致的值。这样做便构成返回结果一致,但不是所有分区可用的 CP(一致,分区容错)系统。如果关闭服务器 D(这会经常发生,因为其他分区有大多数的服务器),客户端 1 可能获得正确值,但客户端 2 可能得不到任何响应。回想一下,网络分割还可能包括高延迟的情况。

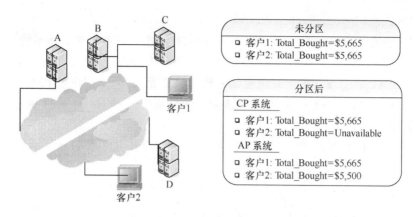

图6.6　CP和AP的系统行为

CAP 定理的影响

这两种选择方案都对应用程序的设计有重要影响。在 CP 系统中,应用程序需要处理错误(因为对不可用数据的查询会返回错误)。我们已经举例说明读操作,然而这种错误在写操作时也存在,而且可能导致交易或业务流程被终止。在 AP 系统中,客户端可能会得到一个错误的结果,从而可能无法反应最新的更新(或过期数据)。有两种方法可以处理这种错误。首先,在某些情况下不一致性可能无关紧要。例如,如果考虑由搜索引擎维护的索引,搜索到了一个稍微过期的索引可能没关系,因为只有少量的数据可能从过期的索引变成当前索引。另外,当读错误数据时,应用程序需要相关逻辑去检测。例如在 Pustak Portal 中一个客户正在查询订单状态,显示了一个过期数据,这可能并不重要。这种情况的另外一个例子就是互联网域名系统(DNS),查询 DNS 网络应用程序可以意识到获得一个过期的 IP 地址,由相关逻辑来处理该错误。

考虑的一个有趣问题,在云环境中,CAP 定理是否也像传统的(没有地理上分布的)企业数据中心一样成立。理论上,CAP 定理在两种情况中成立,但是在一个企业数据中心内,关键任务服务器之间通常有足够的网络连接冗余,以确保不会出现网络中断。关键任务服务器也可能出错,但可以使用类似聚类技术来确保错误是短暂的。因此对于关键任务应用程序,可以假设由 CAP 定理推导出现的错误不会发生。非关键任务服务器出现错误可以通过暂时中止服务来进行容错处理。因此,尽管 CAP 定理适用于企业数据中心,但实际上它的作用可以忽略不计。

eBay 公司似乎能接受 CAP 定理的结论,例如,决定放宽一致性以获取更高的可用性和可扩展性。但是,因为这仍然是一个活跃的研究领域,所以也存在着高估了 CAP 定理重要性的观点[25]。反对意见可以归纳为四点:

(1) CAP 定理中主要的数据相关错误的观点是理想化的和不完整的。数据库故障还有许多其他重要原因,包括人为或应用程序错误、维护中断。这些问题也有必要考虑。

（2）分布式系统中有很多工程上的权衡，权衡选择项取决于具体系统。例如，大型机比安装 Linux 或 Windows 微机更稳定，因此，二者考虑因素不同。

（3）CAP 定理通常用于证明松弛一致性。然而，与前面列出的其他中断故障相比，网络中断是罕见的。根据一个不常见的网络中断做出的一般性决定通常是一个糟糕的决定。

（4）下一代数据库，如 VoltDB，比如今的数据库快几个数量级。通过减少所需要的节点数量，CAP 定理变得不那么重要。

注意

- AP(可用性、分区容忍性)系统。
- 弱一致性。
- 最终一致性。
- 读写一致性。
- 会议一致性。
- 单调写一致性。
- 可变一致性。

弱一致性的实现

如前所述，AP 系统提供了弱一致性(weak consistency)。因此在系统返回不正确数据时，应用程序可能需要进行恢复或检测。弱一致性系统的不同类型及这些不同系统如何处理数据的不一致性稍后一起讨论[22]。

弱一致性系统的一个重要子类是最终一致系统(eventual consistency)。如果没有错误出现(如，网络分区)与不更新，系统保证在一个有限的时间内达到一致状态，那么该系统就被定义为最终一致系统。这种系统的不一致性时间窗口(inconsistency window)是一次更新所花时间和从更新完毕到所有用户都看到共花时间的最大值。如果不一致窗口比更新速率小，那么处理过期数据的一种方法是要等待一段大于不一致时间窗口的时间，然后重新尝试查询。考虑这样一个例子：客户使用电子邮件提供商如 Yahoo! Mail 来发送大型电子邮件，如果接收端使用不同的电子邮件服务器，他们可能无法立即查看收件箱中的电子邮件(即发件人的发件箱和接收人的收件箱之间存在不一致性)。但是，如果收件人等待一个不一致性时间窗口(在这种情况下，电子邮件的传播时间)，邮件便会出现在他们的收件箱中。

读写一致性是最终一致性的一个重要子集，最终一致性系统的存储系统保证了如果一个客户端更新一个数据项，它绝不会看到相同数据项的旧版本。这种保证是有用的，例如，Pustak Portal 等购物网站中。如果客户要买书，他们总能看到自已购物车中的最新选择,这可能是因为他们是唯一会更新自己购物车的人。这是会话一致性(session consistency)的一个变化,该一致性是指保证客户端能够看到同一个会话对存储系统做过所有改变(客户端作出的)。单调写一致性(Monotonic – write consistency)是一个特性,即系统保证由客户端发起的(如传播延迟不会影响写入的顺序)写入操作次序和存储系统写操作执行次序一致。这是一个重要的属性,以确保应用程序编程的简单性。

保持 Pustak Portal 数据一致

接下来的一小节通过考虑保持 Pustak Portal 数据一致性的问题,对一致性问题进行更详细的讨论。假设 Pustak Portal 数据是如第 5 章中所描述。考虑两种场景(图 6.7)。复制场景(replication scenario)在介绍 CAP 定理这一节进行了讨论。对于可用性做出如下假设:服务器 A、B、C 中的客户数据被复制到 D 服务器中。需要考虑的问题是:当客户完成购买后,如何确保在所有服务器中 Total_Bought 值保持一致? 值得注意的是,如果更新多个值,即使没有进行复制,也会产生同样的问题。因此在地理上分布(geographically distributed)的情况下,假定客户购买后服务器 C 中的交易数据以及服务器 D 内的 Total_Bought 值进行一致性更新。

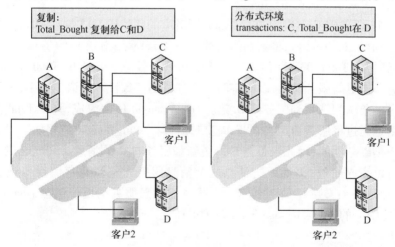

图 6.7　一致性场景

在下一部分中,首先介绍异步复制(asynchronous replication)的通用技术。随后,介绍采用特定机制来实现弱一致性的各种云存储系统。在每一种情况下,考虑保持 Pustak Portal 数据一致性上各场景。

```
PART 1: PSEUDO – CODE FOR REPLICATION SCENARIO
Begin transaction /* on server C */
result = SELECT * FROM custTable WHERE custID = Customer_Id; /*1*/
New_Total_Bought = result.Total_Bought + Sale_Price;
```

```
result = UPDATE custRecord SET Total_Bought = New_Total_Bought WHERE
custID = Customer_Id;
Queue_message ("D", "Add", "custRecord", "Total_Bought", /* 2 */
Sale_Price.ToString());
End transaction
```

异步复制

如前所述,在复制场景中,需要保持服务器 C 和服务器 D 是相同的。由于在地理上分布,服务器 C 和服务器 D 必须进行更新使这两个服务器中的值一致。其基本思路是,更新其中一个服务器,并创建持久消息来更新其他服务器[21]。其他服务器上的一个单独的守护进程负责读取更新消息并执行更新,以确保最终一致性。这种技术称为异步复制(asynchronous replication)或日志传送(log shipping),本质上是每个服务器重新执行其他服务器更新日志。服务器更新和消息创建在一个事务内完成,因此要么都失败要么都成功。这种技术在数据库中特别常见,如MySQL,因为数据库总是生成一个事务日志。虽然,可能有许多执行更新的方法,但是必须仔细考虑动作的发生顺序以确保一致性。

代码段 Pseudo – code for Replication Scenario 第 1 部分:包含了在早前描述的复制场景中,服务器 C 上进程的第 1 部分所对应的伪代码。语句 1 读取客户的 Total_Bought 值。下一条语句将新购图书的 Sale_Price 值和该客户的 Total_Bought 值相加,得到新的 Total_Bought 值。下一条语句更新服务器 C 上的 Total_Bought 值,当然也有必要更新服务器 D,以保持两个服务器的一致性。在语句 2 中,这个过程通过发送一条队列消息到服务器 D 更新 Total_Bought 值来完成,其中 Total_Bought 值的更新是通过将服务器 D 中的 Sale_Price 值与 Total_Bought 值相加。假定消息队列服务是事务性的,因此服务器 C 的更新和服务器 D 的消息队列同时成功或失败。这可以完成通过,例如发送消息之前消息服务先将消息存储在本地服务器(例子中是服务器 C)的一个数据库中。事务型消息服务的例子包含 Java Transaction API(JTA) 的 Java Message Service(JMS)[26]。

```
PART 2 : PSEUDO – CODE FOR REPLICATION SCENARIO
  read_without_dequeuing (message); /* 1 */
  Begin transaction /* on server D */
SELECT count (*) AS procFlag FROM msgTable WHERE message.msgId =
msgId; /* 2 */
if (procFlag) = = 0 { /* 3 */
process_message (message); /* Add Sale_Price to Total_Bought */
INSERT INTO msgTable VALUES (message.msgId);
}
End transaction
```

```
if(transaction successful){dequeue(message)} /* 4 */
```

对于进程的第 2 部分,假定服务器 D 有一个数据库(称为 msgTable),跟踪所有已处理的消息。假设消息队列系统会对每个消息自动添加一个消息 ID(称为 MSGID),这些消息 ID 存储在 msgTable 中。代码段 Pseudo‑code for Replication Scenario 第 2 部分显示了在服务器 D 上执行伪码的进程。语句 1 读取队列最前面的消息,但是并不将该消息从队列中移除。语句 2 只查看消息列表中的消息 ID,看它是否已被处理。如果该消息 ID 没有找到,即该消息还没有被处理,则执行语句 3 中的 if 语句。在这种情况下,处理该消息并更新 Total_Bought。接下来,将消息 ID 插入消息列表。这两个操作在同一事务中执行,因此,要么都成功,要么都失败。语句 4 是最后一步,如果事务顺利完成,则从队列中删除消息。

地理上分布的场景类似于前面提到的。在这里,需要向服务器 C 上的事务表插入一个新的事务,同时更新服务器 D 上的 Total_Bought。在这种情况下,代码段 Pseudo‑code for Replication Scenario 第 1 部分中语句 1 下面的三条语句将被替换为一个单独的语句,向服务器 C 上的事务表插入一个新的事务。其余伪代码按队列方式发送一条消息至服务器 D,代码段 Pseudo‑code for Replication Scenario 第 2 部分保持不变。

弱一致的复杂性

从前面提到的过程描述可以清楚看到,服务器 C、D 提供了一个最终一致性模型,因为对服务器 C 的任何更新最终都将传递给服务器 D,反之亦然。应注意到,为了确保一致性,有必要仔细研究云系统和操作并设计适当的消息控制。下面给出一个例子[27]说明服务器或云系统上执行的操作的微小变化如何导致不一致性。

考虑确保一致性的另一种方法,即将 Total_Bought 值设置为 New_Total_Bought 值的消息排在队列的头部。换句话说,如果 Total_Bought 值是 $2000,本次购买的价格是 $10,服务器 C 可以生成一条消息发送到服务器 D,将 Total_Bought 值设置为 $ 2010。这在以下情况下可能无法正常工作:假设客户进行了两次购买——我们前面提到消费 $10 是第一次,第二次消费是 $15。一种可选方法是服务器 C 生成两条消息:第一条将服务器 D 中的 Total_Bought 值设置成 $2010,第二条将 Total_Bought 设置为 $2025。仍然假设由于网络延迟或重发错误,第二条消息先到将 Total_Bought设置为 $2025,然后第一条消息再到将 Total_Bought 值设置为 $2010。在这种情况下,服务器 D 中 Total_Bought 值被设置为 $2010,而不是 $2025。因此,在消息不按顺序发送的情况下,这种方法不起作用。这个例子也说明在制定这样的一致性协议时,假设消息按顺序发送是危险的[27]。但是该错误可以通过删除早期消息来解决。本节其余部分将介绍删除早期信息的改进后算法,称之为算法 2。本节 Persistent Message 算法成为算法 1。

虽然算法 2 工作在前一个场景中,但在另一个重要的场景中可能不能使用算法 2。假设应用负载均衡算法决定向哪些服务器发送请求,随机选取服务器 C 或服务器 D 中的一个,每次对其发送一个请求。考虑这种场景:由服务器 C 处理第一次购买(\$10),而服务器 D 处理第二次购买(\$15)。可以很容易地看到,算法 1 能够确保最终一致性,但是,算法 2 会产生不正确的结果。还应当指出的是,尽管算法 1 将保证服务器 C 和服务器 D 中的 Total_Bought 值是正确的,但在任何给定的时刻,存储在任何一个服务器中的值都可能是不正确的。为了确保 Total_Bought 值是正确的,可以修改负载均衡算法,以便每一个客户都有一台主服务器(示例中的 C),而其他服务器(示例中的 D)用作备份以防止出错,或作为一个从服务器用于读操作。这样 Total_Bought 的正确值在这两种算法下对主服务器总是可用的。

总之,可以看出,为了在云系统实现弱一致性,有必要考虑操作的语义以及系统的细节,如应用负载均衡算法和消息发送顺序。对于主从复制系统保持一致性较为简单,稍后要讨论的许多通用的数据库,如 HBase,借助 WAN 可提供这种一致性,但这种情况下网络中断可能更频繁。

NoSQL 系统的一致性

前面的讨论表明,高可伸缩的存储系统可能无法支持强一致性。然而,存储系统必须支持某种一致性保证(例如,最终一致性),以便于应用程序可以使用该保证来检测和恢复不一致性数据。本节其余部分描述了三大著名的 NoSQL 系统的一致性实现:HBase、MongoDB 和 Dynamo/Cassandra。在每种情况下,讨论了系统的体系结构,随后讨论了如何保持数据的一致性。保持数据一致性包括两个步骤:首先检测存在不一致性(冲突检测),然后解决不一致性。这两个步骤都可通过应用程序或存储系统来完成。如果存储系统需要解决不一致性,它通常会使用一个简单的规则,如最新的写入有效。

HBase

HBase 是 Apache Hadoop 云项目的一部分,第 5 章从使用的角度对其进行了介绍。在本节中显示了 HBase 架构,在设计数据一致性的方法之前理解云系统[28]。HBase 架构与 BigTable 架构[29]类似,该架构是谷歌针对其云服务开发的。

HBase 集群:图 6.8 展示了 HBase 的架构。图的左侧显示了一个单独的 HBase 集群。每个 HBase 集群设想成为一个单一的数据中心,致使网络分隔与集群无关。该集群包含一个或多个 HMaster 服务器(其中只有一台在运行,其余都是备用的),以及多个 HRegion 服务器。每个 HRegion 服务器负责特定的区域。回顾一下第 5 章,每个 HBase 表由一组 key – value 对组成,按照 key 顺序存储 value 值。一个区域包含 key 的连续子集(图 6.8)。HMaster 负责将表动态划分成块并将数据块分配给 HRegion,且使 HRegion 服务器之间负载均衡。可以看出,HBase 实行分片或水平分区,对于缩放,其分区是由系统自动完成而不需要用户显式执行。考虑可用性数据可以被复制到集群内,但由于不可能对网络分隔,因此这些副本将是一致的。

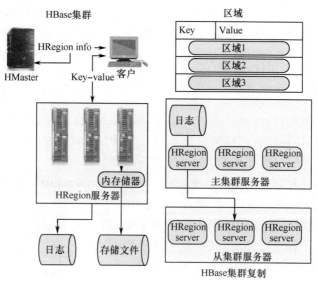

图 6.8　HBase 结构体系

HBase 复制:如图 6.8 所示。HBase 表可以复制给多个 HBase 集群(这不同于先前描述的集群内复制)。集群可以是地理上分散的或用于不同用途(例如,一个集群用于接收实时数据,而其他集群可用于离线分析)。其中一个是主集群,其他的是从集群。所有的更新发生在主集群上。更新分批、周期地推送到从集群中。主集群利用集群中 HRegion 服务器的 HLogs,跟踪已经发生的更新。更新被推送给在从集群中随机选择的 HRegion 服务器,负责在从集群中执行更新。可以看出,HBase 复制遵从前面描述的异步复制模式,从集群最终与主集群一致,所以 HBase 提供了一个最终一致性模型。然而,HBase 的架构是更新只发生在主集群,因此复制的类型是第 5 章中所描述的主—从类型。因此,如果客户端需要进行更新,即使他们是地理上分散的,也必须访问主集群。

HBase 的实际操作如下:为了更新一个指定的 key–value 对,HBase 的客户端首先连接到 HMaster,寻找存储指定 key 的 HRegion 服务器。查询结果被缓存,所以只进行了一次操作。然后客户端与相应的 HRegion 服务器直接进行交互。如果执行一个写操作,则将时间戳附加到写内容后(第 5 章),并且将新值附加到原有值之后且不覆盖原有值。更新被写入集群的所有副本中,使用 log 将延迟最小化。实际上,更新首先被写入日志(Hlog),然后存储在内存中。之后,所有的副本按 Hlog 更新。这种技术减少了执行多个写入需要的延迟。读可以对任意副本,利用时间戳默认得到最新的值。

HBase 的一致性:HBase 中使用一个简单的一致性模型。在一个单一的数据中心里,直接对集群的所有副本执行写。因此,一致性问题不会在 HBase 集群中出现。读取将返回最新时间戳对应的值,这意味着最新写入覆盖了(默认)所有先前的写入。然而,HBase 只保证 HBase 集群的最终一致性。因此,为了确保获得最新版本的数据,客户端必须连接到主集群,即使它们相距遥远。绕过这一限制的一个方法是将各个表分成地理上相邻的表,并使每一个表有一个单独的主集群。

MongoDB

如第 5 章所述,MongoDB 是一个存储 JSON 对象的文档。由于 MongoDB 的复制架构类似于 HBase 的,在这里对 MongoDB 架构仅做简单描述。HBase 中讲述的保持数据一致性的结论和技术也适用于 MongoDB。

MongoDB 的复制架构如图 6.9 所示[30,31]。多个 MongoDB 节点可以被配置成一个副本集合(replica set),存储在 MongoDB 中的数据将复制在副本集中。HBase 中每个单独的节点实际上是一个 MongoDB 服务器集合(collection),其中 MongoDB 表是不可见的。MongoDB 要求其副本集是一个奇数(如果需要使用两个或偶数个实际副本,可以增加一个名叫 arbiter 的空服务器)。副本集配置完成后,其中一个节点被选做主要节点(图 6.9)其他的是次要节点[32]。

(默认)主要节点接收所有的读和写。使用一个名叫 oplog 的日志(该文件自身就是一个 MongoDB 文档)将读和写传播到次要节点[33]。为了利用次要节点进行读(这可能不会总与主要节点保持一致),必须设置客户端配置中的 slaveOkay 标识[34]。如果被网络分隔,大部分分区不包含主要节点,则选出一个新的主要节点。小部分分区可以继续进行读取服务[35]。如果没有大部分分区,则这两部分分区只继续进行读取服务。

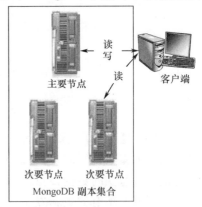

图 6.9 MongoDB 体系架构

从前面介绍的分区,如 HBase,可以看出,MongoDB 也为复制提供最终一致模型。此外,与 HBase 中一样,副本仅能用于读取,因此复制仍然是第 5 章中所描述的主—从类型。

Dynamo/Cassandra

Dynamo 是另一个高可用的 key – value 存储,创建作为亚马逊实验项目的一部分。Cassandra 是一个 NoSQL 系统,第 5 章已经介绍 Dynamo。这里仅仅介绍 Dynamo 中一项名叫向量时钟的。检测不一致性技术,它们都支持变量一致性的这个新颖概念[36]。此外,另一个 NoSQL 存储系统 Riak,是 Dynamo 开源实现,也具有这些特征。

向量时钟:Dynamo 的向量时钟原理可以通过一个简单的例子来说明。假设有 A、B、C、D 四个进程,都更新一个共同的变量 x。如果进程 A 将 x 设置为 10,系统将其存储为($x=10$; A: 1)。A: 1 是向量时钟,包含执行写的进程 ID 以及时间(假定为 1)。假设 B 和 C 同时读取 x,并都将它设置为 15。于是 x 被存储为($x=15$; A: 1, B: 2)和($x=15$; A: 1, C: 3)。存储的顺序取决于 B 和 C 谁先执行完;回想一下 HBase,旧值不会被覆盖,向量时钟本质上维持所有的更新历史。B 的向量时钟包含进程 A 的 ID,因为 B 读取的值是由 A 更新的,对进程 C 也一样。如果现在进程 D 尝试读取 x,系统将检测这两个向量时钟的 x 是否一致。检查向量时钟 A: 1、B: 2 和 A: 1、C: 3,显然,A 最先更新之后,x 已经由进程 B 和 C 并列更新(因为 C 只看到有一个 A: 1 更新,而不是 B: 2 更新)。一般来说,如果有两个向量时钟 V 和 W,如果 V 中的每一个向量时钟元素都能在 W 中出现,那么 W 与 V 保持一致且晚于 V。现在 D 发现两个值,并为 x 设置一个新的一致值。注意,在 C 尝试写入 x 的时候仍要进行不一致性检测。然而,Dynamo 强调让写入完成,所以在读取时检测一致性。

变量的一致性:一些 NoSQL 系统如 HBase 被认为是 AP 系统,虽然具有高度可用性,但提供的是最终一致性。另一方面,关系型数据库通常提供严格的一致性。Dynamo 目标明确,允许用户选择一致性程度。这种方法如下所述,该方法也能在 Cassandra 和 Riak 中实现。

假设一个表有 N 个副本。Dynamo 允许对 W 定义如下:对任何的写操作都必须成功写入 W 个副本才认为写成功。对 R 规范如下:一次读操作必须成功读取 R 副本才认为读取成功。注意,无论 R 和 N 的值是多少,Dynamo 最终都将其写入到所有副本中(包括目前的副本)。只有当存储系统通知应用程序一个读或写操作完成时,R 和 W 值才发挥作用。给定一个 N 值,适当选择 R 和 W 值来,便可以具有关系型数据库一样的严格一致性,或像许多 NoSQL 系统一样地实现最终一致性。如果 $R+W>N$,则系统强制执行严格一致性。这可以从一个简单的例子看出。假设 $N=5$, $R=3$, $W=3$。对于任意写操作,至少写入三个副本。假设副本 1、2、4 是被最新写入的副本。读操作可以返回过期数据的唯一方法是仅读取副本 3 和副本 5。然而,由于任意读操作至少会读取三个副本,因此任何读操作都将至少读取副本 1、2、4 中的一个,并返回最新值。

相反,如果最终一致性是充分的,用户可以设置 R、W 值,使得 $R+W\leqslant N$。在这种情况下,不同的读操作可能返回不同的值,但该系统最终将是一致的。在前面的例子中,如果 $R=1$, $W=1$,一些读操作可能返回最新值,而一些可能不会,这取决于读取和写入的是哪一个副本。所有副本最终都会被写入正确值,因为 Dynamo 最终会对所有副本执行写操作。使用 $R=1$, $W=1$ 是因为这比使用一个更大值的延时低。默认情况下,Cassandra 建议使用 $R=W=$ 上限值($(N+1)/2$),如果该上限值是一个分数,则它介于$(N+1)/2$与相邻的最大整数之间。这个值称为 QUO-RUM,并且可以看出它强制执行严格一致性。本节对一致性的讨论,与其他问题如备份和恢复的讨论类似文献[27,37 – 40]。

多租户

前面几章通过虚拟化技术实现了相对粗粒度的资源共享。本章则介绍更细粒度的资源共享,称之为多租户(multi – tenancy)。为了清晰介绍这个概念,思考由 Jacob 在指定数据库环境中做的一个试验。该试验对多个客户共享一个数据库的三种方法进行了比较[41]。在共享机(shared machine)中,每个客户都拥有自己的数据库进程和表。在共享进程(shared process)中,虽然每个客户拥有自己的数据库表,但只有一个数据库进程执行所有用户指令。在共享表(shared table)中,客户除了共享数据库过程之外,数据存储在共享表中(在每一行之前加上客户 ID,用来表明客户所属行)。测量结果表明,在共享机方法下,在 PostGresQL 中,每个用户需要使用 55MB 的主存和 4MB 的磁盘空间存储数据。然而在共享进程下,对于10000 个客户,PostGresQL 仅仅需要使用 80MB 的主存和 4488MB 的磁盘空间。显然,在共享过程方法下,系统的伸缩性会更好。虽然没有对共享表格方法进行测量,但是共享表格方法的伸缩性有望会更好。综上所述,测量结果表明,粒度越细,系统伸缩性越好。

然而,提高伸缩性效率带来了额外的安全需求。例如,在共享表格方法中,从资源共享的角度来看,为表格中的每行指定访问控制是很有必要的[41]。此外,定制数据则变得十分困难;在共享表格方法中,如何在表中为客户增加自定义的字段呢? 在本章剩余部分,主要介绍对细粒度资源共享的多租户的实现方法,且能同时确保客户之间的安全性和隔离度,还允许客户定制数据库。首先,讨论多租户的安全支持;其次,介绍安全的资源共享技术;最后,讨论对自定义的支持。

注意

多租户需求

- 细粒度资源共享。
- 客户之间的安全性和隔离度。
- 表格的订制。

多租户等级

在开发工作和复杂的系统中实现所有资源的最大程度共享,代价是十分高昂的。一个折中的办法是,只为重要的资源做细粒度的资源共享,也许这是最佳的方法。下面列出了多租户的四个等级[42];在云系统中,对于任何给定的资源,应该选择合适的等级来实现资源共享。

（1）特定的/自定义的实例：在这个最低等级，每个用户有他们自定义的软件版本。这是目前大多数企业数据中心的实际状况，即有多个实例和多个软件版本。如第4章所述，这也是早期 ASP 模型的典型特征，代表了通过互联网对软件进行出租的首次尝试。ASP 模型与 SaaS 模型类似，即 ASP 客户（正常交易）登录到 ASP 网站后，可以租用软件应用程序，如客户关系管理（CRM）。然而，通常每个客户都有属于自己的软件实例。这意味着每个客户都有自己的二进制文件以及该应用程序运行创建的专有进程。由于每个客户需要自己管理，这将会使管理工作变得非常困难。

（2）可配置实例：在本等级中，所有的客户共享同样版本的程序。然而，可以通过配置文件和其他选项进行进行订制。订制包括将客户的 logo 放在屏幕上，按照客户的业务调整工作流程等。在该等级中，由于仅仅只需要对软件的一个副本进行维护，因此，相较前面一级来说，在可管理性方面已经进行了明显的优化，此外，也使无缝升级变得简单。

（3）可配置、多租户的高效实例：在该等级中，云系统除了共享同版本的程序以外，所有客户只共享一个程序运行实例。由于程序只有一个正在运行的实例，将会再度提升效率。

（4）可伸缩、可配置、多租户的高效实例：除了前一等级的特征以外，软件也驻留在计算机集群上，几乎允许无限制扩展系统的容量。因此客户的数量可以从很少增至很多，并且每个客户所使用的容量也可以从很小增至很大。在前几个等级中可能会出现的性能瓶颈和容量限制已经消除了。例如 Gmail 或者 Yahoo Mail 的云电子邮件服务，多个用户共享同一台物理电子邮件服务器以及相同的电子邮件服务器进程。此外，来自不同用户的电子邮件存储在同一组存储设备中，甚至同一文件夹中，这会提高管理效率。例如，如果每个用户都有专有的磁盘空间存储邮件，那么就必须独立管理分配给每个用户的存储空间。然而，共享存储设备的缺点很明显，那就是安全需求更高。如果电子邮件服务器有漏洞并被黑客攻击，那么就有可能使一个用户可以访问另一个用户的电子邮件。

租户和用户

在讨论多租户实现方式之前，解释一下多租户术语的内涵。在如 Sales-force.com 这样的服务中，有必要区分开服务的客户（企业）和服务的用户，即企业雇员。为了避免混淆，一个 SaaS 或者 PaaS 服务的客户是与租户相关的，而不考虑他们是企业还是用户（如 Gmail 服务）。云服务有必要加强服务租户之间的严格隔离。用户一词仍被作为服务的实际使用者。一般地，租户服务将具体说明用户之间实施的隔离程度。

身份认证

在多租户环境中,资源共享的安全是一个主要的挑战。身份认证则是一个可以确保安全的重要技术,即通过登陆云系统并访问它的资源。显然,每个企业租户都愿意指定登陆云系统的用户。与传统计算机系统不同的是,虽然租户可以指定合法的用户,云服务供应商仍会对该用户进行认证。可以使用两种认证方法:集中式认证(centralized authentication)或分散式认证(decentralized authentication)[42]。这两种方法都允许包含各种不同的身份认证模式。例如,双因素认证或生物识别认证。在集中式系统中,所有的身份认证通过一个集中式的用户数据库来验证。云端管理员授予租户管理其用户账户权限。当用户登陆时,通过集中式数据库对用户进行认证。在分散式系统中,每个租户维护自己的用户数据库,并且需要部署一个联合服务(federation service)将租户的认证构架与云系统认证服务连接起来。

如果单点登录很重要,那么分散式认证系统很有用,因为集中式认证不仅要求登录集中式认证系统,而且要登录租户认证系统。然而,分散式认证系统也存在缺陷,即需要在租户认证系统与云供应商的认证系统之间建立信任关系。鉴于云的自助服务特性(即云供应商不太可能有足够的资源对每个租户进行调查,并确保他们的身份认证基础设施是安全的),集中式认证似乎更普遍适用一些。

多租户的实现:资源共享

在多租户服务中,另一种确保资源共享安全的关键技术是访问控制。云服务供应商提供两种形式的访问控制,如基于角色(roles)和业务规则(business rules)[42]。角色由一组权限构成;例如,存储管理员角色可以包括定义存储设备的权限,而服务器管理员角色则不会包括这些权限。一般来说,云系统应该包含一组适合云系统的默认角色。例如,拥有数据库的 PaaS 平台需要设置数据库管理员角色。租户可以使用默认的角色作为模板,根据用途订制这些角色,并将之分配给用户。当然,将角色指派给用户本身就是一种权限,只有某些角色可以拥有。

由于业务规则依赖于操作的参数,因此可以提供比角色更细粒度的访问控制策略。例如,在银行应用程序中,可能会对各种角色所能调动的金额数目做出限制,或者指定只能在营业时间调动。业务规则与角色的区别在于,授权是否被允许不仅取决于操作本身,还依赖于设置的参数(例如,该操作所能调动的金额数)。业务规则的实施依赖应用程序,可以通过使用如 Drools Expert 和 Drools Guvnor[43] 策略引擎来实现。

广义地说有两种访问控制模型:一种是基于访问控制表(ACL),每个对象被指派一个角色,每个角色包括一组权限。另一种是基于能力的访问控制,就像房间钥匙一样。如果用户拥有操作某对象的能力,就具有对该对象的访问权。该钥匙就像一个不可忽视的对象连接,用户只有凭借这把钥匙,才具有访问该对象的权力[44]。

下面讨论使用这种访问控制模型的云应用程序的几种资源共享方法。用 Salesforce.com 中的一个多租户的研究案例,以及 Hadoop(MapReduce 和 HDFS)的安全方面来描述这些原理。

资源共享

存储器和服务器是两种需要共享的主要资源。首先介绍这两种共享资源的基本原则。然后重点讨论怎样对这些资源进行细粒度的共享,并且允许租户按照自己的需求来定制数据[42,45-47]。

共享存储资源:在一个多租户系统中,许多租户共享相同的存储系统。云应用程序可以使用两种存储系统:文件系统和数据库,术语数据库不仅仅指关系型数据库,还包括非关系型数据库(NoSQL database)。由于文件系统有十分成熟的机制分配存储系统上的文件,且可以通过 ACL(Access Control List)和其他机制来限制用户对文件的访问权,所以,在此不会做进一步的讨论。讨论的重点为数据库中不同用户的共享数据,以及多租户高效访问,即多个租户共享一个数据库实例。

在单个的数据库中,有两种方法可以实现数据共享:表共享与每个租户专用表(dedicated tables per tenant)。在每个租户专用表中,每个租户将各自的数据存储在与其他租户不同的一套独立的表中。如图 6.10 所示,汽车维修店可能将与客户相关的数据存储在 MyGarage.com 这个假想网站中。该图显示了三个汽车维修站表(Best Garage、Friendly Garage、Honest Garage),每个维修店将自己客户的数据存放在自己的表中。由于大多数数据库将各个表存储在一套独立的文件中,所以只有拥有表的汽车维修店可以访问这些文件。这提供了额外的一层安全。如果数据库是关系型数据库,三个汽车店可以注册成数据库用户,并通过 SQL GRANT SE-LECT,…,ON FriendlyTable TO FriendlyGarage WITH GRANT OPTION 这样的 SQL 语句来设置访问权限。这条语句为数据库用户 FriendlyGarage 授予对表 Friend-lyTable 的访问权限。子句 WITH GRANT OPTION 则允许租户进一步将访问权限授予其他的数据库租户。

另一种共享表(shared table)的方法如图 6.11 所示,使用了相同的数据集。在这种情况下,所有租户的数据存储在同一张表中,其中 Tenant Id 列用来标识该行所属租户。显然,共享表比专用表空间利用率更高。当代表某一租户应用程序执行操作时,视图只选择属于该租户的行。因此,表共享法比专用表法使用更多的计算资源。对于额外的安全问题,使用数据租户自己的密钥来加密各自的数据。辅助表,即元数据表(metadata table),存储了与租户有关的信息。

Best garage(公司名)

Car license	Service	Cost

Friendly garage(公司名)

Car license	Service	Cost

Honest garage

Car license	Service	Cost

图 6.10　专用表

Data table1

Tenant ID	Car license	Service	Cost
1			
2			
2			
1			
3			
2			

Metadata table1

Tenant ID	data
1	Best garage
2	Friendly garage
3	Honest garage

图 6.11　共享表

　　共享计算资源:前面提到的两种共享存储方案可以应用不同共享计算资源的方法[47]。在专用表方法中,每个租户有自己的文件,安全的操作系统可以确保一个租户不能读另一个租户的表。在 Linux 中,应用程序是多线程的,每个线程为一些用户某个请求服务。在这个例子中,一个线程将它的 FSUID 设置为发起请求的租户的 userid。该线程只允许访问该租户拥有访问权限的文件。然而,在共享表中,显然云系统依赖于应用程序来确保数据安全。

　　订制:由于不同租户可能希望将不同的数据存储在自己的表中,所以云基础设施对存储数据的自定义支持是十分重要的。例如,前面给出的汽车维修店的例子,不同的维修店可能会存储不同的、与修理相关的细节。下面会给出三种方法来实现自定义存储。值得注意的是,自定义的困难只会出现在表共享法中。在专用表法中,每个租户都有自己的表,可以拥有不同的模式。

图 6.12 介绍了预分配列法(pre – allocated columns method)[45-47]。在这种方法中,表中保留一定空间,用于自定义列(custom columns),租户可以用来定义新列。如图所示,有两个自定义列,分别为 Custom1 和 Custom2。真正实现的时候,会有更多的自定义列(例如,后面所要介绍的 Salesforce. com 就拥有 500 个自定义列)。在数据表中,自定义列的数据类型被定义为 string 型。而真正的列数据类型保存在元数据表中。正如图中元数据表所示,Best Garage 专注于卓越的服务,在 Custom1 中存储的是服务等级(Service Rating),数据类型为整型。反之,在同一字段中,Friendly Garage 则将该字段命名为服务管理(Service Manager),存储的则是管理该服务的业务经理的姓名,数据类型为 string 型。租户 Honest Garage 则不使用 Custom1 这一列。为了真正使用这一字段,必须将字段转换为元数据表中所描述的类型。

Data table1

Tenant ID	Car license	Service	Cost	Custom1	Custom2
1					
2					
2					
1					
3					
2					

Metadata table1

Tenant ID	Tenant name	custom1 name	custom2 type
1	Best garage	Service rating	int
2	Friendly garage	Service manager	string
3	Honest garage		

图 6.12 预分配列法

预分配列技术的主要难题是,有可能造成许多空间的浪费。如果预留列的数量太少,用户会觉得在自定义的时候受到限制。然而,预留列的数量过多,又将浪费许多空间。如图 6.13 所示,如采用名—值对(name – value pair)方法,则不存在这些问题。在这种方法中,Data Table1(由应用程序提供的标准预分配列)有一个额外的列,这条指针指向一张 name – value 对表(图中所示 Data Table 2 表),name – value 对表保存客户在该条记录中的附加字段。在示例中,第一条数据记录

（属于租户 1,Best Garage）有一个自定义字段,该字段指向 Data Table 2,称为数据透视表（pivot table）。该数据透视表记录表明该自定义字段包含类型为整型（NameID 15 对用的字段名参看 Metadata table 1）的服务等级（Service Rating）。如果这条记录相关有附加自定义字段,那么在 Data Table 2 中增加一条 Name – value pair ren 是 275 的记录。

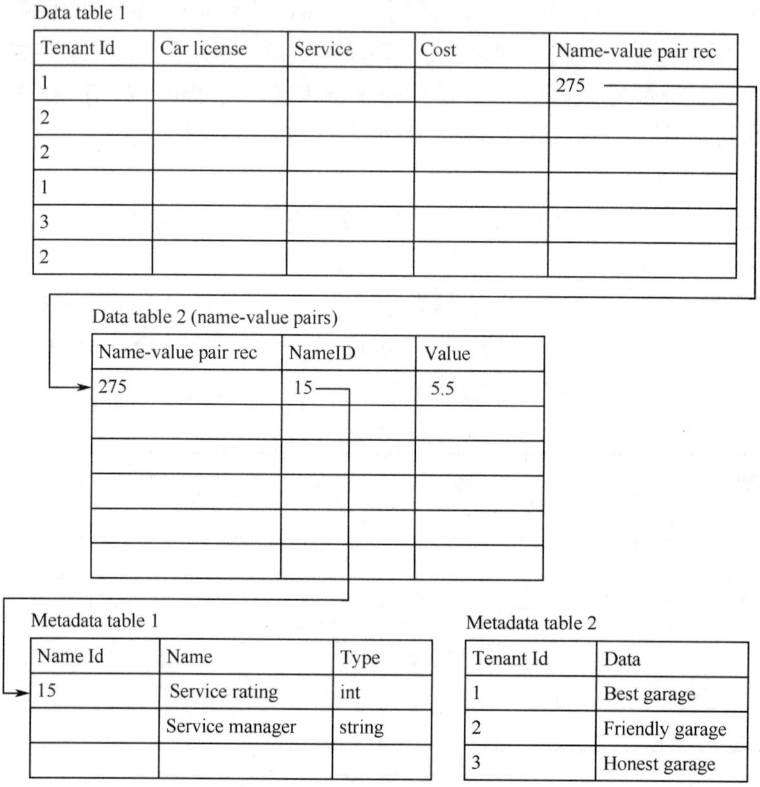

Data table 1

Tenant Id	Car license	Service	Cost	Name-value pair rec
1				275
2				
2				
1				
3				
2				

Data table 2 (name-value pairs)

Name-value pair rec	NameID	Value
275	15	5.5

Metadata table 1

Name Id	Name	Type
15	Service rating	int
	Service manager	string

Metadata table 2

Tenant Id	Data
1	Best garage
2	Friendly garage
3	Honest garage

图 6.13　Name – value 对

虽然 Name – value 对方法比自定义列方法空间利用率更高,但是在数据连接（joins）之前,必须对数据进行重建。在 XML 方法（XML method）中,标准数据库中的最后一列是一个 XML 文档,可以存储任意结构的记录。这有点类似于第 2 章介绍的 pureXML 存储系统。因此,此方法不做深入讨论。

案例分析:Salesforce. com 中的多租户

由于 Force. com 与 Salesforce. com 是实现多租户的两个主要的平台,Force. com 是 PaaS 平台,Salesforce. com 建立在 Force. com 之上,因此本节通过介绍 Force. com 平台中的资源共享和访问控制多租户的实现原理。首先,通过下面的例子来介绍 Force. com 所使用的数据表。

对于 Force.com 中多租户的实现,有两个重要的元数据表[49,50]。第一张表,称作对象表(Objects table),描述了系统中的对象。对象类似于数据库术语中的表,对象表中包含了 GUID(全局唯一标识符)、ObjID(对象 id)、OrgID(拥有这些对象的租户 ID)和对象名 ObjName。第二张表是字段(Fields)元数据表,包含了字段(类似于列)的描述。字段元数据表包含了 FieldID、OrgID、ObjID、FieldName、Type of the Field,以及 IsIndexed 和 FieldNum,这些字段分别为字段 ID、所属租户 ID、对象 ID、字段的名称、字段的数据类型,以及一个允许是否对该字段进行索引的布尔值和记录中字段数量,这些都将在随后进行介绍。对于 Data 表,使用预分配表法在多个租户之间共享一个数据表。该表前三个字段分别为 GUID、OrgID 和 ObjName。随后的 Value0、Value1,…,Value500 字段则保存实际数据值(就像前面所介绍的预分配表)。Value0 对应 FieldNum0,Value1 对应 FieldNum1,等等。在字段表中则可以找到这些字段的名称和数据类型。

图 6.14 用一个例子描述了该设计。假设 OrgID 为 77 的租户拥有一张名为 SalesTab 的表。对象表中包含了一条 SalesTab 表的记录,其 ObjID 为 134。从字段表中可以看出,这个对象有三个字段——整型的 CustomerID、string 类型的 CustAddr 和日期型的 LastSaleDt。CustomerID 和 LastSaleDt 有相关的索引(接下来将会介绍)。Data 表中信息记录(行)保存该对象,该对象的 CustomerID 为 93,CustAddr 的值为 New Delhi,LastSaleDt 的值为 06 – Aug – 2010。该行的 ObjID 为 134(表示该对象属于表 SalesTab),OrgID 为 77。

Data table

GUID	OrgID	ObjID	Value0	Value1	Value2	Value3
5757	77	134	93	New Delhi	06-Aug-2010	

Objects table

GUID	ObjID	OrgID	ObjName
1445	134	77	SalesTab

Fields table

FieldID	OrgID	ObjID	FileName	Datatype	IsIndexed	FieldNum
56	77	134	CustomerID	Integer	1	0
62	77	134	CustAddr	String	0	1
83	77	134	LastSaleDt	Date	1	2

Indexes

OrgID	ObjID	FieldNum	GUID	StringValue	NumValue	DateValue
77	134	0	5757		93	
77	134	2	5757			06-Aug-2010

图 6.14 Force.com 网站多租户表

在 Salesforce.com 中,使用在本节前面介绍的数据透视表变体来维护索引。由于同一列的不同行可能具有不同的字段,因此不能直接对 Data 表进行索引。例如,假设该行属于表 SalesTab,Value0 则会包含 CustomerID,但是当该行属于另一个不同的对象时,Value0 也许包含一些其他数据类型的字段,因此 Force.com 使用辅助表 Indexes 来达到索引的目的。Force.com 支持的每种数据类型在 Indexes 表中都单独占据一列;图 6.14 展示了其中的三列,分别为字符串、数值和日期。Force.com 为对象中每个索引字段都创建了一条记录。在该例中,则有两个索引字段——CustomerID 和 LastSaleDt。正如我们所见,Indexes 表有两条记录保存这两个索引字段信息;对应 CustomerID 的记录保存在 NumValue 列中(因为 Customer-ID 是整型),记录的 LastSaleDt 保存在 DateValue 列中。GUID 和 FieldNum 字段分别标识记录和字段数。查询 CustomerID 为 93 的租户的所有业务将会变为对 Indexes 表的查询,查询 ObjID = 134(表明该行属于 SalesTab)、FieldNum = 0(表明该行的租户号为 CustomerID)、NumValue = 93 的所有行。随后,使用 GUID 在相同行中查询其他字段。

Hadoop[①] 中的多租户和安全

许多企业都在使用 Hadoop,部分企业将敏感的、关键业务数据存储在 HDFS 设备中(Hadoop 分布式文件系统)中。很多这些设备被设置成多用户共享的,这些用户也可能来自不同组。因此在多租户模式中,对关键业务数据进行访问认证是十分重要的。基于 Kerberos 协议强的认证在 Hadoop - 0.21[51] 中已介绍过。选择基于公钥操作(SSL)的 Kerberos[52] 协议认证,因为这种认证速度更快且提供了较好的用户管理。例如,要撤销一个用户的访问权限,只需在采用集中管理的 Ker-beros 密钥分配中心(KDC)删除用户就可以了,而在 SSL 中,则需要生成一个新的撤销证书,并上传至所有的服务器中。在研究 HDFS 安全性之前,先对 HDFS 架构做一个简短的介绍。

HDFS 架构

Hadoop Distributed File System(HDFS)是一种分布式文件系统,该系统优化了大文件的存储并提高了数据访问的吞吐量。在第 3 章中已经从使用和编程的角度对 HDFS 进行过介绍,下面会对 HDFS 架构进行详细的介绍。在 HDFS 中,将文件分成块,并分布在整个集群。为了处理硬件故障,需要复制文件块,可以通过给每一个文件块增加校验来完成错误的检测和恢复。图 6.15 给出了 HDFS 的高级架构,并简要说明了架构组件。从架构的描述中可以看出,HDFS 是一个元数据集中的分布式文件系统。

NameNode 节点:NameNode 是联系 HDFS 的中心节点,其管理着文件系统的元数据。从一个较高的层次来看,元数据既是文件系统中所有文件的文件列表,也是各个文件到该文件对应的文件块清单间映射。这些元数据保存在磁盘上。同其他文件系统一样,元数据的一个重要属性是在运行时建立文件块到块物理位置间映射。同时,NameNode 还控制客户对文件的读/写权限。NameNode 对集群中的节点、节点的磁盘空间、节点是否已经消亡进行追踪。此信息用于为新创建文件调度块复制,并使现有文件保持足够数量的副本。

---

① 内容源自 Devaraj Das 先生,Yahoo! inc.,美国。

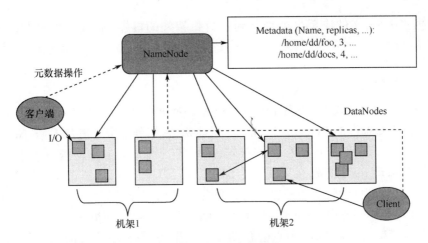

图 6.15　HDFS 高级架构

DataNodes 节点：DataNode 是 HDFS 集群中的从节点。当客户端请求创建一个文件并对该文件进行写操作时，NameNode 指派一些 DataNode 向文件中写入数据。例如，在架构中文件的副本数为 3，则将在三个 DataNode 之间架设一条写通道。文件块首先被写入通道的第一个 DataNode，该 DataNode 将文件块写入通道的下一个 DataNode，以此类推，直到最后一个 DataNode。当所有的副本都写成功时，就认为该次写操作是成功的，确保了数据的一致性。当客户端请求时，DataNode 也可以服务于文件块。DataNode 与 NameNode 保持联系，定期发送磁盘使用报告和文件块报告。NameNode 使用文件块报告将一个文件块映射到该块的物理位置。

二级 NameNode 节点：对文件系统命名空间的编辑操作保存在一个编辑日志中，类似于数据库中事务日志文件。二级 NameNode 节点周期性地轮询 NameNode 节点并下载文件系统映像文件，将之与得到的编辑日志文件合并起来，然后将合并后新的文件系统映像上传至 NameNode 节点。这样做，文件系统映像会更加接近 NameNode 节点内存中的文件系统。如果 NameNode 节点崩溃，将会使用最后一次成功合并的映像来产生一个新的 NameNode 节点。

HDFS 客户端：首先，客户端需要与 NameNode 节点通信，以便获取文件访问权限。创建文件时，NameNode 节点为新创建的文件更新自己的元数据，并为客户端选择 DataNode 节点，使客户端可以写文件块。当用户请求打开文件时，NameNode 节点返回客户端所读文件块的物理位置。如果所读的给定文件块存在多个 DataNode 节点，客户端将会选择最近的一个，以便减少在网络上传输的数据量。

HDFS 采用机架感知和复制技术提高可用性。在实际部署时，一个集群是由多个机架组成的。使用高带宽的网络将机架内部的机器连接，再使用交换机互联机架。通常情况下，内部机架的带宽很低，因为它被多台机器共享。为了降

261

低数据丢失率,文件块至少被复制到一台机架外的机器(假设文件复制因子大于1)。

HDFS 的安全性

如图 6.16 所示,用户试图访问 HDFS 中一些文件[53,54]。在 User 与 NameNode 节点之间进行标准的 Kerberos 认证。简要地说,密钥分配中心清楚 User、NameNode 节点和 DataNode 节点的存在。首先,用户向密钥分配中心发送一个申请"票据"请求,Kerberos 服务器会返回一个加密票据(TGT)。用户解密 TGT 再次请求 Kerberos 服务器的验证服务票据。凭借经过验证的服务票据访问 NameNode 节点服务。DataNode 节点与 NameNode 节点之间也会发生类似的情况。

通常情况下,DataNode 节点会存储许多数据块,数据块所属的用户与文件可能各不相同。当一个用户请求对一个数据块进行读操作时,DataNode 节点则需要确保用户有权利对块进行读操作。Hadoop 定义令牌验证对数据块的访问,这种令牌称为块访问令牌(Block Access Token)。当客户端发出对文件读或写请求时,NameNode 节点则生成块访问令牌。

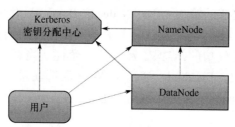

图 6.16　访问 HDFS 文件的安全交互

和那些需要认证的访问一样,数据访问也可以由 MapReduce 任务完成。换句话说,任务需要同 NameNode 节点与 DataNode 节点进行"谈话"。这正是常规 Kerberos 认证的一个变种。

授权令牌:在一个由上千台机器组成的大集群中,在任何一个时间点上,可能数几万计的任务试图访问 NameNode 节点存取文件,这些数以千计的任务也可能多波次试图认证自己。最终,密钥分配中心可能成为规模庞大、安全要求高的 Hadoop 集群的瓶颈。

为了避免这个问题,Hadoop 定义一个授权令牌(Delegation Token),用于任务与 NameNode 节点之间的认证。授权令牌是基于客户端请求、由 NameNode 发布的,同时包含对密钥分配中心授权的 TGT 票据过期和更新的语义。不用说,客户端通过 Kerberos 发出请求进行自我认证。

授权令牌由 TokenIdentifier 和 Password 组成。客户端从 NameNode 节点获取这些令牌,通过 SASL – Digest 协议建立一个安全的通信通道。

MapReduce 安全

在第3章以及图3.31中,曾对MapReduce的架构组件进行高度概述。MapReduce需要解决安全问题包括用户认证和任务认证。用户认证是在为了提交作业、获得作业状态等等过程中试图和Jab Tracken"谈活"中产生的。任务认证指任务作为作业一部分被管理时产生的。另一个问题是授权用户的诸如kill – job、kill – task等操作。用户与JobTracker之间采用标准的Kerberos认证。对用户执行的动作的认证则是基于访问控制列表(Access Control Lists)进行的,这是由作业提交者在作业提交期间提供的。

在作业提交期间,Hadoop框架客户端部分请求一个授权令牌(如上节所述,为了与HDFS进行通信,任务请求一个授权令牌)。其他的令牌则为作业令牌(Job Token),由客户端生成。这些令牌都作为作业提交请求的一部分,发送至JobTracker(图6.17)。

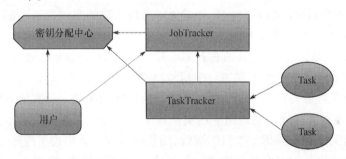

图6.17 MapReduce的安全

运行作业TaskTrackers将令牌复制,并保存在磁盘的一个私有位置,该位置只对TaskTracker用户和作业拥有者可见。启动时,任务读取该文件并加载令牌在内存中。使用作业令牌TaskTracker和任务相互认证。对于RPC和混乱的通信路径来说这是现实的。

作为作业拥有者的任务运行在计算节点上,TaskTracker为这些任务创建了一个沙箱。其他用户不能访问任务在本地磁盘上的输出(例如,图形输出)。

可用性

云服务需要一些特殊的技术来达到高可用性。企业服务中的关键任务可用性通常都在99.999%左右。相当于在一整年内有5min的停机时间。显然,需要使用复杂的技术获得高可靠性。即使是非关键任务,停机也意味着收益的损失。因此,在云中不论是关键任务还是非关键任务的云服务,确保高可用性都至关重要。

确保高可用性[55]通常有两种方法:第一种方法是确保构建云服务的底层应用程序的高可用性。这种方法通常涉及三种技术。基础设施的可用性(Infrastructure availability)可以确保基础设施的冗余,如对服务器,高可用性要求新的服务器时刻准备替代出现故障的旧服务器。中间件的可用性(middleware availability)用于解决中间件的冗余问题,应用程序可用性(application availability)通过应用程序的冗余来解决。本届关注的问题包括在云基础设施支持高可用性。

两种措施都可以用来构建云基础设施高可用性。回想一下,在云计算中通常通过运行一个应用程序的多个例子实现云服务的可扩展性。第一种技术是故障检测(failure detection),云基础设施检测出现故障的应用实例,并避免将客户请求转发到出现故障的应用实例。第二种技术是应用程序恢复(application recovery),重新启动失败的应用实例。

故障检测

当一个应用实例出现故障时,许多云供应商,如 Amazon Web Services' Elastic Beanstalk,对该应用实例进行检测,并避免向出现故障的实例发送新的请求。为了检测故障,需要进行故障监控。

故障监控:故障监控[55]有两种技术。第一种是(heartbeats)法,每个应用程序实例周期性地向云监控服务发送一个信号(称为一个 heartbeat)。如果监测服务没有接收到指定数量的连续 heartbeats,则宣告应用实例失败。第二种方法是探针法(probes)。监控服务周期性地向应用实例发送一个轻量级服务请求即探针。如果应用程序实例没有响应指定数目的探针,则表明该程序就出现了故障。

比较故障检测的速度和精确度。为了快速检测到故障,将丢失信号或探针数量值设置得较低一些是可取的,然而这样有可能导致假失败的增加。由于瞬时过载或者一些其他的瞬态条件,应用程序可能没有响应。错误地宣布应用实例故障的后果是严重的,通常将丢失的 heartbeats 或探针设置成一个高阈值,这样几乎可以消除错误的假失败可能性。

重定向:在确定应用实例出现故障时,避免将新的请求转发给故障实例是很有必要的。在 HTTP 协议实现这个功能的是 HTTP 重定向机制。采用了这种机制后,Web 服务器可能返回一个 3xx,同时返回一个新的 URL 用于访问。例如,如果一个用户在浏览器中输入 http:// www.pustakportal.com/,则该请求首先发送给 Pustak Portal 网站某个负载平衡服务,它返回代码 302 和一个 URL http:// pps5.pustakportal.com。此时,pp5.pustakportal.com 是一个目前状态良好的服务器地址,通过这种方式用户就能一直指向一个状态良好的服务器。

应用程序恢复

除了将新的请求路由到正在运行的服务器之外,还需要恢复故障服务器上旧的请求。独立于应用程序实现该功能的方式是检验点/重启(checkpoint/restart),云基础设施周期性保存应用程序的状态。如果应用程序被确定运行故障,应用程序从最新的监测点恢复即可。

检验点/重启:极大地增加了复杂性。首先,基础架构应该检验所有的资源,如系统内存,否则,重启前和重启后应用程序的内存状态不一致。因为执行的任何更新都必须可以回滚,所以检验点存储通常需要存储器或者文件系统的支持。在一个分布式的应用程序中,故障实例的更新与运行实例的更新容易混淆,所以这个过程是复杂的。此外,捕获和复制网络上的分布式进程活动是相当困难的。

在一个分布式的检验点/重启中,分布式应用程序实例所有进程都被保存,如果有任何的实例出现故障,所有实例都将从某个监测点恢复。这种方法明显地限制了可扩展性,而且当出现故障时,如果进程间有任何转发数据在途中,都将会遇到准确性问题。

例如,Ubuntu Linux 支持分布式程序[56]的检验点/重启。使用 the Berkeley Lab Checkpoint/Restart Library[57]时,若与正确的库连接,即使是一系列的应用程序,也可以透明地建立检验点。同时,在检验点/重启过程中,会涉及专用程序代码(可能向用户发送一个消息,或向日志文件中写操作,等等)。下面介绍不同方案的商业实现。

Librato 可用性服务

Librato 可用性服务是一个独立于应用程序的重启机制[58]。Librato 运行在操作系统抽象层(OS Abstraction Layer),该层介于应用程序和操作系统之间。用户空间层记录应用程序的状态,并负责周期性建立应用程序的检验点。应用程序不需要进行重编译或重连接。

图 6.18 显示的是一个 Librato 服务的抽象视图。Librato 服务位于应用程序库和操作系统之间,虚拟化操作系统 API 调用携带的(应用程序)状态。这些可用性服务周期性捕获应用程序状态的检验点,包括终端 I/O、网络套接字、进程状态,IPC 状态以及时间函数。可用性服务只进行增量式的检验,可以节省处理监测点镜像的时间和空间。当应用程序出现故障时,不论是在相同的节点,还是在不同的节点,Librato 可用性服务都将从最后一个检验点恢复该应用程序。即使是应用了消息传递接口的并行程序,Librato 也会建立检验点。

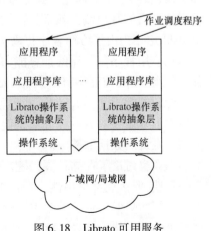

图 6.18 Librato 可用服务
提供的 OS 抽象层

Web 服务模型的使用

Hadoop MapReduce 框架使用检验点/重启,失败的任务在其他一些节点上重新开始执行(重启次数可配置)。将 Tasktrackers 列入黑名单,得不到新的任务(除非集群几乎没有健康 Tasktrackers)。如果 Tasktrackers 运行任务时频繁出现故障,监测框架会认为该 Tasktrackers 不健康。

通常情况下,如果应用程序是完全的基于面向服务的架构,只需重启个人服务就可以从错误中恢复。该方法将失去在服务中接收到的所有服务请求。因而服务使用者可能会收到一个错误,需要尝试获得再次服务响应。如果应用程序不是完全面向服务架构的,就需要额外的努力来确保应用程序状态的一致性和为服务下一批用户请求做准备。此时,检验点/重启技术变得非常必要。

一个检验点/重启方法的替代是应用程序以事务范式(transactional paradigm)的运行。当一个应用实例出现故障时,有些信号(例如,关闭网络连接)被发送给其他应用实例,其他实例中止故障实例所有正在处理的工作。当重启出现故障的应用实例时,将会重启正在运行的所有事务。其他的应用实例重启对故障实例发出的任何请求。应用程序被设计成纯 Web 服务模式,即使子组件调入第二范畴。为了实现互操作并可以在任何厂商提供的服务平台上执行,Web Services 事务规范(WS_Coordination、WS_Atomic、WS_Transactions)[59] 定义了 Web 服务使用机制和协议。

小结

在本章中,首先介绍了扩展云的计算系统和存储系统中面临的挑战。对于计算扩展,假如应用实例完全独立且调度给独立的处理器,通过添加更多的服务器可以增加大量的客户端。然而,完全独立并且只有一个进程的应用程序并不常见。Amdahl 定律指出了应用程序扩展边界。对于三层应用程序,有两种扩展方法。可以增加应用程序每一层的计算能力,或者以特定的方式将应用程序分解组件,各个独立的组件(应用程序节点)拥有足量的数据库和消息总线,完全可以满足需要。利用专门的中间件,如 ZooKeeper,可以支持分布式进程之间更为复杂的协调功能。避免数据库瓶颈的另一种方法是使用非关系型或 key – value 对来存储数据,并且提高并发访问数据的能力。

本章也讨论了存储扩展问题。CAP 定理表明任何被网络分隔的系统,要么放弃一致性,要么放弃可用性。在许多情况下(例如,查看收支状况),不可能放弃一致性。假如降低一致性的需求,可以保证各种形式的弱一致性能。常用于分区存储系统的一项技术是异步更新,任何被更新的分区将其更新异步传播到其他分区。然而保证一致性,需要认真分析存储系统以及所执行的操作。此外,存储系统本身能够提供一些(一致性)保证,如写后读一致性,能够保证写操作之后的读操作能够读取更新后的数据。在一些情况下,由存储系统确保数据的一致性。为了说明这些原理,介绍了提供弱一致性的三个存储系统,即 Hbase、MongoDB 以及 Dynamo/Cassandra 的使用。

本章还讨论了多租户或者细粒度资源共享问题。多租户是早期应用服务供应商(ASPs)和云 SaaS 系统之间的主要区别,并且多租户的高效率是 SaaS 系统成功的一个主要原因。接下来讨论了多租户等级。然而,云系统的所有组件不可能都设置成多租户的最高等级,即效率最高的等级。本节讨论了实现多租户的三种方法:预先分配列、数据映射表以及 XML。虽然预先分配列空间利用率不高,但它易于执行且计算效率高。数据映射表和 XML 列的空间利用率高但却不易执行。通过详细描述 Salesforce. com 平台上多租户说明在高质量运行的系统如何取舍多租户的设计需求。

最后,讨论确保云应用程序的高可用性的方案。应用程序可用性可能涉及基础设施层、平台层以及应用程序层。因为这是一本面向开发的书,本书讨论了提供应用级可用性常用的方法。面向服务的应用程序遵循 Web 服务事务规范以面向事务方式运行,在此情况下,简单的重启应用程序从头开始执行就足够了。在更复杂的环境中,需要采用复杂的检查点/重启机制。下面描述两种实现检查点/重启的方法:一种是为了获取透明检查点,应用程序必须重新编译、连接;另一种是 Librato 商口实现,提供独立于应用程序检测点操作系统抽象层。

为了应对云计算带来的技术性挑战,客户端也尝试了一些方法。为了实现交互性好的应用程序,应用 AJAX 实现对后台服务执行异步操作的客户端脚本(Javascript)变得越来越普及。为了使应用程序连接到后端云服务,在浏览器中运行的应用程序无需刷新或提交网页,仅仅执行一个使用了后台线程的客户端程序。最近,在 Javascript 使用的编程技术甚至用于服务器端来创建更快的服务。一个这样的例子是 Node. JS 技术,它是一个在服务器端高效地处理并行请求事件驱动 Javascript 环境的开源实现。由于采用基于事件的模型,所有的操作都是非阻塞的,因而有可能获得最大资源利用率。事件驱动模型由于可以处理事务语义具有很好的可用性。Node. JS 是一个新兴、前景广阔的技术,如果很好地实施 runtime,可以解决一些云计算的关键性技术难题。

参考文献

[1] Michael M, Moreira JE, Shiloach D, Wisniewski RW. Scale – up x Scale – out: A Case Study using Nutch/Lucene. IBM Thomas J. Watson Research Center, IEEE 2007.

[2] Nginx Home page. http://nginx. org/; [accessed 08. 10. 11].

[3] Nginx Books. http://nginx. org/en/books. html; [accessed 08. 10. 11].

[4] Scaling out Web Servers to Amazon EC2 using OpenNebula. https:// support. opennebula. pro/entries/366704 –

scaling – out – web – servers – to – amazon – ec2；［accessed 08. 10. 11］.

［5］OpenNebula HomePage. http://www. opennebula. org/；［accessed 08. 10. 11］.

［6］Open Cloud Computing Interface. http://occi – wg. org/；［accessed 08. 10. 11］.

［7］Tannenbaum T, Litzkow M. The Condor distributed processing system. Dr. Dobbs Journal. http://dr-dobbs. com/high – performance – computing/184409496；1995［accessed October 2011］.

［8］Integrating Public Clouds with OpenNebula for Cloudbursting. https:// support. opennebula. pro/entries/338165 – integrating – public – clouds – with – opennebula – for – cloudbursting；［accessed 08. 10. 11］.

［9］Rochwerger B, Caceres J, Montero RS, Breitgand D, Elmroth E, Galis, A et al. The RESERVOIR model and architecture for open federated cloud computing. Wolfsthal IBM J Res Dev 2009；53(4):1 – 11.

［10］Nurmi D, Wolski R, Grzegorczyk, C, et al. The Eucalyptus Open – source Cloudcomputing System. 9th IEEE/ACM International Symposium on Cluster Computing and the Grid, CCGRID 2009.

［11］Eucalyptus Open – Source Cloud Computing Infrastructure – An Overview, August 2009, A White Paper, Eucalyptus Systems, Inc.

［12］Zookeeper：A Reliable, Scalable Distributed Coordination System. http://highscalability. com/blog/2008/7/15/zookeeper – a – reliable – scalable – distributed – coordination – syste. html；［accessed 08. 10. 11］.

［13］Deploying Zookeeper Ensemble. http://sanjivblogs. blogspot. com/2011/04/deployingzookeeper – ensemble. html；［accessed 08. 10. 11］.

［14］Zookeeper Wiki. https:// cwiki. apache. org/confluence/display/ZOOKEEPER/Index；［accessed 08. 10. 11］.

［15］PaxosRun. https:// cwiki. apache. org/confluence/display/ZOOKEEPER/PaxosRun；［accessed 08. 10. 11］.

［16］The Two – Phase Commit protocol. http://msdn. microsoft. com/en – us/library/cc941904(v = prot. 10). aspx；［accessed 0810. 11］.

［17］Zookeeper Home page. http://zookeeper. apache. org/；［accessed 08. 10. 11］.

［18］Lindsay BG. Notes on Distributed Databases, http://ip. com/IPCOM/000149869；1979［accessed 08. 10. 11］.

［19］Brewer, E. A. Towards robust distributed systems (Invited Talk), Principles of Distributed Computing, Portland, Oregon. Also http://www. eecs. berkeley. edu/ ~ brewer/cs262b – 2004/PODC – keynote. pdf；2000［accessed 08. 10. 11］.

［20］Lynch N, Gilbert S. Brewer's conjecture and the feasibility of consistent, available, partition – tolerant web services. ACM SIGACT News 2002；33(2):51 – 59.

［21］Pritchett D. BASE：An Acid Alternative. ACM Queue 2008；6(3)May/June.

［22］Vogels W. Eventually consistent. Commun ACM 2009；52(1):40 – 44.

［23］Abadi D. Problems with CAP, and Yahoo's little known NoSQL system. http://dbmsmusings. blogspot. com/2010/04/problems – with – cap – and – yahoos – little. html；［accessed 08. 10. 11］.

［24］Trading Consistency for Scalability in Distributed Architectures, Floyd Marinescu &Charles Humble. http://www. infoq. com/news/2008/03/ebaybase；jsessionid = A7D8F82180426608EE396765D73B1A5C；［accessed 08. 10. 11］.

［25］Stonebraker M. Clarifications on the CAP Theorem and Data – Related Errors. http://voltdb. com/company/blog/clarifications – cap – theorem – and – data – related – errors；［accessed 08. 10. 11］.

［26］Java Transaction API. http://www. oracle. com/technetwork/java/javaee/jta/index. html；［accessed 08. 10. 11］.

［27］Comparing NoSQL Availability Models, Adrian Cockcroft. http://perfcap. blogspot. com/2010/10/comparing – nosql – availability – models. html；2010［accessed 08. 10. 11］.

[28] The Apache HBase Book, Chapter 10: Architecture. http://hbase. apache. org/book. html#architecture; [accessed 08. 10. 11].

[29] Chang F, Dean J, Ghemawat S, Hsieh WC, Wallach DA, Burrows, M et al. Bigtable:A distributed storage system for structured data. ACM Trans Comput Syst 2008;26(2).

[30] MongoDB Replication, Dwight Merriman. http://www. slideshare. net/mongosf/mongodb – replication – dwight – merriman; [accessed 08. 10. 11].

[31] Replica Sets – Basics. http://www. mongodb. org/display/DOCS/Replica + Sets + – + Basics; [accessed 08. 10. 11].

[32] Replica Sets – Voting. http://www. mongodb. org/display/DOCS/Replica + Sets + – + Voting; [accessed 08. 10. 11].

[33] Replica Sets – Oplog. http://www. mongodb. org/display/DOCS/Replica + Sets + – + Oplog; [accessed 08. 10. 11].

[34] Why Replica Sets. http://www. mongodb. org/display/DOCS/Why + Replica + Sets; [accessed 08. 10. 11].

[35] Replica Set FAQ. http://www. mongodb. org/display/DOCS/Replica + Set + FAQ; [accessed 08. 10. 11].

[36] DeCandia G, Hastorun D, Jampani M, Kakulapati G, Lakshman A, Pilchin, A et al. Dynamo: Amazon's highly available keyvalue store. Proceedings of twenty – first ACMSIGOPS Symposium on Operating systems principles, New York, NY; 2007.

[37] NoSQL Netflix Use Case Comparison for Cassandra. http://perfcap. blogspot. com/2010/10/nosql – netflix – use – case – comparison – for. html; 2010 [accessed 08. 10. 11].

[38] NoSQL Netflix Use Case Comparison for MongoDB. http://perfcap. blogspot. com/2010/10/nosql – netflix – use – case – comparison – for_31. html; 2010 [accessed 08. 10. 11].

[39] NoSQL Netflix Use Case Comparison for Riak. http://perfcap. blogspot. com/2010/11/nosql – netflix – use – case – comparison – for. html; 2010 [accessed 08. 10. 11].

[40] NoSQL Netflix Use Case Comparison for Translattice. http://perfcap. blogspot. com/2010/11/nosql – netflix – use – case – comparison – for_17. html; 2010 [accessed 08. 10. 11].

[41] Jacobs D, Aulbach S. Marz 2007. Ruminations on Multi – Tenant Databases. 12. GIFachtagung fur Datenbanksysteme in Business, Technologie und Web (BTW 2007), 5bis 9, Aachen, Germany.

[42] Chong F, Carraro G. Architecture strategies for caching the long tail. http://msdn2. microsoft. com/en – us/library/aaa479060(printer). aspx; [accessed 08. 10. 11].

[43] Drools – The Business Logic integration Platform. http://www. drools. org; [accessed 08. 10. 11].

[44] Linden TA. December 1976. Capability – based addressing.

[45] Aulbach S, Grust T, Jacobs D, Kemper A, Rittinger J, 2008. Multi – Tenant Databases for Software as a Service: Schema – Mapping Techniques. ACM SIGMOD'08, June 9 – 12. Vancouver, BC: Canada; 2008.

[46] Aulbach S, Jacobs D, Kemper A, Seibold M. A Comparison of Flexible Schemas for Software as a Service. ACM SIGMOD'09: Providence, Rhode Island, USA; 2009.

[47] Chong F, Carraro G, Nolter R. Multi – tenant data architecture. http://msdn. microsoft. com/en – us/library/aa479086. aspx; [accessed 08. 10. 11].

[48] Agrawal R, Somani A, Xu Y. Storage and Querying of E – Commerce Data. Proceedings of the 27th VLDB Conference, Roma, Italy; 2001. p. 149 – 158.

[49] Salesforce. com: The Force. com Multitenant Architecture. http://www. apexdevnet. com/media/Forcedotcom-BookLibrary/Force. com_Multitenancy_WP_101508. pdf; [accessed 08. 10. 11].

[50] Weissman CD, Bobrowski S. The design of the force. com multitenant internet application development platform. ACM SIGMOD'09: Providence, Rhode Island, USA.

［51］O'Malley O, Zhang K, Radia S, Marti Ram, Harrell C, 2009. Hadoop Security Design. Yahoo! Inc. https:// issues. apache. org/jira/secure/attachment/12428537/security – design. pdf; 2009 ［accessed 08. 10. 11］.

［52］Walla M. Kerberos Explained. Microsoft TechNet. http://technet. microsoft. com/en – us/library/ bb742516. aspx; ［accessed 08. 10. 11］.

［53］Becherer A. Hadoop Security Design. iSec Partners, Black Hat USA 2010, Las Vegas,July 28 – 29. https:// media. blackhat. com/bh – us – 10/whitepapers/Becherer/BlackHat – USA – 2010 – Becherer – Andrew – Hadoop – Security – wp. pdf; ［accessed 08. 10. 11］.

［54］O'Malley O, Zhang K, Radia S, Marti R, Harrell C. Yahoo! . Hadoop Security Design. https:// issues. apache. org/jira/secure/attachment/12428537/security – design. pdf; 2009 ［accessed 08. 10. 11］.

［55］Abraham S, Thomas M, Thomas J. Enhancing Web Services Availability. IEEE International Conference on e – Business Engineering (ICEBE' 05).

［56］LAN SSI Checkpoint, Ubuntu manual. http://manpages. ubuntu. com/manpages/hardy/man7/lamssi _ cr. 7. html; ［accessed 08. 10. 11］.

［57］Berkeley Lab Checkpoint/Restart (BLCR） User's Guide. https:// upc – bugs. lbl. gov// blcr/doc/html/ BLCR_Users_Guide. html; ［accessed 08. 10. 11］.

［58］Librato Availability Services. http://www. hp. com/techservers/hpccn/hpccollaboration/ADCatalyst/downloads/Librato_AvS_ds. pdf; ［accessed 08. 10. 11］.

［59］Web Services Transactions Specifications, IBM, BEA Systems, Microsoft, Arjuna,Hitachi, IONA. http:// www. ibm. com/developerworks/library/specification/ws – tx/; ［accessed 08. 10. 11］.

［60］NodeJS Home page. http://nodejs. org/; ［accessed 08. 10. 11］.

【本章要点】

- 云安全需求和最佳实践
- 风险管理
- 安全设计模式
- 安全架构标准
- 法律和管理问题
- 选择一个云供应商
- 云安全评估框架

引言①

云安全面临的特殊挑战主要来自于共享基础设施、服务器的快速移动以及基础设施负载等方面。如果黑客有一个由云供应商提供的账户,所有存储在云端数据的安全性将取决于云供应商抵抗黑客攻击能力的强弱。举一个例子:当黑客攻击 Twitter[1] 网站时,黑客使用能够在 Twitter[1] 上运行的工具,并通过该工具危害知名人士的账户。显然,如果知名人士不使用一个共享基础设施,此攻击就不会成功。

云计算基础设施的安全性取决于云供应商的技术水平以及与云安全相适应的过程和实践。例如,不记录密码方式是一种现在强烈推荐的安全实践。但如果系统管理者不遵循这个原则,将已经写下的密码留在易于访问到的地方,那么即使最先进的安全技术也不起作用。云安全的一些内容前面章节已经有所涉及。例如:第 2 章讲了加密密钥如何为亚马逊的安全提供服务;第 3 章讲了 Azure 的安全特性;第 4 章讲了 OAuth 如何获得授权在 Facebook 上访问个人信息;第 6 章讲了如何利用 MapReduce 上安全控制。本章的重点主要讲非技术层面上的安全问题,包

---

① 本章来自 Vic(J. R.)Winkler 所著《安全云》删节版。

含过程和实践两方面。实践还包括在设计一个云架构时应该遵循的好的设计原则（如安装一个安全服务器进行监控的必要性）。

本章首先讨论的是云安全的一些要求和云安全架构的设计。随后，讨论风险管理问题，它包括评估各种威胁并设计相应的安全措施来处理这些风险。其次利用一些有效的设计模式来确保云安全是可以检测的。利用这些设计模式，举例设计一个 Paas 系统，最后讨论几种影响对云安全实施有影响的标准云安全架构。

本章的第二部分主要讨论公有云的安全问题，因为这是撰写本书时，大家共同感兴趣的领域。首先，讨论了使用公共云所面临的法律和管理问题。接下来讨论出于安全考虑，选择一个云供应商需要的一系列标准。随后评估云供应商按照云安全标准开发的程序，这项评估可以用来补充前面讨论过的安全标准。

云安全需求和最佳实践

云是由一个共享基础设施构成的、按要求快速配置资源满足业务需求的架构。在更高层次上，一个云设施可以分为物理设施和虚拟设施。云计算的安全需求和最佳实践同样分为物理安全需求和虚拟安全需求。

云安全的基本目标是确保整个云系统的保密性、完整性和可用性。保密性意味着未经授权不能访问云系统。完整性要求云系统不能被随意篡改（如阻止植入病毒、盗取密码或破坏数据）。可用性要求整个系统不应当不可用。例如，实施拒绝服务攻击，对整个系统施加大量负载从而阻止合法用户使用该系统。此外，合法的需求也可能影响云安全性能。例如，系统存储与医疗健康相关的数据时，需要被合法地授予某级机密性。因此，云系统应该支持合法限制。

从现实的角度来看，云安全设计时也需要考虑许多其他附加目标。主要包括以下两方面：

（1）成本效益：安全实现不应该大大增加云方案的实现成本。

（2）可靠性和性能：不应该被云安全大大影响。

物理安全

物理安全意味着云中的数据中心应该有效防范物理威胁。这不仅包括阻止攻击者侵入，还包括防止自然灾害，如水灾，以及人为过失，如关掉空调。值得注意的安全的强度取决于最弱的环节。一个有关云安全的有价值的例子：一个公共网格计算中心的地点选在了伦敦的一个老式啤酒厂里，这里的墙壁很厚，面临街区窗户玻璃不是强化玻璃很容易被打破，工作区中洗手间的窗户也没有加固，并且梯子触手可及。

为确保物理安全，需要一个多层次的系统，包括：

（1）一个中央监控和控制中心，并配备专业工作人员；

（2）监控每种可能存在的物理威胁,如入侵或者像水灾这样的自然灾害;

（3）培训工作人员以应对各种威胁;

（4）人工或自动的后备系统预防灾害的发生(如水泵可以帮助防止水的侵袭);

（5）对设备安全访问。这要求数据中心能够识别各种威胁,并有相应的程序来解决这些威胁。

虚拟安全

以下的最佳实践对于确保云安全具有重大作用。

云时间服务

如果数据中心的所有系统都按同一时钟同步,那么将有助于系统正确运行,而且便于日后对系统日志进行分析。云实时服务对发生在跨地域分布系统上的关联事件尤其重要。实现云实时服务的一种常用方法是使用网络时间协议(NTP)。NTP 是用来使计算机时钟与因特网参考源同步的一种协议。为了避免错误的参考源,协议信息首先需要进行加密处理,要有一个共同的时间表。至少应该有两条到达时间源的可靠路径(如 WWW 和 GPS)且时间源可被验证。

认证管理

认证管理是实现云安全机密性、完整性、可用性的基础。认证管理涉及的一些相关要求如下:

（1）它涉云系统中的所有用户。

（2）由于云系统存在异构性,联合认证管理系统就非常需要,它允许对不同类型的系统单一认证和单点登录。

（3）认证管理系统应该满足法律和政策的要求(例如,在指定的时间内可以在系统中删除用户)。

（4）保存历史记录以便将来能进行核查。

访问管理

访问管理的核心是只允许授权用户访问云设施。附加的要求如下:

（1）不允许云管理人员不受限制访问。

（2）对敏感操作,实行多重认证(例如,使用密码时外加一个数字键)。

其他好的实践包括:

（1）不允许共享账号,如 admin。

（2）对远程管理操作来实施 IP 地址的白名单。

紧急故障处理程序

在紧急情况下,绕开正常的安全控制机制,访问管理系统激活紧急故障处理程序,类似于打碎玻璃触发火警警告。显然,只有在可控制紧急情况下才能启动紧急故障处理程序,并触发警报。

密钥管理

在一个云系统中,由于使用共享存储,加密是确保访问隔离的关键技术。云架构需要为密钥的产生、分配、撤销、归档提供安全措施。同样,用生成程序来恢复受损密钥是十分必要的。

审计

所有系统和网络组建都需要审计。审计应该捕获所有与安全相关的事件,以及分析事件所需的数据,如时间、事件的系统以及发起该事件用户。审计日志需要集中维护并确保安全。整理和制作一个精简版的审计日志分享给云用户,可以为云用户分析日志提供有效的帮助。

安全监控

安全监控包括一组在严重的安全事故发生时发生警报的基础设施,包括云规模入侵和异常检测系统,入侵检测系统可以安装在网络和主机节点上。允许云用户执行他们自己的入侵和异常检测。

安全测试

在一个隔离的测试床上配置软件之前,测试所有软件的安全性是很重要的。补丁软件在投入生产之前也要放在这种环境下进行测试。此外,安全测试应该在云系统实时识别漏洞的基础上进行。根据风险评估,其中的一些测试可能由第三方来完成。同时应该有一个补救程序来修复被识别的漏洞。

风险管理

风险管理是一个评估风险、决定如何控制和监视云计算安全运行情况的过程。因为风险管理对于判定云系统存在的安全威胁具有重要作用,所以在描述如何执行云安全之前应该先讨论风险管理。

管理风险,有许多因素要牢记。首先,不同的领域所适用的方法可能是不同的(如金融和医疗)。因此,不同领域所适用的安全措施可能差别很大。其次,在试图提供最佳安全措施方面,执行每一个可能的安全措施并不见得有效,因为那样可能会导致系统很难使用。相反,高效的做法应该是仔细权衡风险的影响和安全措施的成本,衡量系统的使用和安全的成本两方面的影响。对于一个在很大程度上已经十分安全的系统,增加安全措施只会使回报越来越低。因此,风险管理是一个商业决策,在尽量确保更高的安全性、低成本的条件下,获取更高的利润。

风险管理概念

下面叙述一些关于风险管理的重要概念。风险管理过程的核心思想是依据系统的安全需求,在信息系统中进行安全控制部署。安全控制是预防、检测和解决安全风险的保障(过程或者系统功能)。NIST 将安全控制划分为三大类——技术、运营和管理[3]。控制进一步分为 18 个部分,例如,审计和问责是其中的一个部分,以及审计处理失败应对(顾名思义,如何用适当的方法回应审计处理失败)等。

另一个关键的概念是系统的安全需求,在 FIPS 200 标准[4]中有相应的定义。FIPS 200 定义了系统的安全需求,根据系统安全漏洞的影响分为低度、中度、高度三种强度安全需求。这个定义隐含高安全需求的系统在安全控制方面的要求最高。如果一个安全漏洞导致这个系统的功能有一定的下降,但是仍然能够执行其主要功能,那么这个系统称为低安全需求系统。中度安全需求系统是指那些能够执行其主要功能,但是功能有明显下降的系统;高度安全需求是指那些不能执行其主要功能的系统。关于安全控制和安全需求的更多细节在云安全[2]中进一步解释说明。

风险管理过程

风险管理过程在云安全[2]一书中"云安全架构标准"这一章中有详细描述。整个进程是基于 NIST 800 - 53[3] 和 ISO 27000 标准进行工作的。

(1)信息资源分类:第一步是从以下角度对机构中的每个信息资源进行评估:

① 关键度——安全措施失效对业务的影响程度。

② 敏感度——资源的保密性。

这项评估对资源的安全级别起决定性作用。考虑在云设施中存在管理云独立网络、云应用使用组成用户网络和用户三部分,在这种情况下,管理网络比用户访问用户网络更加重要,因为当入侵者成功攻击一个管理网络之后,他们就将能够掌控整个云系统。

(2)选择安全控制:下一步,需要选择满足信息资源的关键度和敏感度的安全控制机制。在前面提供的例子中,管理网络可能受到 IP 地址白名单的保护(即在管理网络中,只允许某些 IP 地址的设备存在;拥有这些 IP 地址设备通常位于工作场所)。在这里,IP 地址的白名单是一种安全控制,限定管理员在确定的办公室工作,这可能是一个可接受的安全措施。这个控制可能并不适合用户网络。如果用户网络也受到 IP 地址白名单的保护,那么每次他们来到一个新的位置并试图访问公司网络时,用户都必须为白名单注册一个新的 IP 地址。

(3)风险评估:在确定安全控制的执行方式之后,判定安全控制是否能够提供适当的保护来抵抗预期的威胁,以及论证需要更多安全保护时安全控制增加。

(4)实施安全控制:根据实现的需要来决定安全控制。这些安全控制可能包括管理、技术或物理方面,如前面给出具体安全控制的实例。

(5)操作监控:一旦安全控制开始实施,就需要连续地监控操作的有效性。

(6)定期审查:安全控制应该定期进行核查,以确定他们是否继续有效。审查的需要来自于如下因素:

① 新的威胁可能会出现。

② 操作更改(如新的软件)可能就需要更改安全设计。

安全设计模式

在对云安全需求和风险管理进行讨论之后,以下是几种用于构建安全云架构设计模式。设计模式是可以自定义满足特状态一类安全设计。

深度防御

深度防御是一个已经使用多年且众所周知的设计原则,在城堡设计和要塞设计中都使用了该原则。它指出,防御应该是分层次的,所以,攻击者在获取重要资源之前要先击破多层防御。例如,中世纪城堡被护城河守卫着,吊桥是唯一的通过途径。过了吊桥,城堡的狭窄入口是一个大铁门,它守卫着城堡。类似的方式,只能通过 VPN 才能对云系统进行远程管理访问。为了进一步加强保护,只允许来自白名单的 IP 地址进行访问。此外,管理员可能需要提供一次性的密码作为辅助的安全措施。

蜜罐

蜜罐是一个引诱攻击者的计算机系统。攻击者认为蜜罐是一个有控制价值的系统,安全人员可以通过对它的观察来尝试设置陷阱和控制攻击。蜜罐广泛应用于网络安全。在云环境下,可以部署蜜罐的虚拟机,以此来监控任何试图入侵虚拟机的可疑用户。云服务提供商和云用户可以部署蜜罐。

沙箱

沙箱是指一种技术,在这种技术中,软件运行在操作系统受限制的环境中。由于该软件在受限制的环境中运行,即使一个闯入该软件的入侵者也不能无限制访问操作系统提供设施;获得该软件控制权的黑客造成的换失也是有限的。此外,如果攻击者要获得对操作系统的完全控制,他们就不得不攻克沙箱限制。沙箱也提供深度防御,如第 3 章所述,许多 PaaS 系统都提供了一个实时运行环境,它的核心就是一个沙箱应用程序,如 Azure 和 Google App Engime。

网络模式

除了确保计算元素和存储的隔离之外,确保网络隔离也是必不可少的。

1. 虚拟机隔离

新技术(虚拟机隔离)已经被用来隔离共享相同物理硬件的各个虚拟机之间的数据流。因此数据流无法进入交换网络,。在这种情况下,解决方案安全性由虚拟机来提供,可能包括:

(1)虚拟机之间通信的加密。

(2)在虚拟机上加强安全控制,如端口可以接受连接。

2. 子网隔离

将管理网络的信息流与用户网络及存储网络的信息流物理隔离,是一种非常好的实践。物理上分隔网络可预防虚拟局域网(VLAN),错误配置造成故障。然而这样可能会抬高成本,所以需要权衡。网络之间的路由可以由防火墙来操控。

公共管理数据库

公共管理数据库(CMDB)是一个包含 IT 系统组件相关信息的数据库。这些信息包括组件的清单以及它们目前的配置和状态。CMDB 能够简化云框架的实现和管理,是因为它能确保所有管理组件对任何一个组件显示的信息都是一致的。CMDB 在云架构中起到十分关键的作用,因为云计算快速变化,应用程序可以很容易从一个服务器迁移到另一个服务器,因此应用程序使用的实际物理资源也需要十分迅速变化。

实例:一个 PaaS 系统的安全设计

下面是一个由 DBMS 和认证管理服务器组成的 PaaS 系统的安全设计(图7.1)。这个设计满足前面讨论的云安全需求,并且利用了前面提出的设计模式。

外部网络访问

图7.1 显示通往云网络有两个入口:第一个用于管理员访问控制网络;第二个用于访问云服务的公共接口。为了安全考虑,这两个入口对应着截然不同、相互独立的物理网络。为了提供深度防御,必须由 IP 地址白名单来限制网络访问(如前所述,这些 IP 地址通常分配给确定办公场所的机器)。多重身份验证可以增加安全性能。公共网络的访问需要经过两个交换机,通过提高冗余度来增加可用性。

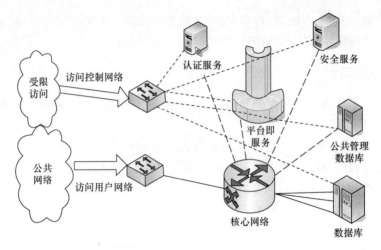

图 7.1　PaaS 安全设计

内部网络访问

如图 7.1 所示,管理网络在物理上与公共(或用户)网络分离,以减少攻击者通过公共网络访问管理网络的风险。DBMS 通过一组线路连接到公共网络,以增加带宽和提高可用性。可以通过内部 PaaS 服务访问 DBMS 服务器。同样,可以通过内部网络和外部网络访问 PaaS 服务。然而,不能从外部网络访问执行审计和其他安全功能的安全服务器。

服务器安全

因为示例系统是一个 PaaS 系统,数据库服务器是由云提供商来管理的,数据库作为作为服务提供客户。对云服务器的访问管理可以由认证服务器完成。因此,数据库的安全由云服务商提供。数据库隔离可按多种方案实现,这些方案在第 6 章创建多租户时已经介绍过。可以通过关闭服务器中不必要的端口以及在服务器安装入侵检测系统来保证数据库安全。通过检查连接到数据库 ODBC 来实现更高层次的安全性。

安全服务器

图 7.1 中还包括一个安全服务器来执行安全服务,包括审计、监控、托管安全操作中心以及云架构的安全扫描。

安全架构标准

如前所述,云安全需要融入到构建云安全过程和每个云组件中。为了实现云计算,以下是各种可以利用的标准和安全体系结构。更详细的描述请参考云安全[2]。

SSE – CMM

SSE – CMM(System Security Engineering Capability Maturity Model)模型是一种对卡内基梅隆大学[5]软件工程的能力成熟度模型(CMM)的改进。它是以 ISO/IEC 21827 标准为基础的。CMM 为任何组织定义了五个能力层次,使各组织能够进行自我评估的,并且在实施过程中不够具体提高它们的层次。SSE – CMM 模型对云安全。

ISO/IEC 27001 –27006

ISO/IEC 27000 提供了一个信息安全管理系统,而 ISO/IEC 27001 – 27006 是 ISO/IEC 27000 标准族中的一组相关标准,它是一个完全不同于 SSE – CMM。SSE – CMM 允许任何组织评估其进程安全程度,无需说明进程功能。相反,ISO/IEC 27000 标准族具体说明一个组织必须满足的一组需求(如应该有一个程序系统的评估信息安全风险)。但 ISO/IEC 27000 标准并不专用于云安全。

欧洲网络与信息安全局(ENISA)

由 ENISA 机构所制定的"云计算信息保障框架"是一组保障准则,用来评估采用云服务的风险,比较不同的云供应商提供的产品,从所选的云供应商处获得保障,减轻云供应商[6]的保障负担。对云计算该标准基于 ISO/IEC 27001 – 27006 标准,很多保障准则是根据报告《cloud computing Benefits, Risk, and Recommendation》定义的。另外,保障标准还提供了云计算效益和风险的评估。

ITIL 安全管理

ITIL (信息技术基础设施库)是一套知名的综合性 IT 服务管理标准,它最初是由英国政府中央计算机与电信局开发的一套建议方案。安全管理的部分是基于 ISO/IEC 27002 的开发的。使用 ITIL 安全管理的一个优点是许多数据中心本身就采用 ITIL,因此 ITIL – SM 很容易被接受,且易于集成一个安全解决方案。

COBIT

ISACA①是一个致力于开发 IT 管理标准[8]的国际组织,已经开发出控制对象的信息和相关技术(Control Objectives for Information and Related Technology)[9]。

---

① ISACA 是由国际信息系统审计和控制协会的首字母构成的。

这是将业务目标与 IT 目标、指标和成熟度模型结合起来形成的一套最佳流程和实践。COBIT 比 ISO/IEC 27000 的范围更广,因为它涉及 IT 治理。

NIST

美国国家标准与技术协会下属的安全管理和保障工作组开发了大量白皮书和其他资源[10]。它们都是为美国联邦机构服务的,然而,许多建议也适用于其他组织。读者可能还记得,本书从第 1 章开始已经大范围引用 NIST 了。

法律和监管问题

由于第三方云服务提供商可能参与,云计算可能涉及额外的法律和监管问题。注意:法律施用于云服务提供商的方式可能不同于企业。例如,HIPAA 法案许可企业收集健康数据,但是即使部分企业的 IT 设施在私有云中,收集数据的企业也必须遵守 HIPAA 法案。因此,了解不同场景中法律如何施用于各方是重要的。特别需要注意的是收集任何数据所涉及的法律。由于云架构的地理分布差异,所适用地方、国家和国际法律也不同,需要详细地考虑法律影响。

> **注意**
> 法律问题
> - 涉及第三方风险。
> - 数据处理问题。
> - 诉讼相关问题。

COBIT 和安全港协议是美国、加拿大或欧盟企业参照法例。这些法律适用于数据的存储和传输以及其保护。其他法律主要适用于特定的领域,如健康保险流通与责任法案(HIPAA)适用于医疗保健行业。然而,有时企业存储员工的健康数据,这些数据必须符合 HIPAA 法案,虽然企业本身可能不属于医疗保健行业。

法律、法规通常会说明由谁来负责数据的准确性和安全性。HIPPA 要求有一个具体官员负责法律遵守。另一方面,萨班斯—奥克斯利法案指定 CFO 和 CEO(信息安全负责人)。当然,不遵守相关的法律可能遭致对相关责任人的惩罚。惩罚金额相对于企业规模而言是巨大的,尤其是中小型企业。例如,支付卡行业安全标准委员会可以开出的罚款金额高达每月 100000 美元。

本节的其余内容主要审视应用程序引发的典型法律问题。这部分主要依据美国和欧盟的法律,其他国家法律也类似。第一部分考虑第三方(其他的云服务提供者)所引发的风险;第二部分主要考虑为确保数据安全性需求引发的风险;第三部分考虑由云服务提供商在诉讼过程中承担义务。有些问题在《云安全》[2]中将详细讲述。

第三方问题

在获得公共云服务提供商提供的服务的同时,第三方问题也随之出现。从法律方面讲,确保所有分包商遵守相应的法律是企业的责任。例如,一个分包商被发现违反了法律,如 HIPAA 等,企业不能辩称不知。预防这种情况的主要方式是和分包商订立合同并督促其实施。分包商合同必须详细说明分包商需遵守的相关法律,及更底层分包商必须承担的义务(即分包商将他们的一部分服务再分包出去)。但是,仅仅签订合同是不够的,还需要适当的监管措施相配合。这些内容将在下面提出,且更加详尽。

> **注意**
> 第三方问题
> - 严格评估。
> - 合同谈判。
> - 实施。
> - 终止。

合同问题

【严格评估】

企业应该限定需要的云服务范围(例如,任何与健康相关的数据都应该遵守 HIPAA),并且详细说明需要遵守的规则和标准(将任何与健康相关数据存储在云中需遵循 HIPAA)。严格评估将排除部分云服务提供商(因为他们不符合相关法律要求)或者限制云服务使用的范围(因为没有云服务提供商能够提供合适的安全和控制级别)。

本章的重点是严格评估,处理因第三方存在而出现的法律风险。注意,严格评估应该充分考虑到云服务提供商的稳定性和可靠性(例如,他们可能退出云服务市场)和外包业务功能的脆弱性。更多细节问题将在云安全[2]中进行讲述。

【合同谈判】

在严格评估完成后,下一个阶段是与云服务提供商洽谈合同。不同于传统的外包服务合同,云服务提供商可能提供一个标准的、非定制的、通过网页选择来完成的协议。云计算受到欢迎至少部分因为经济性。在许多情况下,由于风险低,标准化的协议是可以接受的。

云服务提供商可以避免与每个客户谈判协议的一种方法是通过外部认证。例如,美国注册会计师[11]为服务对象提供了审计准则或 SAS 70。这证明服务机构通过了外部审计师审计,当处理多个客户数据时,该组织要提供足够的控制和保护措施。因此,企业可以检查云服务提供商获得的安全认证,确保其符合相关的法律。

【履行】

下一步,企业必须确保完整、准确地执行合同中规定的保障条款。例如,由于敏感数据的处理方式不同,检查实际处理过程很重要。此外,为了环境变化,连续地重新评估也很重要(例如,外包数据的敏感度有所提高,或外部认证已被撤销)。

【终止】

当服务提供者不愿意采取足够的安全预防措施时,继续遵守合同需要承受极大的风险,需适时终止合同(正常或以其他方式)。因此,寻找其他服务供应商,并确保及时和安全地转移服务是十分重要的。毋庸置疑,确保敏感数据从原始服务提供商系统中删除也是极其重要的。

数据处理

除了确保云服务提供商遵守合适的规则以外,围绕他们的数据处理,还有一些大量的问题需要详细说明。

数据隐私

组织不得不保护所收集数据的隐私,并且被收集数据只用于满足收集数据时明确指定的目的。企业数据通常是不能出售给第三方的,包括云服务提供商在内的分包商必须遵循这些限制。

隐私法通常规定,个人可以访问、修改甚至删除自身的数据。同时云服务提供商必需确保设施及时、可用。

注意

处理问题

- 数据隐私。
- 数据定位。
- 数据的二次使用。
- 故障恢复。
- 安全漏洞。

数据位置

处理数据的法律各国并不相同。因此,在国家之间传送机密数据可能出现法律问题。在云环境中,需要预先知道数据中心和备份设施的地理位置,确保不会出现法律上的纠纷。这是亚马逊的存储服务中详细说明存储位置的原因之一。私有云也可能引发数据位置担忧。

作为法律多样性的一个例子,欧洲联盟(欧盟)成员国有极其复杂的数据保护法律,并且要求十分严格。当欧盟国家需要向欧盟以外地区传送数据时,企业必须告知个人,他们的数据将被转移到欧盟以外的国家,并且获取数据保护部门许可。获得许可的难度依国家而不同,例如,在欧盟与美国间存在互惠协议,美国云服务提供商经过自查之后才能在美国商务部注册。相比之下,某些国家如中国,地方政府的法律允许无限制地访问数据,禁止数据加密,当需要加密时,只有地方政府能够对其进行解密。

不同国家之间较大的差异意味着,如果数据存储在多个国家,那么企业必须遵守一套最严格的数据存储法。考虑公司内部的有两个数据副本,一个在美国,一个在欧盟,由于这些法律适用于副本,所以该公司(美国)必须遵守欧盟的法律。

数据的二次使用

数据的二次使用禁止非授权访问数据,企业还需要确保云服务提供商不能将数据用于数据挖掘或二次使用。为了确保这一点,必须在单击“我同意”之前仔细阅读云服务提供商列出的服务协议。但是不幸的是,很少有用户仔细阅读相关协议,正如在线游戏商店 GameStation[2] 所示情况。四月一日,GameStation 改变其服务协议,声明它拥有用户的灵魂。据报道,目前为止只有 12% 的网络用户注意到了这个变化。

业务持续性规划和灾难恢复

大多数机构已经实施了业务持续性规划(Business Continuity Planning,BCP),它可以确保(业务)在任何不可预见的灾难如恐怖袭击或地震等面前,能够继续运行。BCP 通常包括认定灾难、进行业务影响分析并利用分析的结果制订一个恢复计划。而灾难恢复(DR)是关于 IT 运营恢复 BCP 的一部分。随着 IT 运营变得越来越重要,DR 成为 BCP 的一个重要组成部分。

使用一个公共云供应商(提供的服务)时,BCP 和 DR 扩大到包括影响公共云供应商的灾难。在自然灾害或其他灾难面前,云供应商的数据中心就变得不可用了。举例如下:

(1) 2008 年,休斯敦一个名为 The Plant 的数据中心发生爆炸,接近 9000 人的数据丢失。

(2) 2009 年 2 月,因为软件升级产生错误,导致的谷歌“轮流停电”,很多客户邮件丢失。

在这种可能的情况下,一份考虑周密的灾难恢复计划是非常有必要的。应用程序部署到云计算之前,应制订灾难恢复计划,并部署实施(如通过定期实施数据备份)。此外,云供应商开展灾难恢复计划的研究工作。使用云供应商为 DR 提供的服务是十分重要的,如多个数据位置的使用。

安全漏洞

如果存在安全漏洞,需要尽快获悉,以便采取方法纠正。例如,在美国,如果有人的数据被窃取了,有权依法通知这个人。因此,有必要了解云服务提供商的信息披露政策以及他们如何快速通知客户。为了避免歧义,服务协议应该指定遇到漏洞时应该采取的行动。

在某些情况下,一个企业可能比为他们提供云服务的供应商更早地发现安全漏洞。在这种情况下,企业应该通知云供应商,因为漏洞可能也已经影响了云供应商的其他客户。为了避免企业和云供应商的责任含糊不清,合同里还应该明确说明企业有发现安全漏洞的义务。

诉讼相关问题

在诉讼过程中,由云供应商的义务产生另一组问题。诉讼可能涉及云计算的使用和云供应商本身。如果企业提出诉讼,并要求提供可靠、有用数据作为法庭证据的一部分,确定云供应商对所提请求能否给出令人满意的答复是十分重要的,因为法庭可能要求企业而不是云供应商来回应请求(提供证据)。

云供应商也有可能被要求直接提供一些数据,作为应诉所涉及业务的一部分。在这种情况下,云供应商及时通知企业是很重要,如果需要,可以让企业去响应请求。

选择云供应商

选择一个公共云供应商时,安全性是人们主要关注的问题之一。以下是评估云供应商安全性的标准。这个过程有两个步骤:第一步是列举现存的风险。第二步是评估云服务如何处理风险。步骤如下:

在描述具体步骤之前,应首先指出,在实践过程中,评估并非看到的那么直接了当。云计算经济性不允许云供应商与客户进行详细的谈判。通常情况下,依靠公布的材料,对提供的安全性级别进行评估是十分必要的。在标准合同中提供安全信息是有效的,安全专家通过评估安全信息,以便获取安全设施的强度,但是已经公布的信息可能不准确或已过时。打破这种困境的方法之一是,云供应商获得安全认证,这种安全认证是由第三方按照一定的安全标准制定的。然而,这尚未成为一种常见的做法。

如果评估云供应商的安全设施并非不可能,Heroku(http://heroku.com)是评价云设置安全性的一个尝试,虽然难度很大,但是它使得评估云供应商的安全设施成为可能。Heroku 架构(包括安全架构)被大量的图形清晰地描述。

风险清单

潜在风险的清单(来自 ENISA 的工作)在第 8 章云安全[2]列出。这个表可以作为解刨在云系统中潜在风险的一个起点。表摘录于表 7.1。

表 7.1 云系统面临的风险

中等	概率	后果	受影响的资产	因素
接到传票和电子取证	高	中等	声誉或者客户的信任;私有的和敏感信息;服务提供	缺乏资源隔离;数据存储在不同司法管辖区域;缺乏透明度
多租户	低	高	声誉;数据泄露;服务提供;IP 地址黑名单	隔离失败(技术或过程);间接因素:其他租户安全责任的缺失导致 CSP(计算服务提供者)声誉受损,影响其他组合;多租户使调解和补救更复杂
CSP(计算服务提供者)外包	低	中	声誉或者客户的信任;私有的和敏感信息;服务提供	隐藏和第三方的依赖关系;缺乏透明度

表 7.1 的前三列分别列出了风险、发生的概率和影响。第四列"受影响的资产"中列出了在出现第一列所列风险时可能受到损害的资产。最后一栏列出了可能导致风险的因素。列出的第一个风险是传票和电子取证,这是法律上的风险。第二个风险,多租户,在一定程度上是技术风险,因为隔离失败的一部分原因是技术上的。最后列出的风险是 CSP 外包,一个商业风险。

选择云供应商的安全标准

选择云供应商的准则基于安全流程、系统管理、技术标准这三个方面。

安全流程

云供应商应该有一套综合的安全策略,涵盖各方面的安全。而且期望:安全团队和运营团队不是同一组人员,以保证运营的独立性。然而,两组之间应该密切合作,类似于在软件开发中测试组和开发组那样相互协作。在云架构中应该定期进行漏洞扫描,找出薄弱点。应该有一套能够长时间保留的全面的日志,以满足监管需求。在发生安全事故时,要快速反应并且给用户提供一份公开的报告。应当设立一个安全操作中心,对安全参数持续监控并在安全事件发生时作为安全控制中枢。

系统管理

系统管理是非常重要的,因为如果安全系统管理流程不到位,攻击者能够轻易使用管理设施获得关键系统控制权。以下是安全系统管理的一些关键组件。首先,制定一个正式的变更管理流程,它包含对基础架设变更的相关文档及审批。应该有一个升级和补丁的管理程序,确保安全补丁及时应用,以减少任何已知的系统漏洞被利用的机会。数据应定期备份,以确保业务的连续性。供应商应提供较高的服务水平协议(SLA),并收回这些程序。

技术

云供应商应该在提供最新安全系统组件上投资。这些组件包括安全路由器(因为路由器暴露在外部互联网)、防火墙、安全监控系统,还包括主机和网络的入侵检测系统。多用户的实现是一个重要的研究课题。斯滕帕特等人描述了一个很好的例子[12],一组安全研究人员如何能够在亚马逊 EC2 上规避虚拟化所施加的限制,在同一台物理服务器上,允许研究人员的虚拟机收集其他虚拟机有关的信息。

云计算安全评估框架

前一节讨论选择云供应商的标准。然而,各种行业组织已经制定了标准框架来评价云计算的安全性。本节介绍了一些存在、评估云安全框架。更多细节在云安全[2]中有所描述。

云计算安全联盟

云安全联盟(CSA)有许多框架用于评估云安全各方面。下面描述几点:

(1) 云控制矩阵(CCM)协助云客户对云供应商[13]进行总体风险的评估。

(2)《自我评估问卷》文档描述云计算(IaaS、SaaS、PaaS)系统的安全控制,其目标是提供安全控制透明度。

(3)《云计算关键领域的安全指南》白皮书为云计算的一些关键领域提供了安全指导,包括建设和治理。

(4) 2010 年 4 月发表《12 领域:认证及访问管理指导》分析云计算身份管理。

(5)《云审计》的目标是提供一些方法来衡量和比较云服务安全性。此方法用于制定一组 API 标准,这组标准用来评估所有云供应商执行服务的能力和安全。

欧洲网络与信息安全局(ENISA)

欧洲网络与信息安全局(ENISA)在云安全方面做出了一定的努力,特别是云计算信息安全保障框架[6]和云计算的益处、风险及信息安全建议[3]。这些在前一章安全架构标准中已经详细讨论过。

可信赖计算组

TCG 可信的多用户架构工作组打算制定云计算的安全框架。这个工作组的重点研究内容是终端到终端的云安全。本组采取的方法是杠杆时代存在的标准，并整合它们定义一个终端到终端的安全框架。这个框架可以用来作为合规性和审计的基础。

小结

在确保安全架构健壮的前提下，本章的研究重点是云安全服务遵循的流程和实践。首先，要考虑云安全架构需求。这可分为两部分——确保物理架构的安全性，以及安全流程和技术的最佳实践。随后，描述风险管理的概念。风险管理是评估系统可能存在的安全威胁，识别其主要风险，由安全控制来解决过程。用于识别风险影响的 FIPS200 标准和用于安全控制的 NIST80053 标准在本章中进行了讲解。随后，对设计云安全架构应该遵循的安全设计模式和原则进行了描述（例如，云基础架构更高的安全需求，应该有更多的安全保障）。根据这些设计模式，对 PaaS 系统高级别安全性设计进行了描述。PaaS 的安全设计说明了前面所讨论的设计模式如何可以应用于实践。最后，讨论了各种能够用于实现云安全的安全架构（例如，ITIL—SM 是著名的 ITIL IT 服务管理标准中的安全管理部分）。

本章第二部分的重点是研究由公有云的使用引发的安全问题。首先，这部分需要考虑法律和管理问题。事实上，第一组问题的出现是由于云供应商是一个分包商，而企业的职责是确保分包商必须符合所有的法律和管理问题。接下来，讨论了一些问题，这些问题是由于云供应商是任何诉讼中的第三方这个因素而引发的。在云（公有或私有）中，制定由于数据存储的地理位置而引发的法律问题，因为数据应该适应地域管辖。最后，讨论了高级评审方法，这些方法可以评估由不同标准组织逐步制定的云服务安全等级。

参考文献

[1] Raphael J. R. Twitter Hack: How It Happened and What's Being, PC World, http://www.pcworld.com/article/156359/twitter_hack_how_it_happened_and_whats_being_done.html; 2009 [accessed 13.10.11].

[2] Winkler JR. Securing the Cloud, Syngress, 29 April 2011, ISBN 978－1597495929.

[3] NIST Special Publication 800－53 Revision 3. Recommended Security Controls for Federal Information Systems and Organizations, http://csrc.nist.gov/publications/nistpubs/800－53－Rev3/sp800－53－rev3－final.pdf; 2009 [accessed 08.10.11].

[4] Minimum Security Requirements for Federal Information and Information Systems. http://csrc.nist.gov/publications/PubsFIPS.html [accessed 13.10.11].

[5] System Security Engineering Capability Maturity Model. http://www.sse－cmm.org/index.html [accessed 13.10.11].

[6] Cloud Computing Information Assurance Framework. http://www.enisa.europa.eu/act/rm/files/deliverables/cloud－computing－information－assurance－framework [accessed 13.10.11].

[7] Cloud Computing Benefits, Risks and Recommendations for Information Security. http://www. enisa. europa. eu/act/rm/files/deliverables/cloud – computing – risk – assessment/at _ download/fullReport [accessed 13. 10. 11].

[8] ISACA. http://www. isaca. org/About – ISACA/History/Pages/default. aspx [accessed 13. 10. 11].

[9] COBIT Framework for IT Governance and Control. http://www. isaca. org/Knowledge – Center/COBIT/Pages/Overview. aspx? utm_source = homepage [accessed 13. 10. 11].

[10] Computer Security Division Security Resource Center. http://csrc. nist. gov/groups/SMA/index. html [accessed 13. 10. 11].

[11] American Institute of Certified Public Accountants. http://www. aicpa. org [accessed 13. 10. 11].

[12] Ristenpart T, et al. Hey, You, Get Off My Cloud: Exploring Information Leakage in Third – Party Compute Clouds. In: Proceedings of the 16th ACM Conference on Computer and Communications Security, New York, NY; 2009. Also http://citeseerx. ist. psu. edu/viewdoc/download? doi = 10. 1. 1. 150. 681&rep = rep1 &type = pdf; [accessed 08. 10. 11].

[13] Controls Matrix (CM). Cloud security alliance V1. 2. https:// cloudsecurityalliance. org/research/initiatives/cloud – controls – matrix/; 20010 [accessed 08. 10. 11].

第8章
云计算管理

8

【本章要点】

- 管理 IaaS
- 管理 PaaS
- 管理 SaaS
- 其他云管理系统

引言

由于云计算模型的两个最大优点是用法的简单性和 IT 管理的自由性,所以方便快捷地管理云计算的基础设施就成了任何云计算解决方案的重要部分。正如前面章节介绍的,云架构是由 IaaS、PaaS、SaaS 三层组成。因此,云架构的一个关键要求就是要对这三层堆栈的资源进行有效的管理。特别指出,所需要解决的问题包括:如何监视资源的性能和健壮性;如何进行故障诊断和恢复;如何在资源的操作过程中实施服务等级协议(Service – Level Agreement,SLA)。然而,对于任何 IT 管理系统,这些问题都没有得到很好的解决,在云管理中,这些问题只会变得更难以解决。管理支持多租户的大规模系统,对监测技术的精确度提出更高的要求,以便更好地支持各种计费模型;资源的弹性会使问题更难解决。自动化代替人工操作降低总体成本。云管理的总体目标是满足用户指定的 SLA,并通过 IaaS、PaaS、SaaS 层来解释和确保实施。

首先,本章介绍了 IaaS 监测和管理的方法,并且使用第 2 章描述过的两个 IaaS 解决方案来进行研究,这两个案例分别为 HP 的 CloudSystem Matrix 和亚马逊的 EC2(使用亚马逊的 CloudWatch 监测);通过重新审视微软 Azure 的例子,并且对其使用的管理工具进行详细介绍来研究管理 PaaS 的方法;最后,使用 NetCharts 和 Nimsoft 案例来介绍 SaaS 的管理工具。

管理 IaaS[①]

一个完全自动化的用来配置多种资源的解决方案,需要协调自动化配置系统、中间设备和应用程序这几种类型资源建立起自动化的工作流程。运行时的维护需要对高度动态分布的基础设施进行监测,即对基础设施的动态分区、动态分配和动态回收进行监测。DMTF(Distributed Management Task Force)是一个行业协会,该协会开发、改进和推广了一系列企业 IT 环境系统管理标准。DMTF 提出的架构和其他一些标准化尝试会在第 10 章进行介绍。在本节中,将用第 2 章介绍过的 HP CloudSystem Matrix 和亚马逊 EC2 作为例子来解释 IaaS 的管理方法,特别是运行时的管理方面。

CloudSystem Matrix 的管理

HP CloudSystem Matrix 提供了一个自助服务接口,该接口允许用户和管理员在整个服务周期中执行持续性的操作[1]。这些都是简单的操作,如重启或仅仅通过控制台来访问环境,或者其他更高级的操作,例如调整服务的资源分配情况:扩大服务资源分配以满足需求的增长;此外,在低利用率时减少服务资源。利用 HP CloudSystem Matrix 管理员接口和调用 Web 服务 API,这些操作都是可用的。

图 8.1 是对集成运行时(Runtime)管理组件的 Matrix 环境功能块的图解。管理员界面(administrator portal)完成维护站点以及进行业务管理功能,还包括对资源池的资源进行分配和授权用户组使用资源池中资源。如第 2 章所述,资源池中包含与虚拟机、物理服务器、网络和 IP 地址、存储容量和部署软件有关的资源,其中的每种资源都有一个内部管理机制,负责与相应的数据中心进行交互。当通过管理接口或者应用程序接口发起一个创建新服务实例或者对现存服务追加资源的请求时,分配和调度引擎就会对资源池中可用的资源进行评估,挑选一种合适的资源,然后将之分配以便运行工作负载。管理员工具还支持与需要增长及维持正常调度所需容量规则制订。这些附加工具或组件的组合允许对 Matrix 环境进行不间断的管理,并且这些工具是内置并可选的。以下这些工具是面向特定管理角色的。

CloudSystem Matrix IaaS 管理员

这个角色致力于对 IaaS 基础设施进行持续化管理。特别是对持续化自助服务请求,IaaS 资源池中可用容量,损坏基础设施组件的更换,以及服务器、网络和交换机软硬件升级和一些常规维护工作。CloudSystem Matrix 提供了一个集成这些操作的控制台。其中一些可用的管理功能包括:

---

① 迁入云端。DOI:10.1016/B978 - 1 - 59749 - 725 - 1.00008 - 1。

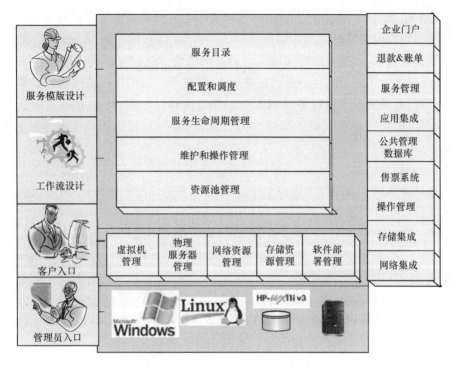

图 8.1 CloudSystem Matrix 高级模块

（1）对 CloudSystem Matrix 的整体状态进行汇总的实时仪表板。

（2）将服务器资源分配或迁移至自助用户资源池中。

（3）从历史记录中寻找各组对 CPU、内存、I/O 和电源等资源需求趋势。

（4）模拟在第 3 条的趋势下，工作负载增加或资源增加/删除时产生的影响。

（5）对所有 Matrix 基础设施组件实时状态监测和报告。

（6）工作负载迁移工具允许管理员手动迁移物理或虚拟的工作负载。

（7）集成了固件补丁工具。

自助服务监测

HP IaaS 的用户可以使用许多内置工具以及 HP 提供的附加工具、开源或者第三方工具来监测他们的部署服务。值得注意的是 HP SiteScope[2]，它提供了许多应用级、业务级和资源级的度量。这些基础设施的用户主要关心的是他们的基础设施组件的状态，以及基础设施服务所能提供的服务等级。一些可用的管理功能包括：

（1）仪表板实时显示他们的服务组件和服务相应资源的分配情况。

（2）服务组件利用率统计和日程安排。

（3）诸如 HP 软件中的 SiteScope 和业务中心这样的自助服务监测工具。

这种组合的工具允许合并用户业务，如购物车请求或 Web 页面访问，也可以用于特定的服务，以及响应时间的测量和持续监测。这种工具提供给用户一个视图，不仅仅显示了服务的组件是否正在运行，还显示了终端用户将体验到的服务等级。例如，如果测量所得服务等级太高。那么就移除资源、降低服务从而节约成本。同样，如果发现获取服务响应时网太长，就要增加资源提高服务等级，改善性能。

正如前面提到的，运行时维护可以通过使用管理员接口或者通过 Matrix 应用程序接口来实施。应用程序接口是作为 Web 服务接口发布的，用户利用包含了内置或开源库文件大量高级语言（C＋＋\Java\Python\Rubhy\Actionscrint 等）访问需要资源。Matrix 环境可以通过查询发布的。服务例如，对于一个 IP 地址为 192.168.0.25 机器安装了 Matrix 系统，如要访问 WSDL（Web Service Description Language），需要在浏览器中输入：

```
https://192.168.0.25:51443/hpio/controller/soap/v1? wsdl
```

Matrix 还发布了一个命令行接口，这个接口调用相同的 Web 服务接口并且允许用户自定义显示方式来完成类似的功能。

弹性控制的一个程序实例

本节就怎样使用这些应用程序接口来调整与第 1 章介绍的 Pustak 门户网站相关的资源。回顾第 2 章介绍的 Pustak 网站模板，Web 层服务器的数量最初定为 6 台服务器。通过自助服务门户网站，用户可以自行添加额外的服务器，最大数量为 12 台。用户还可以休眠和激活一个层级中服务器。例如，在某层级中预先准备了 6 台服务器，用户可以请求将其中 3 台服务器休眠，这将会导致那些服务器关闭并且释放掉与这些服务器相关的资源。然而，一个休眠中的服务器，其磁盘映像和 IP 地址分配仍旧保留，以便随后可以迅速激活，而不再重新分配。

为了保持服务水平和控制成本，拥有者可以在环境中动态地扩展资源，以确保服务可以有足够的服务器和存储资源来满足当前需求，而不需要进行预先分配，从而造成资源的浪费。服务扩展操作是否成功执行取决于并发访问系统的用户数量，见表 8.1。拥有者也可能想要确保服务有刚刚足够的存储空间，如维持一个最低 25GB 的净存储空间。为此，假设一个简单的基于已有的 Web Service 接口的通用网关接口（Common Gateway Interface，CGI）或表述性状态转移（Representational State Transfer，REST），可以返回站点并发用户的数量，以及在数据库中未使用的容量。

在以下显示的 Java 示例代码中，将使用开源的 cxf 库通过 Web Service API 来调整基于并发用户数量的服务资源。

表 8.1 门户网站 Pustak 系统扩展样本

负载	并发用户	Web 服务器数量	App 服务器数量	数据库服务器数目
小	1000	2	2	2
中	5000	6	4	2
大	10000	8	5	2
特大	50000	12	6	3

```
package com.hp.matrix.client;
import java.io.IOException;
import java.util.HashMap;
import java.util.Map;
import javax.security.auth.callback.Callback;
import javax.security.auth.callback.CallbackHandler;
import javax.security.auth.callback.UnsupportedCallbackException;
import org.apache.cxf.endpoint.Client;
import org.apache.cxf.endpoint.Endpoint;
import org.apache.cxf.frontend.ClientProxy;
import org.apache.cxf.jaxws.JaxWsProxyFactoryBean;
import org.apache.cxf.ws.security.wss4j.WSS4JOutInterceptor;
import org.apache.ws.security.WSConstants;
import org.apache.ws.security.WSPasswordCallback;
import org.apache.ws.security.handler.WSHandlerConstants;
import com.hp.io.soap.v1.IO;
import com.hp.io.soap.v1.RequestInfo;
import com.hp.io.soap.v1.RequestStatusEnum;
public class Adjust {
final static long GB = 1000 * 1000000L;
protected IO endpoint;
protected String serviceName;
public Adjust(String url, String username, String password,
String serviceName) {
endpoint = newWebServiceEndpoint(url, username, password);
}
public Boolean adjustServers(long concurrentUsers) throws
Exception {
Boolean adjustmentMade = false;
int webSize, appSize, dbSize;
if (concurrentUsers < = 1000) {
webSize = 2; appSize = 2; dbSize = 2;
```

```
} else if (concurrentUsers < = 5000) {
webSize = 6; appSize = 4; dbSize = 2;
} else if (concurrentUsers < = 10000) {
webSize = 8; appSize = 5; dbSize = 2;
} else {
webSize = 12; appSize = 6; dbSize = 3;
}
String requestId;
requestId = endpoint.setLogicalServerGroupActiveServerCount
(serviceName, "DB Cluster", dbSize, true, null);
if(requestId ! = null) {
Wait.For(endpoint, requestId);
adjustmentMade = true;
}
requestId = endpoint.setLogicalServerGroupActiveServerCount
(serviceName, "App Server", appSize, true, null);
if(requestId ! = null) {
Wait.For(endpoint, requestId);
adjustmentMade = true;
}
requestId = endpoint.setLogicalServerGroupActiveServerCount
(serviceName, "Web", webSize, true, null);
if(requestId ! = null) {
Wait.For(endpoint, requestId);
adjustmentMade = true;
}
return adjustmentMade;
}
public Boolean adjustStorage(long free) throws Exception {
if(free < 25 * GB) {
String requestId = endpoint.addDiskToLogicalServer
Group(serviceName, "DB Cluster", "db");
Wait.For(endpoint, requestId);
return true;
}
return false;
}
private static class Wait {
static Boolean For(IO service, String requestId) {
```

```
try {
while(true) {
RequestInfo info = service.getRequestInfo
(requestId);
RequestStatusEnum status =
info.getStatus().getEnumValue();
if(status = = RequestStatusEnum.COMPLETE ||
status = = RequestStatusEnum.FAILED) {
if(status = = RequestStatusEnum.COMPLETE)
return true;
else
return false;
}
Thread.sleep(15 * 1000);
}
} catch (Exception e) {
return false;
}
}
}
public static void main(String[] args) {
Adjust a = new Adjust(" https://1.1.1.1:51443/hpio/
controller/soap/v1",
"automation", "password", "myService" );
while (true) {
long concurrentUsers = getConcurrentUsers();
long diskFree = getFreeSpace();
a.adjustServers(concurrentUsers);
a.adjustStorage(diskFree);
Thread.sleep(5 * 60 * 1000);
}
}
```

示例源代码 main 方法描述了在 Pustak 门户网站环境中维持适当的资源水平的基本思路。主程序创建一个 Adjust 对象的实例,Adjust 对象持续地调整寄宿在 IP 地址 1.1.1.1(虚拟地址)机器上被 CSA Matrxi 管理的 myService 服务相关的资源需求。示例中登录 Matrix 服务的账户:automation,密码:password。

示例代码控制循环部分是通过 Web Service 调用 getConcurrentUsers 和 getFreeSpace 方法从服务中查询所需信息。假定这两个调用是通过一个 CGI 进程或者其他一些方法特别针对 Pustak 门户实现的。然后调用 adjustServers 和

adjustStorage方法调整 myService 的资源,接着使该线程休眠5min。

在 Action 类中包含一些主要的处理过程。在实例化该类的方法中调用 new-WebServiceEndpoint 并使用合适的证书来为 Matrix 创建一个 Web 服务节点。

adjustServers 方法有一个可以指定当前并发用户数量的参数。该方法源代码的开头将当前用户数量映射至参数,并且判断该用户数量来分配适当大小的网络、应用程序和数据库服务器,详见表8.1。然后,源代码中持续调用 Web Service 的方法 setLogicalServerGroupAtiveServerCount,该方法是 Web Service 用来请求调整在数据库、应用程序和 Web Service 层级的服务器数量的。这个 Web Service 调用将会开始调整指定层级的服务器数量,如果当前层级大小已达到上限,那么它将返回 null 值。当出现调整请求时,Web Service 调用返回一个可以用来追踪请求进度的请求标识符。在示例源代码中,Wait. For 方法使用传递而来的 requestId 执行。在 For 方法中,使用 Web Service 调用 getRequestInfo 来获取请求状态,并对请求状态进行检测,无论请求成功完成还是失败告终,最终都会返回。

adjustStorage 方法有一个参数,该参数是指定在环境中当前的空闲存储空间大小。当空闲存储空间小于25GB 时,调用 Web Service 的 addDiskToLogicalServerG-roup 方法在数据库层的 DB Cluster 中为服务器创建并附加额外的共享存储。现存的磁盘数据库(DB)将会被用作新版本存储空间的原型。Web 服务器的调用会返回一个 requestId,使用 Wait. For 方法监控整个处理过程的进度,直到操作完成。

EC2 管理工具:亚马逊 CloudWatch

在第2章中,对亚马逊 EC2 和其相关产品的特征进行了详细的介绍。这部分主要对亚马逊 CloudWatch[3] 提供的监控支持进行简单介绍。CloudWatch 提供了对亚马逊 EC2 实例、亚马逊 EBS 容量、弹性负载均衡器(Elastic Load Balancers)和 RDS 数据库实例的监测。其对诸如 CPU 利用率,磁盘的读和写,网络的流量、延迟和客户请求数这些宽泛的指标都提供了访问,并且还提供了各种参数的统计数值,如最大值、最小值、总和、平均值等。使用亚马逊 CloudWatch,可以为用户实例提供一种可视化方式,以便可以直观了解到该实例的资源利用率、操作性能和整体需求模式。

CloudWatch 可以作为一个 Web Service 来调用,也可以通过命令行执行。从亚马逊 CloudWatch 上获取的监测信息支持多种管理功能。例如,支持自动伸缩功能,这种功能允许动态添加或删除基于亚马逊 CloudWatch 指标的亚马逊 EC2 实例。通过亚马逊 CloudWatch 收集的监测数据可以使用 AWS 管理控制台(AWS Management Console)、Web Service API 或者命令行工具(Command Line Tools)来进行访问。

终端用户可以使用亚马逊 CloudWatch 来监测他们在亚马逊 EC2 上的实例,无论通过 AWS 管理控制台还是命令行工具来使用 CloudWatch 都可以。例如,当启动一个实例时,可以使用如下命令对其进行监测。其中,gsg－keypair 是在第 2 章开始小节(Getting Started)讲到的私钥。

```
geetham $ > ec2 - run - instances ami -2bb65342  - k gsg - keypair moni-
tored
```

一旦使用 CloudWatch 监测实例,那么可以通过亚马逊 CloudWatchAPI 或者 AWS 管理控制台来获取监测数据。图 8.2[4] 和图 8.3[5] 是使用 AWS CloudWatch 收集到的数据样本截图。

图 8.2　Amazon Cloudwatch 界面

当使用编程方式时,可以通过 API 中的 GetMetricStatictics 方法来返回一个或多个给定指标的统计数据。ListMetrics 则列出了被记录下数据的有效指标集。自写本书起,以下指标对于 EC2 实例都是有效的。

CPUUtilization	分配给一个实例的计算单元的利用率
DiskReadOps	实例完成对所有可用磁盘读取操作
DiskWriteOps	实例完成对所有可用硬盘的写操作
DiskReadBytes	实例从可用的磁盘读取的字节数
DiskWriteBytes	实例写入所有可用磁盘的字节数
NetworkIn	实例从所有网络端口接受到的输入字节数
NetworkOut	实例通过所有网络端口输出的字节数

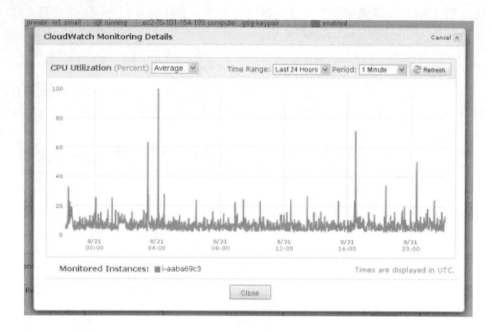

图 8.3　Amazon Cloudwatch 详细界面

此外,亚马逊 CloudWatch 也同样支持基于这些指标的一些有用的统计,如最小值、最大值、总合、平均值、样本等。其他更多的指标信息对于亚马逊 EBS(Elastic Load Balancing) 和亚马逊 RDS 同样有效,也可以用在开发者手册[6] 的指标页面。亚马逊 CloudWatch 基本上就是一个指标库;一个亚马逊工具(EC2、EBS 或者 RDS) 仅仅将自己的指标放入 CloudWatch,并且可以检索基于这些指标的统计数据,为提醒设置警报点或者提供适当的自动伸缩功能。

总的来说,IaaS 云管理技术不仅涉及各种计算或存储指标的微观监测(使用 CloudWatch 的详情并作为例子),而且也包括维护 SLA 的方法,特别是确保资源的弹性(使用 Matrix API 的详情并作为例子)。下一节将会对 PaaS 管理系统的一些细节进行介绍。

管理 PaaS[①]

与 IaaS 管理系统类似,一个 PaaS 系统同样需要维护 SLA 并且提供适当的运行时管理功能。在本节中,我们将使用 Windows Azure[7] 作为例子来解释典型的 PaaS 管理系统。

---

① 源自印度微软研究院 Gopal R. Srinivasa 先生。

Windows Azure 的管理

在第 3 章中介绍过,Windows Azure 是一种基于 . Net 的通用云平台。在本节中,将探讨 Azure 有关管理的方面。首先,本节概括介绍了 Windows Azure SLA,其次,就 Windows Azure 的管理功能进行讨论。

服务等级协议(SLA)

Windows Azure 对于存储、计算、CDN(Content Delivery Network:内容分发网络)和 App Fabric 等组件都有独立的 SLA。读者可以参考本书第 3 章来了解这些组件更多的细节。对于计算组件来说,微软保证当用户在不同故障和升级域中部署两个或更多角色实例时,Web 角色对外连通性至少可达 99. 95%。此外,在这段时间内,微软保证当 Fabric 控制器检测到一个角色实例(role instance)关闭时,有 99. 9% 的概率启动纠正措施。同样,在存储方面,微软保证至少 99. 9% 的概率正确完成对 Windows 存储添加、更新、读和删除数据操作请求。请求限制是由于应用程序不遵循后退(back – off)原则,而请求失败则是由于服务不认为应用程序出现故障(如创建一个已有的容器)。

对于 SQL Azure 来说,微软保证每个自然月的月可用率(Monthly Availability Percentage)可以达到 99. 9%。一个特定的用户数据库月可用率是指,在每个月中数据库对用户可用时间的比例。以 30 天为一个周期,每隔 5min 测量一次。整个月中,会不停地计算可用率。如果用户试图连接一个数据库而被 SQL Azure 网关拒绝,那么这个间隔将会标记为不可用。

正常运行时间率、服务总线和访问控制的 SLA 等级都类似于先前的 Windows Azure SLA 中提到的例子。由于技术方面固有差异,服务总线和访问控制服务在 SLA 中定义和设置也存在差异。App Fabric SLA[8] 需要更多有用的细节来完善。引用的 Windows Azure SLA 列表已经保持在最新版本[9]。

Azure 应用管理

可用性:确保应用程序的可用性有两个关键方面,分别是升级域(upgrade domains)和故障域(fault domains)的概念。正如在早些章节提到的,在故障域中运行多个角色实例可以确保单个硬件故障不会打断所有的实例。升级域是用来升级的部件,其确保当其他实例正在升级时,至少有一个角色实例处于运行状态,要么通过 Fabric 控制器确保,要么通过客户确保。不同升级域或故障域的角色分配活动完全由 Fabric 控制器控制。不过,用户可以通过配置服务配置文件(* . cscfg)为他们的应用程序设置升级域的数量。

对于高可用性来说,创建的一个角色多个实例是十分必要的。系统管理员必须理智地选择他们需要的角色实例数量,基于服务负载的升级域数量,支持并行的应用程序版本数量和这些的角色多个实例的运行成本。

监测:监测一个云应用程序的正常运行时间,主要是通过 Diagnostics API 来完成的,这在第 3 章 Windows Azure 小节有过介绍。当出现错误时,Web 和 Worker 角色都可以产生 Windows 事件。此外,IIS 诊断模块日志记录失败的 HTTP 请求。角色也能够记录性能数据,这些性能数据是基于管理员增加或者减少配置给每个角色 VM 资源的大小。每个角色都运行一个 Diagnostics Manager 类的实例,该实例作为一个单独的进程运行在同一个 VM 上。诊断管理器处理事件、性能数据和由本地存储系统生成的跟踪信息。

管理员可以选择通过配置管理器,周期性地向 Azure 存储上传日志,也可以选择按需求上传。管理员使用 DeploymentDiagnosticsManager 类来创建他们自己的监视服务日志的程序,或者使用像 Cerebrata 的 Azure Diagnostics Manager 这样的第三方应用程序来监测其 Azure 应用程序的角色。微软系统中心和微软管理控制台(MMC)也能够用来监测 Azure 应用程序。然而,向 Azure 存储上传日志需要耗费一定时间,将日志下载到管理员的机器上也需要额外的时间。因此,对于 Azure 应用程序的实时监测来说,使用这种机制并不是一个实用的选择。

> **知识点**
>
> 对监测有用的一个类
>
> TraceSource:这是 . NET 用于诊断的 API 中的一个类,允许应用程序追踪代码的执行过程。在其他特性方面,该类还允许应用程序将追踪消息源的消息记录下来。

对于实时监测和通知来说,角色必须将事件写入到一个由诊断程序(或者通知程序)监测的消息队列中去。此外,开发人员使用一个由适当通知引发的紧急登陆服务指挥 App Fabric 登陆消息队列。App Fabric SDK 中包含 . Net TraceSource API 的例子,该例子就是使用 App Fabric 为 Windows Azure 创建一个实时通知系统的。下面将对该例进行简单介绍。本质上,这个方法是创建一个 TraceListener 对象,该对象可以将消息写入内部部署的用于消息记录的 Web Service,用以处理这些消息。而 TraceListener 和内部部署的消息记录服务之间的通信是通过 Service-Bus 来完成的(在第 2 章介绍过)。

当使用该机制时,应该仅仅将所关心的错误消息记录到服务中,以便限制网络负载和服务成本。此外,尽管是通过安全通道访问内部部署的记录服务,也应该小心不要泄露个人身份信息(PII:Personal identity information)和机密数据。如需要监测托管在 Azure 的应用程序,在 *Monitoring and Diagnostic Guidance for Windows Azure Hosted Applications*[10] 可以找到最佳方案。

常见管理功能:Azure 入口对所有的管理及管理功能都提供单点接入。此外,Azure Management API 对通用服务管理功能都提供了基于 REST 的 API。用户可以使用这套 API 来建立自动构建和部署程序,需要注意的是,这套 API 只能够使用加密的 HTTP 连接。因此,该账户的所有者应该上传适当的证书并共享公共密钥,以便服务管理员启用自动化管理。

Management API 提供了发布应用程序新版本、增加/减少角色数量、改变存储密钥等一系列功能。此外,当改变了与角色相关的一些设置时,客户端可以使用 DeploymentDiagnosticsManager 类来发布一个或多个角色新的配置信息,如改变追踪选项或者角色的其他配置信息。事实上,也可以使用其他的一些工具,如微软管理控制台(MMC),来进行管理。

Windows Azure 的 MMC 版性能管理插件可以在 Windows Azure MMC[11] 中使用。这个插件提供了许多特性,包括从 VM 中上传诊断日志、下载查看日志、性能服务管理功能等。在免费的电子书 *Azure from the Trenches*[12] 中介绍了使用 App Fabric 实时监测应用程序的方法。

正如本节介绍的那样,除了常规资源的监测和管理功能以外,PaaS 解决方案还需要为平台提供特定的监测能力。

管理 SaaS

对 Salesforce.com(在第 4 章有介绍)的监测将作为一个例子,来研究如何管理 SaaS 环境。下面有两个示例解决方案,分别由 Netcharts 和 Nimsoft 提供。这两个解决方案有助于企业通过 Salesforce 确定何时遭遇业务下降或断点(outages),并且允许企业有一定的反应时间。

监测 Force.com:Netcharts

NetCharts[13] 是个应用程序,以一种高集成方式为 Salesforce.com 提供有用的性能信息,并提供一个窗口,该视图显示了关键性能指标(KPI)并持续进行更新。该窗口可以被一个组织的 Sale force 用户共享。该窗口还提供了强大的分析能力,可以帮助用户做出最优决策并提高运营效率,可以识别关键的关系和异常,还可以预测业务趋势。图 8.4[13] 展示了 Netcharts 仪表板。

监测 Force.com:Nimsoft

Nimsoft[14] 提供适用于 IaaS、PaaS 和 SaaS 栈的监测解决方案。特别是,适用于 SaaS 栈的解决方案可以用来监测 Salesforce.com 应用程序,以显示详细的服务质量指标和警报,从而对如何缩小 Salesforce 停机时间或者性能问题所造成的商业影响给出见解。监测的指标包括平均业务时间、业务量和实例状态,以及文件和数据存储、登录时间、API 调用、查询执行时间等机构的 Salesforce 落实情况。图 8.5 展示了 Nimsoft 监测 Salesforce.com 的仪表板[15]。

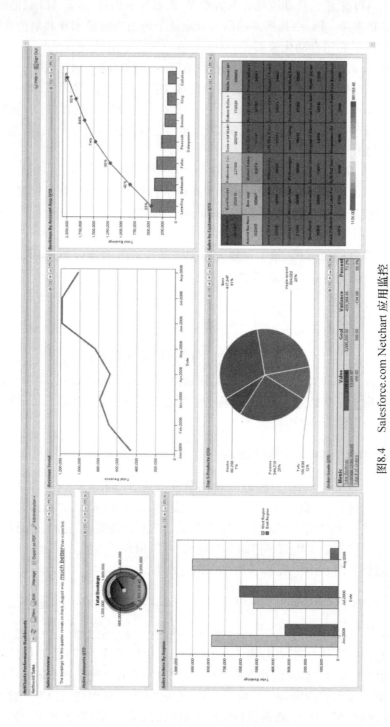

图8.4 Salesforce.com Netchart 应用监控

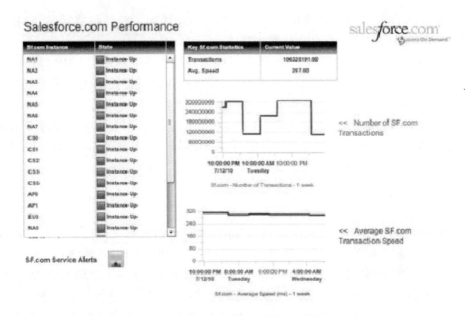

图 8.5　Salesforce. com Nimsoft 监控

　　Nimsoft 的产品架构是在一个可伸缩、高可靠性的消息总线之上,使用一种轻量级的"发布和订阅"通信模型建立的。还具有数以百计的模块化探测器,来完成无代理或基于代理的监测。零接触设置是其中较为独特的一种功能,这种功能可以自动配置模块并将之分配给新的物理或虚拟系统,也可以被集成到 CMDB、变更管理系统或者配置系统中去。

其他云管理系统

　　通过对 IaaS、PaaS 和 SaaS 层功能的分离,将会得出一个很好的云系统抽象模型。然而,每一层管理系统的分离将导致低效的操作,并且层与层之间的信息需要协调和交换。此外,对于确保云系统健壮性方面,如能源管理、非集中控制、故障恢复和用于基础设施的评估工具,则需要更全面的解决方案。本节剩余部分则介绍了针对以上这些挑战所做出的一些尝试,并提供两个支持云评估和多重云管理功能的系统。

HP Cloud Assure

　　HP Cloud Assure[16]是一个通过 HP SaaS(Software – as – a – Service)交付的云管理解决方案,同时是一个云服务评估的套件,用来评估云服务的安全性、性能和可用性,并且是一个适用于 IaaS、PaaS 和 SaaS 的解决方案。
　　● 安全性:对安全风险评估、公共安全策略定义、自动化安全测试、中央认证控制和 Web 访问安全信息等项的评估。更进一步的评估则是扫描网络、操作系统、Web 应用程序,并执行自动化渗透测试。

● 性能:对带宽、连接性、伸缩性和终端用户体验等项的评估。HP Cloud Assure 提供了综合性能测试服务,以便确保云供应商可以满足终端用户的带宽和连接需求,并确保云应用程序有良好的伸缩性,顺利渡过使用高峰期。

● 有效性:对这几方面进行评估,分别是:测试和监测 Web 应用程序业务流程、识别和分析性能的问题及趋势。HP Cloud Assure 的主要工作:监测云应用程序、分离问题、通过达到下层特定的应用程序组件来识别问题根源。

RightScale

RightScale[17]为云管理提供了自动化的解决方案,并且支持与多种云基础设施的交互。图 8.6 显示了 RightScale 的关键模块,下面对其简略介绍如下:

● 云管理环境:提供了与亚马逊 CloudWatch 和 HP Matrix 类似的管理工具,Management Dashboard,其也是管理员获取服务器模板和其他调度信息的地方。

● 云就绪服务器模板:提供预打包的解决方案,该解决方案对通用应用程序来说是最具实用性的,以此来提升在云端的应用部署速度。可以使多组服务器共同工作。

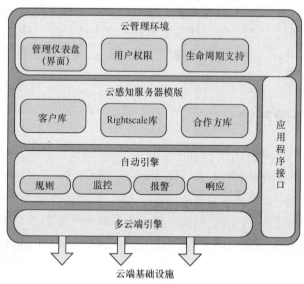

图 8.6　RightScale 云管理平台

● 适应性强的自动化引擎:通过对系统需求、系统故障或其他时间的有效监测,该引擎将按需求分配资源,也提供用于在整个生命周期中管理多服务器部署的工具。

● 多重云引擎:与多个云供应商的云基础设施 API 进行交互。这将使云部署工作不在局限于一家云供应商,可以使用多种云来部署,包括将应用程序从一个云服务中迁移至另一个云服务这样的功能。

Compuware

Compuware[18] 提供了一个云监测组件,该组件可以通过终端用户和客户来直接测量体验性能。其允许将云应用程序发现和诊断的性能问题按业务影响程度排序,并帮助解决问题。

为了发现性能问题,Compuware 提供了以下几种功能:

● 实际用户监测:在云应用程序中,可以从接入设备中收集数据,以便实际用户可以检测性能问题。

● 综合监测:可以通过监听以下网络的端口对云应用程序进行监测:

● Compuserve 服务器的自有网络,该网络存在于全世界的本地网络。

● Compuserve 的服务器网络,该网络存在于互联网主干网。

● 任何企业的办公室或数据中心。

通过对从所有资源中相互关联的数据进行分析,就可以找到问题(例如,云供应商或网络拥塞)的根源。

图 8.7 展示了 Compuware 云监测平台[20] 的截图。从样本仪表板中可以看出,应用程序和基础设施的性能数据都显示出来了。进一步说,在不同的位置,显示了设备的总体性能,这可以识别潜在的网络问题。通过引用的第 20 条,可以找到关

图 8.7　Compuware Gomez 云监测平台

305

于诸如云伸缩监测的更多细节,这个虚拟社区的建立,有助于促进组织间的协作,促使他们交换策略、最好的实践经验以及资源,从而在云端部署和管理应用程序。

小结

传统 IT 系统到云端的转变,象征着计算和存储系统的范例式的转变。这为高效管理技术的设计带来了新的挑战。传统监测和管理技术被应用于企业环境,通常满足单一客户环境,并部署在数以千计的服务器上。云系统所代表的多租户环境,将计算系统和应用程序像一个服务一样提供给客户。这些系统有上万的服务器,并且迅速成长为服务于成百万客户的、具有上十万服务器的系统。现有云部署主要依赖传统监测和管理系统,不能够满足所有云的需要。而人们正在努力弥补这些缺口(就像本章前面部分所介绍的示例系统),一些开放性的研究向着剩余的问题发出挑战,如为提升客户服务等级协议(SLA)而设计的完全自动化、闭环的管理解决方案,与云供应商成本指标。其中一些关键挑战如下:

通过 IaaS、PaaS、SaaS 层进行跨层优化:通过 IaaS、PaaS、SaaS 层进行功能性划分,可以得到很好的一个云系统抽象模型,然而,对管理系统以同样的方式进行划分,只会得到孤立的业务和子系统级解决方案。可以通过跨越层次的信息协调与交换而极大地改善有效性。较高层的 SLA 需要有效地转化为较低层,以便在较低层 SLA 感知上做出管理决策(如在 IaaS 层)。类似地,低层抽象可以在较高层的堆栈中适当公开,以确保云系统的操作更有效率。

监测和管理的伸缩性:传统监测和管理系统通常是集中化的。这些方法不会将云系统的管理对象数量扩展到几万(以及潜在的数百万)。要设计分布式的、具有可伸缩属性,允许方便快捷地对监测管理系统规模扩大和缩小的系统。此外,规模超出原始系统的大小,在不同系统组件和抽象层次的操作中,时间和长度尺度不同也必须考虑在内,例如,查询整个数据中心的健康状况与特定磁盘子系统,或管理高速率 Web 请求和低速率的虚拟机迁移。

可持续发展和能源管理:考虑到云数据中心的规模和范围,能源效率是一个关键的因素,从而满足成本、规则和环境的约束。电力和冷却系统是数据中心成本的一个日益增长的部分,需要减少能耗的技术和使用智能机制。此外,这个问题需要从一个端到端的角度来看,其中可持续发展需求作为驱动因素在云服务器系统的制造过程中,以及云数据中心的日常操作中起作用。

此外,未来的研究可使统计和计费技术更完善,以便获得从云端监控信息的更准确途径。在多个云联合的管理系统中,不论是公共的还是私人的,都是未来在这个领域需要提高的。

本章研究了许多云管理的商业解决方案。它首先介绍了在每个云层,IaaS、PaaS 和 SaaS 的管理支持。其次介绍了由 CloudSystem Matrix 提供的特征控制弹性或资源的补给需求。接着详细地介绍了亚马逊 CloudWatch 运行时监控的特点,理解管理一个 PaaS 系统的角色和职责,还研究了 Azure 的 SLA 管理和监控方面。研究两个 Salesforce 监测系统是为了发展这种技术,使其可用于 SaaS 管理。最后,本章测试了产品,并尝试跨层监测需求和帮助提高端到端云应用程序的性能。第 10 章,未来发展趋势和研究方向(Future Trends and Research Directions)描述了一个更先进的大规模的管理和监控系统,称为云端研究测试平台,解决了一些围绕可持续发展和能源管理的问题。

参考文献

[1] HP CloudSystem Matrix. http://www. hp. com/go/matrix;[accessed 09. 10. 11].

[2] HP SiteScope software. http://www8. hp. com/us/en/software/software – product. html? compURI = tcm:245 – 937086;[accessed 09. 10. 11].

[3] Amazon CloudWatch. http://aws. amazon. com/cloudwatch/;[accessed 09. 10. 11].

[4] CloudWatch DashBoard. http://d36cz9buwru1tt. cloudfront. net/console_thumb_cw_1. png. Accessed from http://aws. amazon. com/console/ on 14 Oct 2011;[accessed 09. 10. 11].

[5] CloudWatch Graph Metrics. http://d36cz9buwru1tt. cloudfront. net/console_thumb_cw_2. png. Accessed on 13 Oct 2011 from http://aws. amazon. com/console/;[accessed 09. 10. 11].

[6] Metrics, http://docs. amazonwebservices. com/AmazonCloudWatch/latest/DeveloperGuide/;[accessed 09. 10. 11].

[7] Windows Azure. http://www. microsoft. com/windowsazure/;[accessed 09. 10. 11].

[8] Windows Azure AppFabric Service Bus. Access control and caching SLAs. http://www. microsoft. com/download/en/details. aspx? displaylang = en&id = 4767;[accessed 09. 10. 11].

[9] Windows Azure Service Level Agreements. https:// www. microsoft. com/windowsazure/sla/;[accessed 09. 10. 11].

[10] Monitoring and Diagnostic Guidance for Windows Azure hosted applications. http://download. microsoft. com/download/4/C/B/4CB0167F – B6D9 – 4B46 – 8DF1 – 69CCCA66FDDE/SystemCenterOperationsManager-MonitoringforAzureHostedAppsatMicrosoft. pdf;[accessed 09. 10. 11].

[11] Windows Azure MMC. http://code. msdn. microsoft. com/windowsazuremmc;[accessed 09. 10. 11].

[12] Azure from the trenches, vol 1. http://bit. ly/downloadazurebookvol1;[accessed 09. 10. 11].

[13] NetCharts. http://sites. force. com/appexchange/listingDetail? listingId = a0330000000gujqAAA;[accessed 09. 10. 11].

[14] Nimsoft. http://www. nimsoft. com/solutions/;[accessed 09. 10. 11].

[15] Nimsoft for Salesforce CRM. http://v4. nimsoft. com/solutions/images/cloud_salesforce_cloud. png;[accessed 09. 10. 11].

[16] HP CloudAssure. http://www. hp. com/go/cloudassure/;[accessed 09. 10. 11].

[17] RightScale Cloud Computing Management Platform. http://www. rightscale. com/;[accessed 09. 10. 11].

[18] Application Performance Management. Driven by End – User Experience, Compuware. http://www. gomez. com/wp – content/downloads/19560_APM_Overview_Br. pdf;[accessed 09. 10. 11].

[19] Web Performance Monitoring. http://www. gomez. com/wp – content/downloads/19779_Web_Perf_Monitoring_Br. pdf;[accessed 09. 10. 11].

[20] CloudSleuth. Decoding the mysteries of the cloud. http://www. cloudsleuth. net;[accessed 09. 10. 11].

【本章要点】

- 服务器虚拟化
- 两类流行的 Hypervisors
- 存储虚拟化
- 网格计算
- 其他云相关技术

引言

本章回顾了多种技术,包括网格计算、效用计算、分布式计算和虚拟化技术,这些技术经常与云计算混淆。我们对每一种技术都做了简要介绍,并对它们的相似之处、差异性和在云基础设施上的使用方法进行了讨论。此外,无论这些技术和云计算多么相关,它们与云计算在设计和架构方面的差异将被详细讨论。服务器和存储虚拟化是云计算中的关键技术,我们首先介绍了这些关键技术,接下来研究了网格计算与云计算之间的相似点与不同点,最后一节简要介绍了其他与云计算相关的术语。

服务器虚拟化

服务器虚拟化是基础设施即服务(IaaS)中的一项关键技术,对运行软件(应用程序以及操作系统)的物理硬件层进行了抽象处理,使得软件似乎运行在虚拟机(或虚拟硬件)上。因此,服务器虚拟化为云计算提供下列重要特征。软件似乎运行在虚拟机上,因此通过在另一台物理机上重建虚拟机,应用程序可以从一台物理机上迁入到另一台。这种方法可用于均衡负载,以及整合同一物理硬件上的多个虚拟机,来提高硬件的使用效率和实用性。此外,每个应用程序都在单独的虚拟机上运行,不会对其他应用程序产生干扰。道理类似于一个进程只能访问自己的虚拟地址空间,而不能访问其他进程的,这对实现多租户具有重要作用。

在对 IaaS 实现过程中基于 hypervisor 的虚拟化进行详细介绍之后,我们将概述如何实现服务器虚拟化。最后,我们将研究两个重要的虚拟化解决方案——Xen 和 VMWare,来说明如何应用虚拟化技术。

软件虚拟化大致分为两类,即系统虚拟化和进程虚拟化[1]。在进程虚拟化中,虚拟化软件在操作系统和硬件中运行,只提供用户级指令(ABI)或操作系统兼容性库(API)(通常称为运行支持)。进程虚拟化的例子包括 Sun 公司的 Java Virtual Machine、Microsoft 公司的 . NET,甚至包括一些二进制转换器如 HP ARIES 和 Transmeta Crusoe。另一方面,在系统虚拟化中,虚拟化软件位于主机硬件机器层和用户软件层之间,其主要作用是提供虚拟硬件资源,如图 9.1 所示。系统虚拟化在不影响用户软件层的前提下确保了硬件层的灵活性——这是云计算的一项主要需求。因此,本节的重点是系统虚拟化。

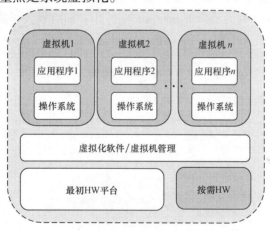

图 9.1　系统虚拟化

基于 Hypervisor 的虚拟化

控制系统虚拟化的软件称为虚拟机监视器(VMM)或 hypervisor。运行在操作系统和应用程序上的虚拟化软件统称为用户或虚拟机(VM)。hypervisor 允许多个操作系统在主机硬件上同时运行(图 9.1)。这些操作系统可以被不同的用户使用,hypervisor 对不同的用户进程进行隔离,这是多租户技术的关键。而且,在不影响用户的操作系统或者应用程序的前提下,hypervisor 可以处理运行应用程序的处理器上的变化,来为云基础设施提供最亟需的灵活性。

虚拟化并不是一项新技术,最早实现于 IBM 的大型机上。在 1967 年,运行 CP‐40 虚拟机 hypervisor 上层单用户操作系统(CMS)便是一个早期的分时系统[2]。虚拟化的好处,如服务器整合和应用程序间的隔离,变得显而易见,虚拟化也成为大型机的一个标准特性[3]。斯坦福大学[4]采用虚拟化技术的 Disco 项目表明,使用 hypervisor 技术可以实现在 NUMA 多处理器上高效运行多种 Silicon Graphics IRIX 系统,且不用重写 IRIX。这促进了 Unix 系统中 hypervisor 的发展,使服务器的整合成为可能。接下来,我们将讨论基于 hypervisor 虚拟化的细节。

Hypervisor 的类型

Hypervisor 分为两类:本地 hypervisor 和托管 hypervisor[3]。Bare metal 或本地的 hypervisor 直接运行在硬件上,可为用户提供需要的所有特性(如 I/O)(图 9.1)。托管 hypervisor 在现有操作系统的上层运行,可以利用底层操作系统的特性。虚拟机在托管 hypervisor 的层上运行,效率低下,所以托管架构的低效性促进了混合 hypervisor[5] 的发展。在混合 hypervisor 中,hypervisors 直接在硬件层运行,却具有用户利用现有的操作系统特点(图 9.2)。Bare metal hypervisor 包括早期的大型机 hypervisor 以及 VMWare ESX server 和 Linux 使用的 Kvm;托管 hypervisor 包括 VMWare GSX server;而混合 hypervisor 则有 Xen 和微软公司的 Hyper – V。

注意

Hypervisor 的分类:

- 本地 Hypervisor。
- 托管 Hypervisor。
- 混合 Hypervisor。

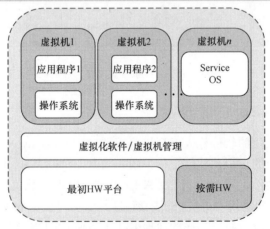

图 9.2　混合 Hypervisor

Hypervisor 技术

目前,有许多基于 hypervisor 的虚拟化技术,陷阱和仿真虚拟化是最早在 hypervisor 中使用的一项基本技术。但是,这种技术存在着一些局限性,用于解决这些局限的多种方法已经研究出来,如二进制模拟和半虚拟化。下面详细介绍。

陷阱和仿真模拟

从一个非常高的层级来说,前面所提到的三种 hypervisor 的操作方式是类似的。在每种情况下,用户一直试图访问共享物理资源(如 I/O 设备),直到收到中断为止。当中断发生时,hypervisor 重新控制和调整对硬件的访问,或者处理中断。

依靠现代处理器中称为权限级别或保护环的特征,hypervisor 可以实现上述功能。权限级别的基本思想是,最高级别才允许执行所有修改物理硬件配置的指令,在低级别里只允许执行受限的指令集。图 9.3 是 Intel x86 架构[6]保护环的示意图。在其他硬件架构中也有类似的概念。保护环分为 4 个,编号从 0 到 3,在 Ring 0 中执行的程序具有最高权限,允许执行任何指令或访问任何物理资源,如内存页面或者 I/O 设备。在操作执行前将处理器寄存器的权限级别设置为 3,访客便可执行 Ring 3 中操作。

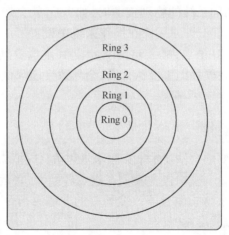

图 9.3 Intel x86 保护环

如果用户试图访问受保护的资源,如 I/O 设备,那么具体的将发生中断,然后 hypervisor 重新控制并为用户模拟 I/O 操作。具体细节取决于 hypervisor(如 Xen 或者 Hyper – V),后面将做详细介绍。注意,为了模拟 I/O 操作,hypervisor 将会保存用户的状态和虚拟资源。

陷阱和仿真虚拟化的局限性

陷阱和仿真技术存在着两个主要的局限性。首先,会像其他仿真技术一样导致一定量的性能降低;其次,更重要的是,陷阱和仿真虚拟化并非使用于所有架构。正如 Popek 等人[7]所说的,具有规范属性的计算机架构必须能被虚拟化。为了能被虚拟化,敏感指令集必须是权限指令的子集。敏感指令指行为敏感或控制敏感的指令。行为敏感指令指行为依赖于处理器权限级别。由于执行结果取决于处理器权限级别,因此在 hypervisor 模式下的用户执行行为敏感指令得到的结果,可能会与在硬件层中具有较高权限级别的用户执行结果不同。这将导致用户的执行出现潜在的错误。控制敏感指令指改变处理器的权限级别指令,因此它们是特权指令。

通过下面的例子对控制敏感指令做出说明。在 x86 架构中,popf 指令可以更改控制中断传递的系统标记。如果用户在非权限模式下执行 popf 指令,则不会产生陷阱;如果试图更改系统标记,则默认该操作失败。因此,hypervisor 无法检测到用户是否正在执行和模拟 popf 指令,使用传统的陷阱和仿真技术不能虚拟化 x86 架构[8]。Popf 指令就是一个非权限敏感指令的例子,即在非权限模式下执行 popf 指令时不会产生陷阱。显然,如果所有敏感指令都是权限指令的子集,可以使用陷阱和仿真虚拟化技术实现对 x86 架构的虚拟化。

陷阱和仿真虚拟化的另一个局限性在于可能的性能降低。正如前面所提到的,当用户试图直接访问系统的物理资源时,如 I/O,就会产生陷阱。一个简单直接的解决方法是模拟访问,如果用户在操作系统中设置了一个包含在排队等待执行的 SCSI 请求块的 I/O 请求,那么 hypervisor 将在虚拟磁盘上为用户模拟该请求的执行。模拟执行比在硬件上直接执行慢,会导致性能降低。此外,从用户到 hypervisor 的转换也存在着转换损耗。

陷阱和仿真虚拟化的软件扩展

可以采用两种主要的软件技术来克服陷阱和仿真虚拟化的局限性。一种是二进制转换技术,在 hypervisor 中包含一个二进制转换器,将运行时(RunTime)的敏感指令等价转换为非敏感指令且不改变原有的非敏感指令[8]。这种技术类似于 JVM 的即时转换,负载程度相似。

另一种技术则是半虚拟化,并不使用敏感指令修改(重写)用户,而是直接调用 hypervisor API 提供等价服务。半虚拟化技术广泛用于减少与 I/O 虚拟化相关的开销。在早期的 I/O 请求示例中,用户操作系统通过执行 hypervisor API 来完成 I/O 请求。该技术的缺陷是,hypervisor 是非独立的,为了使用户可以运行,必须对每个 hypervisor 进行修改。所以,半虚拟化需要重写用户操作系统。

虚拟化的硬件支持

为了更有效地支持虚拟化,Intel 和 AMD 公司在硬件方面推出了全新的处理器。下面,首先介绍的是 VT－x,是 Intel 公司针对 x86 处理器虚拟化所提出的一项技术;然后是扩展页表(EPT)技术,用来实现内存虚拟化;最后是 VT－d,用以支持 I/O 虚拟化。AMD 公司的处理器也有类似的硬件协助技术。例如,Intel i3－2100 处理器支持 VT－d,而 AMD 64 X2 系列的处理器支持 AMD－V。

处理器虚拟化的硬件支持

在早期,VT－x 被称为 VanderPool,是 Intel x86 处理器虚拟化技术的代表。VT－x对两种处理器执行模式进行定义:VMX 根操作和 VMX 非根操作[9],为虚拟化提供硬件协助。Hypervisor 的目的是执行 VMX 根操作,与早期没有采用 VT－x 的 x86 处理器中的正常性操作几乎相同。用户执行 VMX 中非根操作,(这些操作)被定义用于帮助实现虚拟化。每种操作模式都有四个权限级别,在 VMX 根操作中,hypervisor 在 Ring 0 中执行操作,而用户在 VMX 非根操作的 Ring 0 中执行操作(图 9.4)。

回顾之前的讨论,hypervisor 的两个主要任务是确保敏感指令正确执行和追踪用户状态,VT－x 则为这两种特性提供支持。为了实现其功能,VT－x 使用了一种称为虚拟机控制结构(VMCS)的新数据结构。VMCS 提供了控制敏感指令执行和保存用户状态,以及存储 hypervisor 状态的设施。VT－x 操作的完整细节已经超出了本书的知识介绍范围,有兴趣的可以阅读 Rich Uhlig 等人[9]的文章。

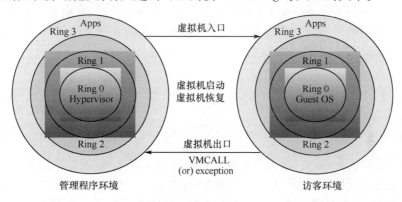

图 9.4　VT－x 提供清晰的权限分离

VT－x 如何保存用户状态?从概念上讲,VT－x 保存用户状态的方法很简单。当用户停止执行并退出 hypervisor(称为 VM 退出)时,用户(包括所有处理器状态寄存器和控制寄存器)的状态被保存在 VMCS 中,并在 VMCS 中恢复 hypervisor 的状态。当用户被 hypervisor 调度继续执行操作时,执行相反过程(称为 VM 登录)。

VT－x 如何支持敏感指令正确执行?考虑如下情况:用户操作系统(在 VMX 非根操作中执行)希望执行屏蔽所有中断的指令,这由 VMCS 中的两个控件进行控制。如果对"外部中断退出控制"进行了设置,那么,所有外部中断会将控制权转移到 hypervisor 中;如果对"中断窗口退出控制"进行了设置,那么,用户不会被中断直到中断被允许。当用户试图执行屏蔽中断的指令时,hypervisor 将对两个控件进行适当设置;当中断发生时,hypervisor 将检查控件的设置,决定是否保持中断挂起状态或者反馈给用户。

Hypervisor 也可以决定对权限指令的处理。某些指令不能安全改变处理器的状态(如 CPUID、RDMSR)时,会导致 hypervisor 的捕集。然而,其他指令(如 HLT、INVLPG)则是可以执行的。

内存虚拟化的硬件支持

在讨论硬件对内存虚拟化的支持之前,首先需要对陷阱和仿真虚拟化的性能损耗进行了解。虚拟内存通常依靠硬件中的页表实现,页表将虚拟地址映射到物理地址中。此外,为了加快处理器的执行速度,将常用地址的转换缓存于 TLB 中,减少转换时对页表的计算。

在虚拟化场景中,用户不能直接管理页表和 TLB。相反,hypervisor 必须捕获或用户操作系统试图修改页表和 TLB 的所有尝试,并建立适当的映射。具体地,用户操作系统试图在用户虚拟地址与用户物理地址(用户认为是物理地址)间建立一个映射。例如,用户可能试图创建一个页表项用来说明页面 p 被映射到物理地址 x。然而,用户不能访问物理内存,所以该页面可能指向物理页面 y,x 称为用户物理地址。为了保证系统的正确运行,hypervisor 必须将用户虚拟地址和实际物理地址之间的映射加载到页表中(在前面的例子中,指 p 和 y 之间)。在用户物理地址到实际物理地址的辅助映射的帮助下,hypervisor 对影子页表中的映射进行维护。

> **注意**
> 减少内存虚拟化的损耗
> - 扩展页表(EPT)。
> - 虚拟处理器 ID (VPID)。

在上述示例中,当用户试图修改页表时,捕获操作也是性能损耗的一个来源。同时,影子页表的维护是复杂且易于出错的。性能损耗的另一个来源是,每当一个新用户执行时,需要对 TLB 进行清除,因为对一个用户有效的转换不一定对另一个用户有效。

为了克服上述性能损耗,在 Intel x86 处理器中,针对内存处理器采用两种硬件协助方案[10]。一种是扩展页表(EPT),EPT 是通过在 VMCS 控制结构中设置适当的字段来实现的。图 9.5 说明了 EPT 操作。用户在页表中存储用户虚拟页面到用户物理页面的映射,hypervisor 存储用户物理页面到实际物理页面的映射。在操作过程中,处理器依次查找两个表来进行计算转换。在之前的例子中,为了转换页面 p,处理器先在页表中查找用户物理页面 x,随后在 EPT 中查找 x,用以找到实际物理页面 y。

EPT 允许用户完全控制处理器页表,通过消除对用户访问页表时需要对其进行捕获这一举措来提高性能。为了在 EPT 中映射 x,用户会试图访问用户物理页面 x,而 hypervisor 可能只会对用户第一次访问进行捕获;或者它可能提前

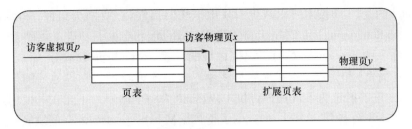

访客虚拟页 p 访客物理页 x 物理页 y

页表   扩展页表

图9.5 扩展页表

将物理页面分配给用户,所以一般不需要再次捕获。在这两种情况下,性能将会提高。

另一种内存虚拟化的协助方案是虚拟处理器 ID(VPID),同样可以实用 VMCS 来实现。VPID 消除了退出 VM 时 hypervisor 对 TLB 的清除(要求),因为处理器用与 VM 相关联的 VPID 标记了储存在 TLB 中的每个转换。在 VMCS 结构中,VPID 与 VM 通过 hypervisor 相关联。

I/O 虚拟化的硬件支持

陷阱和仿真虚拟化同样介绍了 I/O 功能性的损耗,发生在两个阶段中:

(1) VM 进行初始化期间,发现 I/O(网络和存储)连接的适配器和设备。

(2) 在 VM 运行过程中,hypervisor 对每个 I/O 请求进行捕获和模拟时。

下面将对这些损耗详细介绍。系统启动后,hypervisor 为任何虚拟机准备一些 PCI/PCIe 接口,以及一些虚拟适配器用来连接虚拟设备(虚拟网络交换机和磁盘)。然后,在 VM 初始化期间,当用户访问虚拟适配器并将其初始化,以及发现 VM 连接虚拟网络交换机和虚拟磁盘时,将会被(Hypervisor)捕获。在虚拟磁盘中,用户将试图初始化虚拟磁盘,这个操作通常会映射到磁盘分区、逻辑卷或文件中。

用户在操作过程中,可能会试图通过网络适配器发送消息。Hypervisor 必须捕获这些消息,并将它们路由到系统中的另一个 VM,或一个远程系统上。在 I/O 请求存储设备时,hypervisor 将为 I/O 模拟磁盘分区、逻辑分区或文件。I/O 模拟需要 hypervisor 接收中断,然后将其反馈给合适的用户。在 hypervisor 地址空间中进行 I/O 操作,然后将数据复制到 VM 地址空间中,这样可能也会产生额外的损耗。

注意

减少 I/O 虚拟化的损耗

- 中断重映射。
- DMA 重映射。

Intel 的 VT – d 技术可以减少 I/O 虚拟化的损耗,它有两个组件,中断重映射(Interrupt Remapping)和 DMA 重映射(DMA Remapping)[5]。DMA 重映射可以省略 I/O 命令中 hypervisor 对用户虚拟地址的转换,允许 hypervisor 定义保护域(对应于 VM 而言)和为每个保护域定义将用户虚拟地址转换成物理地址的地址转换表。DMA 重映射也为不同用户提供了隔离,因为一个用户并不能在其他用户的地址空间实行 I/O 操作。另外,也减少了将数据从 hypervisor 地址空间复制到用户地址空间所带来的损耗(在 I/O 将数据转换到 hypervisor 地址空间后)。中断重映射技术允许 hypervisor 将 I/O 设备中的中断直接发送给合适的用户。在用户试图访问 I/O 设备和适配器时,删除 hypervisor 对访问的干预,VT – d 可以减少 I/O 虚拟化的性能损耗。

注意,VT – d 技术并不适用于所有情况。例如,VMWare 提供了一个选项,即利用文件来模拟磁盘存储设备。VT – d 便不能支持这种虚拟化,因为文件的 I/O 指令由一些文件系统来执行,而不是直接由 CPU 执行。一般来说,VT – d 技术可用于硬件中设备的 I/O 虚拟化。

两种流行的 Hypervisor

如前所述,虚拟化是一种复杂的技术,涉及 CPU、内存和 I/O 虚拟化。在接下来的小节中,将研究两种广为人知的 hypervisor——VMWare 和 XenServer,用以说明它们是如何使用前面所描述的技术。

WMware 虚拟化软件

VMware 公司是受欢迎的台式机与企业服务器虚拟化软件供应商。VMware hypervisor 使用了前面提到的所有虚拟化技术[11],图 9.6 展示了 VMware ESX 3i 服务器[12]的架构。每个虚拟机都在虚拟机监视器(VMM)的上层运行,这个进程运行在 Vmkernel 上面。Vmkernel 运行在硬件层之上,包含操作系统功能,如调度和网络。每个 VM 都有一个与之相关的辅助进程,称为 VMX。

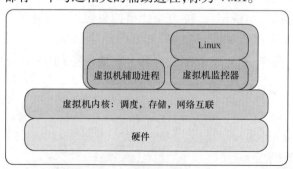

图 9.6　VMware ESX 3i 服务器高级架构

VMware VMM 使用二进制转换和 VT – x 相结合的技术来实现 CPU 虚拟化,I/O 虚拟化则使用半虚拟化技术来实现。对于源代码不可用的 Windows 操作系统,VMM 使用 Windows 过滤驱动程序框架[13],该框架允许在 Windows I/O 驱动程序上安装代码,使 hypervisor 为 I/O 调用 Vmkernel。

XenServer 虚拟机监视器

XenServer① 是一种广泛使用的开源 hypervisor,基于 GNU GPL v2 版本。XenServer 的架构如图 9.7 所示。在 XenServer 中,用户虚拟机称为域。0 域是有权访问物理硬件的特殊权限虚拟机。XenServer 使用半虚拟化技术进行 I/O 虚拟化,任何非 0 域虚拟机(称为 domU)的 I/O 请求将被发送给 dom0。在 Linux 系统中,通过重写 Linux 代码来实现半虚拟化。因为 Windows 源代码不可用,故 XenServer 并不正式支持 Windows 系统。通过各种硬件的帮助(Xen 术语中称为 HVM),Xen 可以在试验模式下支持 Windows 系统。类似于 VMware,Xen 也利用了 VT – x、VT – d、EPT 和 VPID 硬件协助,但 Xen 并不使用二进制转换技术。

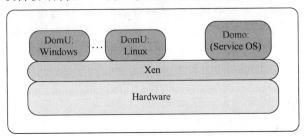

图 9.7　XenServer 架构

Xen 架构与 VMware 的不同之处在于,Xen 将 hypervisor 与 Dom0 分开来实现虚拟化。通过分开 hypervisor 和 Dom0,Xen 可为 Dom0 调用现有的操作系统。实际上,Dom0 是 Linux 的一个版本,允许 Xen 利用 Linux 的扩展功能来管理硬件,将 Xen 开发人员的精力集中在 hypervisor 的支持上。

总而言之,服务器虚拟化包括 CPU、内存和 I/O 虚拟化技术。经典的虚拟化技术是陷阱和仿真,但是性能损耗比较高,而且在某些情况下未必适用(如 x86 架构)。在这种情况下,可以利用二进制重写或 Intel VT – x 技术。内存虚拟化、半虚拟化或 Intel EPT 与 VPID 技术可以减少虚拟化的性能损耗,但是半虚拟化的缺点是需要对用户系统重写。半虚拟化技术也可以减少与 I/O 虚拟化有关的损耗。在某些情形下,Intel 的 VT – d 技术也可以减少 I/O 虚拟化的损耗。正如第 6 章所提到的,服务器虚拟化有助于实现云基础设施(IaaS)的一些关键特征,如多租户、弹性、可用性和显著地提高云基础设施的利用水平。

---

① 在被 Citrix 收购前,Xen Server 被简单看做 Xen。在这里两者可以互换。

存储虚拟化

为了扩展 CPU 资源(前一节有所描述),在 ISSA 云环境中也必须扩展存储资源。类似于 CPU 虚拟化,也有相应的存储资源虚拟化技术来进行存储添加和删除。

虚拟存储可以定义为这样一种方式,把物理存储子系统从用户应用程序中抽象出来,并表现为逻辑物,隐藏底层存储子系统的复杂性和对物理设备的访问性质,直接的或网络的。与服务器虚拟化中的抽象一样,在存储硬件发生改变时,该抽象可以帮助应用程序正常运行。将多个异构存储设备聚合到存储池中,存储虚拟化也能提高资源利用率和根据性能与成本提供合适的存储,以及提供集中管理存储池及相关服务的能力。

概括地讲,存储虚拟化有两种类型:文件级和块级。文件系统虚拟化为应用程序(带有标准 file‑serving 协议接口,如 NFS 或 CIFS)提供一个抽象的文件系统,并且管理在文件系统底层的分布式存储硬件的改变。块级虚拟化,从另一方面,将多个物理磁盘虚拟化为单一的逻辑磁盘。逻辑磁盘块可以内部映射到一个或多个物理磁盘或者多个存储子系统中。处理这两种类型的存储虚拟化的复杂性和优化选择的技术方法是不同的。

文件虚拟化

文件虚拟化是在文件服务器和客户端间创建一个抽象层,这个虚拟层负责管理文件、目录或跨越多个服务器的文件系统,并且允许管理员向用户提供单一的逻辑文件系统。虚拟文件系统(技术)的一种典型实现是支持文件共享网络文件系统,依靠标准协议多文件服务器能够访问单个文件。典型 File‑serving 协议是 NFS、CIFS、Web 界面协议,如 HTTP/WebDAV。

在传统教科书中,对网络文件系统和能提供单一名称空间的虚拟文件系统实现方法做了简单介绍[14]。本节重点是可伸缩的文件虚拟化,如与云计算相关的分布式文件系统(DFS)的实现技术。

分布式文件系统是网络文件系统,其文件系统分布于多个服务器中。分布式文件具有位置透明性、文件目录复制以及容错性的特点。为提高性能,一些实现方案可能会缓存访问过的磁盘块。虽然文件内容的分布可以大幅度提高性能,但是对元数据的高效管理才是影响整体文件系统性能的关键。75% 的文件系统调用需要访问文件元数据,调用分布元数据产生负载对伸缩性影响很大。扩展元数据性能比扩展原始 I/O 性能更复杂,即使是元数据中一个很小的不一致都能导致数据错误。对于高度扩展文件虚拟化,有两个重要的元数据管理技术:

(1) 利用集中式元数据服务器将数据从元数据中分离出来(用于 Lustre,Pana-

saa$^{[16-18]}$中）。

（2）将数据和元数据分布于多个服务器上（用于 Gluster, lbrix$^{[19,20]}$ Nirvanix 中）。

元数据集中式的分布式文件系统

使用专用元数据服务器处理所有元数据操作,集中式元数据管理方案可以直接实现 DFS 扩展。客户端的每个读或写操作都使用基于锁的同步。可以利用一个称作 Lustre 的流行开源文件系统来研究具体的工作方法。在集中式元数据系统中,如果元数据操作过多,元数据服务器将成为性能瓶颈。但是,对于大量文件（产生）的工作负载,集中式元数据系统则表现优秀,有很好的扩展性。

【Lustre】

Lustre 是大规模并行、可伸缩的 Linux 分布式文件系统,其集群架构基于集中式元数据。这个软件解决方案可为拥有千兆字节的存储容量数千用户提供高性能 I/O 存储。在获得 GNU GPL 许可下,可以免费下载 Lustre,在写本书时,有一半排名前 30 的超级计算机都使用了 Lustre。

Lustre 的架构（图 9.8）包括三个主要的功能组件,它们可以在同一节点上,也可以分布在不同节点上通过网络连接$^{[21]}$：

（1）对象存储服务器（OSSes）,在对象存储目标上存储文件数据（OSTs）。

（2）一个单独的元数据目标（MDT）,在一个或多个元数据服务器（MDS）上存储元数据。

（3）在网络上使用 POSIX 接口来访问数据的 Lustre 客户端。

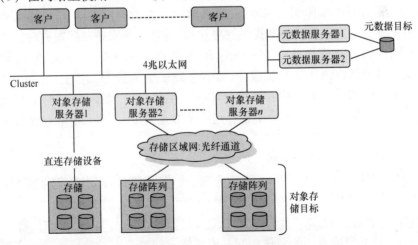

图 9.8　Lustre 文件系统架构

当客户端希望在文件上执行操作时,用户将查询专用的文件系统 MDT,找到构成文件的对象。这些对象存储在一个或多个 OST 上,OST 是将读/写操作显示给数据对象的专用文件系统。连接服务器磁盘存储可以作为文件系统直接分区和格式化,按照需要,也可以作为逻辑卷(LV)来使用逻辑卷管理器。OSS 和 MDS 服务器使用修改过的 EXT3 文件系统版本来存储数据。

对 OST 上的文件进行分类,Lustre 可以获得更好的文件访问速度。当多个对象都和一个文件(MDS 索引节点)相关联时,所有对象中的文件数据将被分类。因此,容量和带宽扩展取决于文件被划分后形成的 OST 数量。通过分类,文件的第一个数据块放在第一个磁盘上,第二个数据块放在第二个磁盘上,以此类推,直到用完所有的 OST,届时,文件将再分配到第一个磁盘上。数据块的字节数由用户规定。为了分类,Lustre 客户端必须使用逻辑(对象)卷管理器(LOV)。

下面简要介绍 Lustre 的端对端操作。当客户端访问文件时,将在 MDS 中查找文件名。然后,MDS 为客户端创建一个元数据文件,或者返回现有文件的布局(分布状况),客户端将布局传递到逻辑对象卷(LOV)中执行读/写操作。逻辑对象卷将位移和大小映射到一个或多个对象中,每个对象保存在一个独立 OST 中。客户端随后将已操作过的文件范围锁定,直接在 OST 上执行一个或多个平行的读/写操作。通过这种方法,可以消除客户端到 OST 的传递瓶颈,然后根据文件系统中 OST 的数量对客户端用来读/写数据的总带宽进行线性扩展。

在多个客户端访问相同的数据集时,Lustre 在 OSS 中使用只读方式缓存数据提高性能。Lustre 也提供其他优化功能改善性能,如预读和回写缓存。前面提到的分类支持也是一种很好的为所有文件提高 I/O 性能的方式,因为读和写可同时增加 I/O 的可用带宽。当文件被分类时,Lustre 也支持一种创新型 file – joining 功能,在合适的地方加入文件。

Lustre 有很好的故障切换功能,可提高解决方案的可用性[22]。与其他集群配置,通过配置备份服务器为集群提供故障切换,通常这些服务器配置成对。在大多数集群中,有两种故障切换配置——主动/主动或主动/被动。在主动/被动模式中,主动节点提供资源和服务数据,被动节点处于空闲状态。当主动(主要)节点失效时,被动(次要)节点出现并接管其功能。在主动/主动模式中,两个节点都是主动,每个节点都提供一个资源子集。当一个节点失效时,第二个节点接管失败节点的资源。

主动/主动模式适用于 OSS。尽管配置多个 OSS 为一个 OST 服务,但在任何一点,OST 都被划分给不同 OSS。另一方面,为了 MDT 故障切换,需要主动/被动模式,即每个 MDT 需要配置两个 MDS,其中一个在任何时候都是主动的。

当客户端试图执行对一个故障的 Lustre 目标执行输入/输出操作时,将一直尝试在 Lustre 目标完成直到收到任一配置成的故障切换节点的响应。除了实现 I/O 所用时间比平常长以外,用户的应用程序没有发现到任何异常。因此,Lustre 文件系统中的高可用性对应用程序完全透明化。

更多信息包括 Lustre 工作详情,可查阅来自于太阳微系统公司(Sun Microsystems)和国家科学计算中心(National Center for Computational Sciences)的联合技术报告[23],以及咨询位于橡树岭(Oak Ridge)的 Lustre Center of Excellence[24]和 Lus-tre community[25]。

元数据分布式的分布式文件系统

Lustre 的补充方法是分布式元数据管理,如 GlusterFS,元数据分布在系统中的所有节点上,而不是使用集中式元数据服务器。由于元数据管理遍布系统中的所有节点,这种系统比集中式元数据服务器更复杂。

【GlusterFS】

GlusterFS 是一个开源的、分布式集群文件系统,无集中式元数据服务器[26]。GlusterFS 能扩展到上千个客户和 PB 量级的容量,并且可优化来提高性能。Glus-terFS 有一个基于 Web 的管理界面的安装程序,从用户界面的角度看,它更适合云计算(图9.9)。

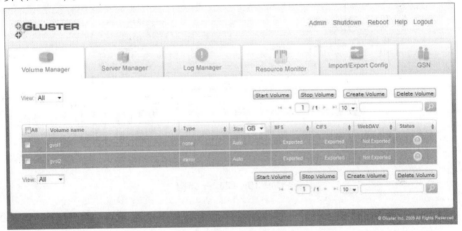

图9.9　Gluster 管理控制台

GlusterFS 采用的模块架构是堆栈式用户空间设计,将网络上多个存储块(通过无线带宽或 TCP/IP 互联)聚合成具有全局名字空间的网络文件系统。与 Lustre 不同,GlusterFS 不使用独立的元数据索引,而采用一种称为弹性哈希算法(Elastic Hash Algorithm)的新技术,可避免元数据查找,提高性能[27]。GlusterFS 的故障切换架构具有新的特点,每个集群都配置为主动状态,可从任何服务器同时访问整个文件系统任何文件。

GlusterFS 由两个主要组件构成:客户端和服务器。Gluster 服务器集群包括所有物理存储服务器,将所有服务器的磁盘空间整合起来构成一个 Gluster 文件系统。Gluster 客户端实际上具有选择性,可实现高度可用、大规模并行访问每个存储节点和透明地处理任一节点的故障。

GlusterFS 服务器为远程客户端提供存储卷,GlusterFS 客户端使用 POSIX 接口访问远程存储卷。GlusterFS 服务器和客户端也能使用 FUSE(一个流行的 Linux 文件系统软件,帮助装载文件系统,详情见 fuse. sourceforge. net)装载本地文件系统。对于不支持 FUSE 的客户端,可用 Booster 的用户空间客户端作为共享对象。

图 9.10 是 Gluster 架构的示意图。GlusterFS 采用存储块的概念,存储块包含通过 SAN 或直接连接存储器的服务器,本地文件系统(ext3,ext4)创建在该存储上。

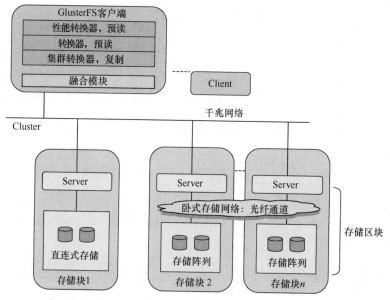

图 9.10　Gluster 架构

Gluster 使用转换器机制实现文件系统功能。转换器是程序,放置在文件的实际内容和用户之间,作为访问文件的基本文件系统接口[28,29]。每个转换器可实现 GlusterFS 的某个特定功能,可在客户端和服务器端适当地装载来提高或实现新功能。在 Gluster 中部署转换器的例子有实现符号连接(Symbolic Links)、性能转换器、集群转换器和调度转换器。在符号连接转换器中,转换器由符号连接访问启动,将请求转发给包含连接所指向文件的文件系统。

转换器也允许更精细的优化控制。例如,Read Ahead 转换器使用缓存执行数据预读取提高读取性能。Write Behind 转换器延迟写操作,允许客户处理下一个操作,随后,将多个较小的写操作聚合成数量较少的、规模较大的写操作中,从而提高写的性能。集群转换器可支持 GlusterFS 为集群存储有效地使用多个服务器。Unify 转换器可将存储中的子卷聚合起来,并作为一个单独的卷[30],允许特定的文件保存在存储集群中的子卷上,使用"调度器"确定文件的保存位置。

利用 I/O 调度器转换器[31],Gluster 执行的操作能实现很好的负载平衡。

Adaptive Least Usage（ALU）便是一种这样的转换器,在这种转换器中 GlusterFS 可平衡卷中负载。而且,下述的 sub-balancers 对优化负载进行了定义,优化负载能根据应用程序的需求调整负载平衡功能:

- Disk-usage:卷上已用的和空闲磁盘空间。
- Read-usage:对该卷执行读操作量。
- Write-usage:对该卷执行写操作量。
- Open-files-usage:打开该卷的文件数量。
- Disk-speed-usage:磁盘转速。

GlusterFS 还支持 Automatic File Replication（AFR）转换器的文件复制,可把文件/目录的相同副本保存到所有子卷上[32,33]。所有的文件系统操作(I/O 和控制)在其所有的子卷上执行,不执行文件或目录修改的操作被传送给所有子卷,第一个成功的回复传回给应用程序。读操作访问的数据来自文件的 AFR,利用其将对一个特定文件的所有读操作指向一个特定服务器。无论何时对文件/目录或目录进行修改时,都可利用锁同步实现子卷的一致性。更改日志用于追踪对数据或元数据的更改。

自我诊断是 Gluster 支持的另一个重要特征。文件的不同副本中数据不一致时,前面提到的更改日志用于确定正确的复制版本。自我诊断功能运行如下:访问目录时,通过删除/创建必要的条目,在所有子卷上复制正确的版本;访问文件时,如果文件丢失,便在所有子卷上创建一个,若与正确版本不一样,元数据将被改变。如果更改日志显示不匹配,将定期执行数据更新。

Gluster 是一种潜在的技术,可为云存储基础设施提供可伸缩的、可用的和可高度执行的存储硬件。因此,Gluster 通常称为云文件系统,用作 RackSpace 云托管方案。在 Gluster 社区页面[34]有关于 Gluster 的详情。

块虚拟化

数据中心其他的存储类型是块存储,用于光纤通信,在 iSCSI 或区域网络存储中。块存储有很好的性能,广泛用于数据库事务流程,同时有很糟的可管理性[35]。然而,文件级和块级存储的性能十分接近,许多企业用户采用文件存储来解决存储需求。对 IaaS 云供应商而言,提供块虚拟化的块存储是至关重要的。

块级虚拟化技术将多个物理磁盘虚拟化,并呈现为单一的逻辑磁盘。数据块被映射到一个或多个物理磁盘子系统,这些块地址可能位于作为一个单独的存储(逻辑存储)设备出现的多个存储子系统上。

块级存储虚拟化可表现在三个层面:

(1) 基于主机层。

(2) 存储层。

(3) 网络层。

著名的基于主机存储虚拟化的传统技术是使用逻辑卷管理器(LVM),逻辑卷管理器是支持文件系统或原始数据磁盘空间分配和管理的虚拟层,有动态缩小或增大物理卷,或组合多个磁盘中未使用空间的小块,或创建一个大于物理磁盘的逻辑卷的原始数据的能力,所有这些都是透明的。

存储设备级虚拟化是在特定存储子系统的物理存储空间上创建一个虚拟卷,存储磁盘阵列使用 RAID 技术提供了这种形式的虚拟化。阵列控制器可跨越阵列中的多个磁盘在 RAID 组中创建逻辑单元(LUN),一些磁盘阵列也将连接到阵列的第三方外部存储设备虚拟化。这种技术通常是 host – agnostic 的,有较低的延迟,因为虚拟化是存储设备本身的一部分且在设备的固件中。

这两种技术在传统课本中有所介绍,本书的重点是基于网络的虚拟化的新领域。

基于网络的虚拟化

基于网络的虚拟化是最常见的可扩展的虚拟化。在这种方法中,虚拟化功能在连接主机和存储的网络内部实现,如光纤通道存储区域网络(SAN)。虚拟化功能的实现位置大致有两类:在交换机(路由器)中或在设备(服务器)中。在基于交换机的网络虚拟化中,实际的虚拟化发生在结构中的智能交换机上,当虚拟化在与网络中的元数据管理器连接部位中运行时,将实行其功能。另一方面,在基于设备的方法中,I/O 在控制虚拟化层的设备中流动。

基于交换机和基于设备的模型都可以提供相同的服务:磁盘管理、元数据查询、数据迁移和复制。在基于设备的实现中,专用硬件设备位于主机和存储间且I/O 请求是针对该设备的。在基于交换机的模型中,智能交换机也位于主机和存储间,但是通过执行 I/O 重定向和使用技术来窥探传入的 I/O 请求,智能交换机尝试透明地执行其功能。在基于交换机的方案中,要求快速更新数据和元数据的服务可能表现得不是很好,因为很难保证元数据的基元更新。

此外,基于设备的实现大致有两个变种。该设备可以在带内或者带外。在带内,所有的 I/O 请求及其数据通过虚拟设备传输,客户端不与存储设备交互。代表客户端的设备执行所有的 I/O 操作。在带外使用中,尽管数据(I/O)路径是直接从客户端到每个主机的(通过每个主机/客户端上的代理),但是该设备仅位于针对元数据管理的控制路径中(the appliance only comes in between for metadata management (control path))。这种模式类似于将元数据服务器(如果没有块)分开的 Lustre 模式。下面描述了每一种不同虚拟化技术的例子。

【HP SAN 虚拟化服务平台】

HP StorageWorks SAN 虚拟化服务平台(HP SVSP)是一个基于交换机存储虚拟化的解决方案,其中智能 FC 交换机使用专用的 ASIC(Application Specific Integrated Circuits)运行虚拟化功能。这些交换机执行逻辑地址到物理地址的转换和 I/O 的重定向。带外元数据管理器(设备)管理控制操作。这种架构称为分离路径架构。

在分离路径架构中,智能交换机把网络中的数据和控制操作分离开。对元数据的控制操作被路由到带外管理器(可能是设备)时,智能交换机管理 I/O 的数据路径。因此,主机代理不需要实现对物理存储 I/O 请求虚拟化,因为交换机透明地完成该操作。执行元数据管理的设备具有物理存储可视化功能,能分配虚拟卷的映射。虚拟卷作为磁盘驱动提供给主机。在主机访问虚拟卷,虚拟卷的逻辑地址被映射到物理地址上,I/O 被直接发送给存储设备。

图 9.11 显示了 HP SVSP 的架构。该架构主要包括数据通路模块(或 DPM)和虚拟化服务器管理器(或 VSM)。数据通路模块是智能交换机而虚拟化服务器管理器是设备。虚拟化功能由 DPM 和 VSM 共同完成。DPM 通过检测数据包实时解析 FC 帧,从 VSM 中得到从虚拟到物理的存储映射。VSM 执行数据管理操作,包括如复制和备份等功能。VSM 和 DPM 可协调所有的管理,控制路径操作,且不干扰服务器和存储阵列间的数据通路,因此支持对存储阵列的高 I/O 吞吐量。

该解决方案包括(数据)复制以及快照,镜像和无干扰的数据迁移。而且,由于 I/O 流量直接通过 ASIC,应用程序察觉不到延迟问题,不需要使用缓存。

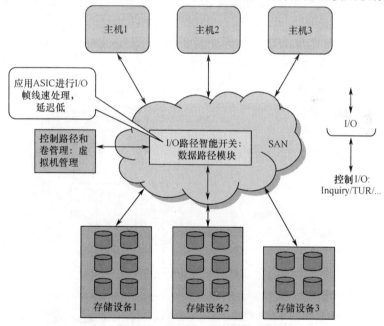

图 9.11　HP SAN 虚拟化平台架构

【IBM SAN Volume Controller】

IBM SAN Volume Controller (SVC) 是光纤通道存储区域网络中基于设备存储虚拟化的解决方案。设备位于网络 I/O 路径的带内,设备的结构分为两部分。其一是在网络中面向主机一侧的设备,用于数据存储。另一个是设备中面向存储阵列的部分,作为启动程序(Host)。在网络中,这样的设备必须检查每一个数据包,会导致额外的 I/O 包处理和产生延迟,使用设备中高速缓存可克服该损耗。高速缓存的使用将回写确认发送给主机,甚至在数据被实际写入物理存储之前发送。该设备负责缓存的同步化,使其具有物理存储上的一致性以及缓存方面的协调性(The appliance manages cache synchronization with physicalstorage consistency and cache coherency)。

  SVC 的虚拟化层支持 SAN 中存储设备的块级聚合,通过物理存储设备映射成逻辑卷后提供给 SAN 中的服务器,SVC 的虚拟化层也支持卷的管理。在对 SAN 分区中,后端物理存储器对服务器是不可见的。

  图 9.12 显示了 IBM 解决方案的高级架构。一个节点便是一个支持缓存和复制服务的虚拟化层设备。这些成对的节点称为 I/O 组,多个 I/O 组形成一个集群。集群的一个 I/O 组为主机提供一个虚拟卷或虚拟磁盘。服务器中虚拟磁盘的所有 I/O 被路由给集群中的一个特定 I/O 组,由 I/O 组中的同一个节点处理,该节点称为优先节点。在一个节点发生故障时,没有发生故障的节点会接管优先节点的任务,从而促进高可用性。

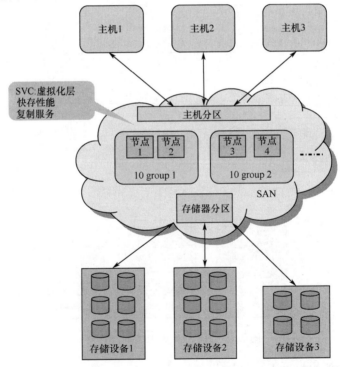

图 9.12　IBM SVC 架构

  Host Zones 为了访问单独的 I/O 组中的虚拟磁盘,服务器可以被映射到 SVC 集群中的多个 I/O 组中。也可为负载的分配在 I/O 组间移动虚拟磁盘。集群可见的物理存储称为已管理的磁盘或 MDisk,已管理的磁盘组(MDG)由一些 MDisk 组成。由服务器可见的 VDISK 容量出自于一个或多个 MDG(A VDisk seen by a server is capacity provisioned out of one or more MDGs)。MDisk 包含大量区段,区段的数量由用户控制。与 IBM SVC 不同,HP SVSN 是一个纯粹基于设备的解决方案。

本章到目前为止,介绍了可被 IaaS 供应商用来建立用于服务云用户的可扩展的弹性硬件资源的技术。剩下的部分将简明描述有时易与云计算相混淆的相关技术,并解释这种特殊的技术与云计算之间的相似点和不同点。

网格计算

云计算常与网格计算比较。网格计算将计算资源抽象出来的目的与云计算是一样的,即使其能够成为实用模型,但至少比云计算早提出 10 年,网格计算在很多方面与云计算相似。虽然如此,网格计算在基础设施和功能方面与云计算存在着明显的差异。在首次描述网格计算的基本方面并与云计算的基本方面进行对比后,便可以发现这些差异。

网格计算概述

网格计算的远景是使计算作为效用被交付,远景通常和电网类比,"网格"这个名字就来源于电网。因此,网格计算要旨在于:不用知道资源在哪里或者在什么硬件上运行,用户就访问计算设备。从这个意义上,网格计算和云计算非常类似。但是,正如电网可从多个发电机获得电力并将电力输送给需要的消费者一样,网格计算的关键重点是使计算资源能够被共享或形成共享资源池,然后交付给用户。因此,大多数网格计算的起始目标仅限于使资源能在常见的访问协议下共享使用。同时,由于这种诱人远景的主要接受者是教育机构,所以特别注重于处理异构设施、典型的大学数据中心。从技术的角度,提出了一种纯软件解决方案(Globus)在异构设施上运行,确保这些资源满足更高的计算需求。一度在大学中相当成功的网格计算,在商业机构间共享资源时却面临着一个很严重的问题。两个不同管理域设施资源间建立信任和安全模型变得极端重要。

网格的三个基本特征

2002 年,Argonne 国家实验室(Argonne National Laboratories)的 Ian Foster 提出了三项指标来判断一个系统是否属于网格。Ian Foster 与 Steve Tucker 在论文 *Anatomy of Grid* 中将网格计算定义为"协同资源共享;动态问题解决;多机构虚拟组织"。

所以,强调的关键点是在一组参与者之间协商资源共享的能力——共享并不真正意味着"交换",而是指在协调资源共享或商议的资源代理策略中直接访问计算资源。此外,这种共享由资源提供者高度控制,用户根据共享条件分入虚拟组织。

下面提出了一个精确而简单的清单:网格是这样一个系统:

(1) 协调不受集中控制的资源。

(2) 使用标准的、开放的、通用的协议和接口。

(3) 提供高品质的服务质量。

第一个标准说明,一个网格应该整合不同控制域的计算资源(如不同大学的计算机中心的服务器,在每个大学中的计算机中心中都有一个系统管理员)。在技术上,这个需求处理跨域安全、管理策略和会员身份问题。在这种情况下,第二个标准要求使用通用标准来进行身份验证、授权、资源发现和资源访问。最后,在共享资源的商业化使用中,支持不同服务质量,如响应时间、吞吐量、可用性,协调资源分配来满足用户需求。

网格技术详解

首先,网格技术定义了一个虚拟组织的概念,来确保参与者间灵活的、协调的、安全的共享资源。一个虚拟组织(VO)基本上是个人或多个管理域机构的动态集合。VO 形成了一个基本单元使来自特定 VO 的用户在依照特定的资源共享策略访问共享的资源(图 9.13)。网格计算解决的关键技术问题是使 VO 中互不信任的参与者间的资源能共享和使他们能够处理常见问题,这些参与者间可能有不同程度的事前关系(可能没有)。

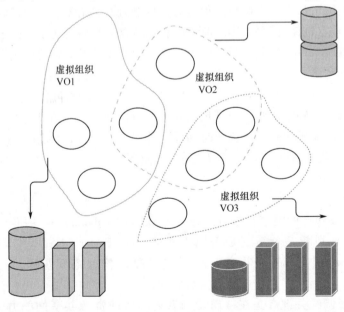

图 9.13 虚拟组织

一个可扩展的开放网格架构如图 9.14 所示,Ian Forster 在文章 *Anatomy of the Grid*[36] 中定义了该架构,根据协议、服务、API 和 SDK 在实现资源共享中所起的作用对它们进行了分类。网格布层(Grid Fabric layer)为由网格协议调解的共享访问提供资源,这些资源可以是计算资源、存储系统、目录、网络资源,甚至一个逻辑实体,如分布式文件系统、计算机集群、分布式计算机池。构造层的一个著名工具包是(Globus Toolkit),可为已有的计算元素[37] 提供本地资源的具体操作。连接层(Connectivity layer)包括通信的核心协议和节点间通信的身份验证。这些协议的关键点包括单点登录、授权、基于用户的信任关系和与本地安全解决方案的集成。

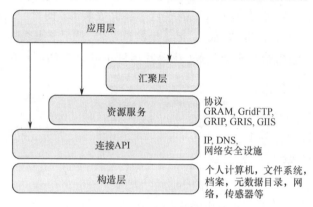

图 9.14 层状网格架构

一个重要协议,在 Globus 中它参考实现具有可用性,是基于 GSI 协议(网络安全基础设施)的公钥,它扩展传输层协议(TLS)来解决这些问题。资源层包括安全协商、监测、控制、核算的 API 与 SDK ,和在一个单一的共享资源上的付费操作。该层的一个协议范例是用于分配、监测和控制计算资源的网格资源访问和管理(GRAM)协议、网格资源信息协议(GRIP)和文件传输协议(GridFTP),GridFTP是 LDAP 和 FTP 协议的扩展。收集层实现各种共享服务,如目录服务、代理服务、编程系统社区审计和认证服务以及协同式服务。这样的服务是支持随意浏览资源子集的网格信息索引服务器(GIIS),可与 LDAP 和支持资源协同分配的DUROC 库一起使用。在 Globus Technical Papers 网站上可找到有关这些服务的更多细节。

当前开放网格架构的实行遵循 Web Services – based 界面,该界面能确保在不同协议间实施互操作。因为 Web 服务按照定义是无状态的,Grid community(Globus alliance)出台了一项称为 Web Services Resource Framework(WSRF)的增强规范,Web 服务可实现为有状态。开放网格服务架构定义面向服务网格计算环境,不仅提供标准化的接口,消除了结构中分层,定义了虚拟域的概念,而且允许资源的动态分组。有兴趣的读者可在 http://www.ogf.org/documents/GFD.80.pdf 中查询完整的 OGSA 规范。

参与发展网格协议的标准机构是① The Global Grid Forum,(GGF);② Organization for the Advancement of Structured Information Standards (OASIS); ③ World Wide Web Consortium (W3C);④ Distributed Management Task Force (DMTF);⑤ Web Services Interoperability Organization (WS-I)。

这些协议的一个参考实现包含在一个流行的开源软件工具包中,这个工具包称为 Globus toolkit (GT),由 Globus alliance(开发网格基本技术的组织和个人的团体)开发[39-41]。这个软件的优点是,给所需的本地协议授权后,它能使已有的资源很容易地加入到网格池中。图 9.15 展示了 GT5 组件的高级框图。为了开始建立一个网格,只需要在任何支持 GT 的平台下载并安装 GT 便可。对创建一个资源池来说,安装一个资源调度器,如 Condor 集群调度器,然后将其配置成资源分配的网格网关。在一些初始的安全配置(获得签名证书和设置访问权限)完成后,网格便能启动和运行了。

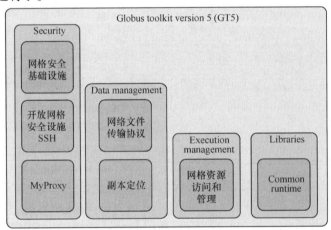

图 9.15　Globus 工具箱

注意

一些流行的网格项目

- Grid Physics Network GriPhyN driven by University of Chicago。
- Particle Physics Data Grid (PPDG), a collaboration project now merged with iVDGL。
- EU DataGrid now part of EGEE (Enabling Grids For E-sciencE)。
- NASA's Information Power Grid。
- DOE Science Grid and DISCOM Grid that link systems at DOE laboratories, and。
- TeraGrid that links major U.S. academic sites。

网格和云的比较

从前面网格计算的描述中可以看出,网格计算与云计算有很多相似之处。然而,存在的差异也显而易见,网格计算强调多个组织的资源池化,主要目标是高性能计算(HPC)应用程序。本节将使用不同参数来详细比较这两种技术。读者可参考在 2008 年做出的研究[42,43],该研究从实际的实现角度详细比较了网格计算和云计算。

网格和云的相似之处

云计算和网格计算间的关键相似点是提供可扩展且超出个人用户拥有的资源。在网格计算中,通过提高资源的利用率及共享资源间的负载均衡实现了可扩展。另一方面,在云服务中使用复杂的自动再提供(auto – reprovisioning)技术或简单提供超出了用户所需(高峰负荷)的资源实现扩展性。

两者都有多任务和多租户需求。多用户即可以同时访问多个资源和运行应用程序的多个实例。但是,云计算通常涉及在供应商和用户之间的商业协议,系统对多租户的各种堆栈,如基础设施、平台、应用程序,有更严格的要求。

因为这两种方式的计算都需要使用别人的资源,在网格中,云供应商或合作伙伴需要遵守严格的服务等级协议来确保公平竞争,确保资源的使用应该遵守附带的一定的商业合同。同样,许多网格系统对应用程序提供故障切换(Condor),这对从最近的故障点重启长时间运行的应用程序是特别有用的。事实上,云中应用程序的容错性能相当关键,供应商需要通过适当的故障恢复机制确保服务的可用性。

网格和云的区别

前面详细讨论了云计算并简短介绍了网格计算,这两种计算模型间存在着明显差异。网格是将多个组织的不同资源汇总起来的,构成了一个大基础设施池。网格计算可从一个共享的资产池为用户分配计算和存储资源,池中甚至有用户自己组织的贡献。重点是利用未使用的资源,通常这些资源本质上是异构的。另一方面,云基础设施一般由同构资源组成并由单一供应商提供给消费者或用户(他们与供应商不同)。

在网格上使用大量资源的一个典型方法是通过提前预留。事实上,2005 年左右为使网格系统中的资源利用率达到最优,提出了很多提前预留算法(Grid – ARS)和 API(GridEngine)[44]。相反,在云基础设施中不需要提前预留。按需提供资源是云计算的主要好处之一,在需求量增加时,资源也快速扩大。前面已经描述了一些在计算中提供这种弹性的技术和 API,按需大规模扩展资源是云计算的关键方面,消除了提前预留资源的需要。

这两种模型另一个不同的方面是资源的所有权。由于多个组织的资源被池化了,网格池中机器通常属于不同的管理域。所以,在这样的虚拟组织中,管理授权访问的协议变得重要起来。但是云上的资源属于某一个供应商,任何合作关系都在业务层面上处理,且没有使用相同的技术组件。

而且,在云环境中,用户使用它们所需的且只为他们使用的资源付费(即使在一个私有云中,一个业务中的不同部门也为它们的资源使用量付费)——虽然支付不是网格环境中研究的领域。用户也可能通过把自己的资源贡献到资源共享池中给他人使用来代替支付。所以,细粒度监控在云中变得重要,但在网格系统中并没有多大价值。这两种计算模型对应目标用户群也存在差异。云计算的目标用户群集中在现有行业、学术界和新创公司或新合资企业。它们托管给商业公司如亚马逊和HP,支付用户的使用(费用)。另一方面,网格计算目标用户群主要集中在有兴趣分享他们彼此间单独拥有的资源的研究人员和技术合作者(组织机构)。

网格计算是一个纯软件解决方案,利用工具(Globus Toolkit)将网格协议部署在现有系统。另一方面,基于云的解决方案涉及多层堆栈技术,从而导致不同的云模型(IaaS、PaaS和SaaS)。而且,网格应用程序是并行的、分布式、消息传递应用程序,这些程序在不同地理位置的计算资源上执行某些模块,或在松散耦合且分布在一些相似计算和存储资源上执行数据并行应用。因此网格计算适合处于大规模计算的HPC应用,在HPC大型数据集被并行计算密集型应用程序处理。另一方面,云应用程序不需要是分布式应用程序,需要资源以按需分配的方式构建。所以除了使用分布式机器,云应用程序也能在集群上使用水平扩展技术或在有一个共享内存的多个计算节点上使用并行线程。云计算适合长运行时间的Web服务,与网格应用程序截然不同,网格应用程序适合密集型计算和批量计算,在有限的时间内需要大量资源(预计完成时间用于资源的提前预留)。同样,云消费者使用的存储单元从1到p级别不等,数据网格对大规模数据存储和操作尤其有用。

由于云应用程序在Web浏览器上执行,因此更容易使用,不用安装任何客户端软件;网格应用程序趋向于分布式的,需要不同类型异构资源,因此需要安装合适的网格调度器。虽然消费者也可以使用一个简单的、类似于浏览器的界面,但网格应用程序的结果更偏重于大规模数据,需要使用复杂的可视化工具。云的关键因素是复杂技术的抽象化——无论是硬件、软件还是应用程序——和以最简单的方式交付。相比于网格,云的主要优势是使用简单,网格相比于云的主要优势则是资源的有效使用。

注意

网格和云的比较

以色列网格技术协会(IGT)已经刊出了一个非常好的比较网格和云的相似点与不同点的表,在网址 http://www.grid.org.il/_Uploads/dbsAttachedFiles/ Comparing-Cloud-Grid.pdf 中可以找到这个表。

网格计算与云计算的结合

我们可以结合这两种技术吗？虽然原则上可以将网格系统的资源池交付云计算服务,但是利用这些不同组织的资源集合起来交付给一个合作云基础设施供应商的可行性似乎不太大。将参与云基础设施作为资源池的一个节点确保对云中付费设施共享访问倒是可能的。再次,将付费模式和共享模式结合也是困难的。尽管在将来,网格计算和云计算的基础技术可能会趋同或变得可互操作,但是商业方面的差异仍将存在,特别是在使用类型和访问模式方面。

其他云相关的技术

以下是其他与云计算类似的技术,但是和网格计算一样是不同的技术。

分布式计算

分布式计算是一项很老的技术,其存在已超过 30 年。简单地说,分布式计算是分布的、自主的计算机通过网络连接来执行计算任务(图 9.16)。通常,分布式计算系统处理方式与并行计算系统或共享内存系统不同,在这些系统中,多个计算机共享一个内存池来完成处理器间通信。分布式内存系统使用多台计算机解决这个问题,计算分布在多台连接的计算机上(节点),节点间的通信使用消息传递。例如,前面的小节中研究过的网格计算是分布式计算的一种形式,在其中,节点可能属于不同的管理域。另一个例子是本章前面小节中描述的基于网络的存储虚拟化解决方案,在数据和元数据服务器间使用分布式计算。

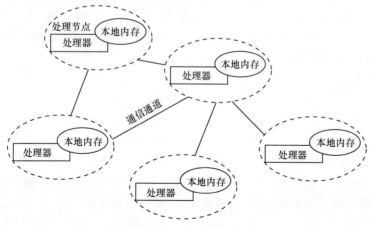

图 9.16 分布式计算系统

开发分布式应用程序比传统顺序程序更困难。有时需要开发新算法来解决一个众所周知的问题(给大数列排序)。为了减轻程序员的负担,将为传统计算机编写的顺序程序转换成分布式消息程序,特别是分布式对称多处理器(SMP)集群的出现。然而,分布式计算可以包括异构计算,在异构计算中,一些节点可能执行很多的计算,一些可能执行很少的计算,一些很少的节点可能执行特殊功能(如处理视觉图形)。使用分布式计算(相对于成千上万个处理器被安置在机架上和通过共享内存进行通信的超级计算机,如 Cray 相比)的主要优点是可以开发高效的可扩展程序,独立的进程被调度到不同的节点上,它们只是偶尔通信来交换结果,而不是开辟一片内存多个节点同时访问公用内存。

通过描述可知,云计算也是分布式计算的一种特殊形式,分布式 SaaS 应用程序使用瘦客户端(如浏览器),没有使用云端服务器(和服务)计算能力。此外,云计算供应商提供的(IaaS 和 PaaS)解决方案可能在内部使用分布式计算来提供高度可扩展的具有成本效益的基础设施和平台。

效用计算

效用计算已经成为许多人长期追求的目标。在 20 世纪 60 年代[45],John Mc-Carthy 提及未来的计算机时说,计算将和电话系统一样被建设成为公用设施。根据定义,效用计算包装了计算资源(计算、存储、应用程序),类似于传统公共设施(如电、水、天然气或电话网络)的计量服务。该模型的主要优点是以低初始成本或无初始成本来获得计算机资源,本质上,计算资源是租来的。早期提供效用计算的努力来自 HP,推出了 InsynQ 来提供随需应变的桌面主机服务,之后推出了一款称为 Utility Data Center (UDC)的产品,使得用户从一组固定的资源池中选择所需的基础设施和创建隔离的个人虚拟数据中心。同样,在 20 世纪 90 年代,Sun Cloud 和 Polyserve Clustered File System 致力于提供存储即服务。

可以看到,云计算试图让完整的计算机堆栈——基础设施、平台和应用程序——作为一种服务,将它们中的每一个变成使用支付模型计量的计算资源。云计算是最新的技术创新,将效用计算变成了现实。

自主计算

IBM 公司的 Paul Horn 于 2001 年提出了自主计算,可分享远景是使所有计算机系统自动自我管理。分布式计算资源自我管理指的是,识别和理解系统中的变化,完全自动地采取适当的纠正措施,几乎不需要人工干预。自主计算的关键好处是大幅减少计算系统固有的复杂性,使计算更直观和更易于被操作者及用户使用。总目标是使计算系统自我配置、自我优化、自我保护和自我恢复。

为简化 IT 管理出现了一些类似的尝试,如 ITIL(IT 基础设施库)方法、ITSM(IT 服务管理)技术和 WSDM(Web 服务分布式管理)等。有几个研究小组仍致力于研究自我恢复系统和策略管理系统,这些系统能够处理复杂的等级协议使得自动决策效果更好。我们已经看到很多优秀的产品,将简单的可管理性作为重要目标之一。

鉴于云计算的目标是简化计算系统,提供弹性计算和高可用性的系统,使机器更自动的任何创新都将直接应用到云设施中。前面描述的虚拟化,提供正确的抽象级别来动态处理硬件资源的变化和满足按需弹性。云供应商提供的简化管理解决方案和具体的案例研究在第 8 章中描述过了。所以,云计算共享自主计算甚至更多的愿景这种说法可能是正确的。

应用服务提供商

将托管应用程序作为服务的趋势最早可追溯到 20 世纪 90 年代。将应用程序托管,其客户只使用 Web 浏览器便可调用应用程序服务提供商提供的应用程序。按照这个定义,应用服务提供商和 SaaS 看上去很相似,SaaS 供应商可以被称为 ASP。然而,当现成的基于浏览器界面的应用程序被托管作为一种服务时,将会有几个局限性[46]。很多这样的应用程序没有处理多租户、用户的订制能力,也没有自动部署和按需弹性扩展。然而,可以肯定的说,ASP 模型可能是云计算 SaaS 模型的先驱。

小结

本章讨论影响了云计算发展的一些重要技术,也详细研究了一些用于存储和服务器虚拟化的技术。描述了使用陷阱和仿真方法实现 CPU、内存和 I/O 虚拟化,以及其局限性与使用软件扩展和硬件协助来克服其局限性的方法。这些技术在两种流行的虚拟软件包中都有探讨,即 VMware 和 Xen。讨论不同虚拟存储技术,用户应用程序使用的物理存储子系统被抽象形成逻辑实体,隐藏了存储子系统的底层复杂性。通过研究适当的案例,讨论了实现文件级、块级虚拟访问的所需技术和架构。研究 Lustre 和 Gluster 案例可以看到,能有效管理文件系统元数据的复杂技术成为了提供可扩展存储的关键。本章简要讨论基于网络的块虚拟化架构,这种架构中由智能路由器或专门的设备提供抽象,并通过案例研究 HP 公司和 IBM 公司的 SAN 解决方案。虚拟化是一项非常重要的基本技术,能以一种对应用程序透明的方式扩展和缩减硬件资源(见第 6 章),虚拟化是云计算的一项关键技术。应深入理解实现这些技术的复杂性,使开发人员将云基础设施看做一个整体。

本章讨论被误认为等同于云计算的其他相关技术,特别是与云计算一样很有前途的网格计算,即使计算成为公共设施。但是,正如所描述的那样,网格计算更关注于一群合作机构之间的资源共享,可能也有可能没有金融协议(形成一个虚拟组织),这是和云的商业模式的一个明确对比。从技术角度来看,网格计算还提供了一种资源虚拟化的形式,但不是在对物理资源使用的层面上,而是在虚拟化或规范化访问协议和管理资源层面。资源的异质性是用户可见的,事实上,利用这些异构资源而不完全拥有是网格计算的好处之一。最后,我们观察了一些与云计算相关的术语,如效用计算、自主计算、分布式计算等。通过本章,读者应该可以清楚地阐明云计算的核心价值,并与其他相关技术进行对比。

参考文献

[1] Smith JE, Nair R. The architecture of virtual machines. IEEE Comput 2005; 38(5):32 – 38.

[2] Meyer RA, Seawright LH. A virtual machine time – sharing system. IBM Syst J 1970;9(3):199 – 218.

[3] Goldberg RP. Survey of virtual machine research. IEEE Comput 7(6):34 – 45.

[4] Bugnion E, Devine S, Govil K, Rosenblum M. Disco: running commodity operating systems on scalable multi-processors. ACM Trans Comput Syst 1997; 15(4):412 – 447.

[5] Abramson D, Jackson J, Muthrasanallur S, et al. Intel virtualization technology for directed I/O. Intel Technol J 2006; 10(3):179 – 192.

[6] Intel Architecture Software Developer's Manual Volume 3: System Programming.

[7] Popek GJ, Goldberg RP. Formal requirements for virtualizable third generation architectures. ACM Commun 1974; 17(7):412 – 421.

[8] Adams K, Agesen O. A comparison of software and hardware techniques for x86 virtualization, ASPLOS'06, October 21 – 25, San Jose, CA.

[9] Uhlig R, Neiger G, Rodgers D, Santoni A. L., Martins F. C. M., Anderson A. V., et al. Intel Virtualization Technology. IEEE Comput 2005, 38(5):48 – 56.

[10] Intel® 64, IA – 32 Architectures Software Developer's Manual, Volume 3B: System Programming Guide, Part 2.

[11] Understanding Full Virtualization, Paravirtualization, and Hardware Assist, WP – 028 – PRO – 01 – 01, VMware Inc. http://www. vmware. com/files/pdf/VMware_paravirtualization. pdf; 2007 [accessed 13. 10. 11].

[12] The Architecture of VMware ESX Server 3i, Charu Chaubal, Revision: 20071113 WP – 030 – PRD – 01 – 01, VMware Inc. http://www. vmware. com/files/pdf/ESXServer3i_architecture. pdf; 2007 [accessed 13. 10. 11].

[13] Filter Driver Development Guide, download. microsoft. com/download/e/b/. . /filterdriver developerguide. doc [accessed 13. 10. 11].

[14] Bach, M. The Design of the UNIX Operating System, Prentice Hall, June 6, 1986,978 – 0132017992.

[15] Jacob D R, Lorch J R, Anderson TE. A comparison of file system workloads. In:Proceedings of the USENIX annual technical conference; 2000, Usenix Association,Berkeley, CA. p. 41 – 54.

[16] Panasas Architecture. http://www. panasas. com/products/architecture. php [accessed 13. 10. 11].

[17] Panasas® Storage for Petascale Systems. http://performance. panasas. com/wp – panasasstorageforpetascale-systems – jan10. html [accessed 13. 10. 11].

[18] Scalable Performance of the Panasas Parallel File System. http://performance. panasas. com/wp – scalableper-formanceofthepanasasparallelfilesystem – 2008. html [accessed 13. 10. 11].

[19] HP Ibrix reference:HP and HPC Storage. http://www. hpcadvisorycouncil. com/events/switzerland_work-shop/pdf/Presentations/Day% 203/3_HP. pdf [accessed 13. 10. 11].

[20] HP Ibrix reference:HP StorageWorks X9000 File Serving Software User Guide.

[21] Lustre architecture. http://wiki. lustre. org/lid/subsystem – map/subsystem – map. html; 2010 [accessed 13. 10. 11].

[22] A Deep Dive into Lustre Recovery Mechanisms. https:// docs. google. com/viewer? url = http://

wiki. lustre. org/images/0/00/A_Deep_Dive_into_Lustre_Recovery_Mechanisms. pdf, 2011 [accessed 13. 10. 11].

[23] Wang F, Oral S, Shipman G, Drokin O, Wang T, Huang I. Understanding Lustre filesystem internals. Oak Ridge National Laboratory; 2009.

[24] Lustre Center of Excellence at Oak Ridge National Laboratory. http://wiki. lustre. org/index. php/Lustre_Center_of_Excellence_at_Oak_Ridge_National_Laboratory#Lustre_Scalability_Workshop_-_Feb_10_. 26_11. 2C_2009. 2C_ORNL [accessed 13. 10. 11].

[25] Lustre Community Events, Conferences and Meetings. http://wiki. lustre. org/index. php/Lustre_Community_Events,_Conferences_and_Meetings [accessed 13. 10. 11].

[26] GlusterFS 2. 0. 6. http://www. gluster. com/community/documentation/index. php/GlusterFS_2. 0. 6 [accessed 13. 10. 11].

[27] Elastic Hash Algorithm. http://ftp. gluster. com/pub/gluster/documentation/Gluster_Architecture. pdf [accessed 13. 10. 11].

[28] GNU Hurd translator. http://www. gnu. org/software/hurd/hurd/translator. html [accessed 13. 10. 11].

[29] Gluster translators. http://www. gluster. com/community/documentation/index. php/Translators_v2. 0 [accessed 13. 10. 11].

[30] Understanding Unify Translator. http://www. gluster. com/community/documentation/index. php/Understanding_Unify_Translator [accessed 13. 10. 11].

[31] GlusterFS Schedulers. http://www. gluster. com/community/documentation/index. php/Translators/cluster/unify [accessed 13. 10. 11].

[32] Understanding AFR Translator. http://www. gluster. com/community/documentation/index. php/Understanding_AFR_Translator [accessed 13. 10. 11].

[33] Internals of Replicate. http://www. gluster. com/community/documentation/index. php/Internals_of_Replicate [accessed 13. 10. 11].

[34] Gluster Community Homepage. http://www. gluster. com/community/documentation/index. php/Main_Page [accessed 13. 10. 11].

[35] Future of Block Storage in the Cloud. Said Syed, Cloud Computing Journal. http://cloudcomputing. syscon. com/node/909540 [accessed 13. 10. 11].

[36] Foster I, Kesselman C, Tuecke S. The Anatomy of the Grid - Enabling Scalable Virtual Organizations; 2001.

[37] Globus Homepage. http://globus. org [accessed 13. 10. 11].

[38] Globus Technical Papers. http://www. globus. org/alliance/publications/papers. php [accessed 13. 10. 11].

[39] Foster I. Globus Toolkit Version 4: Software for Service - Oriented Systems. IFIP international conference on network and parallel computing, Springer - Verlag LNCS 3779; 2005. p. 2 - 13.

[40] Foster I. A Globus Primer, Describing Globus Toolkit Version 4.

[41] Foster I. Globus Toolkit Version 4: Software for Service Oriented Systems. Comput Sci Technol, July 2006.

[42] An EGEE comparative study: grids and clouds evolution or revolution, June 2008. http://www. informatik. hs - mannheim. de/ ~ baun/SEM0910/Quellen/EGEE - Grid - Cloudv1_2. pdf; 2008 [accessed 13. 10. 11].

[43] Myerson J. Cloud Computing versus Grid Computing, IBM, Mar 2009.

[44] Managing Advance Reservations in Sun Grid Engine, Sun Grid Engine Information Center, 2010.

[45] Ganek A. Overview of Autonomic Computing: Origins, Evolution, Direction. http://www. maiuscentral. com/w/images/7/76/Garek. pdf [accessed 13. 10. 11].

[46] Differences between ASP model and SaaS model. www. luitinfotech. com/kc/saas - aspdifference. pdf [accessed 13. 10. 11].

【本章要点】

- 新兴标准(Emerging Standards)
- 云计算标准
- 终端用户程序设计
- 云端研究测试平台(Open,Cinus)
- 云计算中研究热点

引言

因为云计算是一种快速发展、不断变化的技术,本章介绍云计算几种未来发展趋势。Garnet 公司的一项调查表明,限制云计算技术发展一个重要的因素是缺少一个能够被供应商广泛接受的[1]标准。当然,部分原因是云计算技术发展得太快,使制定标准变得十分困难。本章第一部分"新兴标准",介绍了一些有潜力解决这一难题的新标准。另一个难题是如何使供应商广泛接受:即使制定了标准,当前也没有一种云用户接受的、用来比较不同的云供应商优劣以及选择某个最佳应用程序的具体方法。但是对于数据库来说,情形就不同了。它拥有如 TPC—C 的准则来比较不同的数据库供应商。第二部分名为"基准",介绍了当前云计算基准的研究尝试,这些基准能够用来评估某种云系统是否适合特定的应用程序。第三部分介绍了云端研究测试平台(Open Cirrus),它是研究云计算技术的大型实验平台,该平台对测试新颖云计算解决方案和对算法研究感兴趣的学者非常有用。

本章的最后一部分名为"终端用户程序设计",介绍了一些研究成果。借助这些研究成果,非专业编程人员可以使用简单的脚本和程序来开发自己的应用程序。

新兴标准

对于云计算来说,研究人员发现缺乏评价供应商标准已成为客户关心的一个主要问题[1]。在建立起更高云计算堆栈时,这个问题变得更加严重。与 PaaS 用户相比,SaaS 用户对选择供应商有更大的限制,因为他们必须在不同的应用平台之间进行迁移。同样,与 IaaS 用户相比,PaaS 用户对选择供应商有着更大的限制,因为他们必须在云平台之间进行迁移。因为云计算是一个快速发展的技术,所以平台的迁移使问题变得更困难,而且不同的云可能会提供不同的功能。

云计算发展十分迅速,云计算相关领域标准不断出现。由于云计算是基于面向服务的体系结构(SOA①),正在进行的标准化努力集中在云服务标准化和接口的标准化。不同标准化组织致力于不同云服务标准的制定。

网络存储工业协会(SNIA)

网络存储工业协会(SNIA)是一家制定存储与数据库领域的标准知名组织,它最近提出了一个称为云数据管理接口(CDMI)的云存储标准。该标准使用户可以开发云应用程序而不受存储服务供应商的限制。该标准得到很多标准组织的支持,例如:国际电信联盟(ITU – T)、电信管理论坛、欧洲标准和互操作性基础设施实现计划(The European Standards and Interoperability for Infrastructure Implementation Initiative,SIENA)和美国国家标准技术研究所(NIST)。CDMI 目标是开发一组具体用例,每个用例被一组 CDMI APIs 支持。对于那些 CDMI APIs 不能够支持的用例和功能,供应商可以定义自己的 CDMI 扩展接口。

> **注意**
> CDMI 用例总结:
> - 弹性供给。
> - 云备份。
> - 云归档。
> - 云存储。

CDMI 用例:CDMI 标准解决大量云存储用例,即①满足弹性的按需访问——依据处理的数据对象增加或减少存储供给;②外包数据资源的定期备份;③为满足审计规则或其他法律要求将数据保留一定期限;④云计算应用程序的存储——在本书中已经详细介绍的一种用例。在所有之前用例中,有一组特定的 API 服务。云用户只需使用一个 URL 来访问云存储器,供应商可以在后台进行优化来保证较高的访问效率和满意服务质量。对于供应商和用户的存储,这些标准都是非常有用的。图 10.1 展示了 SNIA 提出的云存储模型。首先,多标准存储访问协议支持以块(iSCSI)、文件(POSIX)或者数据库表等形式访问数据。此外,如果云存储供应商在云端保存用户数据,用户可以使用 CDMI 告诉云存储供应商特定数据对象所需的数据服务列表。

---

① SOA 指互操作服务设计软件架构遵守的一系列原则和方法。

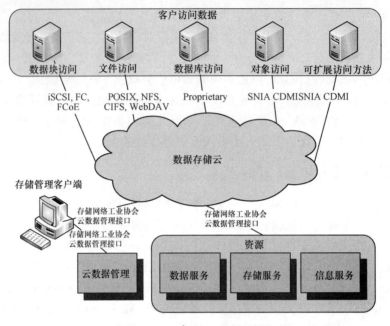

图 10.1　CDMI 云存储参考模型

该标准规定将一种特殊的元数据称为数据系统元数据(data – system – meta-data),用来标记数据。这些标记详细说明了处理数据的非功能性需求,例如,数据是否需要存档、备份或加密。数据系统源数据可以对数据进行详细规定,例如备份,数据系统源数据可以规定数据是否需要每天都进行备份而不是一周一次、需要的备份份数和数据需要保存的时间。如果供应商使用了 CDMI 接口,用户可以将他们的数据从一个云服务供应商转移到另一个云服务供应商而不用对应用程序做任何修改。

CDMI APIs：CDMI APIs 分类为容器和对象(资源)。用户创建一个容器,然后将相关的数据对象存放在里面并具体说明该容器所需的数据服务。这允许用户根据他们的存储需求对数据进行分类。每个资源都可以用唯一的标识符进行定位,支持在后台扩展架构。这种标准支持以下五种资源：

(1) 容器。

(2) 数据对象。

(3) 功能。

(4) 域 mime 类型。

(5) 队列 mime 类型。

容器和数据对象 mime 类型是自己解释的。域 mime 类型用来定义访问清单和活动信息,队列 mime 类型定义允许访问审计数据和访问日志。Capability mime 类型定义特定对象的安全性信息和访问控制。所有这些信息不仅可以通过用户界面获取,而且可以通过编程方式获取。

下面是一个(通过 GET 方法)获取存储资源功能权限的 API 示例:

```
GET /cdmi_capabilities/HTTP/1.1
Host: cloud.example.com
Content-Type: application/vnd.org.snia.cdmi.capabilitiesobject+json
X-CDMI-Specification-Version: 1.
```

CDMI SNIA technical position 规定的一个典型的请求响应如下所示:

```
HTTP/1.1 200 OK
Content-Type: application/vnd.org.snia.cdmi.capabilities+json
X-CDMI-Specification-Version: 1.0
{
    "objectURI" : "/cdmi_capabilities/",
    "objectID" : "AABwbQAQWTYZDTZq2T2aEw==",
    "parentURI" : "/",
    "capabilities" : {
    "cdmi_domains" : "true",
    "cdmi_export_nfs" : "true",
    "cdmi_export_webdav" : "true",
    "cdmi_export_iscsi" : "true",
    "cdmi_queues" : "true",
    "cdmi_notification" : "true",
    "cdmi_query" : "true",
    cdmi_metadata_maxsize" : "4096",
    "cdmi_metadata_maxitems" : "1024",
    "cdmi_size" : "true",
    "cdmi_list_children" : "true",
    "cdmi_read_metadata" : "true",
    "cdmi_modify_metadata" : "true",
    "cdmi_create_container" : "true",
    "cdmi_delete_container" : "true"
},
"childrenrange" : "0-3",
"children" : [
    "domain/",
    "container/",
    "dataobject/",
    "queue/"
    ]
```

}

依据 RESTful 协议定义的 APIs 包含 CRUD 操作(创建、读取、更新和删除)。参数编码信息和操作结果构成 JSON2 格式的 key—value 对。因此,界面和其他 NoSQL 应用程序相似。API 中使用 HTTP 协议动词(PUT 和 GET),其他数据语义都放在消息正文。如前所述,不同的资源类型使用不同的互联网媒体格式。定义具体 mime 类型的 RFC 已经用 CDMI 定义过了。有搜索元数据的 APIs,所以通过查询对存储的数据进行搜索变得很容易。在后台,云供应商可以利用访问控制列表、访问时间和其他存储系统数据元对存储进行优化。

CDMI 扩展:在网络存储工业协会(SNIA)中,标准(CDMI)也有一个变更控制流程。这是专为供应商扩展 CDMI 功能,同时也保证与其他供应商的核心相兼容。如果很多供应商实现了一项新的功能,这一功能将被加入到标准中。

图 10.2 描述了 CDMI 的各个方面。这些标准作为 SNIA 的云存储计划(CSI)的一部分,重在市场营销计划,培育推广了云存储,将按需存储模式作为一种弹性、按使用付费的服务。SNIA 成立了云备份和云恢复的特别兴趣小组(Cloud BUR SIG),通过培养潜在用户来促进备份和恢复行业的发展,由此开发产品来实现这些服务。

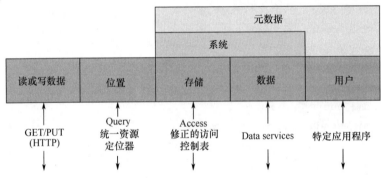

图 10.2　CDMI APIs 和资源域模型

DMTF 参考架构[①]

分布式管理任务组是致力于开发、维护和提高企业 IT 环境中系统管理标准的行业协会。该团体中一个称为 DMTF 的云标准孵化器(DMTF Cloud Incubator Standards)的小组在 2010 年 7 月定义了第一个云管理架构,如图 10.3 所示。该体系结构和相应的用例文档对标准化的接口和数据格式进行了描述,可以用这些接口和数据格式管理云计算环境。从高层次讲,关键概念是云供应商对 IaaS 层的资源(如服务器、存储、网络等)进行进行抽象,并将这些资源提供给云服务消费者。

---

　　① 源自美国 Hewlett – Packard 实验室 Vanish Talwar 博士。

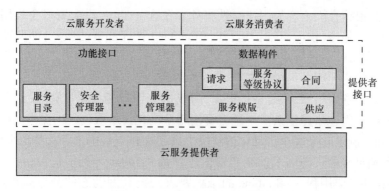

图 10.3 云管理的数据参考架构

提供商不仅为实现平台的各种功能(功能接口)提供多种服务,也提供对组件的访问,如服务等级协议(SLA)、操作系统映像、服务模板定制等。

　　DMTF 架构为云服务定义了六个生存状态,图 10.4 概括性地描述了云管理活动的这些状态。第一个状态包含定义一个服务模板,在模板中,用户说明云服务要求和访问接口,包括所需配置信息。用户将服务模板提交给云服务供应商。云服务供应商为用户创建一份服务协议(初步),包括限制、费用、记账信息和策略,并提供给用户。然后用户和供应商就费用、SLAs 等问题磋商一致后,签订正式合同。

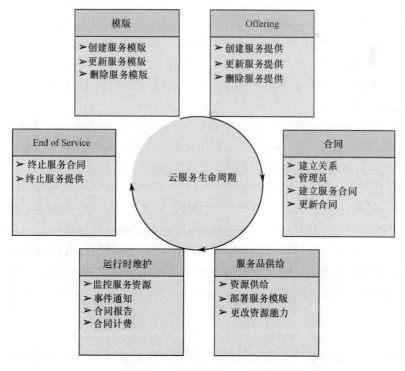

图 10.4 DMTF 云服务生命周期

接着供应商根据合同内容为用户提供服务。在这一步中,供应商将会为用户提供不同的资源。随后,供应商维护运行时(runtime)管理部署的服务,如监控资源使用情况、对异常行为进行报警并对资源分配状况进行调整。服务结束后,供应商停止服务并回收为此服务提供的资源。

由于云系统规模增大、复杂性提高,所以这些管理任务在计算、设计和执行的步数等方面变得越来越复杂。于是需要使用自动化技术取代人工操作以降低整体成本。然而,制定一个完全自动化的解决方案还存在一些困难。这些困难表现在:创建一个满足多种资源需求的全自动的工作流,协调多种类型资源,自动配置系统、中间软件和应用程序;Runtime 的维护要求监控高度动态的分布式设施,监控动态分区状况和基础设施资源的分配与回收。总体目标满足用户选择服务等级协议(SLAs),这需要系统能够实现 IaaS、PaaS 和 SaaS 层之间的相互转换,且满足维护数据中心的技术要求,如能源效率和可持续性。所有这些需求必须在封闭 IT 基础架构、(大)规模、多管理协议和多操作系统的限制和挑战下得到满足。

当前的解决方案只是在一定程度上解决那些管理难题,但是一些开放性的管理问题仍未实现自动化,自我管理解决方案可在未来的云系统中使用。

NIST

在云计算标准制定领域的另一个重要组织是 NIST(美国国家标准与技术研究院,直属于美国商务部)。NIST 在定义云计算专业术语方面的贡献在第 1 章中已经广泛讨论了。而 NIST 在云安全标准的制定方面的贡献在第 7 章中已经进行了详细介绍。回想一下,NIST 定义了很多云计算领域广泛使用的标准术语,例如:IaaS、PaaS、私有云、公有云等。实际上,对于"云计算",正是 NIST 给出了一个让大多数人都能接受的定义:

云计算是一种能够通过网络以便利的、按需付费的方式获取计算资源(如网络、服务器、存储、应用和服务)并提高其可用性的模式,这些资源来自于一个共享的、可配置的资源池,并能够以最省力和无人干预的方式获取和释放。

NIST 还为云定义了四中部署模型:公有云、私有云、社区云和混合云。如前所述,私有云只为一个组织服务,而公有云(例如,亚马逊)可供公众服务。社区云是被多个机构共享的公共云。混合云是私有云、公有云和社区云结合的一种云服务架构。它的用户可以通过标准的或专用的技术进行交互操作,并能够通过云实现数据和应用程序的共享。第 6 章已经介绍了一些用于创建混合云的工具(如 Eucalyptus and OpenNebula)。

IEEE

为了促进云计算标准的发展,IEEE 于 2011 年筹建了两个工作组,包括 IEEE P2301(云计算中文件的移植技术和互操作技术设计指南)和 IEEE P2302(互联云的互操作性和互联性标准草案），它们将在云计算的多个领域进行合作，为云计算研发人员制定它们所需的标准。P2301 工作组将致力于使用一定数量的文件格式和接口对云的可移植操作及管理进行标准化规定。P2302 工作组将致力于实现云平台间的互操作和互联。例如，处理云间数据交换的标准化网关。在写本书时，这项工作才刚刚启动，所以读者可以到 http://standards. ieee. org[6,7] 获取最新的草案。

开放网格论坛（OGF）

另一个标准制定的开放性论坛是由 OGF 牵头创建的，它致力于推动网格计算和其他分布式计算机系统标准的开发。OGF 已经创建了一个称为开放式云计算接口（OCCI）的工作组，主要致力于独立于云供应商的资源访问。OCCI 还提供了云基础设施的远程管理 API。

图 10.5 描述了在云供应商环境中 OCCI 的角色。如图所示，OCCI 最主要的优点在于一个 OCCI 客户端通过供应商提供的设施连接 OCCI 实施（端），且不需要了解资源的预备知识。OCCI 能够通过简单的资源类型概念实现资源的识别和访问。OCCI 有三类基本对象：资源、操作和连接（Link）。任何可用的、连接到 OCCI 的组件都可称为资源——可以是一个虚拟机、一个用户或者一个简单的作业。资源之间通过一种连接进行互联。动作表示可以在资源实体上执行的操作。还有一些其他的类型，它们用来表示资源架构或者资源的层次分类类型。

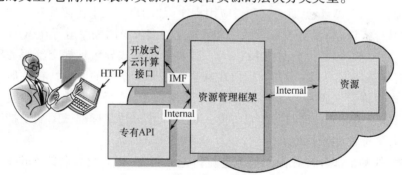

图 10.5　供应商体系架构中的 OCCI 位置

云计算基准测试程序

云计算标准使云用户开发云服务，在不同供应商平台上重复使用。对比一下，云计算标准能够帮助用户对不同的云系统进行比较，选择一个最适合的资源部署。基准包含一个工作负载，该负载在计算机系统上运行获得一组标准测量值用来分析系统性能。工作负载包含一系列用来加载计算机系统的命令。例如交易处理效能委员会开发的 TPC－C 基准测试程序定义了一个运行在数据库上、标准的工作负载(例如,查询和更新)。使用 TPC－C 产生的数据可以用来评测系统每次查询花费的成本。

云计算标准有很多优点。首先,云计算标准可以用来进行不同系统的比较。在 TCP－C 的实例中,运行基准程序在多个系统中选择一个性价比最高的系统。云计算基准也可以用来调整或配置系统。例如,不同的 TPC－C 基准可以对同一款数据库软件的不同配置方式进行评测(如不同的内存),以此来选择最优配置。最后,云计算基准可以用来进行容量规划;当安装一款新的数据库软件时,利用 TPC－C 基准对系统进行测算所获数据可以用来估算 CPU、内存和其他资源的数量,这些数据对数据库软件来说是十分重要的。

> **注意**
> 基准用途
> - 系统比较。
> - 调整和配置系统。
> - 容量规划。

云计算标准的有用性,显然与标准工作负载和实际工作负载匹配(一致)程度有很大的联系。正因如此,知名 Web 服务器工作负载(例如,httpperf[8] 和 SPEC-Web2005[9])对于评测云计算也许没有用。因为早期的 Web 服务器测试基准主要包含了用户访问 Web 页面。这和云应用程序(如用户可以上传照片和文件给社交网站供其他人访问)没有关系。另一个区别是许多云应用程序运行在 Web 浏览器端和富客户端处理客户数据(如 Flash)。这种处理模式导致了提交给服务器的请求是"轻量级"(如 AJAX),如当用户在网页上注册一个新的 ID 时,在注册结束之后客户端也许会生成一个后台的请求用于检测该 ID 是否是有效。这改变负载的本质。最后,云计算按需收费的经济模式也意味着云计算标准试图从易扩展性和快速增长方面评测云系统。

本章的剩余部分将对各种基准进行讨论。首先,将介绍著名的 Cloudstone 基准(评测所有云组件的基准)。然后,将介绍雅虎的云服务基准(YCSB)——一个存储基准(即云存储系统基准)。最后介绍的是 CloudCMP,它是杜克大学和微软研究共同制定的基准,它旨在对不同的云服务供应商所提供的云服务的性能和成本进行比较。这些基准将按以下标准格式进行描述:首先介绍云系统和应用程序的设置问题,其次介绍一些重要的组件(如负载生成器)。然后讨论按基准评测获得的数据。最后将列举一些实例。

Cloudstone

Cloudstone 是加州大学伯克利分校和 Sun 公司共同制定的标准。它旨在评测基于云中的社会计算（social‑computing）应用程序的性能，进而提供观测一个云系统性能特征的视角。图 10.6 展示了 Cloudstone 的组件，以 Olio 作为测试基准，它是一个社交活动日历应用程序，可以部署在如图所示的云系统上。Olio 具有三层结构，在 Web 服务器层运行 Apache，在数据库层运行 MySQL 软件，在中间层运行 Ruby 或者 PHP，部署不同的软件将产生不同的执行方式。Faban 是一个工作负载生成器，部署在客户端模拟成千上万的用户同时访问 Olio。最后一层是执行管理任务的工具（如部署 Olio）并测量云系统的性能。按 Cloudstone 标准，测试结果是在云中运行 Olio 时每个用户每月费用。

> **注意**
>
> Cloudstone 总结：
> - Olio：日历应用。
> - Faban：工作负载生成器。
> - 测试和管理工具。

以上所述 Cloudstone 软件可以用常规源代码或二进制代码实现，也可以使用能够在 EC2 上运行的 Amazon AMI 语言。为了让 Cloudstone 能够在其他云系统中运行，有必要将源代码或者二进制代码转换为在其他云系统中可运行的格式。

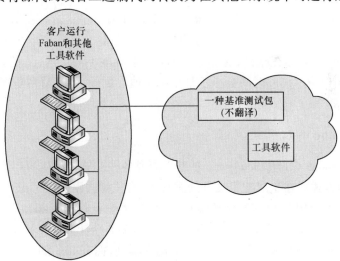

图 10.6　Cloudstone 构件

Faban 工作负载生成器

Faban 是一条基于工作负载生成器的马尔科夫链，即它假设每个客户在任何时候都处于某一特定状态中。客户端发出一系列该状态独有的命令后，将会以某一概率（Markov 链转换概率）转移到下一种状态，在新的状态，客户端将会发出另一组命令。例如,客户端以概率 1 从初始状态转移到登录状态,在登录状态,客户端会发出登陆命令来登陆 Olio。从登录状态开始,将会以某种概率转移到日历状态(daily calendar),在该状态(经历一个随机的延迟之后)客户端将发出 HTTP 指令显示日程;另一种可能是从登录状态转移到周历状态(weekly calerdar)等。这种工作负载发生器使用非常普遍,而且可以模拟用户的情况。例如,系统中所有的用户不需要提交相同的事务请求;而且,可以模拟不同用户提交不同类型事务请求。Faban 描述状态转移的概率以及各个状态中发布的指令。通过在客户端运行许多相互独立的副本,可以模拟成千上万用户的工作。

Cloudstone 测量及其结果

如前所述,Cloudstone 将会报告每个用户每月使用云系统的花费(假设云系统是一个典型的基于使用量付费的公有云)。计算方式:每月的开销 C 除以 M,M 表示系统支持的最大用户数。为了获得 M,在每个测试间隔(5min)内,Faban 规定确定数量用户,可以用 Cloudstone 工具来检测用户数量是否违反了服务等级协议(SLA)标准。在本章后面将会对 SLA 标准做进一步介绍。如果用户数量没有违反 SLA,则将继续增加用户数进行测试。M 定义为在未违反 SLA 标准情况下系统能够支持的最大用户数。

Cloudstone 定义了两个 SLA 标准——SLA - 1 和 SLA - 2。在 SLA - 1 标准下,90% 的模拟用户请求响应时间会小于某个特定值。这个特定值取决于模拟用户发出请求服务的类型(如登陆),这个值从 1min 到 4min 不等。同样,在 SLA - 2 标准下,99% 的用户请求访问时间会小于某个特定值。据此,很容易判断用户量是否违反了 SLA 标准。

Cloudstone 测试结果实例

在 Cloudstone 中,用 Cloudstone 基准来研究各种配置,以寻找在 EC2 上托管 O-lio 最经济的方式。在生成配置文件的过程中,有三种因素需要考虑:

● 第一是使用的 EC2 实例类型①。有两种类型可以选择:C1. XL 类型有 7GB 的内存和 20 个运算单元(8 内核,每个内核拥有 2. 5 个计算单元)。

● 第二种类型是 M1. XL——一种大内存实例,拥有 15G 的内存,但是 CPU 只有 8 个运算单元(4 内核,每个内核拥有 2 个计算单元)。

这两种类型实例的成本都是 0. 80 美元/小时(在运行时)。

● 第二个因素因实现方式的不同而不同。三种不同的实现方式:Ruby、可缓存 Ruby② 和可缓存 PHP。

---

① 对不同类型的 Amazom EC2 实例的详细描述参考第 2 章基础设施即服务。

② 更多关于缓存的细节参考文献[10]。

• 第三个因素是应用服务器的数量。

在运行 Cloudstone 基准包后,每个用户每月的付费标准 1.40~8.50 美元/时不等,这主要取决于配置和实现方案。费用最低的方案是在两台应用服务器上运行 C1.XL 类型实例,实施方式是带该存 Ruby。可以看出,最高和最低费用之间相差超过 6 倍。因此,Cloudstone 基准包对优化 Olio 部署架构是非常有用的。此外,从运行结果中可以获得一些有价值的结论。例如,登陆操作可以引发显性能(服务相应时间增加)降低,最大减幅达 20%;与 mod_proxy 负载均衡器相比,nignix 均衡器显著地增加了吞吐量。《Nginx Primer2》[12] 对 niginx 和 mod_proxy 之间的不同之处(包括其 Web 服务器工作负载性能的好坏)进行了详细讨论。

Yahoo! 云服务基准包

Yahoo! 云服务标准基准包(YCSB)评测云存储系统(如 HBase)按标准负载运行时的性能。例如,运行多线程应用程序,用户可以浏览会话内容或发布帖子。也可以订制工作负载用来模拟任何应用程序的存储请求。图 10.7 描述了基准程序包的组成。YCSB 客户端是一个多线程 Java 程序,它的组成如图 10.7 所示。工作负载产生器生成加载数据库请求,同时应用程序发出存储请求。统计模块收集一些重要的统计数据,例如,云存储系统每秒可提供的最大 I/O 请求数。数据库插件向存储器发送实际的 I/O 请求,也提供一些重要数据库(HBase)系统的插件。YCSB 提供了一种为其他所用存储系统创建插件的机制。工作负载生成器和统计模块将在后面进行详细介绍。

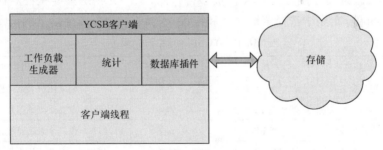

图 10.7 Yahoo! 云服务评价基准体系结构

YCSB 负载生成器

YCSB 工作负载生成器可以生成一些标准工作负载和自定义工作负载。这种区分是因为存储系统的性能依赖于具体工作负载,不同的存储系统具有不同的最优工作负载。标准的工作负载由 CoreWorkload 类产生。定义新的工作负载时,这个类就会被一个新的扩展工作负载类替换。这个类应有两种方法:doInsert 方法初始化数据库, doTransaction 方法来执行存储操作。

工作负载生成器操作分两个阶段：第一阶段加载数据库（这可能需要数小时来完成）；第二阶段对数据库执行操作。测试在第二阶段进行（通常需要 30min）。

用三个主要参数来控制工作负载发生器运行。这些参数在其他存储基准（非云存储）中也很重要，如 IOZone。第一个是混合操作比例，如读请求数和写请求数各占比例。工作负载发生器产生的操作包括插入、删除、读、更新（写）和浏览（通过按关键字检索整个数据库，显示指定数目的记录）。第二个是被读入的记录数目。第三个参数是分布密度，如特定记录被读或被写的概率。

YCSB 提供了三种常见分布模型。第一个是 Zipf 分布，用于描述大大统计区域中出现概率，例如：在某种语言中常用词，网站的受欢迎程度以及收入的分布，[15]美国企业规模分布。Zipf 分布计算公式如下：

$$p(k) = K(1/k)^\alpha$$

从公式可得第 k 项被选择的概率，并且 K 和 α 是分布参数。在 Zipf 分布下，开始的很少几项出现的概率很高，后面几项的出现概率快速降低，概率值取决于 α 的值。然而，Zipf 分布并不适合模拟下面的情况，即新的项目比旧的项目出现的概率更高，如发布博客。为此，YCSB 提供一种最新（Latest）分布标准。这种分布和 Zipf 十分相似，但是最新加入的项目插入到列表的最前端。最终分布模式为均匀分布，所有的记录等概率被访问。这是数据库的特征，数据库中所有记录等概率被访问。

表 10.1 总结了 YCSB 提供的标准工作负载，它们大部分是自解释的。在工作负载 C 中，假设实际用户配置文件被各自存储；工作负载是只读文件。在工作负载 E 中，Zipf 分布用于选择读取对话和线程。然后，均匀分布要读取的记录①。

表 10.1　YCSB 标准工作负载

序号	负载描述	操作	概率分布	典型应用
A	更新负载重	读 50%，更新 50%	Zipf	记录用户会话动作
B	读负载重	读 95%，更新 5%	Zipf	图片网站，主要是浏览图片，更新标识
C	读操作	读 100%	Zipf	用户个人信息缓存
D	读最新	读 95%，插入 5%	最新	用户状态更新，主要读用户状态
E	短期	浏览 95%，插入 5%	Zipf 或者均匀	按线程聚集的线索式对话

YCSB 测试和结果

目前，YCSB 为测量云存储系统的性能和可伸缩性提供两套测试方案（称为层）。为了测试系统的可用性和复制操作对系统的影响，提出了另外两种测试方案，但是在编写本书时，这两种方案还没有实现。这一组测试方法将在下面进行

---

① 在这个实例中，均匀分布不是作为一种流行的分布来选取特征项。

介绍。

第一层——性能:在这组测试验用于测试存储系统不同的负载性能。存储系统上的负载用吞吐量(可执行的指令条数/秒)的值来衡量。对于每种负载,用响应延迟时间来确定(性能)。延迟时间随着存储负载的增加而增加(直到饱和)。

第二层——扩展性:研究两种不同的扩展。在向上扩展(scale – up)测试中,每个基准测试程序包运行结束后,存储系统中数据就被删除,新的服务器添加到存储系统中,存储器按比例加载更多的数据,重新执行基准程序包确定新系统的饱和吞吐量。在理想情况下,每台服务器的最大吞吐量应该保持不变。在弹性的加速测试中,对当前服务器进行测试,完成之后添加新服务器,但不删除任何先前数据。为了使用新的服务器,重新配置存储系统,执行新的测试方案。每个服务器的最大吞吐量应该仍然保持不变。

第三层——可用性:为了测试对可用性影响,故障注入后(如服务器故障)测试存储器性能下降。建立一种机制,在异构的系统中用统一的格式注入故障。在撰写本书时,这种方法的研究工作并未完成。

第四层——复制;复制技术可以通过为数据提供多个副本从而提高存储系统的可用性。然而,这将产生额外的复制开销,而且产生副本的一致性问题。云系统中的复制问题已经在第 6 章(云计算面临的挑战)进行了详细介绍。通过对 YCSB进行适量的修改,来实现对某个特定系统的副本进行取舍,并对结果进行评测。

YCSB 结果实例

这节将介绍 YCSB 实例运行结果。分析研究四种存储系统:Cassandra、HBase、分片 MySQL 和 PNUTS。这些系统已经在第 5 章(开发云应用范式)进行了详细介绍。在更新负载繁重时(Heavy workload),Cassandra 具有最佳吞吐量(11798 操作/s),依次是 HBase、PNUTS 和分片 MySQL(7283 操作/s)。然而,对于 100 条记录内的较小的工作量,HBase 和 PNUTS(吞吐量)是相当的(分别为 1519 操作/s 和 1440 操作/s),而 Cassandra 差很多(<100 操作/s),这是因为 Cassandra 优化写操作(更新工作量很大时,有更好的性能)。想获取更多的内容,可以查看 YCSB 云服务系统标准。

在可伸缩性测试也产生了很多有价值的结果。这些结果显示,Cassandra 和MySQL 可以很好地按照比例进行伸缩,而 HBase 在集群数较少(<3)时,性能不稳定。弹性加速测试结果显示 Cassandra 再分区开销高,增加一个新的服务器后,需要耗费很长时间(按小时计)系统性能才能稳定下来。

CloudCMP

本节将介绍 CloudCMP,它是由杜克大学和微软研究院合作的研究项目[17 – 20]。CloudCMP 的目标是通过对在云中运行软件的性能和成本进行预测来比较云服务提供商,进而做出正确选择。文章介绍了对四个著名的云服务平台的测试:Amazon AWS、Microsoft Azure、Google AppEngine 和 Rackspace CloudServers。这个项目所面临的挑战之一是:不同的云服务提供商之间差异很大,因此提出一种适用于所有云系统的统一(测试)方法比较困难。例如,云提供商可以有不同的云模型(IaaS、PaaS 和 SaaS),且提供不同的服务。此外,云提供商也有不同的收费方式。为了解决这个问题,CloudCMP 采用四步方案:

(1) CloudCMP 利用一组标准的服务包测试所有的云提供商(如一个弹性计算集群)。

(2) 使用 CloudCMP 试图测试各个云服务提供商提供的标准服务的价格和性能(服务性价比计算方式由服务供应商确定)。

(3) 得到每个应用程序的服务需求(即对每个事务需要计算能力)。

(4) 最后,得到在每个云服务平台上运行的应用程序的成本和性能。

CloudCmp 架构

CloudCMP 将一个云计算建模成四个标准服务组合,这四个标准服务为计算、存储、云内部网络和广域网(WAN)。这些服务及特性在后面章节中介绍,下面介绍如何在 CloudCMP[20] 中建模一个典型的三层 Web 服务。

弹性计算集群:这些服务用来模拟云中的计算服务。CloudCMP 测试与计算服务相关联的三个指标。第一个是运行基准程序包完成时间,表示执行一个基准程序包所耗的时间。这个基准(测试)类似于传统的 CPU 基准(测试)。第二个指标是基准程序包费用,这两个指标一起用来比较不同云计算的性价比,例如,比较 Amazon EC2 不同类型实例的费用。第三个指标是扩展延迟时间,分配一个新的运算实例所需要的时间。这是一个是重要的指标,因为决定系统的扩展速度,在撰写本书时,典型系统的扩展操作耗时约 100s。

永久存储服务:正如第 2 章 ~ 第 4 章所述,不同的云服务供应商提供了不同类型的存储服务。CloudCMP 将云存储服务分为三类:表存储、二进制存储以及队列存储。表存储包含关系型和非关系型存储,都对结构化数据进行操作。CloudCMP 模拟表存储三类操作:取操作、写操作以及查询操作。Blob 存储是一种可以下载或上传二进制文件的存储方式(例如,Amazon S3 文件存储服务)。最后,队列存储(如 Windows Azure)可以用于模拟信息的发送与接收操作。对于每个操作,CloudCMP 都会测试每个操作的响应时间和成本。此外,对于复制存储,CloudCMP 将会测试系统重新回到稳定状态所花费的时间(这与第 6 章解决云计算的调挑战中的窗一致性相同)。

云内部网络:用于连接不同云组件,用两个指标(TCP 吞吐量和 TCP 响应时间)来衡量。使用 TCP 吞吐量是假设云流量主要取决于 TCP 连接。

广域网:广域网最优延迟时间用来描述 planetlab 节点上应用程序连接到距离

planetlab 最近的云服务数据中心所花费的最短时间。planetlab 是一个用于实验研究的分布式计算机网络。在 2010 年 6 月,planetlab 已经具有 1000 个节点和 500 个网站。该网络中的计算机属于成员单位(研究机构及大学)。所以,标准包将 planetlab 作为典型的广域网并从中获取测试数据。

图 10.8 描述了如何利用 CloudCMP 模拟在亚马逊 EC2 上运行一个典型的三层服务。广域网最优延迟时间用来测试数据从访问点到最近的亚马逊数据中心的延迟时间。云内部网络统计(延迟)可以估算数据到达应用服务器的延迟时间。然后,弹性计算机集群统计数据和应用程序的 CPU 需求一起用来估算前端服务器层的性能。同样,应用服务器层中的性能指标也可以被估算出来。最后,长期存储服务统计数据可以用来估算应用程序的存储需求。

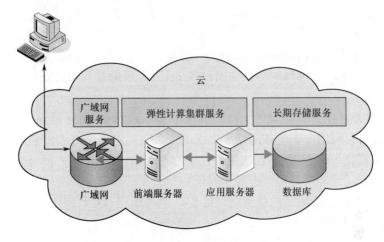

图 10.8　CloudCMP 体系结构

CloudCmp 结果

CloudCMP[20] 对 AWS、Windows Azure、Google App Engine 和 CloudServers 四种云平台测试的结果进行比较,比较是以匿名方式进行的——用 C1 ~ C4 来代替四家供应商。下面是 CloudCMP 测试数据。

弹性计算机集群:CloudCMP[20] 列出了各个供应商提供的实例类型:他们的收费标准以及基准程序包的运行时间。结论是不同供应商的收费标准相差很大。C4.1(供应商 C4 提供的第一种实例类型)的收费标准比 C1.1 高出 30% ,但是其速度却是 C1.1 的 2 倍。当比较每个基准程序包收费标准时,可以发现云服务供应商提供的最小实例具有最优性价比。此外,测试发现四个供应商提供的所有实例的伸缩延迟都小于 10min,个别供应商小于 100s。研究发现,创建 Linux 实例比创建 Windows 实例快。

永久存储:对所有供应商(除了 C2 以外)分别使用小表(1K 条)和大表(100K

条)进行了测试。测试结果显示服务的响应时间差别很大。例如,对于所有的供应商,响应时间的中位值是 50ms,第 95 百分位的响应时间是它的 2 倍,达到了 100ms。对于伸缩,所有的供应商都提供很好的扩展能力,达到了 32 并行线程(而没有增加响应时间)。就不一致时间(各个副本从不一致到一致的时间间隔)而言,除了 C1,所有供应商都没有任何不一致。C1 提供 API 选项实施强一致性,没有发现对延迟有重大影响。然而,没有选择强一致性这个选项,发现 C1 有一个长达 500ms 的不一致窗口(如果选取第 99 百分位不一致时间)。通过供应商提供的资料,比较不同供应商每个操作费用。

二进制(数据)下载时间可以通过分别利用小二进制数据块(1KB)和大二进制数据块(10MB)进行测试。因为 C3 没有提供二进制服务,所以只需要对其他三个供应商进行测试。使用小二进制数据块时,除了 C2 之外的所有供应商都显示了良好的扩展性(达到了 32 个并发下载),且 C4 是最佳。使用大二进制数据块时,C4 和 C1 的扩展性仍然很好,但 C1 具有最好的扩展性。最大吞吐量的研究表明:对于 C1 和 C2,云内部网络是性能瓶颈,因为可用的最大吞吐量已经接近云内部网络带宽。

电子商务网站:CloudCMP[20] 提出了按 TPC－W(一个交易网站服务标准)进行性能测试,它利用电子商务网站来生成工作负载。这个基准测试包删除了 JOIN 和 GROUP 操作,因为这些不在表服务提供的范围内。CloudCMP 预测该测试中 C1 响应时间最短(已经通过测试进行了验证)。

比较服务供应商的云内部网络延迟和广域网延迟,以及不同应用程序的性能比较参照 CloudCMP[20]。

终端用户程序设计

本节着眼于未来的云应用开发——终端用户可以变成应用程序开发者。第 3 章已经指出万维网(Web)对终端用户的价值将大幅增加,如果终端用户可以整合 Web 上数据和服务来创建新的、更有意义的服务。例如,一位用户在规划自己的假期时,可能需要航班和酒店信息。这位用户甚至希望检测 Web 上的航班时刻表和价格以便充分利用最佳时机。

如果终端用户能够利用 Web 上数据自己开发程序,这种程序开发系统必须易于理解、学习、使用和教授[22]。终端用户开发计划(End－User－Development)将终端用户编程(EUP)系统分为两类。

• 第一类是参数化或订制类,在这类系统中,允许用户在候选行为中选择构建自己的应用程序,如设置电子邮件过滤器。

• 第二类包括允许创建和修改系统。这一类程序开发的例子包括可视化程序设计和宏。

因为参数类开发和宏(如 Microsoft Excel)是众所周知的,下面将讨论其余的两子类——可视化程序设计和范例程序开发。

可视化编程

可视化编程指开发工具允许以可视化方式进行程序开发,通常从工具箱(表示预先定义的程序模块)中选择控件。非程序开发的专业人员很容易掌握这些工具。在第 5 章,*Paradigms for Developing Cloud Applications* 中,对 mashups 和 yahoo pipes(可视化开发的典型例子),已经进行了详细的描述。

示例编程

在终端用户编程(EUP)中,示例编程是一种非常流行的技术。在示例编程中,用户提供示例的查找类型或要求过程,系统会生成一个程序执行计算任务[22]。本节的其余部分通过两个项目来介绍这种编程方式。首先,惠普实验室 TaskLets 项目[23],使用示例编程帮助用户生成一个可以在计算能力有限的移动设备上执行复杂任务的窗口小部件。Koala,第二个项目,使示例编程和自然语言处理相结合,让非程序员可以编写计算机脚本,采集业务工作流。

微线程

窗口小部件已成为移动手机接入互联网非常流行的方式。移动小部件通常被设计运行在智能手机上具有有限的显示和输入功能。窗口小部件接受简单的文本输入,访问互联网上可用的信息,显示所需要的结果。一个典型的小部件可以输入一个银行账号,访问银行的网站,查询账户余额,以简单的文本显示。移动部件的优势在于它不需要为移动设备专门维护新 Web 网站,显示网页是用个人计算机开发完成的。

Geetha 等人[23],定义一个名为微线程的概念来表示用户个人网页交互模式(user's personal web interaction)。要创建一个新的微线程,用户需要做的是完成 Web 任务需求交互操作,说明任务(Web 交互),使用 Web 浏览器向所有相关网站发送需求。建模在一个微线程内。tasklet 捕获用户完成 Web 任务的常用方式——以用户指定方式压缩执行一个具体任务需要 Web 动作序列。这些微线程可以由用户创建、共享、自定义以及与其他微线程和 Web 服务(如语言翻译、文本摘要器)组合。

微线程提供一个框架允许终端用户创建所需要的小部件,移动设备的终端用户可以创建窗口小部件访问任何他们希望访问的网站,小部件也可能需要综合多个网站的信息。为了实现这一目标,需要解决许多挑战。第一个挑战当然是程序,这是用户创建个人小部件的常用方法。第二个挑战是该合成方法必须能弹性改变,因为任何网页都可能会变(例如,通过添加新的安全方法,或重订格式)。在这种情况下,部件就不会错误地执行,用户也不必重新开发部件。另外,用户可能希望创建一个小部件并与他人分享,这就有必要保护存储在小部件里的私人数据的隐私(如用户 ID)。最后,移动连接也容易受到破坏,需要一个框架对中断连接进行有效的管理,提高健壮性。《在 *End User Programming of Task – based Mobile Widgets*[24]》中描述了解决方案。

图 10.9 说明了一个微线程生命周期的不同阶段。考虑到这样一种情况,即用户想要在他们的手机上开发一个能显示其银行账户余额的微线程。这可以通过使用微线程编写工具(浏览器插件)来完成。

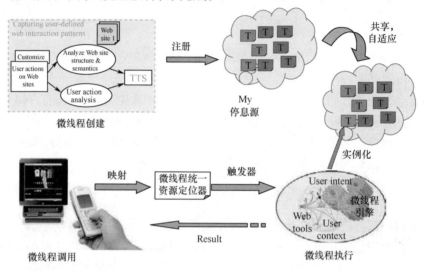

图 10.9　微线程生命周期

首先,用户在微线程开发工具上单击"记录"按钮,然后执行 Web 动作检查银行存款余额,用户可以登录到银行的网站,进入包含了账户余额的 Web 页面,以数字形式显示账户余额信息。微线程系统可以创建一个执行相同的动作微线程,将其存储在微线程资源库里。一段时间后,当用户不能访问个人计算机时,就可以调用在手机上创建的微线程,可以通过短信、互联网甚至是语音方式来调用。微线程被调用后,将在手机上显示账户在银行的余额。下面这个任务不像前一个任务那么简单,它可能是一个复杂的任务,如预订一个为期两天的、从班加罗尔到德里的、自己最喜欢的航班,然后用信用卡预定喜欢的酒店一间房。这些步骤的内部细节还将在接下来详细解释。

微线程创建概述:微线程周期的第一阶段是微线程创建。如前所述,用户在计算机上利用浏览器执行所需的 Web 应用。微线程系统记录用户操作,分析用户操作以及所在网页。经过分析,以脚本的形式生成用户操作的语义,称为微线程模板脚本(TTS)。然后微线程被参数化并存储在微线程资源库中作为一个 SaaS。它可以被移动设备调用来执行需要的操作。

356

　　用户操作记录：微线程创建细节如图 10.10 所示，第一步是记录用户的操作。这由浏览器的一个插件完成，它有一个记录按钮来启动和停止记录。在到达最后一页之后，通过双击执行微线程，用户可以选择要显示的内容。考虑这种情况，用户希望开发一个微线程查询银行账户余额。登录后，进入包含银行账户余额的Web 页面，用户可双击银行账户余额。当 tasklet 在用户移动设备上运行时，它将登录到银行主页，进入显示账户余额的页面，提取用户在银行中的存款余额，显示在移动设备上。如果想要显示其他的结果（例如，最后一笔交易的细节）也可以双击 tasklet，执行微线程后显示账户余额和交易情况。

图 10.10　微线程授权

　　也可以选择并显示多个 Web 页面上信息。在前面给出复杂的旅行预订案例中，最有用的信息可能是预订机票的验证码（机票预订页面上）以及酒店的验证码。如果用户在网页合适位置选择这两个验证码，它们都在用户执行微线程后显示在移动设备上。

　　微线程的生成：用户操作记录存储在一个 Browse – Action – Recording（BAR）文件中。BAR 文件还包含要提取的字段的详细信息。微线程授权服务从语法和语义上分析 BAR 文件，创建一个记录模板。模板脚本包含用户在浏览器操作，用变量代替操作过程中的输入数据。为了生成输入，变量也可能是超连接。在这个过程中，用户需要说明变量的属性，并且知道哪个变量是输入参数。例如，在旅游预订案例中，每次确定之前用户都被问到：你想改变飞机"日期""目的地"吗？如果回答是，就会生成合适的变量作为输入参数（在微线程执行过程中被问到的即为输入量）。每个变量的隐私设置（如信用卡号码）也是输入。

　　微线程创建后，存储在微线程资源库（TLR）中，它是托管 Web 任务库的云。每个微线程被指派一个唯一的 URL，用户 URL 可以重复执行用户任务。因此，和其他 Web 对象一样，它可以从任何设备共享，说明或"调用"。TLR 也允许需要相同功能的用户共享微线程。

　　示例 微线程模板脚本与认证：

```
GOTO URL = http:// lib.hpl.hp.com/
HYPERLINK POS = 1 TYPE = A ATTR = TXT:ACMDigitalLibrary
INPUT POS = 1 TYPE = TEXT FORM = NAME:emp ATTR = NAME:UID CONTENT = {{EMP_ID}}
SUBMIT POS = 1 FORM = NAME:emp ATTR = NAME:ACTION
INPUT POS = 1 TYPE = TEXT FORM = NAME:qiksearch ATTR = NAME:query CONTENT =
```

```
{|TITLE|}
SUBMIT POS = 1 TYPE = IMAGE FORM = NAME:qiksearch ATTR = NAME:Go
EXTRACT HREF POS = 1 TYPE = A ATTR = TXT: * Pdf *
```

微线程模板:上面代码访问惠普实验室研究图书馆(不是一个公共网站)微线程片段,以论文标题作为输入,在验证惠普员工身份后返回论文的 URL。每一行脚本中包含一个操作码和一些操作数。操作码代表将要执行的动作(例如,转到一个 URL),而操作数就是参数。变量{ EMP_ID }和{TITLE}分别代表员工 ID(用于身份验证)和搜索论文的标题。微线程调用时,标题是该微线程唯一的输入量(雇员 ID 固定的)。与上面的脚本相似,下面介绍的脚本是访问谷歌地图文本导航。可以指出,这些代码片段不是由开发者编写的而是由编程工具自动生成的,在用户编程时仅仅可被浏览。

示例　谷歌地图微线程脚本模板:

```
GOTO URL = http:// maps.google.com/
HYPERLINK POS = 1 TYPE = A ATTR = TXT:GetDirections
INPUT POS = 1 TYPE = TEXT ATTR = Id:d_d CONTENT = {|SRC_VAR|}
INPUT POS = 1 TYPE = TEXT ATTR = Id:d_daddr CONTENT = {|DEST_VAR|}
SUBMIT POS = 1 FORM = ACTION:/maps ATTR = ID:d_sub
EXTRACT TXT POS = 1 ATTR = CLASS:altroute_info&&TXT: *
```

微线程执行:微线程的执行细节如图 10.11 所示。微线程存储在 TLR 中(属于移动服务提供商)首先被用户的移动设备调用。这可通过短信、互联网,或甚至语音实现。接下来,微线程执行引擎(TEE)创建一个微线程实例并执行。作为执行的一部分,微线程要求用户输入必要的信息。TEE 也试图弥补 Web 站点的变化。回顾一下,TTS 脚本包含的操作码,这些操作码满足语法或语义要求。对于操作码语法,就是准确使用操作数。例如,对于指令 GOTO 语法,TEE 访问操作数指定的 URL。然而,对于一个操作码语义,如超连接,如果试图访问指定 URL 失败,TEE 将试图发现一个语义上等价的 URL(如用 horoscopes 代替 astrology 这个词)。细节可以参考基于任务的移动部件终端用户开发[24]。

解决方案中的云要点:
- 云中的 Web 任务。
- 基于浏览器的授权。
- 使用付费。
- 不需要搭建的基础设施。
- 终端用户应用库。
- 多设备访问。
- 运行在已存在门户网站或者云服务中。

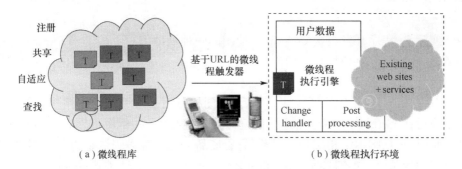

图 10.11　微线程执行

在微线程解决方案中云的作用

虽未明确提及,其实云计算构成了微线程解决方案的核心。首先,微线程库完全驻留在云中。微线程授权工具以云服务的方式运行,并可以通过浏览器访问。因为微线程运行在云中,所以可以创建一个按使用付费的微线程业务模型。此外,不同类型的瘦客户端(不同手机)可以用来 调用云中微线程完成一个复杂的 Web 任务后访问执行结果。

CoScriptor[25,26] 是一个系统,其作用是方便用户捕捉企业中业务流程的细节,像脚本一样可以被用户编辑和订制。CoScriptor 依赖草率编程(sloppy programming)。在这种方法中,用户使用人类可以理解的语言编写执行的任务脚本。编写脚本无需使用语法严格的程序设计语言,CoScriptor 力图使非程序员也可以编写和编辑脚本。CoScriptor 解释器试图将脚本分解成一系列关键词,每个关键词表示一个操作,并试图执行相应的操作。CoScriptor 允许用户记录执行的操作,而不仅仅是写下来。下面使用一个来自 Koala[26] 的程序详细说明这些思想。

CoScriptor 用例:在这个例子中,一个叫蒂娜的员工想使用该公司的在线订购系统订购一支没有列入网购清单的笔。为了帮助她,一位同事给她发邮件说明如何订购不在网购清单中的录像带。代码片段显示如下。

```
Example CoScriptor Script
1. go to https:// www.buyondemand.com
2. scroll down to the "Shop by commodity" section, click "View
commodities"
3. from the list of commodities, select "MRO/SUPPLIES"
4. …
5. the resulting screen is entitled "Full Buyer Item". For "Item
Description" enter "MiniDV digital videotape cassette, 60 minutes at SP
mode". For "Estimated Unit Price" enter "3.25". For "quantity"
enter how
many you want.
```

6. …

实际上,程序开发也是 CoScriptor 使用的一种辅助编辑手段。当 CoScriptor 引擎遭遇一个错误命令时,它为用户打开一个浏览器显示如何在脚本中执行自然语言命令。

首先,CoScriptor 连接到网站。然后,试图执行第二步开始向下滚屏。结束向下滚屏后,CoScriptor 发现一条连接标记为"查看商品",并试图追踪它。当执行到这一步时,包括脚本中相应步骤以及"查看商品"连接,都被强调是为了让用户(这个例子中的蒂娜)知道即将被执行的步骤。当到达第五步时,CoScriptor 中断,因为它假定任何包含单词 you 指令都表明需要一个用户操作。

先前的示例演示了 CoScriptor 的一些关键特征,即它是如何使用编程中的概念来解释终端用户编程的。虽然微线程对用户来说使用更为简单,而且 CoScriptor 所使用的脚本语言是属于自然语言范畴的,而且可能吸引一大批用户团体。

OPEN CIRRUS[①]

Open Cirrus 是一个研究和创新云计算的测试平台。Open Cirrus 的目标是培育对云计算系统性研究,将企业/行业级(云计算)需求介绍给云研究团体,追踪实际云负载,更重要的是,为云研究提供独立于供应商的开源堆栈和 API,为云服务的建模提供一个全面的环境。

Open Cirrus 的组织始于在 2008 年年初惠普、英特尔和雅虎之间的一场讨论。在写作本书时,该组织由 14 个地理上分散的站点组成(图 10.12),每个站点提供

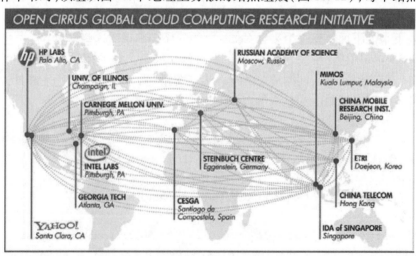

图 10.12　Open Cirrus 的节点和合作伙伴分布

---

① 资料来自美国 Hewlett – Packard 实验室的 Dejan Milojicic 博士。

至少 1000 个内核及相应的内存和外储[27]。每个站点都是独立管理,因此整体试验平台是一个异构的站点的联合。这种选择初衷,保证了对云服务更全面的研究,特别是在管理方面。

OPEN Cirrus 的远景就像今天的互联网,云计算的未来将包括由多个云服务供应商提供的似单一的无处不在的云,用户可从中获得计算和存储资源,以及许多服务。实现这个远景,还有需要大量的研究解决的很多技术问题。OPEN Cirrus 的成立是为了开展这方面的研究。

获取到 OPEN Cirrus 的过程

使用 Open Cirrus 的过程是简单的,自动操作的。利用自助服务工具可以申请获得节点,该工具可以按小时动态分配节点。利用该工具还允许用户选择操作系统,指定具体机器并且有一个更复杂的用户界面来搜索机器 IP 地址、类型、系统管理员视图窗口等。按小时分配节点的最终目标是增加共享。一个典型的用例是在短时间内需求大量的内核(至少上千)请求,在此期间可以实施可伸缩性、性能、可靠性和功能测试,然后由机器交付其他用户。

成为一个 Open Cirrus 站点要求至少拥有 1000 核心用于云计算的研究,而且还有剩余部分节点供给其他站点和其他用户。此外,在 OPEN Cirrus 发起人之间签署一项协议用于解决万一任何一个站点被攻击产生的法律纠纷。导出(数据)和隐私保护也需解决。除了获得 OPEN Cirrus 节点过程以外,还有团队建设,如包括每月例会(来自两个地区代表)和一年两次的峰会。峰会已经被 IEEE 赞助且跨云计算各个研究领域,吸引其他国家的研究人员参与。在 2011 年的亚特兰大佐治亚州第二次峰会上,着重强调 OPEN Cirrus 站点服务。例如,展示 BookPrep 服务,它运行在 Palo Alto、佐治亚理工学院、KIT、CMU、MIMOS 和 ETRI 等站点上。

大规模云计算研究测试

诸如网络互联、持续性、百亿亿级别的计算能力、存储、服务组成、安全等一系列研究项目已经在 Open Cirrus 平台展开。其中部分研究项目需要访问硬件或者底层机器的系统软件,因此需要给用户公开物理机器。这与典型的云计算不同,在典型的云计算中,用户使用的是虚拟机。Open Cirrus 平台需要一些管理工具/服务维护物理层的资源。本节的剩余部分解决这些问题,重点在云管理架构中可持续性和节点预留系统需求。

图 10.13 描述了一个 Open Cirrus 站点的架构(Open Cirrus 云计算堆栈和全局服务),以及目前在惠普实验室开展的研究。为了进行实验,Open Cirrus 整合可靠基础设施,就像整合用户。在堆栈的最底层,开展测试平台网络互联研究,第

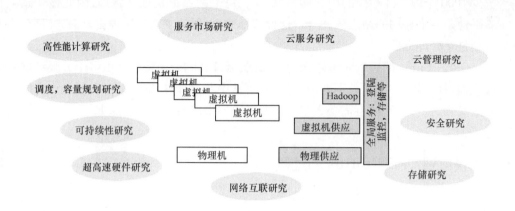

图 10.13 Open Cirrus 节点架构

二层是需要掌握云服务的需求和行为的硬件设计人员(开展研究),第三层可以进行管理的研究,这可以更好地理解典型的处理、内存、存储堆栈,其次是服务研究,等等。

这种类型的实验平台第一个要求是不断改变,允许插入不同的堆栈,如更改互联方式、操作系统(硬件研究)、默认的监控配置和调度。需要向用户公开虚拟机和物理节点,前者(公开虚拟机)在云计算中常见,而后者是为了开展系统研究,如Emulab。第二个要求是支持异构,是为了实现对跨地区、全局化测试。在第7章指出,这些地区(美国、欧盟、亚太)有不同的隐私保护和(信息)输出规则,所以需要在分配资源之前进行用户身份验证。第三个要求来自第二个需求,即需要联合,在各个层次上实现联合。首先在安全层,通过全局认证(以及其他服务,如全局监测);然后在物理配置层(通过扩展节点(增加业务的处理需要),预约系统),虚拟配置层(联合 Eucalyptus 和 Tashi 系统);最后是用户服务层。一些针对 Open Cirrus 开发的关键工具,如资源分配(节点预约系统)、不同指标的可扩展监控、持续性监控能源需求界面和其他资源利用率。

节点预约系统

虽然云计算承诺提供无限的资源,但是实际上每一个云供应商的硬件资源有限,且被用户共享。对于一个研究实验台,限制是显而易见的。一个典型的 Open Cirrus 站点至少有 1000 个内核,所以整个实验平台大约有 15000 多个内核。许多实验需要大量的内核。节点预留系统保证在规定时间内为用户预留所申请的资源(通过一个内置资源搜索引擎)。此外,如图 10.14 所示的工具可在物理节点上实行联合化,允许用户从其他 Open Cirrus 站点请求硬件资源。这个节点预约服务满足所有需求(物理配置、非均质性和联盟)。

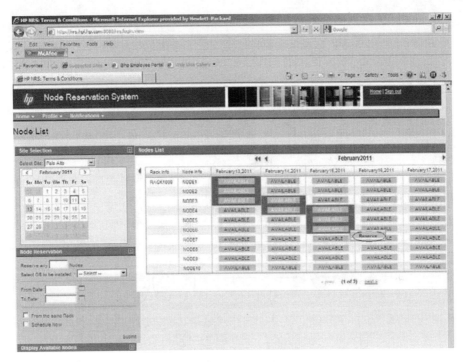

图 10.14　节点预约系统 GUI

可扩展的监控系统

监测是深入了解云计算基础设施的另一个重要手段。监测是连续和按需快速检测的,对于云中的异常行为,寻找关联和分析数据后快速做出反应。一个关键挑战是如何处理多个节点和多个虚拟实例产生的海量监测数据。此外,收集监测数据来自堆栈多个层——物理平台、虚拟层、操作系统和应用程序层,所以分析需要综合相关的多个指标。传统检测方案采用集中式和反应式数据收集,汇总分析数据中心各个子系统。信息生成,因此够扩展到数以万计的内核。一个可扩展性监视架构已经在 Open Cirrus 平台一个站点(惠普实验室)进行实验了,该监视架构采用分布式,示意图如图 10.15。该结构可以扩展或收缩,且基于本地最优化进行配置。一个在运行监测分析是异常检测。考虑在线性质服务,异常探测执行轻量级统计模式,基于分布的指标产生报警[28]。

云可持续性界面

可持续性界面是另一个全局性服务,是系统研究的需要(表 10.2)。它收集有关资源使用的各种信息,汇总信息成站点级和跨站点级,且报告给站点管理员/所有者和潜在用户,这些用户持续性了解他们的一些服务在底层云上实现的情况。其次,这个服务满足了对物理和虚拟设备的访问,因为他们是异构(不同站点有不

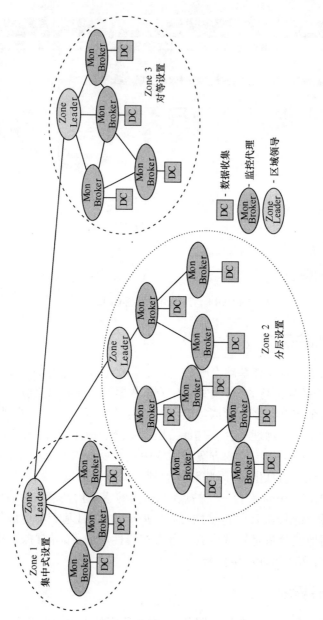

图10.15 可扩展的监测和分析系统

同集成接口)且联合在一起的。

表 10.2　云计算可持续性

位置	经济成本/#					生态成本				社会成本		
	工厂设备	空调	网络	保障	总评	CO_2/t	水/m^3	资源利用	总评	发展状态	不稳定性风险	总评
位置1	$0.72	$0.35	$0.16	$0.43	好	6.0	2.6	83	好	高	低	差
位置2	$1.27	$0.59	$0.21	$1.11	差	6.8	3.3	96	中	高	极低	中
位置3	$1.05	$0.47	$0.12	$1.07	差	5.9	2.3	81	好	高	低	差
位置4	$0.75	$0.35	$0.12	$0.61	好	6.1	2.7	85	好	高	极低	中
位置5	$0.27	$0.13	$0.05	$0.09	好	4.3	2.4	59	好	低	高	差
位置6	$1.82	$0.77	$0.11	$1.17	差	10.2	4.3	142	差	高	低	差
位置7	$1.23	$0.54	$0.11	$0.98	中	15.0	4.4	192	差	高	低	差
位置8	$0.55	$0.26	$0.10	$0.16	好	6.9	2.6	95	中	中	低	中
位置9	$1.01	$0.44	$0.10	$0.83	中	5.3	2.5	74	好	高	极低	中

云计算开放式研究存在的问题

本节详细介绍了作者对云计算主要挑战所持的观点。

在 IaaS 和 PaaS 层,在支持多个租户的同时,使配置、构建和部署完全由用户做主,并提供弹性和可扩展的基础架构,这些任务都不容易。需要新颖的中间件架构和策略管理算法,满足所要求服务等级协议;需要适宜的反应式资源模型,既具有自我伸缩和自我管理能力。可扩展的管理和在不影响用户的情况下协调服务器、存储和网络资源配置确实是一个挑战。

应用程序容器的概念,尽管在一些标准(CDMI)中做了规定并用在一些研究成果[29]中,(应用在云中)可使用户使用系统时无需理会硬件故障和软件升级。云供应商的基础设施上智能放置应用容器的优化算法,也是很有吸引力的研究课题。

开发能充分利用云平台可扩展性、可靠性和灵活性的应用程序并不是很容易。建立一种用于开发高效云应用程序的框架还是一个远景目标。新的云计算应用程序充分利用和云基础设施持续连接的性质,因此在移动环境中应用潜力是大的。移动应用程序中的环境感知是给用户提供良好的个性化体验的关键。所以,用户环境和云提供商之间的标准通信方式变得很重要。

正如在 Open Cirrus 中所见到的持续性界面,云平台在未来很可能会采用基于功耗的计费方式。这不仅是云平台本身新的研究机遇,而且是构建高效节能应用程序、算法、平台的新机遇。与应用程序级相同,平台级也需要高效节能模型、工具和度量指标。

以 Open Cirrus 为例,许多云平台和其他合作人共同创建,因此,不同云提供商的资源整合产生了大量需要解决的问题,不仅有管理方面的问题,还有资源配置,新颖的支持整合架构模型,整合后性能计算,邻近的调度、高可用性和节能等问题。

IaaS、PaaS 和 SaaS 层的隐私、安全性和信任管理尚未完全解决。安全和隐私保护不仅存在于云供应商和云用户之间,而且将多个云供应商的资源整合成一个云时,安全和隐私保护问题也存在于云供应商之间,这更具有挑战性。

从编程的角度来看,因为 Hadoop 和 MapReduce 获得了大量的人气,将传统的算法或应用程序转换成 MapReduce 模式特别适合于已存在项目。事实上,还没有形式化的方式来判断算法和应用的 MapReducibility[30] 能力。对 MapReduce 的理论研究开展的工作还很少。

了解其他创建性能更高应用程序的编程模式是值得的。例如,应用程序运行失败后回退方案的设计或创建全新的编程模式都是有价值的。新的编程语言也许可以从这些模式中进化而来。

有许多博客[31,32]文章都涉及云计算中的开放式研究项目,读者可以自行参考。同时,本书中其它章节涉及到的云技术和研究案例非常有助于尝试着去解决这些难题。

小结

在本章,介绍了云技术的各研究方向。前两节介绍了几种减少对固定云供应商依赖的努力。第一节介绍了云标准,通过对模型和云 APIs 的标准化减少云供应商绑定,以便简化从一个云提供商迁移到另一个或迁回到一个私有云的过程。第二节是关于基准,它帮助客户评估哪个云供应商更适合运行他们的应用程序。在新兴的标准部分,可以看出各种标准化组织正试图对云服务各方面进行标准化。如 SNIA CDMI,是对存储服务和应用程序规范化进行尝试,DMTF's 的云孵化器标准是标准化云管理的尝试以及 IEEE 的不同云互操作性的标准草案和开发网络论坛的云标准。可以看出,这些标准化的努力涉及了云计算的各个方面,相互之间还有重叠。在撰写本书时,难以评判哪个标准更易被人们认可。

基准测试可以用于比较不同的云系统,调整和配置云系统,以及容量规划。本章中基准测试可有三个用途。类似的标准,可以看出它们涵盖云计算的各个方面。Cloudburst 基准测试通过运行标准云应用程序精细测量应用程序中每个事务的成本,试图评估在云上运行一个应用程序的成本。这种方法的缺点是 Cloudburst 提供的应用程序包和云用户应用程序不同,这将使测试结果有较大的偏差。雅虎云存储基准测试试图评估云存储设施的各个方面。它是动态的、可调整的,可以用来模拟任何应用程序的存储要求。最后,CloudCmp 测试基准标准化了云架构测试的各个方面并试图使用一个简单的模型评估运行在该基础设施上的任何一个应用程序的性能。此方法的缺点是模型的准确性很难估算。

下一节终端用户程序开发,重点是非专业的程序开发技术,它将不同的网页信息综合起来满足新的应用。以旅行预定作为案例,需要预定酒店房间和航班。这种技术的重要性来自于这样事实：没有它们，虽然云计算可以使数据中心最优化，但是用户无法将信息整合起来发挥出云的全部潜力。用户将无法整合网页的信息发挥出云的全部潜力。在本节中介绍这些技术，重点是 tasklet，一个框架，其目标容易开发对网页执行复杂操作的桌面小程序。最后，介绍 Open Cirrus———一个惠普实验室云研究项目，及一些正在进行的重要的研究项目。本章以列表的形式总结了在云计算成为全球主流的计算方法之前尚需解决的挑战。

参考文献

［1］Cloud computing scenarios：2010 and beyond，By Diptarup Chakraborti，Gartner．http：//informationweek．in/Cloud_Computing/10 − 06 − 28/Cloud_computing_scenarios_2010_and_beyond．aspx？page = 2；2010［accessed July 2011］．

［2］CDMI tutorial．http：//www．snia．org/education/tutorials/2010/fall/video/carlson_interoperable_video；［accessed July 2011］．

［3］SNIA，Cloud Data Management Interface，Version 1．0，SNIA Technical Position，April 12，2010．

［4］http：//snia．cloudfour．com/sites/default/files/CDMI_SNIA_Architecture_v1．0．pdf；［accessed July 2011］．

［5］Architecture for Managing Clouds：A White Paper from the Open Cloud Standards Incubator，DMTF．http：//www．dmtf．org/sites/default/files/standards/documents/DSPIS0102_1．0．0．pdf；［accessed July 2011］．

［6］Draft Guide for Cloud Portability and Interoperability Profiles．http：//standards．ieee．org/develop/wg/CPWG − 2301_WG．html；［accessed July 2011］．

［7］Draft Standard for Intercloud Interoperability and Federation．http：//standards．ieee．org/develop/wg/ICWG − 2302_WG．html；［accessed July 2011］．

［8］Welcome to the httperf Homepage．http：//www．hpl．hp．com/research/linux/httperf；2009［accessed July 2011］．

［9］SPECweb2005．http：//www．spec．org/web2005/；2005［accessed July 2011］．

［10］Sucharitakul A，et al．Cloudstone：Multi − Platform，Multi − Language Benchmark and Measurement Tools for Web 2．0 by Will Sobel，Shanti Subramanyam．http：//radlab．cs．berkeley．edu/w/upload/2/25/Cloudstone − Jul09．pdf；2009［accessed July 2011］．

［11］Baldi P，Frasconi P，Smyth P．Modeling the internet and the web：probabilistic methods and algorithms Wiley；2003．978 − 0470849064；［accessed July 2011］．

［12］Nginx Primer 2：From Apache to Nginx，Martin Fjordvald．http：//blog．martinfjordvald．com/2011/02/nginx − primer − 2 − from − apache − to − nginx/；2011［accessed July 2011］．

［13］Cooper BF．Yahoo！cloud serving benchmark．http：//www．brianfrankcooper．net/pubs/ycsb − v4．pdf；2011［accessed July 2011］．

［14］IOzone Filesystem Benchmark．http：//www．iozone．org/；2006［accessed July 2011］．

［15］Zipf，Power Laws，and Pareto − a Ranking Tutorial．http：//www．hpl．hp．com/research/idl/papers/ranking/ranking．html；2002［accessed July 2011］．

［16］Cooper BF，Silberstein A，Tam E，Ramakrishnan R，Sears R．Benchmarking cloud serving systems with YCSB．Indianapolis：ACM Symposium on Cloud Computing；http：//research．yahoo．com/node/3202；2010［accessed July 2011］．

［17］CloudCmp：Pitting Cloud against Cloud．http：//www．cloudcmp．net/；2010［accessed July 2011］．

[18] Li A, Yang X, Kandula S, Zhang M. CloudCmp: Shopping for a Cloud Made Easy. 2nd USENIX Workshop on Hot Topics in Cloud Computing (HotCloud), http://wwwcs. duke. edu/ ~ angl/papers/hotcloud10 - cloudcmp. pdf; 2010 [accessed July 2011].

[19] Li A, Yang X, Kandula S, Zhang M. CloudCmp: Shopping for a Cloud Made Easy(Slideset), 2nd USENIX Workshop on Hot Topics in Cloud Computing (HotCloud). http://www. usenix. org/events/hotcloud10/tech/slides/li. pdf; 2010. [accessed July 2011].

[20] Li A, Yang X, Kandula S, Zhang M. CloudCmp: Comparing Public Cloud Providers, Internet Measurement Conference. http://www. cs. duke. edu/ ~ angl/papers/imc10 - cloudcmp. pdf; 2010 [accessed July 2011].

[21] Blythe J, Kapoor D, Knoblock CA, Lerman K, Minton S. Information Integration for the Masses, JUCS2007. Also http://www. isi. edu/ ~ blythe/papers/pdf/iiworkshop07. pdf; 2007 [accessed 08. 10. 11].

[22] Lieberman H, Paterno F, Klann M, Wulf V. End - user development: an emerging paradigm. In: End user development. Springer - Verlag; 2006.

[23] Manjunath G, Thara S, Hitesh B, Guntupalli S, et al. Creating personal mobile widgets without programming. Developer track. In: 18th intl conference on world wide web, Spain: Madrid; 2009.

[24] Manjunath G, Murty MN, Sitaram D. End User Programming of Task - based Mobile Widgets. HPL Tech Report, 2011.

[25] Leshed G, Haber E, Lau T, Cypher A. CoScripter: Sharing 'How - to' Knowledge in the Enterprise. GROUP'07, November 4 - 7, 2007.

[26] Little G, Lau TA, Cypher A, Lin J, Haber EM, Kandogan E. Koala: capture, share, automate, person - alize business processes on the web. CHI'07. 2007.

[27] Avetisyan A, et al. Open cirrus a global cloud computing testbed. IEEE Comput 2010;43(4):42 -50.

[28] Wang C, et. al. Online detection of utility cloud anomalies using metric distributions. In: Proceedings of the 12th IEEE/IFIP network operations and management symposium(NOMS); 2010 [accessed July 2011].

[29] Linux Virtual Containers with LXC. http://www. techrepublic. com/blog/opensource/introducing - linux - virtual - containers - with - lxc/1289; [accessed July 2011].

[30] Hellerstein JM, Berkeley UC. Datalog Redux: Experience and Conjecture. Key Note address; [accessed July 2011].

[31] Llorente IM. Research Challenges in Cloud Computing, Cloud Computing Journal. http://cloudcomputing. sys - con. com/node/1662026; 2011 [accessed July 2011].

[32] Cloud Computing Roundtable. Hosted by qatar computing research institute (QCRI). http://www. qcri. qa/wp - content/uploads/2011/06/session9 - summaryAll. pdf; [accessed 08. 10. 11].